日本海軍戦史

海戦からみた日露、日清、太平洋戦争

戸高一成

角川新書

新版まえがき

このたび、二〇一〇年から一一年にかけて「角川Ｏｎｅテーマ21」新書から刊行した『海戦から見た日清戦争』『海戦から見た日露戦争』『海戦から見た太平洋戦争』の三冊を纏《まと》めたいとの提案を頂き、筆者としても良い機会ととらえた。

今年は太平洋戦争開戦から八十年という節目に当たり、明治以来の戦争を、海戦を中心に見直すことには一定の意味があると考えたからだ。また、筆者自身もこの十年の間に、わずかではあるが疑問であった問題について調査し、理解できた事例もあり、何カ所かの訂正と加筆を行うことが必要と思っていたからである。

今回の版で、日清、日露、太平洋戦争の順序が、歴史的な時間経過と異なり、日露戦争、日清戦争、太平洋戦争の順に纏められていることに疑問を持たれる読者もあると思うので、この順序にした意図を少々説明しておきたい。

元来、歴史記述というものは、時間の流れに沿った事象の経過を記録する面と、一つのテーマに対して、その原因と結果を検討する側面とがある。私たちが歴史を俯瞰《ふかん》するときは、世の中が今現在の姿になった原因を知るために過去の歴史を見ることが多いのではないか。つまり、歴史理解には時間軸を追うばかりではない視点もある、ということである。

では、日本の戦争の歴史を辿《たど》ろうとしたとき、どのような順序で歴史を見れば理解しやすいだろうか。そう考えてみると、明治の日本がどのような国家を目指したのか、ということが鍵《かぎ》になるのではないか。当然ながら、その国家像は国際社会において列強と伍《ご》して行ける強国となることであった。結果として、そのピークが日露戦争の勝利にあったと見ることは不自然ではない。いわば、明治日本は日露戦争の勝利をその一つの到達点と認識したのではないか。

つまり、明治日本は日清戦争で国際国家デビューを果たしたものの、たちまち三国干渉《さんごくかんしょう》によって極東の弱小国であることを思い知らされ、その十年後にようやく日露戦争の勝利で列強に並んだのである。しかし、以後の日本の国家指導は迷走を極め、太平洋戦争での破滅的な敗北で、明治時代に始まった永い戦争はようやく終わった。

このような見地から、今回のいわば三部作ともいえる日清、日露、太平洋戦争海戦史は、日本がピークに立った日露戦争を最初に、次いで前段としての日清戦争を置き、最後に日本に破滅的敗北をもたらした太平洋戦争を見る、という流れを試みたものである。この構成にやや違和感を覚える読者は、第二部から読んで頂くのも良いと思う。

本書は、明治以来の三度の大きな国家戦争における海戦を中心にしたもので、歴史の中では小さな部分の検討に過ぎない。だが、島国である日本の戦争において、日清、日露戦争の勝利は、日本海の制海権を確保し得たことが最大の要素であった。太平洋戦争は、結果的に日本を巡る制海権を全て失ったことが敗北の最大原因の一つであったことを思えば、その重要性が理解できる。

太平洋戦争の開戦決意と敗北の原因は、日露戦争の華々しい勝利を遠因とした面が大きく、日露戦争の勝利の要因は、日清戦争の苦悩の勝利から得た教訓に学んだことにあったと考えている。つまり、日清戦争から太平洋戦争までの戦争は、日本の歴史の中では大きな一つの戦争、いわば、日本の五十年戦争であったと見ても良いと考えている。

二〇二一年六月

戸高　一成

目次

図版作成　スタンドオフ
本島一宏（一四七頁）

第一部 海戦からみた日露戦争

はじめに――「完全勝利の物語」を海戦史から再検証する

近代国家としての日本及び日本人にとって、日本の明治以降の戦争史を見直すとき、日露戦争が、現在の日本人に大きな興味を持たれていることに気がつく。東アジアにおける新興の国家である日本が、自国の独立発展を守るという明瞭《めいりょう》かつ説得力のある動機によって、国力十倍とも見られていたロシアに対して開戦を決意し、そして勝利したという筋書きは、読むものの心を躍らせるものがある。その中で、海軍が日本海海戦をはじめとする諸戦闘において常にロシア艦隊に対して勝利を収め、日本の勝利の大きな原動力となったという事実は、日露戦争のストーリー上欠かすことができない要素であろう。

したがって日露戦争を扱った書籍や映画・ドラマにおいては、東郷平八郎《とうごうへいはちろう》や秋山真之《あきやまさねゆき》ら、バルチック艦隊を迎え撃って完全勝利を収めた連合艦隊司令部のスタッフの識見や戦術眼、作戦能力を絶賛し、時代が下った昭和の海軍（あるいは現代日本の政治指導層）にそのような人材が見あたらないことを慨嘆するというトーンに貫かれたものがきわめて多数を占める。

古くは、明治四十四年に発行され、ベストセラーとなった水野広徳《みずのひろのり》の『此一戦《このいっせん》』がある。

その後も、多くの人をひきつけた作品に司馬遼太郎《しばりようたろう》氏の『坂の上の雲』があり、ノンフィクション作品で多くの作品を残した、吉村昭《よしむらあきら》氏にも『海の史劇』がある。また、若い世代に多くの支持者を持つ漫画家・江川達也《えがわたつや》氏の『日露戦争物語』は、こだわりを持った考証で日清戦争から日露戦争に繋《つな》がる明治時代を、漫画という手法のなかに投入した。

映像作品においては、NHKで制作した「坂の上の雲」（二〇〇九年より放送）なども、テレビドラマとしては異例の大作となり、大きな注目を集めた。

これらはいずれもドラマ性の高い作品である。それに対して本書は、高度な能力を持つ人材の活躍により、日露戦争全体及び、日本海海戦の勝利がもたらされたという観点ではなく、戦略戦術の齟齬《そご》や戦場での誤判断、当事者にとって予想外の事態の突発など、日本海軍が直面した重大な問題にあえて脚光を当てることを意図している。自らの錯誤などが引き起こした困難や失敗を当事者がどのように受け止め、以後の状況に活用していったかをたどる方が、部分的に伝説化されてきた戦闘の実相を明らかにするばかりでなく、現代のように日本国家の前途が順風万帆とはいえない時代における一つの指針となりうるのではないか、という期待もある。本書が、そのような役割を充分に果たしうるものであるとは到底言えないが、読者が今後、更に歴史を学ぶための一つの材料を提供できればと考える。

記述の中心の一つとして、日本海海戦における実際の状況の再現を試みた。詳細な作戦計画と、必ずしも計画の通りには進まなかった現実の経過の解明ということである。この面から本書を読めば、連合艦隊の完全勝利は、簡単に得られたものではないことが明らかになり、まさにきわどい勝利であったことを理解してもらえることと思っている。

第一章　海軍戦略思想はいかに生まれたか

第一節　開戦の決意

アジア覇権を狙う欧米列強

日清戦争における日本の勝利によって、清国の弱体が世界中に明らかになると、欧米列強は競って清国に勢力範囲を設定しはじめた。たとえば一八九八（明治三十一）年にドイツが山東《さんとう》半島の膠州《こうしゅう》湾を租借すると、すかさずロシアが遼東《りょうとう》半島の旅順《りょじゅん》・大連《だいれん》港の租借に乗り出した。同じ年にイギリスが九竜《きゅうりゅう》半島・威海衛《いかいえい》を租借し、フランスもその翌年に広州《こうしゅう》湾を租借するに至っている。列国の中国分割競争がここに始まったのである。

またアメリカはこの時期にハワイ・フィリピンを自国領土にしていたため、列強の中国分割には加わらなかったものの、一八九九（明治三十二）年に国務長官ジョン・ヘイが門戸開放を提議して、すでに列強によって独占されつつあった中国市場への参入を求めていた。

このとき日本にとって大きな衝撃であったのは、前出のロシアによる遼東半島の租借である。日本は明治二十七（一八九四）年から翌年にかけての日清戦争に勝利して清国から遼東半島を割譲させる下関《しものせき》条約を結んだが、調印六日後にロシア・ドイツ・フランスの三国が「遼東半島を日本にて所有することは、将来永く極東永久の平和に対し障害を与える」として清国への返還を求めたのであった。いわゆる三国干渉《さんごくかんしょう》である。日本は三国の勧告に抗すべくもなく清国との間に還付条約を結んで、旅順港その他に停泊中であった日本連合艦隊の艦艇は内地へ引き揚げることになった。

そのロシアが自ら遼東半島を租借したときに、日本の朝野が受けた衝撃は大きかった。ロシアは半島先端の旅順を太平洋艦隊の拠点とするとともに、一八九六（明治二十九）年に密約によって清国から敷設権を得ていた東清《とうしん》鉄道を半島南端まで延長する工事に取りかかり、その終着駅であるダルニー（「遠い」という意味、のち大連と命名）を自国の一大拠点として建設し始めたのである。租借の期間は二十五年と定められていたが、これは実質的にロシアが永久に租借することを意味した。

ロシアの露骨な進出は、日本国民の憤激を買い、様々な反応が見られた。勝敗をかえりみずに大国ロシアとの全面対決を主張するもの、「臥薪嘗胆《がしんしょうたん》」のスローガンによってロシアに復讐《ふくしゅう》を遂げるまで、ひたすら忍の一字で軍事力の増大に努めることを唱えるもの、満洲《まんしゅう》（中国東北部）がロシアの支配下となることには目をつぶり、朝鮮半島に対する権益だけは日本が死守すべきというものなど、国内ではいろいろな議論がわきおこったが、政府はロシアに対して、朝鮮半島における日本の支配権の優越を認めるという譲歩を期待して、協調に努めた。日露間での対立は、日清戦争終結の直後からすでにはじまっていたといえるのである。

日露関係に緊張が走る

一九〇〇（明治三十三）年には、日露関係がいっそう緊迫化する事件が清国で起こった。拳法《けんぽう》を学び、呪語《じゅご》をとなえて禍《わざわい》を防ぐという一種の信仰団体であった義和団《ぎわだん》がこの年、列強の分割に対する清国内での排外熱の高まりに乗じて「扶清滅洋《ふしんめつよう》」（清国を助け、西洋を排斥する）をとなえて急速に規模を拡大し、北京にあった列国の公使館を包囲した。このとき清国政府も義和団におされて、列国に宣戦を布告したのである。これに対して、列国（イギリス・アメリカ・フランス・ロシア・ドイツ・イタリア・オーストリア）と日本は八カ国連合軍を組織して派兵し、義和団を北京から追って清国を降伏させ、翌年には清国と北京議定書を結んだ。これを北清事変《ほくしんじへん》という。なお、この北京議定書によって清国政府は、莫大《ばくだい》な賠償金と公使館所在区域の治外法権、及び公使館守備隊の駐留を列国に対して承認することを余儀なくされ、列強による中国分割をいっそう進める結果となった。

日本にとっては、ロシアがこの事変を機に極東への野望を露骨に示しはじめたとうつり、戦争への不安がにわかに高まった。じっさいロシアは、事変終結後もロシア兵を撤兵させず、満洲を事実上占領し、この地域における独占的な権益を清国に承認させたのである。名目は、建設中のシベリア鉄道とその支線の守備というものであったが、十万人（一説では十七万人）という巨大兵力が駐屯し、海軍力も旅順を根拠地とする太平洋艦隊が日本にとっての一大脅威となっていた。イギリスや日本はこれに対して、清国政府をバックアップして抗議を行わせた結果ようやく、六か月ごとに三期に分けて撤兵するという旨の満洲還付条約が一九〇二（明治三十五）年に露清間で結ばれた。

満洲がロシアの手中に入ったことは、陸続きの朝鮮半島における日本の権益をおびやかすものであった。やがてはこの権益さえもロシアに強奪されるものと考えた日本政府は、ロシアとの協調政策を見直しはじめた。

日英同盟を警戒するロシア

このとき政府の内部には、「満韓交換論」を唱えるものがあった。これはロシアとの交渉によって、相手に満洲経営の自由をあたえる代わりに、日本が韓国（大韓帝国）に対する優越権を獲得することを目指すもので、「日露協商論」を唱えた伊藤博文《いとうひろぶみ》が代表的存在であった。しかし大多数は、イギリスと同盟してロシアに対抗し、朝鮮半島の支配権を守り抜くことを主張し、これが政府の方針として確定した。

このときはイギリスも、日本との同盟を容認する立場であった。それまでイギリスは中近東やインドでもロシアの南下政策を警戒し、極東ではとくに清国へのロシアの南下を阻止する意志は日本以上であった。こうした背景から、露清間で満洲還付条約が結ばれた明治三十五（一九〇二）年に、日英間で同盟が締結されたのである。この協約の内容は、両国が相互に清国・韓国の独立と領土の保全を認め、かつ清国における両国の利益と韓国における日本の利益を承認する。もし同盟国の一方が他国（ロシアを想定していた）と戦争状態に入った場合には、他の同盟国は中立を維持し、さらに第三国（フランスを想定）が相手国側に立って参戦した場合には他の同盟国も参戦する、ということが定められていた。しかしこの日英同盟はロシアにとって、自らに対して日本が敵対心をあらわにしたものとうつったのである。

ロシア側の反応は急速かつ露骨であった。先にふれた還付条約にしたがって満洲から第一次撤兵を行ったものの、第二次以降の撤兵については期日を過ぎても実施せず、敷設した鉄道によって逆に兵力増強を試み、占領を長期化・固定化するという意図を露骨に示したのである。

当時のロシア政府内では、宮廷顧問官のベゾブラゾフを代表格とする満洲占領派（強硬路線）と、蔵相のヴィッテ・外相のラムズドルフ・陸相のクロパトキンらで構成された撤兵派（宥和《ゆうわ》路線）とが対立していたのであるが、満洲占領・対日強硬の路線が優勢を占めるにいたった一九〇三（明治三十六）年には極東委員会を設置、五月には日本調査のためにクロパトキン将軍を日本に派遣し、更に八月十三日には、旅順に極東総督府を置き、アレクセーエフを極東総督に任命して、極東での軍事外交の全権を与えた。さらに満洲を南下して鴨緑江《おうりょくこう》を越え、朝鮮半島北部の領土内に砲台の構築を開始するまでになった。

「一戦も辞さず」の決意表明

日本側はこれらのロシアの行動について、対日戦備の一環であることが明らかと判断して、両国の緊張は急速に高まっていった。日本側は、ロシアが満洲撤兵の第二期の期限である四月八日になっても撤兵がなく、かえって増強されつつあることを確認すると、参謀本部内において対策研究を重ね、五月九日には偕行社《かいこう》において参謀本部の各部長と海軍中佐小田喜代蔵《おだきよぞう》が集まり、参謀本部次長の田村怡与造《たむらいよぞう》に報告を行っている。この結論は、「露国の横暴は、口舌《こうぜつ》を以《もっ》てしてこれを抑止すべきにあらず。帝国たるもの、断然たる決心を採るは已《や》むを得ざる所にして、また最も時宜に適するものなり。故に、参謀総長、軍令部長は共同して内閣の決心を促すの要あるべし」というものであり、同時に小田中佐は、海軍側の観察として、「わが帝国の決心一日遅れるは、一日の不利である」と述べた（谷壽夫『機密日露戦史』）。

　さらに外務省を含めた折衝の後、六月二十二日、参謀総長大山巌《おおやまいわお》が明治天皇に拝謁し、「仮に武力に訴えるとも韓国問題を解決することが急務である」という旨の上奏を行い、ロシアの行動を、「帝国もしこれを傍観してその為《な》すままに放任せば、朝鮮半島の彼が領有に帰せんこと、必ず三四年を出ざるべし。彼果たして、これを取らんか我は唯一の保障を失うなり、海西の門戸破壊するなり、僅《わず》かに一葦帯水《いちいたいすい》を隔てて直ちに虎狼の強大国に接するなり。利刀を脇肋《きょうろく》に擬せらるるなり、我が帝国臣民の寒心憂慮す可《べ》き、あに之《これ》に過ぐるものあらんや」、「朝鮮問題を解決するは唯この時を然《しか》りとす」という強硬な意見書を提出して、参謀本部の意見を伝えたのであった（宮内庁編『明治天皇紀』巻十）。

　こうした参謀本部の、「一戦も辞さず」との決意表明と並行して、翌二十三日の御前会議で最終的なロシアとの交渉を開始することが決定された。これは外相小村寿太郎《こむらじゅたろう》の提案による、日露双方の現状を認める妥協案であり、いわば満韓交換論の再度蒸し返しであるとしてすでにロシア側の眼中にはないものであった。ロシア側は、「もともと満洲問題は露清間の問題であり、日本が口を出す立場にない」、「朝鮮半島に対してはロシアは日本以上に影響力を行使することが可能である」との姿勢を保持していたのであって、両者の話し合いが妥結を見ずに終わることは必然といえた。

それでも外務省は交渉妥結を期していたが、参謀本部は、これはロシアの時間稼ぎであり長引くほど日本に不利と判断していた。特に十二月に至り、ロシア側の修正案で、「韓国領土の軍略的使用の禁止」「北緯三九度以北の韓国領土の中立化」の二点に対する日本側の修正要求が拒否されたことにより、児玉源太郎《こだまげんたろう》参謀本部次長は、ロシア側に全く妥協の余地のないことを確認して、十二月十六日首相官邸において元老会議を招集したが、開戦を決意するに至らず、児玉次長は改めて桂太郎《かつらたろう》首相を説得し、二十一日に至って開戦やむなしと決意させた。そして日露両国の交渉は明治三十七（一九〇四）年はじめに決裂し、二月四日の第五回目の御前会議において開戦を決定し、二月六日の開戦通告となったのである。

望まざる必然という苦悩

この戦争が日本の指導層にとって、いかに望まれざるものであったか、勝算の見込みがいかに乏しかったか。それは開戦当時の日本陸軍の師団数が二十二（二十五万人）しかなく、ロシアの七十二（二百万人）をはるかに下回ったこと、海軍力については日本が戦艦・装甲巡洋艦各六隻をようやくそろえたのに対して、ロシア側は極東とヨーロッパの艦隊をあわせて戦艦十二隻、装甲巡洋艦十隻、総トン数でも日本の倍を保有していたことからもわかる。

国力を表す指標の一つである一年の国家予算に至っては、日本の二億五千万円に対してロシアのそれは二十億円以上と、約十倍の開きがあった。元老の伊藤博文・山県有朋《やまがたありとも》も、桂首相も開戦の決定に逡巡《しゅんじゅん》したのは当然といえた。さきにふれた二月四日の御前会議でも、開戦の決定は「帝国政府は自衛のため並びに帝国既得の権利を擁護するため、必要と認める独自の行動をとる」という文面になっており、自衛のためやむなく立ち上がった日本の国家指導層の苦衷が見てとれる。

以上、日露の対立が戦争に至ったプロセスを簡単に見てきたが、なぜ戦争が起きたのかという整理は日清戦争のそれにくらべるとはるかに容易である。日本は、自国と同様におくれて近代化をなしとげたロシアとの利害が対立し、かつロシア側の強硬な極東進出の結果、戦争状態に入ることを余儀なくされたのであった。

しかし、いわゆる弱肉強食の帝国主義時代に近代国家を樹立し、その独立と発展を続けるために日本がたどった路線の、これは必然的な帰結であったともいいうるのである。以下に示すエピソードは、その当時の日本の苦悩をよく示す最適の場面である。

日露間の緊迫が頂点に達しつつあった明治三十七（一九〇四）年一月十九日に、当時宮内省御用掛《ごようがかり》のドイツ人医師だったエルヴィン・ベルツが、枢密顧問官の伊東巳代治《いとうみよじ》に会ったときに、「どうもロシアの攻撃的な調子から見て、日本の態度はあまりに控え目すぎはしないでしょうか」と問いかけた。伊東はベルツの顔を見つめ、沈痛な表情を浮かべつつ答えた。「さよう、まあ考えてごらんなさい。われわれにとって一番肝心な点は、忍耐と抑制によって、われわれ日本人が平和を願っており、戦争を求めているものではない、という事実を列強に示すことなのです」。「いうまでもなく、われわれの根本的に不都合な点は、われわれが黄色人種であることです。もしあなた方と同様、白人であったならば、あのどんらん飽くことなきロシアに向かって大声一番『止まれ』と叫べば、全世界はさだめしわれわれに、歓呼の声援を惜しまぬことでしょうに」。

ベルツはこの伊東の返答に強い印象を受け、この日の日記の末尾にこう書き残したのであった。「この痛切な言葉のなかには、多くの真実がある。しかしながら他面においてもまた、日本人の決して忘れてならないのは、日本人がその黄色人種の指導者たらんと願っていることであり、東亜におけるその盟主たるの地位が、多数日本人の念頭を離れぬことである」、と（トク・ベルツ編『ベルツの日記』）。

第二節　対露軍備の足場固め

山本権兵衛の海軍拡張案

日清戦争終結直後の三国干渉によって、日本国内では、いわゆる「臥薪嘗胆」のスローガンのもと、軍備拡張を求める動きが広がった。日本海軍部内では、日清戦争における黄海《こうかい》海戦の教訓と、三国干渉を主導したロシアの海軍力に対抗する必要性から、大型甲鉄《こうてつ》戦艦の建造整備を主体とする拡張案が策定されていった。この明治二十七（一八九四）年から明治三十七（一九〇四）年の日露戦争開戦までの十年間における海軍拡張の実質的な立案者が、海軍省軍務局長（のち海軍大臣）山本権兵衛《やまもとごんべえ》である。

山本は日清戦争の最中においてすでに、日本の行動に対する列国の干渉を予言していた一人であった。旅順も威海衛も日本の手に陥《お》ちた明治二十八年三月において陸軍部内や朝野では、さらに清国の領土深くに軍を進め、直隷《ちょくれい》平野で決戦を行い北京に進撃すべきである、また大本営も朝鮮、満洲に前進させ、将兵の士気をいよいよ鼓舞すべしとする議論が多かった。

山本はこれには全面的に反対であった。その理由は、「このような説は軍隊の士気を奮わせるに非常に効果があり、耳に入りやすいが国際関係を考えてみると容易に行うべきではない。もし直隷平野の戦闘で清国軍を圧倒して、北京にて城下の盟を迫ろうとしたにせよ、その時は列国による干渉が最も起きやすいときである。そのように列国が干渉を決意したら、口先だけではなく必ず、はるかにわが方を圧倒する武力を伴うものと覚悟せねばならない」というもので、山本はこの意見を伊藤首相や西郷従道《さいごうつぐみち》海軍大臣に進言していた。そして日本は軍隊を清国内部にまで進めることなく講和を結んだが、しかしそれでも山本の危惧《きぐ》した三国干渉は現実のものとなったのである。

このとき伊藤首相は山本を招いて、「貴下の予言がこれほど早く適中するとは思わなかった」と語って海軍側の意見を求めた。山本は「英米の調停も考えられるが、おそらく効果はない。問題は軍艦と大砲であって、現在のわが国には三国の軍隊に対する勝算は皆無である以上、速やかに勧告にしたがう方が得策である。すべてはわが実力を養ってからのこと」と述べたのである。彼はまた、明治二十八（一八九五）年四月二十四日の御前会議においても、「ロシアの海軍力に対して日本海軍の実力ははるかに及ばず、清国海軍との戦闘によって全ての艦が被弾し、かつ将兵の疲労も激しい。ロシア一国に対してすら到底抗すべくもない」と説明し、今回の三国干渉を受け入れる以外なしと説いたのであった。しかしロシアが旅順・大連をかわって租借するなど、極東進出の姿勢を露骨に見せはじめるにつれて、日本海軍は好むと好まざるとにかかわらず、ロシア海軍を仮想敵として戦備を整えざるをえなくなったのである。

「六・六艦隊計画」の始動

日清戦争を一隻の甲鉄戦艦もなしに戦い、かろうじて勝利した日本海軍は、清国からの賠償金二億両（テール）の大半と国家予算の二十％以上をつぎ込んで軍備の拡張につとめた。

日清戦争以前の明治二十五（一八九二）年の時点で、海軍は甲鉄戦艦四隻・一等巡洋艦四隻を中心とする海軍拡張計画を策定し、それに基づいて甲鉄戦艦二隻、三等巡洋艦一隻、通報艦一隻の建造に着手していた。しかし日清戦争終結後、黄海海戦の教訓とロシアとの緊張の増大により、この拡張案に根本的な再検討が加えられることになった。

その新たな拡張案の作成を担ったのが山本権兵衛である。日本が三国干渉を受け入れて間もない明治二十八（一八九五）年六月、当時の海軍大臣西郷従道は、軍務局長山本権兵衛に対して、艦艇や人員、さらに施設等に関して、日清戦後の海軍経営のための施策案作成の内訓を発した。

山本は直ちに国防大計の樹立に着手し、その大綱を西郷海相に報告している。山本はまた同時に、軍令部その他の関係機関と協議し、海軍当局としての正式の拡張計画を立案して明治二十八（一八九五）年七月に閣議に提出した。この大綱と拡張計画は「海軍の目的は海上

艦名	艦種	排水量(トン)	速力(ノット)	主要兵器	竣工年月日
八島	1等戦艦	12,517	18.0	30糎連装砲2、15糎砲10、水中発射管4	明治30年9月9日
富士	1等戦艦	12,649	18.0	30糎連装砲2、15糎砲10、水中発射管4	明治30年8月17日
敷島	1等戦艦	14,580	18.0	30糎連装砲2、15糎砲14、水中発射管4	明治33年1月26日
朝日	1等戦艦	14,765	18.0	30糎連装砲2、15糎砲14、水中発射管4	明治33年7月31日
初瀬	1等戦艦	14,783	18.0	30糎連装砲2、15糎砲14、水中発射管4	明治34年1月18日
三笠	1等戦艦	15,363	18.0	30糎連装砲2、15糎砲14、水中発射管4	明治35年3月1日
八雲	1等巡洋艦	9,735	20.0	20糎連装砲2、15糎砲12、水中発射管4	明治33年6月20日
吾妻	1等巡洋艦	9,426	20.0	20糎連装砲2、15糎砲12、水中発射管4	明治33年7月28日
浅間	1等巡洋艦	9,885	21.0	20糎連装砲2、15糎砲14、水中発射管4	明治32年3月18日
常磐	1等巡洋艦	9,885	21.0	20糎連装砲2、15糎砲14、水中発射管4	明治32年5月28日
出雲	1等巡洋艦	9,826	20.0	20糎連装砲2、15糎砲14、水中発射管4	明治32年9月25日
磐手	1等巡洋艦	9,826	20.0	20糎連装砲2、15糎砲14、水中発射管4	明治34年3月18日
笠置	2等巡洋艦	5,503	22.5	20糎砲2、12糎砲10、水上発射管4	明治31年10月24日
千歳	2等巡洋艦	4,992	22.5	20糎砲2、12糎砲10、水上発射管4	明治32年3月1日
高砂	2等巡洋艦	4,689	23.0	15糎砲6、8糎砲10	明治31年5月17日
新高	3等巡洋艦	3,420	20.0	15糎砲6、8糎砲10	明治37年2月14日
対馬	3等巡洋艦	3,420	20.0	15糎砲6、8糎砲10	明治37年1月7日
音羽	3等巡洋艦	3,000	21.0	15糎砲6、8糎砲10	明治37年2月14日
千早	通報艦	1,263	21.0	12糎砲2、水上発射管2	明治37年9月9日
春日	1等巡洋艦	7,628	20.0	25糎砲1、20糎砲2、15糎砲14	明治37年1月7日
日進	1等巡洋艦	7,628	20.0	20糎連装砲2、15糎砲14	明治37年1月7日

日清戦争終結から日露戦争開戦までに建造整備された主要な日本軍艦

権を制するにあり」という方針に基づいて、「従来我海軍における艦艇をみるに、あたかも裸体にて大刀を帯し、以て堅甲を鎧《よろ》いたる敵に対抗せるやの概ありき」と述べ、それに対して今後は露仏あるいは英仏連合国が東洋に派遣し得る艦隊を軍備標準として、これを上回る海軍力を整備することが急務であるとするものであった。

そして、この軍備の中核を構成するものが甲鉄戦艦六隻、装甲巡洋艦六隻で構成されるいわゆる「六・六艦隊」であった。まず甲鉄戦艦については、当時イギリスで建造中の「富士《ふじ》」「八島《やしま》」（それぞれ排水量一万二千トン）の二隻があるが、それ以外の四隻はすべてイギリス海軍の第一線戦艦より強力で、かつ排水量一万五千トンに及ぶ大型の戦艦とすべきであるというものである（故伯爵山本海軍大将伝記編纂会編『伯爵山本権兵衛伝』上巻、海軍大臣官房編『山本権兵衛と海軍』）。また巡洋艦はすべて船体に装甲を施し、かつ排水量を一万トン弱にまで増大させた、やはり世界第一級の水準の艦を六隻整備するというものであった。

国民も臥薪嘗胆スローガンを受け入れ、海軍の拡張を強く支持した。山本の立てた方針に基づくこの拡張案は、政府の正式決定を経て、当時の財政事情により二期に分割され、第一期拡張案が明治二十八（一八九五）年十二月の第九議会に、第二期拡張案が翌二十九（一八九六）年十二月の第十議会にそれぞれ提出されたが、採決の結果、圧倒的多数の賛成によって議会を通過したのであった。そしてこれ以後、日露戦争開戦までに計三次にわたって提出された海軍拡張案は、閣議においても、また議会においてもほとんど無修正で承認され、実行に移されたのである（ただし、第三次の拡張で議会の承認を受けた軍艦の建造は日露戦争には間に合わなかった）。

この拡張計画によって日露戦争開戦までに建造された諸艦（駆逐艦以下の小艦艇を除く）の要目は三三ページの表のとおりである。

そして山本は明治三十一（一八九八）年十一月に海軍大臣に就任し、以後は自らの手でこの構想を実現しつつ、五年数か月後の日露戦争を迎えることになる。

最新鋭艦の整備はじまる

山本権兵衛の構想に基づく六・六艦隊計画において建造された戦艦・装甲巡洋艦はいずれも、当時の世界最新の技術が広範に投入された強力艦であった。その特筆すべきポイントはきわめて多岐にわたった。

＊戦艦「八島」及び「富士」は、スエズ運河を航行可能なサイズ（最大喫水二十六フィート六インチ）以内に抑えたため、その排水量は約一万二千五百トンに抑えられたが、他の四隻はいずれも排水量一万五千トンという巨大なものであった。これは、これら四隻に対抗できる戦艦を他国が極東に回航させる場合には、アフリカ南端を経由せざるをえないであろう、という考えによる。

またこの四隻は、主砲塔（四十口径三十センチ連装砲）が艦の中心線上に前後各一砲塔配置され、一度に四門が射撃可能な角度がきわめて広い。また、副砲の搭載数（十四門）は、当時の英国の第一線戦艦のそれより二門多い。このことは、これら四隻を建造したイギリス本国でも注目され、議会では海軍当局者が「なぜわが国の戦艦の攻撃力が日本のそれを下回っているのか」と攻撃されたというエピソードがある。もっとも日本の戦艦は近海で敵艦隊を迎え撃つという方針であったため、航続力は低い傾向にあった。

＊一等巡洋艦六隻は欧米の大型巡洋艦に比べると、速力は二、三ノット低速であるが、ロシアの装甲巡洋艦よりも数ノット優速である。またその主砲は、二十センチ四十五口径連装砲二基（計四門）が艦の中心線上に装備されており、欧米の一万二千トンクラスの巡洋艦よりも強大な砲撃力を誇っている。

＊国内で建造された駆逐艦の速力は二十九ノットを数え、イギリスのそれと大差なかった。

＊砲弾の発射火薬として、日本海軍はさきの日清戦争時に巡洋艦「吉野《よしの》」が使用した無煙火薬を海軍全体として使用することに決め、英国製の無煙火薬（ＭＤ火薬）を使用した（日露戦争後に無煙火薬の国内製造が開始される）。

＊炸薬《さくやく》としては、いわゆる「下瀬《しもせ》火薬」が用いられた。これは当時ヨーロッパで火薬に使用されつつあったピクリン酸を艦砲の弾丸炸薬として使用するため、海軍技師下瀬雅允《まさちか》が実用化したものである。ピクリン酸は酸化力が強烈で、弾丸の材料である鉄に

触れると自然発火するおそれがあったが、下瀬は弾丸内部に日本の漆《うるし》を塗ってピクリン酸と鉄を分離し、艦砲弾として実用化した。その威力は、日清戦争のときに用いられた黒色火薬と比べて、はるかに強力なものであり、炸裂すると高熱ガスと鉄片の飛散で敵艦の乗員をなぎ倒し、高熱で火炎を起こさせた。この火薬は明治三十三（一九〇〇）年に生産を開始し、日露戦争開戦時までに海軍が保有する艦砲弾の炸薬は下瀬火薬に統一されていた。

＊信管には、伊集院五郎《いじゅういんごろう》海軍少佐（のち大将）が考案し、明治三十三（一九〇〇）年に完成した「伊集院信管」が使用された。この信管はきわめて鋭敏に作動する長所があり多用されたが、不安定な面があり、日露戦争中の黄海海戦で「三笠《みかさ》」に、また日本海海戦では「日進《にっしん》」に膅発《とうはつ》（弾丸が砲身内で爆発すること）が生じるなどの問題もあった。

＊射撃命中率を向上させるためには、砲の側で各個に射撃諸元を決めて、ばらばらに射撃するよりも、艦橋で方向・距離などを測定し各砲台に伝え、砲台長が特定の砲台に試射を行わせてその弾着を見て諸元を修正し、本格的な射撃に入るという統一された方法（照尺統射法）による方がはるかに有効である。これを可能にするのが、光学式の測距儀であった。

日本海軍の艦艇では、日清戦争直前にイギリスで建造された巡洋艦「吉野」にヴィッカース式の最新鋭測距儀がはじめて搭載されたが、日露戦争では各艦に基線長一・五メートルのヴィッカース式測距儀が前部・後部艦橋に各一基装備されていた。

＊無線については、明治三十五（一九〇二）年に船舶用の無線電信機の国産化に成功し、海軍は翌三十六年に兵器として採用、三六式無線電信機と名付け、同年末頃から海軍全艦艇へ、三十七年の中頃までには陸上要地を含めて無線機の装備を開始した。これは約八十カイリ（百五十キロ弱）離れた地点まで確実に送達が可能といわれており、日本海海戦当日の未明にバルチック艦隊を発見した哨戒艦「信濃丸《しなのまる》」は、この無線機によって早急に敵発見の情報を伝えることができた。

これら主要な点を概観するだけでも、これらの最新鋭技術でかためられた日本軍艦が、旧式艦や訓練未成の艦で構成されたロシア艦隊を打倒しえたのも納得がゆくように思われる。しかし日本国内で、このような大型かつ最新の軍艦建造を実現するための技術や設備は、まだ導入途中であった。

さらに、この時期は欧米において軍艦建造技術が急速に発達し、日本の軍艦建造技術はさらに一層立ち遅れることが明白であった。世界的な建艦技術革新の趨勢《すうせい》と、それに日本がど

	艦　名	建造国（イギリスのみ製造社名を記載）
戦　艦	富　士	イギリス（テムズ社）
	八　島	イギリス（アームストロング社）
	敷　島	イギリス（テムズ社）
	朝　日	イギリス（ジョン・ブラウン社）
	初　瀬	イギリス（アームストロング社）
	三　笠	イギリス（ヴィッカース社）
装甲巡洋艦	浅　間	イギリス（アームストロング社）
	常　磐	イギリス（アームストロング社）
	出　雲	イギリス（アームストロング社）
	磐　手	イギリス（アームストロング社）
	八　雲	ドイツ
	吾　妻	フランス

*これに加えて、開戦直前にイタリアから2隻の装甲巡洋艦「春日」「日進」を購入

日露開戦時に日本海軍が保有していた戦艦・装甲巡洋艦の建造国

う追随して、ロシア艦隊を打倒する軍備をとのえてゆくかという問題は、海軍部内で強く意識されていたのである。

イギリス製軍艦の大量発注

強力な海軍力の整備と最新技術の導入という二つの大きな課題を解決すべく、山本を代表とする日本海軍が選択した方策は欧米、とくにイギリスからの最新鋭軍艦の購入であった。すでに前出の明治二十八（一八九五）年七月における閣議においても西郷海相は、建造経費と年月の点から、現状は海外に軍艦を発注することが得策であるとの判断から、新規建造艦の大部分を欧米諸国に発注することを方針としていた（『海軍軍備沿革』）。そして表に示すように、実際に建造された戦艦は六

隻すべてが、また装甲巡洋艦は六隻中四隻がイギリスへの発注となった。

このように日本の海軍は本格的な拡張にあたって、艦隊編制の根幹たる主力艦（戦艦・装甲巡洋艦）のほとんどをイギリス建造の軍艦に求めた。その結果として、日本海軍はイギリス海軍をモデルとした大海軍の建設に乗り出すことになったのである。そこには、この海軍拡張をリードした山本権兵衛の広い視野に基づく拡張方針が反映されていた。

国家の計としての軍備拡大

山本はイギリス海軍に倣った大海軍の建設論者であったが、単に軍備の拡張を追い求めたのではなく、同時に国内重工業の振興による国力の増大を重視した、当時としてはきわめて広い視野を持った軍人であった。

たとえば、軍艦や兵器をはじめとする工業製品の主要材料となる鉄鋼の国内生産を可能にすることはどの近代国家においても必要不可欠なステップであり、日本では日清戦争以前から国内で官営製鉄所設置の構想が議論されており、のち八幡《やはた》製鉄所として操業が始まった。だが、当初明治二十四（一八九一）年の第二回帝国議会において提出された設立案は、当時最大の鉄鋼需要を持つ海軍省の所管とするものであり、設置されるべき製鉄所の役割はもっぱら軍器の製造に特化したものであった。実際には、この時やそれ以降の議会でも設置建議が認められるまでに長い時間を要し、第八回帝国議会の承認によって「製鉄所官制」が発布されたのは明治二十九（一八九六）年のことであった。

　このとき提出され、可決された製鉄所設置建議案はその所管を農商務省とする内容であった。そして製鉄所が海軍省所管となることに一貫して反対した中心人物が海軍大臣の山本権兵衛だったのである。その理由は、「海軍軍人は軍事のことのみに頭脳を使うため、主に民間でするべき作業・事業は、海軍が担当して立派な結果を見なかったし、今後もできないであろう」というものであった。海軍拡張と並行して国内産業力の充実強化を同時に重視し、かつ軍事と民間との境界を明瞭《めいりょう》に意識していた山本のすぐれた識見をあらわすエピソードといえる。

山本権兵衛

福沢諭吉のバックアップ

　軍事力と重工業の振興による海洋国家の建設が、山本の目指す日本の針路であった。この国家観に共鳴し、当時の海軍拡張に対する熱烈な支持を表明した知識人の一人に福沢諭吉《ふくざわゆきち》がいる。彼はすでに明治十四（一八八一）年の『時事小言』執筆時点において、「兵力の戦争は戦争の時の戦争なれども、茲《ここ》に又、太平無事の時に当て工業商売の戦争あり」（富田正文編『福沢諭吉選集』第五巻）という観察を記し、同時に「貿易商売を助ける一大器械あり。即ち軍艦、大砲、兵備、是《これ》なり」（同）という認識によって軍事力と産業力との密接不可分性を指摘している。そして日清戦争後に福沢はこの議論を、日本海軍の大規模拡張の根拠として、次のように主張していた。

抑《そもそ》も我輩が海軍拡張を唱ふるは戦争侵略の目的にあらず、全く自国自衛のために外《ほか》ならざる次第は毎度述べたる所にして、其《それ》自国自衛とは即ち商工立国の目的を全《まっと》うせんとするの一事のみ。……今後の国是は商工立国の外にあるべからず。（中略）英国同様、専ら工業製造を勉め、大いに航海を奨励して外国貿易を盛んにし、以て国の富強をはかる其《そ》の一方に、衣食住一切の必要品は外国に仰ぐものと覚悟して、常に優勢の海軍力を養ひ、万一の場合には海上権を収めて商売貿易と同時に食物輸入の道を保護して、一歩も敵に犯されざるの用意肝要なれ。（福沢諭吉「海軍拡張の必要」明治三十一（一八九八）年二月二十六日（慶應義塾編『福沢諭吉全集』16）。一部表記を改めた）

福沢にとって、当時山本が主導した海軍拡張は、日本がとるべき路線の指針たりうるものとして高く評価すべきものであった。彼は、明治三十一（一八九八）年の前後に、当時海軍大臣であった山本を自宅に招いて長時間歓談し、海軍拡張に対する支持と山本への激励を行っている（故伯爵山本海軍大将伝記編纂会編『伯爵山本権兵衛伝』下巻）。そしてこれ以降、慶應義塾は日本海軍との人的交流や、言論界でのバックアップを行うなど、両者の親密な交流が太平洋戦争の敗戦まで続いた。

〈コラム　写真機を携えた士官たち〉

日露戦争当時、ようやく小型カメラが普及し始めていたために、わずかであるが、連合艦隊の中に、個人的にカメラを持った士官がいた。現在よく見るのは、戦艦「朝日」機関長であった、関重忠《せきしげただ》機関大監の撮影した写真である。関の写真は、芸術的といえるほど見事なアングルの写真が多く、日露戦争における貴重な記録となっている。次に、新し物好きで有名であった山本英輔《やまもとえいすけ》大尉は、当時第二艦隊参謀として、「出雲」に乗り組んでいたが、戦闘中もカメラを離さず、今となっては、かけがえのない写真を何枚か残している。

　もう一つ、第九艇隊の乗員と思われる撮影者による、日本海海戦当日の写真が現存する。これは荒天の中を進撃中の写真であり、海戦当日の「天気晴朗なれども波高し」を彷彿《ほうふつ》とさせる。撮影者を調査しているが、まだ明らかではない。あと、戦艦「朝日」に、観戦武官として乗り組んでいたイギリス海軍士官がカメラを持っていて、配置がないところから、戦闘最中の状況を多数撮影したが、全部失敗してしまったという。

　海戦ではないが、旅順を占領したさい、市内で開業していたロシア人の写真館が撮影した、日本軍の攻撃を受ける旅順の姿を写した写真が、多数残されている。

第三節　関係を深める日英海軍

英海軍ネットワークへの参入

日清戦争後の海軍がイギリス民間造船所からの主力艦購入によって大規模な拡張を開始した一八九〇年代は、イギリスにおいても一八八九（明治二十二）年の「海軍国防法」（Naval Defence Act）制定以降、もっぱらドイツを仮想敵とする大規模な海軍拡張が開始されつつあった時期であった。このイギリスと日本それぞれの国での海軍拡張が、やがて両国の軍事同盟につながっていったのである。それはいったいどのようなプロセスを経たのであろうか。

まずイギリスでは海軍国防法の制定により、戦艦十隻の新規建造をはじめとする五カ年継続の巨大な予算の支出が決定され、民間兵器産業がこれら新規建造軍艦の多くを受注した。従来イギリスの軍艦の建造はもっぱら海軍工廠《こうしょう》が主体であったが、これ以降、イギリス海軍の拡張における民間兵器産業への影響力が急速に高まったのである。

とくに海軍力の中心であった戦艦については、第一次大戦時まで海軍工廠が大多数を建造し続けたが、海軍工廠の建造能力のみでは大規模な建艦計画を達成することがしばしば困難となったため、限定された隻数ではあるが民間へ発注することが常態化した。

この戦艦受注には、大きな利潤を求めて数多くの民間兵器産業が入札に参加したが、とくに積極的な受注活動を展開したのがアームストロング社であった。

当時、イギリス民間産業が自国海軍向けの軍艦受注入札に参加するためには、事前の申請と技術面における審査を受けたのち、海軍省が発行するリストに記載される必要があり、さらに大型軍艦の受注を獲得するためには、数多くの軍艦建造経験を積んでおく必要があった。

大砲の製造技術においては世界の先端に位置していたアームストロング社であったが、艦艇建造においてはまったく後発の企業であったため、他社とくらべて著しく不利な立場にあり、一八八五（明治十八）年起工の戦艦「ヴィクトリア」以降、イギリス海軍からの大型艦受注に成功しなかった。

このとき、日本の軍艦発注が同社に幸いした。大型艦の建造によってえられる利益もさることながら、建造による経験の蓄積は同社にとって、イギリス本国の戦艦建造入札への参入を可能とするための重要なステップと考えられたのである。

したがって、外国（日本はその最大の顧客であった）向けにアームストロング社が建造した軍艦はいずれも、必然的に当時最高の技術水準に到達した最新鋭艦たらざるを得なかった。そして同社は、そのような高性能軍艦の建造を可能とするために、人事面でのイギリス海軍造船技術者との結合を形成した。その最も顕著な事例は、当時イギリス海軍の軍艦建造主任であり、軍艦設計における中心的な役割を担ったウィリアム・ホワイトが、一八八三（明治十六）年におけるアームストロング社の軍艦建造事業への参入と同年に同社へ入社し、軍艦設計と建造とを一手に引き受けたことである。

ホワイトが同社で設計に関与し、あるいは計画を主導した日本向け軍艦は、明治十六（一八八三）年に日本が購入した巡洋艦「筑紫《つくし》」、ついで一八八六（明治十九）年に建造された巡洋艦「浪速《なにわ》」「高千穂《たかちほ》」である。これらにはホワイトの考案が多数盛り込まれ、完成した三隻は内外の高い評価を獲得し、日本海軍のイギリス技術依存方針が確立する要因となった。

イギリス軍需産業の最大顧客

ホワイトは一八八五（明治十八）年に、艦船造船部長としてイギリス海軍に復帰し、艦船計画の全権を掌握した。しかし彼のアームストロング社への入社と、彼の主導による日本向け軍艦建造の本格化とは、以下の三つの点で日英両海軍の拡張と、同社の成長をもたらしたのである。

第一に、アームストロング社で豊富な軍艦建造経験を得たホワイトが復帰した後のイギリス海軍当局は、民間兵器産業の動員による軍艦の大量建造を積極的に推進した。海軍国防法制定によって実施された新艦建造五カ年計画の実施においても、民間兵器産業の動員が不可欠なものと考えられた結果、新規建造の戦艦十隻中の四隻、また巡洋艦のほぼ半数が民間造船所の受注となった。そしてこれ以降、支出された軍艦建造費のほぼ半数が民間建造分となり、これを契機として、戦艦建造の受発注をめぐるイギリス海軍と民間兵器産業との人的・資金的な癒着とも言える状況が急速に進行した。

第二に、それにもかかわらず、一八九〇年代を通じてイギリス海軍から戦艦の受注に成功しなかったアームストロング社は、日本向け新鋭主力艦建造の規模を拡大して建造技術の蓄積を行った。先に述べたように、この当時の日本海軍はいわゆる六・六艦隊整備の途上であったため、アームストロング社にとって主力艦の多数受注が可能となる条件が存在したのである。その結果、一八八〇年代と一八九〇年代を通じて、日本海軍は同社にとっても、またイギリスの兵器産業全体から見ても、最大の艦艇納入先であった。次に示す表を見ると、日本は発注トン数がきわめて膨大であり、しかも戦艦や装甲巡洋艦のような、海軍力の根幹をなす主力軍艦がその大半をなしていることがわかる。

なお一八九七（明治三十）年のイギリスでは、民間兵器産業による大量の外国軍艦建造が、他国の海軍力を強化しているという批判が議会において生じたが、ホワイトはこれに対して、民間造船業の膨大な生産能力がイギリスの海軍力の主たる源泉となっていること、大規模な民間造船業が海外からの軍艦受注なしには、現在の地位を築くことは不可能であったという旨発言し、海軍関係者も大部分がこれに賛成した。海軍はホワイトがかつて属したアームストロング社をはじめとする民間兵器産業の建艦能力の保持を重視し、それら産業の外国からの軍艦受注を積極的に擁護したのである。

第三に、アームストロング社が自社の軍艦設計部長に前任者のホワイトと同様、海軍の造船技術者を就任させることが慣例となったことである。一八八五（明治十八）年にホワイトが海軍に復帰すると同時に、チャタム海軍工廠の造船技術者であったフィリップ・ワッツが同社の軍艦設計部長に就任し、一九〇二（明治三十五）年まで同社の軍艦設計を主導した。

受注国 / 発注国	イギリス	うち、アームストロング社	フランス	ドイツ	その他	計
アルゼンチン	22,027	11,500			29,573	51,600
オーストリア	3,504	3,012				3,504
ブラジル	16,805	6,200	8,931	6,664		32,400
チリ	26,862	25,350	8,028			34,890
清	8,600	8,600		10,471		19,071
ギリシャ	1,840		14,424			16,264
ノルウェー	18,653			374		19,027
ポルトガル	6,371	4,100	3,544			9,915
スペイン	458		18,707			19,165
トルコ	23,000	3,800	8,678	13,920	3,432	49,030
イタリア	7,929	7,929				7,929
日本	137,905	86,935	9,436	9,850		157,191

1880年から1904年までに海外発注された軍艦のトン数

そして、この時期において同社の軍艦建造が日本海軍からの受注分を主としたことにより、前任者のホワイト同様にワッツは日本向け軍艦の設計によって、またアームストロング社はそれらワッツ設計の軍艦建造によって、それぞれ経験を蓄積しえたのである。

先に述べたように、日本海軍は「富士」「八島」の発注を嚆矢《こうし》として甲鉄戦艦の整備を開始したが、そのうち「八島」を受注したアームストロング社にとっても、同艦の建造は一万トン級主力艦として初めてのものであった。ワッツはその在任中にこの「八島」をはじめとして、日本海軍が第一期・第二期拡張時に建造を決定した戦艦「初瀬《はつせ》」と装甲巡洋艦「磐手《いわて》」「浅間《あさま》」の設計を指揮し、完成したそれらの軍艦の性能はきわめて高く、同社に対する内外の評価は著しく高まった。

以上に見たように、日本海軍が軍艦建造技術の導入先として選定した十九世紀末当時のイギリスにおいては、軍艦建造の受発注をめぐる海軍と民間兵器産業との結合が急速に進行し、いわゆる「軍産複合体」が形成されつつあった。したがって日本海軍の軍艦整備は、それを主として受注したアームストロング社の自国海軍向け建艦への参入を可能とするとともに、イギリス海軍当局にとっても自国海軍の拡張に資するものであると評価されたのである。その意味において、この時期の日本海軍は、イギリスの「軍産複合体」の一環に組み込まれ、イギリス本国海軍と同種の軍艦の整備によって成長したということができる。

（この項の記述においては、青木栄一『シーパワーの世界史②　蒸気力海軍の発達』出版協同社、小野塚知二「イギリス民間造船企業にとっての日本海軍」『横浜市立大学論叢』（社会科学系列）第四十六巻第二・三合併号、小林啓治「日英関係における日露戦争の軍事史的位置」『日本史研究』三〇五号、横井勝彦『大英帝国の〈死の商人〉』講談社、同「世紀転換期イギリス帝国防衛体制における日本の位置」『明大商学論叢』第八十二巻第三号を参照した）

海軍力を知らしめた北清事変

いくら軍艦が最新鋭のものでも、オペレータがその扱いに習熟し、期待された戦闘能力を十分に発揮できなくては意味がない。日本海軍はこの点において、明治二十三（一八九〇）年以降、イギリスをはじめとする各国に造兵造船監督官を配置して、艦船や兵器の製造委託や材料・機械・物品の購入の際にその監督を行ってその複雑な構造の理解に努め、艦船や兵器の計画・造修をつかさどる海軍艦政本部（明治三十三（一九〇〇）年に海軍省の外局として設置された）と密接な連絡を行わせて、自国の軍艦建造や修理等の技術を急速にマスターさせて、世界的な軍艦建造技術発展への追随を可能としていた。さらに海外発注艦の建造途中から完成、日本への回航に至るまで、乗組士官が建造国に派遣されて扱いに習熟していた。

このような長年の努力の成果が、日本が初めて他国と協同して海外に軍隊を派遣した明治三十三（一九〇〇）年の北清事変において日の目を見ることになった。八カ国の連合軍の一員であった日本は当初、海軍陸戦隊を派遣してイギリスをはじめとする各国の陸戦隊と協同作戦を行った。英国艦隊司令長官シーモア中将は各国連合陸戦隊を率いて北京に進撃を試みたが、義和団と清国兵に阻まれて苦戦した。

この事変中、イギリスでは前年から始まっていたボーア戦争（南ア戦争）が泥沼化しており、陸軍を極東に派遣する余裕はなかった。地理的に近い日本への期待が必然的に高まり、シーモア中将はイギリスの艦隊の許す範囲以上の陸戦隊（九百十五人）を揚陸した留守中のことを心配し、内々に日本艦隊に警備を依頼したというが、これが、イギリスが日本と同盟を結ぶようになった一つの契機になったという（篠原宏『海軍創設史』）。日本海軍の部隊運用や戦闘をはじめとする作戦能力の高さが列強に認識されるきっかけとなったという意味においても、北清事変に歴史的意義を認めることもできよう。また事変後の国際情勢の変化としては、ロシアが北清事変を口実に大規模な兵力を派遣して満洲を占領したことによって、ロシアの南下政策を警戒したイギリスが日本と同盟を組むことを得策と考えるようになったことは周知の通りである。

日英海軍協同作戦に備える

日英間で同盟が締結されたのは明治三十五（一九〇二）年一月のことであった。その協約文（全六条）の他に、公表されなかった秘密交換公文として以下のように、両国海軍の協同行動と極東における優勢の維持を約していた。

日本国政府（又は大不列顛《ブリテン》国政府）は日本国（又は大不列顛国）海軍の平時に於《お》いて、成るべく大不列顛国（又は日本国）海軍と協同の動作を為すべきことを承認す。而して其の一方の軍艦が他の一方の港内に於て入渠《にゅうきょ》すること、及び石炭搭載其の他両国海軍の安寧及び効力に資すべき事項に付きては、相互に便宜を与ふべきことを約諾す。

　現下日本国及大不列顚国は孰《いず》れも極東に於て、如何《いか》なる第三国よりも実力上優勢なる海軍を維持しつつあり。日本国（又は大不列顚国）は出来得べき限り極東の海上に於て、如何なる第三国の海軍よりも優勢なる海軍を集合し得る様に維持するに努むることを、弛《ゆる》ふするの意思を有することなし。（外務省編纂『日本外交文書』明治期第三十五巻）

　また、この協約に基づき明治三十五（一九〇二）年五月から十一月までの間に横須賀《よこすか》・ロンドン・東京で計三回の日英軍事会談が開催され、他国と開戦した際の日英海軍協同作戦の方針などが定められた。

＊開戦に際しては、日英両海軍は遅滞なく敵主力艦隊に備えて強力な艦隊を極東水域に集結する。同時に巡洋艦を別派して、予想される敵艦隊による交通・通信線破壊に備える。

＊制海権を掌握するまでは、陸軍の積極的な攻撃作戦は控える。

＊情報の交換は、東京及びロンドンその他の都市に駐在する陸海軍武官を通じて自由におこなわれる。また日英両艦隊は連絡将校を相互に送る。

＊戦時中イギリス政府は、良質のウエストポート石炭を日本艦隊に十分に供給するよう努力する。日本の必要量は毎月二万トンであり、日本は開戦後四か月間は艦隊用のウエールズ炭を貯蔵している。日本はイギリス艦隊の付属船舶に日本炭を供給する。
＊両国は平時から相互主義で軍艦の入渠修理に便宜を与え、戦時下ではこの手続きをさらに簡単にする。

概要はこのようなものであった（池田清『日本の海軍』上）。

日露戦争は二国間の戦争に終始したため、極東海域で日英の両艦隊が協同作戦をとる事態は生じなかったものの、戦前・戦中を通じて、日本海軍がイギリス本国と海軍から多大な恩恵を受けた。またこのような協同作戦の方針策定を可能にした条件として、日本海軍がイギリス海軍に対して、その極東版というべき艦隊構成をもっていた共通性があげられよう。

秋山真之による戦略思想の体系化

さて山本は、このような軍備の拡張・同盟関係の形成にあたって、その裏付けとなる明確かつ体系だった海軍戦略の形成をいかに行っていたであろうか。

彼は日清戦争の開戦前から、日本海軍部内で流行していたマハンの「制海権」についての論説に触れ、その重要性を認め、日清戦争の戦略樹立を通じてそれを日本の国家戦略の柱とした。山本はその後もこの「制海権」に基づく海軍戦略を重視し、第一期及び第二期の海軍拡張に関する説明においても冒頭で「夫《そ》れ海軍主要の目的は、海上の権を制するに在り」と述べている。この「海上権」(制海権)に基づく戦略発想が山本権兵衛の世界観をなしたことは、海軍大臣時代の閣議や議会等での発言でしばしばこの言葉があらわれることからも、容易に推察できる。そして山本は、この制海権に基づく戦略思想を日本独自の体系に発展させることを意図して、発想について、有為な二人の少壮士官をその任に当たらせた。その二人こそ、アメリカに留学した秋山真之と、イギリス・アメリカに留学した佐藤鉄太郎《さとうてつたろう》であった。佐藤は主として国家戦略、秋山は主に海軍戦術論を研究して、それぞれ帰朝後に部内で卓越した戦略・戦術家としての名声を博するにいたる。

秋山真之

まず佐藤は国防問題の研究を目的として明治三十二(一八九九)年にイギリスに派遣され、その後三十四(一九〇一)年十二月までアメリカに駐在した。彼はマハンの著書の愛読者であり、滞米中は特にマハン研究に努めた。帰朝後は三十五（一九〇二）年七月まで海軍大学校教官となり、山本海相の命によって『帝国国防論』を執筆・刊行した。佐藤はマハン理論を日本が置かれた地政学的・戦略的状況に適合させることで、日本独自の海洋国防ドクトリンを再構築したが（麻田貞雄『両大戦間の日米関係』）、山本が同年十月にこの書を明治天皇に奉呈したことによって、同書は海軍の公式な戦略理論という位置づけを与えられ、後年に至るまで海軍士官の教典的存在となった。

マハンから海軍戦略・戦術について個人的に教えを受けた人物として、秋山真之（当時大尉、のち中将）の名は有名である。

一方、海軍の派遣留学生の一員に選ばれた秋山は、当初アメリカの海軍大学校への留学を希望したが容《い》れられず、マハンをニューヨークの私宅に数度訪れ、海軍戦略や戦術の研究方法について助言を得るとともに、翌年に発生した米西戦争を観戦武官として実地で見学することで知見を深めた（島田謹二『アメリカにおける秋山真之』）。

秋山は帰国後、海軍大学校教官として「海軍戦術」と「海軍戦務」を講義したが、その成果は「海軍基本戦術」「海軍応用戦術」として体系付けられて纏《まと》められた。詳細は筆者の編集による『秋山真之戦術論集』（中央公論新社）にゆずるが、「海軍基本戦術」は艦隊の編制について、一人の指揮官の下で協同動作させる限度は二個戦隊であり、単隊であれば丁字の陣形、複隊であれば乙字の陣形によって敵艦隊を撃滅するという方針を打ち出している。これは日露戦争開戦直前に秋山によって策定された「連合艦隊戦策」にもそのまま採用された。「海上権」（制海権）の思想に立った海軍戦略、ひいては国家戦略を体系付け、また海軍戦術を樹立することを目指した山本権兵衛の意図は、佐藤の『帝国国防論』と、秋山の「海軍基本戦術」などによって結実したとみてよい。

東郷平八郎の抜擢と山本の勝算

東郷平八郎

以上に見るとおり、山本権兵衛は有能な人材を登用し、かつ海軍の制度や組織、艦船や兵器、教育等のあらゆる面で創設や改革を重ね、かつ強力な同盟国を得ながら、十年間でロシア海軍に十分対抗し、これを打破しうる海軍を育成していった。これはロシア海軍を仮想敵とした遠大な構想に基づく、きわめて時宜にかなった措置であったといえよう。

そして最後に、日本艦隊の戦闘におけ

る最高指揮官として東郷平八郎《とうごうへいはちろう》を抜擢《ばってき》したことは、彼が卓越した人物眼の持ち主だったことを示す、最大のエピソードといえる。すなわち山本は日露開戦間近の明治三十六（一九〇三）年十月、舞鶴鎮守府《まいづるちんじゅふ》司令長官であった海軍中将東郷平八郎を、それまでの日高壮之丞《ひだかそうのじょう》中将に代えて常備艦隊司令長官に就任させたのである。そして同年十二月に常備艦隊の編制は解かれ、三十六年度戦時編制に準拠して第一・第二・第三艦隊が編成されると、そのうち第一・第二艦隊によって連合艦隊が編成され、東郷中将は連合艦隊司令長官兼第一艦隊司令長官に補せられ、日露戦争中の連合艦隊の指揮をとることになった。

当時の東郷は病気がちで、特に武勇識見が高く評価されていたわけではなく、この舞鶴鎮守府長官を最後に予備役に編入されるという観測も一部で行われていたが、山本は東郷が物に動じない性格であり、かつ日清戦争時の「高陞号《こうしょう》」撃沈時に見せた国際法への通暁ぶりなどを評価し、常備艦隊長官に推挙したのである。円満さに欠け軍令部の意見に従わない荒武者型の日高に代え、自重型の東郷を司令長官に抜擢し、その補佐役として、当初は頭の回転の速い島村速雄《しまむらはやお》、ついで機略に富む加藤友三郎《かとうともさぶろう》を参謀長に配し、独創的な戦術家秋山真之を作戦参謀に置いた、山本の絶妙な人事であった（池田清『海軍と日本』）。

山本は目前に迫った戦争について、どのような勝算を持っていたのであろうか。前出の通り、明治三十七（一九〇四）年二月四日の御前会議で対露開戦が決定したが、この席上においてアメリカのルーズベルト大統領とハーバード大学で同窓であり、個人的に親交のあった金子《かねこ》堅太郎《けんたろう》のアメリカ派遣もあわせて決定した。
金子は出発にあたって、参謀本部次長の児玉源太郎と山本権兵衛に会って戦争の見通しをそれぞれ尋ねているが、両名の返答は次のようであった。

児玉：私としては、どうしても勝利を得る見込みがないから、もし露軍一万の兵を出兵するなら、わが軍三万の兵をこれに当らしめ、要するに三倍の兵力をもって最初に敵軍の士気を挫《くじ》き、その心胆を寒からしめようと思う。まあ今のところは五分五分だから、私はこれを四分六分にしようと、今日まで三十日間赤毛布にくるまって参謀本部内で起居して苦心している。そこで五度は勝報、五度は敗報の電報を受け取る覚悟でいてくれ。また、今折角苦心しているとおりにうまくいけば、勝敗の報六と四の割合になろう。

山本：まず日本軍艦は半分沈没させる覚悟だ。それでも勝利を得ようと、良策を案じている。それ以上君に話すことはできない。

ここでの山本の説明は簡略であるが、きわめて率直なものであった。これに先立つ一月十二日の御前会議においては、当日病気で欠席した桂太郎首相に代わって山本海相が内閣を代表して陳述を行った。彼は対露交渉の経過の大要を説明した後「対露交渉を断絶し、我国自衛上必要の行動を執るの已むべからざるの時機に到達せるを感ずる所以なり」と述べた後、軍事行動の大方針として次のように述べている。

我陸海の軍備は今や、その大部分の充実準備成りて、何時《いつ》にても発進可能なり。翻《ひるがえ》って露国の軍備を見るに、其の海軍は既に東洋に派遣せるもののみにて、わが全海軍と伯仲《はくちゅう》し、本国その他に在《あ》るものを合するとき、我に倍する以上の勢力を保有す。是れ彼が我を軽視する所以《ゆえん》ならんか。故に一旦事あるに至らば、我海軍は先《ま》ず東洋に在る敵艦隊を撃滅し、而《しか》して後、彼の本国より別の艦隊を送遣し来る場合は之《これ》を邀撃《ようげき》する等、即ち敵の勢力を各艦隊個々に撃つの戦略を用いる所存なり。陸軍亦《また》同様なり。露国は我に比し多数の軍団を有しおるもその送兵は悉《ことごと》く単線鉄道によらざるを得ず。依《よ》って我は彼の集団個々にこれを撃滅すべき方略を採り、先ず満洲に在る敵の陸軍を撃滅し、漸次戦勢を進めるの戦略を採用するならん。斯《か》くの如くせば、冀《こいねがわ》くは陸海共に、其の目的の達成を期すべきなり。（海軍大臣官房編『山本権兵衛と海軍』）

金子に対して山本が説明した見通しは、十全な自信はないもののロシアの極東艦隊・ヨーロッパ水域の艦隊それぞれに対して決戦を挑めば何とか勝機は見いだせるというものであり、これがまさに海軍の戦略方針であったことがわかる。

山本の掲げたこの戦略は、当時の日露両海軍の戦力の現実に即したものであった。開戦時の日本海軍の全勢力が戦艦六隻以下計五十隻（ただし駆逐艦以上）、総トン数が約二十三万三千トンであったのに対して、ロシアの海軍力は百三十隻（同）、総トン数約六十万トンと二倍の戦力であったが、太平洋艦隊の勢力は戦艦七隻をはじめ計五十七隻（同）、総トン数が約十九万三千トンでほぼ拮抗《きっこう》していた。したがって、将兵が訓練を重ねて術力を向上し、戦略・戦術それぞれの指揮が適切であれば、日本海軍の勝算は十分に存在したのである。

〈コラム　削除された「きっと勝ちます」〉

政府の日露戦争開戦決意を受けて、海軍大臣山本権兵衛は、連合艦隊司令長官を東郷平八郎と決めた。対露戦争は、全世界注視の中で行われるため、山本は、イギリス生活が長く、国際法に明るい東郷を必要としたのである。

明治天皇もこの人事には注目していたため、山本に対して「遣《や》るに就《つい》ては誰を艦隊長官に補すべきか」と尋ねられた。これに山本が「海軍中将東郷平八郎を推し奉る」と答えたところ、ただちに「東郷を召せ」とのことで、急遽《きゆうきょ》山本大臣と東郷は宮中に参内した。このとき明治天皇は、東郷に向かって、「必ず勝てるか」と聞いた。東郷は、即座に「きっと勝ちます」と答えた。天皇はこれを聞いて、「この度は一に卿を煩わすにつき、努力すべし」と言葉をかけた。

当時大本営人事部員であった千秋恭二郎《せんしゆうきようにろう》少佐は、昭和二（一九二七）年に『日露戦争小話』（私家版）を刊行し、この逸話を書いたが、完成直後に、明治天皇の侍従武官であった有馬良橘《ありまりようきつ》大将から、東郷長官の「きっと勝ちます」の言葉は削除していただきたいとの申し出があり、出版を止めて、訂正の後に発行となった。しかし、千秋は不満があり、この件を別紙として添付し配布した。東郷の必勝の信念を示す言葉の、何処がいけなかったのか、疑問である。

第二章　実戦に臨む日本海軍と〝丁字戦法〟

第一節　基本戦策〝丁字戦法〟の誕生

ロシアの対日戦策を窺う軍令部

海軍軍令部は、開戦になった際にロシア海軍が採ると予想される作戦の内容に関してかねてから分析を行っていた。明治三十六（一九〇三）年十二月十五日に海軍軍令部長伊東祐亨《いとうすけゆき》大将は、私信をもって東郷平八郎《とうごうへいはちろう》に大要以下の内容の文面を寄せた。

「一、すべての艦隊を旅順口に集中して、ロシア艦隊を誘《おび》き出し、なるべく有利な海面をえらんで敵艦隊を奔走せしむるの戦策を採るべし。ロシア艦隊は石炭補給の関係から朝鮮の南岸までは来ないと思われる。

二、ウラジオストックに在泊の敵艦隊は巡洋艦四隻、駆逐艦六隻でウラジオを根拠地として、高速力を利用して小樽《おたる》、函館《はこだて》近くを脅かし、我が艦隊の勢力を割こうという作戦を採るであろう。

三、時機をみてロシア艦隊はウラジオ、旅順艦隊の連携を定め、大挙してわが艦隊に当たってくるであろう」

このような趣旨の作戦と見通しである。これに対して東郷は私信で「容易に出て来ないと思われる旅順《りょじゅん》の敵艦隊に対してのわが戦略は次の通りである」と返している。

「①牙山《がざん》を艦隊の根拠地とし、巡威島錨地《じゅんいとうびょうち》を駆逐水雷艇隊の根拠地として、この間には海底電線を敷設して連絡する。②つとめて頻繁に偵察艦を出すことはもちろん、ときどき威力偵察を行ない敵を誘い出す。③それでも出て来ない時には陸軍を朝鮮に派遣する。④このようなことを繰り返しているうちに敵艦隊もついには出て来るものと予想する。この時、艦隊を巡らのため分離しているのは甚だ不利であるが、これは相当の注意を払えば多くの勢力を集合することも出来ようし、駆逐艦を夜間襲撃させるという考えもあろう」、「右はまず開戦の布告があってから艦隊の行動を起こす計画だが、廟議《びょうぎ》でいよいよ開戦と決まれば、敵があまり警戒しないうちに駆逐隊を八口浦《はっこうほ》まで派遣しておいて敵の動静を探り、旅順港外に碇泊《ていはく》しているもの、もしくは大連湾《だいれん》に在泊するものがあれば、これを急襲して開戦の布告に代えることが上策と考える。また豊橋を旅順口に沈没せしめて敵の出口を防ぐというような奇策であろう。敵艦隊と決戦することになれば、我が方の戦策は三十三年に特命検閲の際上答したものと大差ないものでよい」（以上、『極秘明治三十七八年海戦史』、現代語訳はいずれも篠原宏氏による）

この東郷の構想を見ると、旅順口外での敵艦隊への奇襲攻撃、あるいは旅順口の閉塞《へいそく》作戦の実施など、開戦冒頭に実施された作戦の内容がすでに固まっていたことがわかる。

旅順港急襲のタイミングはいつか？

明治三十七（一九〇四）年一月九日、連合艦隊は臨戦準備に入った。各艦は、巡航用に二昼夜分の和炭のスペースを残して戦闘用のイギリス炭を満載し、糧食等の需品を搭載するなどの作業に入った。十日には、全艦艇に対し船体外面及び搭載艇を鼠色に塗るように命令された。同時に通信連絡の迅速化を図るために、逓信省《ていしん》の電線敷設船「沖縄丸」を使用して佐世保《させぼ》と韓国八口浦（朝鮮半島南西部）間に海底電線を敷設する作業を極秘のうちに開始した。

一月十七日、海軍軍令部参謀の財部彪《たからべたけし》中佐が海軍大臣と軍令部長の意向を受けて佐世保に東郷長官坐乗《ざじょう》の「三笠」を訪れ、日露交渉の経過と作戦方針とを伝えた。東郷長官は事態の切迫を感じ、二十日には改めて一昼夜分の和炭のほかは英炭の満載、防寒装備の徹底、更に十二時間以内に復旧できない機関の手入れを禁じたほか、艦隊乗員に対しては佐世保市外に出ることを禁じた。

二月三日になると、芝罘《チーフー》の森義太郎《もりよしたろう》中佐より「露国戦艦六隻、巡洋艦六隻、水雷敷設艦二隻当日午前十時旅順港を出発し行方不明なり」との電報が入った。このため、直ちに駆逐隊による佐世保湾口の警戒を開始した。これと同時に海軍軍令部の山下源太郎《やましたげんたろう》大佐が、かねて準備の開戦の大命を収めた封緘《ふうかん》命令を携えて汽車にて佐世保に向かった。

翌四日、東郷長官は、艦隊に対して即時待機を命じ、各司令官及び艦長を「三笠」に集めて戦機の迫ったことを伝えた。そしてこの日東京で開かれた御前会議によって、ついにロシアとの国交断絶が決せられた。五日に山下源太郎大佐が佐世保に到着し、同日軍令部から午後五時に、命令書開封の電報が届いた。

東郷は更に開戦直前の明治三十七（一九〇四）年一月三十一日、最終的な意見書を伊東海軍軍令部長に提出し、「一令の下、第一第二駆逐隊をして旅順口港外敵艦隊を襲撃」させるという開戦第一撃の作戦を明らかにした。

伊東海軍軍令部長は直ちに山本海相と協議の上これを承認し、軍令部次長伊集院五郎《いじゅういんごろう》が細部の打ち合わせを行った。このとき、この旅順港攻撃が開戦発令後何日目に決行されるかが問題となった。伊集院次長は、国交断絶の通知後間髪を入れずに攻撃を敢行することを要望した。これに対して東郷長官は戦術的な観点から「旅順港急襲は発令より第二日の夜より翌朝黎明迄《れいめいまで》の筈《はず》」、ただし天候にもよる、という意向を表明した。最終的には東郷長官の戦術的判断は退けられ、政治的判断により「ロシアに対する最後通牒《つうちょう》の通達と同時に連合艦隊に対する発進の命令を下す」という結論になったのである。

ロシア側の海軍作戦計画

日本が対露交渉と対露作戦に腐心していたころ、ロシア側も対日作戦を策定していた。これは、一九〇三（明治三十六）年太平洋海軍作戦計画と名付けられた。これは、ウィトゲフト少将の策定したもので、一九〇三年四月二十日付けで決定されていた。これは三号からなり、一号は基本作戦計画からなり、日露の武力衝突は必至の状況にあることを述べ、日本駐在の露国海軍武官の報告を交えて、開戦が、日本の攻撃によって始められるであろうこと、日本の上陸軍は輸送機関が不備な朝鮮で相当な困難に遭うであろうこと、などを分析した後、ロシア海軍の作戦目的を、次のように進めていた。

〔一〕旅順を根拠地として黄海及び朝鮮海域の制海権を掌握する。
〔二〕朝鮮西部に対する日本軍の上陸を阻止する。
〔三〕ウラジオストク艦隊によって日本艦隊を牽制《けんせい》する。

更に、万一日本軍が朝鮮上陸に成功した場合は、日本艦隊を捜索撃滅して海上交通を遮断することと、としていたが、日露海軍の勢力比較から旅順から離れることは禁じ、「我が海軍作戦終局の目的を達成せんとせば、できうる限り永遠にその海軍勢力の保存にこれ務め、以《もっ》て黄海《こうかい》の制海権掌握を持続し、絶えず敵の上陸を威嚇するにあり」とした。二号は戦時における太平洋方面の海軍力の配備を示し、三号では出師準備と指揮官について指示していた。

当時の駐日露国海軍武官ルーシン中佐は、刻々と日本海軍の状況を報告していたが、中でも、艦隊の訓練が目に見えて激しくなったこと、これに従って臨時航海費など五〇万円が支出されたことなどに注目していた。明治三十七（一九〇四）年一月十三日（日本暦）の同中佐の報告には、日本政府が約四十隻の船舶を雇い入れ、約三万トンを海軍用、約九万トンを陸軍用に当てたことを報じた。この量は、一時に二個師団を輸送できるものであるが、日本が豪州、ボンベイ、欧州、米国航路を停止したことを考えると、一週間以内に更に二個師団を運べる船を集められるであろう、と日本の臨戦準備を伝えていた。当時のロシアの兵員輸送力は、一昼夜に三列車のみであった（ロシア海軍軍令部『千九百四、五年露日海戦史』）。ルーシン中佐の目には、日本は既に開戦を決意しているように見えていたのである。

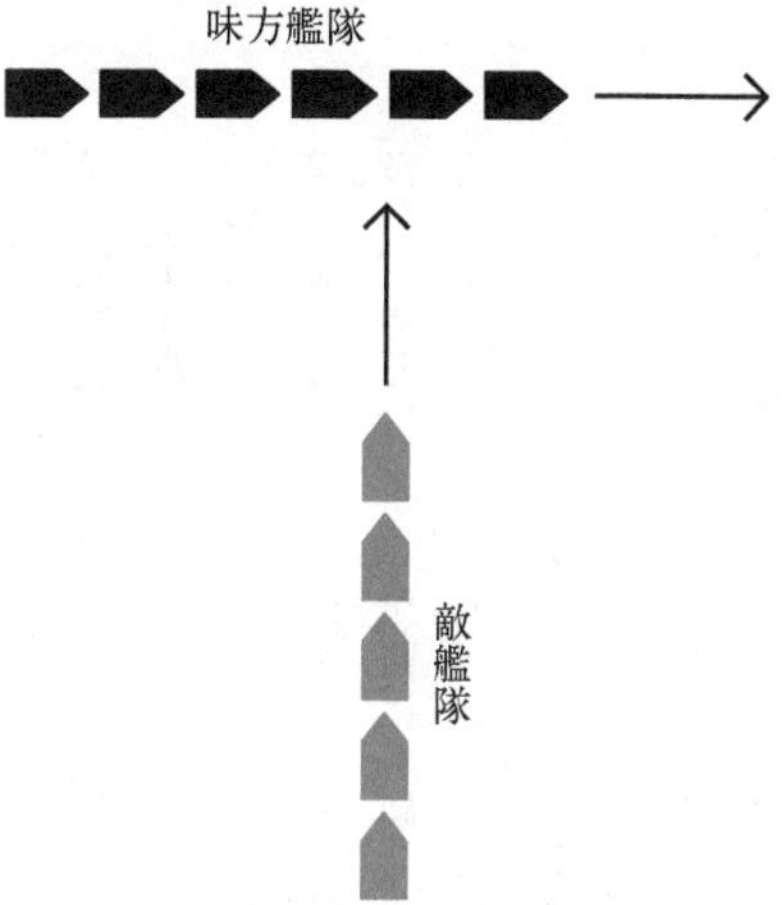

「丁字戦法」の基本概念図

基本戦策〝丁字戦法〟の制定

日本海軍では戦闘時における各部隊の行動を「戦策」として定めていたが、東郷長官は、明治三十七（一九〇四）年一月九日、ロシア艦隊との決戦構想を纏《まと》めた「連合艦隊戦策」を指揮下の各指揮官に示した。

この「戦策」は、東郷の司令長官への発令とほぼ同時に、海軍大学校兵術教官から連合艦隊作戦参謀に転じ、やがて首席参謀に昇格した秋山真之《あきやまさねゆき》の起案したものである。そこでは以下のように明記されていた（適宜漢字をひらがなに変換し、送りがなや句読点を補った）。

第一戦隊は最も攻撃し易き敵の一隊を選び、その列線に対して左記の如く〔図は省略〕丁字を画《えが》き、なるべく敵の先頭を圧迫する如く運動し、且《かつ》臨機適宜の一斉回頭を行い、敵に対し丁字形を保持するに力《つと》めんとす。

第二戦隊は、第一戦隊の当たれる敵を叉撃《さげき》または挟撃するの目的をもって敵の運動に注意し、あるいは第一戦隊に続航し、あるいは反対の方向に出て、左図に示すがごとくなるべく第一戦隊とともに敵字をえがくの方針をもって機宜の運動をとり、わが両戦隊の十字火をもって敵を猛撃するに努むるものとす。

丁字戦法とは本来、六九ページの図のように敵の艦隊の前方に味方艦隊を置くように運動するもので、この隊形の特長として敵の艦隊は前方の砲しか戦闘に参加できないのに対して、味方の艦隊は前後にあるすべての主砲が発射可能になる。

ただしこの陣形によって、両軍の攻撃力に大きな差が生じることは敵側にとっても明らかである。そして敵がそのような不利な陣形に陥ることを防止するべく運動を行えば、両艦隊が同一方向に並航して戦闘を行うか（並航戦）、あるいは反対方向にすれちがう艦隊同士の戦闘（反航戦）となる可能性が大きいであろう。そのときには敵艦隊との戦闘距離を自艦隊が有利であるように保持するため、適宜回頭動作を行う。かつ、自軍の一艦隊が丁字戦法（あるいはそれに近い形）で戦闘を行っているときに、自軍の他の艦隊が同一の敵を反対側から攻撃する「乙字」戦法をとる（先に第二戦隊の戦策において登場する敵の陣形）。

この「戦策」に基づき、連合艦隊旗艦「三笠」をはじめとする第一戦隊が実施する丁字戦法、また第一戦隊に第二戦隊が加わって実施する乙字戦法がそれぞれ、日本海軍の基本戦術としてここで初めて定められたのであった。

謎につつまれた戦法考案者

さて、この丁字戦法を連合艦隊戦策として定めたのが秋山であるとして、この戦法自体はいつ、誰によって考案されたものだろうか。「丁字戦法は秋山真之の考案であり、それを採用した東郷艦隊は日本海海戦で大勝をおさめた」という説が長いこと流布されてきたが、北澤法隆氏の調査によれば、すでに明治三十三（一九〇〇）年春の大演習時に策定された戦策で、「我が広正面（舷側《げんそく》の方向）を敵の狭正面（艦首あるいは艦尾の方向）に当てて掩撃《えんげき》（集中的に攻撃）する」という戦法があることが、防衛省防衛研究所図書館の所蔵史料「公文備考」に明記されている（北澤法隆「日本海海戦　研究最前線」）。

一方で、海軍大学校教官として秋山の前任者であった山屋《やまや》他《た》人《にん》中佐（のち連合艦隊司令長官、大将）が「円戦術」というものを考案して大学校で講義しており（藤井茂『山屋他人』）、これが丁字戦法の基礎となったという説もあるが、秋山自身は、丁字戦法と円戦術は、全く異なる性質の戦術であると明言していた（戸髙一成『秋山真之　戦術論集』）。

また海軍史家の野村實《のむらみのる》氏は、連合艦隊戦策への丁字戦法・乙字戦法の採用者が東郷平八郎であったと推定した。東郷は山屋が円戦術を考案したときの海軍大学校長であったことから山屋の研究経過をよく理解しており、また乙字戦法についても、一八〇五年のトラファルガー海戦においてネルソン提督率いるイギリス艦隊が、フランス・スペインの連合艦隊に対して自国艦隊を二分してあたり勝利した例に類似しているが、青年時代に七年間イギリスに留学して海軍関係の教育を受けた東郷は当然この事例を学んでいたはずである。野村氏はこのような推定から、発令者の東郷自身が秋山に連合艦隊戦策中に丁字・乙字戦法を明記させたと主張している（野村實『日本海海戦の真実』）。

当時イギリス海軍でも、フィッシャー提督などが丁字戦法を提唱していたことから、あるいはイギリス海軍から導入されたものかもしれない。結局のところ、丁字戦法の考案者は今に至るも明らかとはいい難いのである。

「机上の理想論」だった丁字戦法

丁字戦法については以上のように、考案者や戦策への採用者が判然とせず、海軍史研究者の間でも多種多様な説が存在する。ただし、日本海軍の艦隊戦術において丁字戦法が、一つの体系だった戦闘方法として現れたのは、明治三十六（一九〇三）年に海軍大学校で戦術教官であった秋山真之少佐が講述した「海軍基本戦術」においてであることは間違いない。

秋山は艦隊の戦闘において双方が一列（単縦陣）をとっている場合は、丁字戦法を採るのが適当であるとして、以下のように述べている。「各交戦地に於《お》ける兵力の優なるものは勝つべきこと。優勝劣敗の示す所にして、吾人は此原理に依り我兵力を以て奇襲を敵の先頭に加ふるにあり。即ち之《これ》を丁字戦法と云ふ」。

もっとも、敵味方が互いに全速力で移動し砲火を交えるような実際の戦闘時には、艦隊陣形が正に丁字をなすことは大きな困難がある。秋山もこの点は十分認識しており「丁字は正しく丁を画き得る場合甚だ稀《まれ》なり。必ずしも正しき丁字たるを要せず。イ字となるを妨げず」と述べて、敵味方の針路の交差角が九十度に満たない陣形でもよしとした。しかし丁字、あるいはそれになるべく近い有利な陣形を保持するためには、敵艦隊に対して相当な優速を発揮し、また頻繁に大角度の一斉回頭をおこなえるだけの高度の艦隊運用の練度が必要である。だが現実には、東郷長官以下これを実戦で使った経験のある指揮官はなく、日本海軍は机上の理想論として丁字戦法を戦策に採用せざるを得なかった。このような戦法が実戦でどれだけの威力を発揮できるのだろうか。東郷・秋山らは、開戦六か月を経過した明治三十七（一九〇四）年八月における黄海海戦において、この丁字戦法の困難さを深刻に痛感することとなるのである。

〈コラム　報道記者、苦心の見出し〉

日露戦争は、日本のジャーナリズムを爆発的に拡大した面からも、大きな歴史的意義がある。特に、電信と写真印刷の発達は、ニュースの速報性と画像情報の増加を来たした。しかし、こと海戦のニュースとなると、軍艦に新聞記者が乗っているわけではないので、海軍省からの発表のみがニュースソースとなり、新聞各社は、苦心したようである。

日本海海戦の第一報は、報知新聞の「昨朝対馬《つしま》付近に敵艦隊現れ、我が艦隊これを発見せりとの報、某所に達したりという」（明治三十八（一九〇五）年五月二十八日）で、次いで翌二十九日には、断片的に激戦の様子が伝えられたようだが、まだ詳細は明らかでなく、苦し紛れに出された記事は、同じく報知新聞の「大海戦、大海戦、大海戦、大海

戦、大海戦、大海戦今はただ是だけを言って置く」（五月二十九日）である。おそらく、記者自身が困り抜いた挙句の記事だったのだろう。日本海海戦の詳細が伝えられたのは、翌三十日であり、「大海戦大勝利敵殲滅《せんめつ》」（五月三十日、東京朝日新聞）と題した連合艦隊完全勝利の詳細報道に、日本中が沸きかえったのである。

第二節　開戦から旅順口閉塞作戦まで

開戦と作戦発動の大命が下る

明治三十七（一九〇四）年二月四日、御前会議はついに開戦を決意、陸海軍に対して六日よりの作戦発動を命じる大命が下された。五日午後五時、連合艦隊司令長官東郷平八郎は、発進命令を受けた。これに基づき翌六日午前一時、指揮下の幕僚、司令官、各艦長を「三笠」に集めてこれを伝え、打ち合わせに入った。

このとき第二艦隊第四戦隊の参謀であった森山慶三郎《もりやまけいざぶろう》少佐（のち中将）は後日、「三笠」艦内司令部でこの大命降下が伝えられた瞬間を次のように回想している。

「この瞬間には、私どもは何となく、電気にでも打たれたような、冷水をジャーッと頭から浴びせられたような気分がいたし、ただうつむいたままで、眼からは思わず涙が数滴ハラハラと溢《あふ》れ落ちたように感じた」

しかしそのような悲壮感があたりを覆ったのはほんの一瞬であった。東郷長官が一同に向かって「われわれが今日まで長いあいだ、夜となく昼となく訓練を重ねてきたのは、まさに今日に備えてであった。ここに一同の勇戦奮闘を望み、前途の成功を期して杯を挙げる」と述べ、シャンパンの栓が抜かれた時には、すでにもう歓声湧くというような変わり方であったという（大阪毎日新聞『日露大海戦を語る』）。

翌六日の午前九時、連合艦隊は佐世保鎮守府司令長官鮫島員規《さめしまかずのり》中将以下の見送りを受けつつ出撃した。まさに国運を担っての出撃であった。翌七日に連合艦隊は韓国北西岸の小青島付近に達し、また別働隊として第二艦隊の第四戦隊（巡洋艦「浪速《なにわ》」「高千穂《たかちほ》」「新高《にいたか》」「明石《あかし》」）が仁川《インチョン》に向かった。

第二艦隊の第四戦隊に課せられた任務は、第十二師団の陸兵二千二百人の一部を乗せた運送船三隻を護衛して仁川港に向かい、その上陸を援護することであったが、これに先だって八日朝、仁川港外約六十カイリの地点で仁川に停泊していた巡洋艦「千代田《ちよだ》」と会合する予

艦隊名		戦隊名	艦名（駆逐隊、水雷艇隊）
連合艦隊	第一艦隊	第一戦隊（戦艦6）	三笠、朝日、初瀬、敷島、富士、八島
		第三戦隊（巡洋艦4）	千歳、高砂、笠置、吉野
		通報艦	竜田
		駆逐艦	第一駆逐隊（駆4）、第二駆逐隊（駆4）、第三駆逐隊（駆3）
		水雷艇隊	第十四艇隊（水4）
	第二艦隊	第二戦隊（装甲巡洋艦6）	出雲、磐手、浅間、常磐、八雲、吾妻
		第四戦隊（巡洋艦4）	浪速、高千穂、新高、明石
		通報艦	千早
		駆逐艦	第四駆逐隊（駆4）、第五駆逐隊（駆4）
		水雷艇隊	第九艇隊（水4）、第二十艇隊（水4）
		付属特務艦隊	仮装巡洋艦17
第三艦隊		第五戦隊（装甲海防艦1、海防艦3）	鎮遠、松島、橋立、厳島
		第六戦隊（巡洋艦4）	秋津洲、和泉、須磨、千代田
		第七戦隊（海防艦3、砲艦7）	扶桑、済遠、平遠、筑紫、海門、磐城、愛宕、摩耶、鳥海、宇治
		通報艦	宮古
		水雷艇隊	第一艇隊（水4）、第十一艇隊（水4）、第十六艇隊（水4）
		付属特務艦	豊橋、仮装巡洋艦1

艦隊名	所在方面	艦種	隻数	艦名
ロシア太平洋艦隊	旅順 大連	戦艦	7	ペトロパウロフスク、ツェザレウイッチ、レトウィザン、ペレスウェート、ポルタワ、セバストーポリ、ポベーダ
		装甲巡洋艦	1	バヤーン
		巡洋艦	8	パルラダ、ディアナ、アスコリド、ボヤーリン、ノーウィック、ザビヤーカ、ラズボイニク、ズジギート
		砲艦、水雷砲艦	6	グレミヤシチー、アッワージヌイ、ギリヤーク、ボーブル、フサードニク、ガイダマーク
		駆逐艦	18	（ほかに開戦後竣工もしくは就役したもの数隻あり）
	仁川	巡洋艦	1	ワリアーグ
		砲艦	1	コレーツ
	ウラジオストク	装甲巡洋艦	3	ロシア、グロムボイ、リューリュック
		巡洋艦	1	ボカツィリ
		水雷艇	17	

＊ほかに上海及び営口に砲艦各1隻あり

海戦時の日本連合艦隊とロシア太平洋艦隊の編制

定になっていた。

仁川には、六千四百人に及ぶ日本人居留民保護のため、前年の十二月十八日より巡洋艦「千代田」（艦長は村上格一《むらかみかくいち》大佐、のち海相・大将）が停泊していた。同艦は日本の全艦隊が佐世保その他に回航集結したのちも、最後まで国外に残された唯一の軍艦であり、同じく仁川に停泊していたロシア軍艦に対して、まだ日本側が戦闘準備を整えていないと判断させるための囮《おとり》の役割を担っていた。このとき在泊していたロシア軍艦には太平洋艦隊の仁川支隊として巡洋艦「ワリアーグ」・砲艦「コレーツ」があったが、二月五日に日露国交断絶の電報を受けた「千代田」は、この両艦にさとられないように仁川を出港しなければならなくなった。「千代田」は七日の午後十一時五十五分、ひそかに仁川を出港した。この出港で錨を揚げた際に明かりを付けたため、ロシア艦には知られてしまっていたが、妨害を受けることはなかった。

八日早朝、「千代田」はベーカー島沖で、第二艦隊第四戦隊と陸軍の上陸軍を乗せた輸送船団に合流した。ここで第二艦隊瓜生外吉《うりゅうそときち》司令官は、「千代田」艦長村上大佐から仁川港の詳細な状況報告を受け、直ちに仁川上陸を決し、午後二時十五分、輸送船団を率いて「千代田」を先頭に仁川に向かった。

各国が注視する陸兵揚陸

この日、まだ仁川のロシア艦には日露国交断絶の知らせがなかった。しかし、仁川では二月六日より日露国交断絶の噂が流れていた（ロシア海軍軍令部『千九百四、五年露日海戦史』）。この噂を仁川在泊の仏・英・伊などの軍艦から知らされた「ワリアーグ」艦長ルードネフ大佐は、漢城《ハンソン》（京城、現在のソウル）のロシア公使に対して、この噂についてただしたが、「未《いま》だ何等確実なる公報に接せず」との返事であった。ルードネフ大佐は次いで旅順のウィトゲフト提督に対しても電報を発したが何ら返事がなかったため、汽車で直接漢城に赴き、ロシア公使と会見したところ、この一週間何らの通信も受けていない旨を知らされ、おそらく日本側が通信を妨害したものと判断し、漫然と日時を過ごすことを恐れて、直ちに砲艦「コレーツ」を旅順に派遣することに決した。

二月八日午後三時四十分、「コレーツ」は抜錨《ばつびょう》して仁川を出港した。ところがその十五分後、仁川港口で「千代田」を先頭にした日本艦隊と鉢合わせしたのである。「コレーツ」艦長ベリヤエフ中佐は、日本艦隊の針路を避けようとしたが、たちまち「千代田」「高千穂」に針路を阻まれ、やむを得ず仁川に再入港すべく針路を転じた（当時、仁川は中立港であり港の沖合に出ないと交戦はできない）。

国交断絶の報告を受けていなかった「コレーツ」は日本側の水雷艇の接近と「千代田」

「高千穂」が砲戦準備を整えていることを見て、四時四十分湾口で三七ミリ機関砲を二発発射、港内に入った。ロシア側では、この発射は日本の水雷艇が二本の魚雷を発射したためと主張している（ロシア海軍軍令部『千九百四、五年露日海戦史』）。

　この発砲のため、輸送船団は約四十分港外で様子を見た後に仁川に入港し、「千代田」ほかの艦艇はロシア艦と上陸船団の間で警戒に当たった。当時仁川には、英・仏・伊・米・韓の軍艦が在泊中であり、各国軍艦注視の中の揚陸となった。

　揚陸は翌九日午前二時三十分には終了し、輸送船は直ちに港外に出た。瓜生第二艦隊司令官は、谷口尚真《たにぐちなおみ》大尉を仁川に派遣して、仁川の加藤本四郎《かとうもとしろう》領事を介してロシア艦には九日正午までに仁川からの退去を求め、これに従わない場合は同日午後四時以降港内でも砲撃を行うことを通知した。同時に在泊外国艦には万一に備えて泊地を移すことを求めた。

仁川沖海戦の勝利

　九日午前八時三十分、ついにロシア側も外国艦の通信によって日露の国交断絶を知るに至った。ここにおいて、ロシア艦は日本艦隊の封鎖を突破することに決し、もし失敗した場合は自沈することにした。午前十一時三十分、「ワリアーグ」「コレーツ」の両艦は軍楽隊の国歌演奏の後抜錨し、港外に向かった。在泊外国軍艦乗員は、この出撃を整列して送ったといわれる。

ロシア艦は、仁川出港後八尾島北方四カイリで、「浅間」「千代田」「浪速」「新高」「高千穂」「明石」などの日本艦隊と遭遇、午後〇時二十分日本艦隊はロシア艦隊の針路をロシア艦隊の右舷《うげん》方向から押さえつつ、距離七千メートルでまず「浅間」が砲火を開いた。「ワリアーグ」は度々命中弾を受け、うち一弾は艦長を傷つけ、また操舵《そうだ》装置を破壊したため、人力操舵に切り替えて、二隻はかろうじて仁川港内に引き返し、午後一時、「ワリアーグ」は英国巡洋艦「タルボット」の近くに投錨した。

「ワリアーグ」ではルードネフ艦長以下将校によって協議の結果、負傷者を外国軍艦に収容した後自沈することに決し、キングストン弁を開き、午後六時十分その姿を海中に没した。一方「コレーツ」はほとんど損害もなく「ワリアーグ」に続いて帰港し、午後二時に湾内に投錨したが、「ワリアーグ」の自沈決定を知らされて、艦長以下コレーツの対応を協議したが、唯《ただ》一隻の抵抗はいたずらに死傷者を出すのみとの結論に達し、「コレーツ」も自沈することになり、貴重品のみを搬出し、乗員退艦後午後四時五分爆沈の処置をとった。またこの夜、在泊していたロシア商船「スンガリー」も火を放って自沈した。

日露海軍初めての戦いであった仁川沖の海戦はこうして、ロシア太平洋艦隊の仁川支隊の壊滅として幕を閉じたのである。宣戦布告の前日のことであった。海戦の規模は小さかったが、日本艦隊は戦争冒頭でともかくも勝利を収めたのである。

ロシア旅順艦隊への夜襲

さて二月七日に第二艦隊の第四戦隊を仁川に送った連合艦隊は、東郷長官率いる主力の第一、第二戦隊が駆逐隊を随伴して旅順に向かった。当時旅順にはロシア太平洋艦隊のほとんどすべての艦艇が集結しており、旅順艦隊の動向が日本軍の作戦を制約する最大の要因であったのである。そこで連合艦隊は命令第一号として、まず駆逐隊が夜間に闇にまぎれて旅順の敵艦を襲撃し、その翌日に第一、第二戦隊が攻撃を加える作戦を発していた。

八日午後六時、東郷長官指揮の艦隊は旅順東方四十四カイリの円島付近に到着し、第一、第二、第三駆逐隊を旅順に、第四、第五駆逐隊を大連に向けて進撃させた。駆逐隊の諸艦は、艦尾灯のみを点灯して進撃したが、午後十時五十分、旅順口外近くでロシアの駆逐艦が警戒しているのを発見して、艦尾灯も消して進んだ。しかし、このために次々と衝突事故を起こし、隊形は闇の中でばらばらになってしまった。

それでも第一駆逐隊は進撃を続け、九日午前〇時二十分、闇の中に港外停泊中のロシア艦隊を発見した。司令の浅井《あさい》正次郎大佐は距離約千メートルで「全軍突撃セヨ」を下令し、各艦は敵艦に次々に魚雷を命中させて脱出した。このときの夜襲について、第三駆逐隊「東《しの》雲《のめ》」の駆逐艦長であった吉田孟子《よしだたけし》大尉は次のように回想している。

いよいよ港口から四、五マイル離れたところまで来た。前方では、どんどんやっているものだから、うかうかしておるわけにはいかない。速力をうんと出して、旅順へ向かって行くと、初めてサーチライトを浴びた。〔中略〕もうよいだろうというので、やろうと思うとジューンという音がする。ちょうど探照灯のカーボンが燃えるときのような音です。そんな音が聞こえるようなら大分近いわいと思った。それで面舵《おもかじ》を取って発射を命じました。けれどもこれはどの艦であるか確《しか》とわからない。つまり探照灯を照らしておる奴に向かって発射せしめましたが、どの艦ということはよくわからない。何だかいっぱいいるんだから、探照灯を照らしている奴をやりさえすれば中《あた》るという見当でやったものです。（大阪毎日新聞『日露大海戦を語る』）

この第一駆逐隊の突撃から脱出までの時間はわずか十五分であった。分離してしまった他隊も、おのおの独自の判断と行動によりロシア艦を攻撃して脱出、翌十日に仁川に集結した。

この攻撃によって、ロシア側は戦艦「ツェザレウイッチ」「レトウィザン」、巡洋艦「パルラダ」の三隻が損害を受けて行動不能になってしまった。この報告を受けたアレクセーエフ極東太守（総督）は、この事実を信じようとしなかった。彼は旅順が攻撃されることは想像もしなかったために、港外に整列していた艦隊に、水雷防御網の準備もさせていなかったのである。また旅順艦隊司令長官スタルク中将も、日露間の緊張が高まっていたにもかかわらず、防備に関して無関心であった。このような状況下で、クロンシュタット軍港司令官マカロフ中将ただ一人が、旅順艦隊が港外に停泊していることに警告を発していたのであるが、アレクセーエフ総督らに容《い》れられるところとならず、日本軍の奇襲を許す結果となった。のちスタルク中将は責任を問われて旅順艦隊司令長官を罷免され、提督として声望の高いマカロフ中将がこれに代わった。

新鋭艦を揃え、対日威嚇の中心的存在であったはずの旅順艦隊が何らなすところなく損害を被ったことは、ロシア海軍にとって耐え難い屈辱であった。また海軍部内ばかりでなく、旅順の市民の間に大きな動揺が広がったのである。

日中の強行か夜間攻撃か

駆逐隊夜襲の翌日、東郷長官は旅順艦隊の偵察のために出羽《でわ》重遠《しげとお》司令官指揮の第一艦隊の第三戦隊を派遣した。場合によっては敵艦隊を洋上に誘出して決戦を強いる予定であったが、ロシア艦隊は前夜に攻撃を受けた衝撃の動揺が抜けきらず、距離七千メートルまで近づいた

「千歳《ちとせ》」以下の第三戦隊に対し、ついに一発の発砲もなく、全く戦意を見せなかった。このため、東郷長官は改めて全力を集結し、旅順口に向かい、午前十一時五十五分旅順港外のロシア艦隊に対し八千五百メートルの距離から砲撃を行った。約一時間の砲戦を行ったが、ロシア艦隊は旅順の陸上砲台の援護下から動かず、互いにわずかな損害を受けて戦闘は終わった。これ以後、日本側は再度の攻撃を企図したが、陸上砲台と砲戦を行うことの不利を考慮し、連合艦隊はロシア艦隊の行動を封じるため旅順湾口の閉塞を行う作戦の実施を決断した。

本来、この閉塞作戦は開戦前に「三笠」の先任参謀、有馬良橘《ありまりょうきつ》中佐（のち大将、枢密顧問官）によって発案され、当時「朝日《あさひ》」水雷長であった広瀬《ひろせ》武夫《たけお》少佐、連合艦隊参謀であった斎藤七五郎《さいとうしちごろう》大尉（のち中将）、「高砂《たかさご》」砲術長の正木《まさき》義太《よしもと》大尉（のち中将）などと相談の上、東郷司令長官に献策して容れられた結果、開戦前から連合艦隊司令部の腹案として立てられていた。このため開戦時には閉塞用に五隻の汽船「天津丸」「報国丸」「仁川丸」「武陽丸」「武州丸」が準備され、士官以上の人選もすでに完了していたが、東郷の判断で見送られていたものである（有馬良橘伝編纂会『有馬良橘伝』）。

東郷長官によって閉塞作戦の実施が決定されると、「常磐《ときわ》」副長の有馬良橘中佐（作戦実施時は第一艦隊参謀）がふたたび中心となって立案と実施にあたることになった。問題となったのは実施を昼間に強行するか、夜間に行うかという問題であった。旅順港の出入口の航路は狭く、確実に航路をふさぐために閉塞船の自沈場所を選定することは、かなり困難なものと思われていた。しかし昼間に強行すると、突撃前から要塞《ようさい》砲の標的となるばかりでなく、乗員の脱出が困難であると思われていた。結局東郷長官の「閉塞隊員の全員を収容すること」という方針が優先されて夜間攻撃に決まった。

第一回の閉塞計画は二月十八日に発表され、同時に未定であった閉塞隊の下士官兵の志願を募ったところ、直ちに二千人以上の志願者があった。この中から慎重に選抜した六十七名を加え、五隻の閉塞船と、それぞれに一隻の護衛水雷艇を加えて閉塞隊を編成した。

第一回閉塞作戦の失敗

有馬良橘中佐を隊長とする閉塞隊は二月二十三日夕刻に出発、翌二十四日午前〇時三十分に湾口に達し、まず第五駆逐隊を先行させて敵の注意を引き、この間漂泊しつつ機会を窺《うかが》った。午前四時十五分航路に突入したが、すぐに敵砲台に発見され猛烈な射撃を受けた。このため、広瀬武夫少佐指揮の「報国丸」のみが湾口に進入して自沈することに成功したが、他の四隻は港外で撃沈されるか、又は自沈してしまった。作戦は不十分な結果に終わり、敵艦隊が旅順を出入りすることは可能な状態であった。このため翌二十五日、東郷長官は第一、第二戦隊を率いて旅順港に向かい、遭遇したロシア巡洋艦と一時砲戦を行った後、ロシア巡

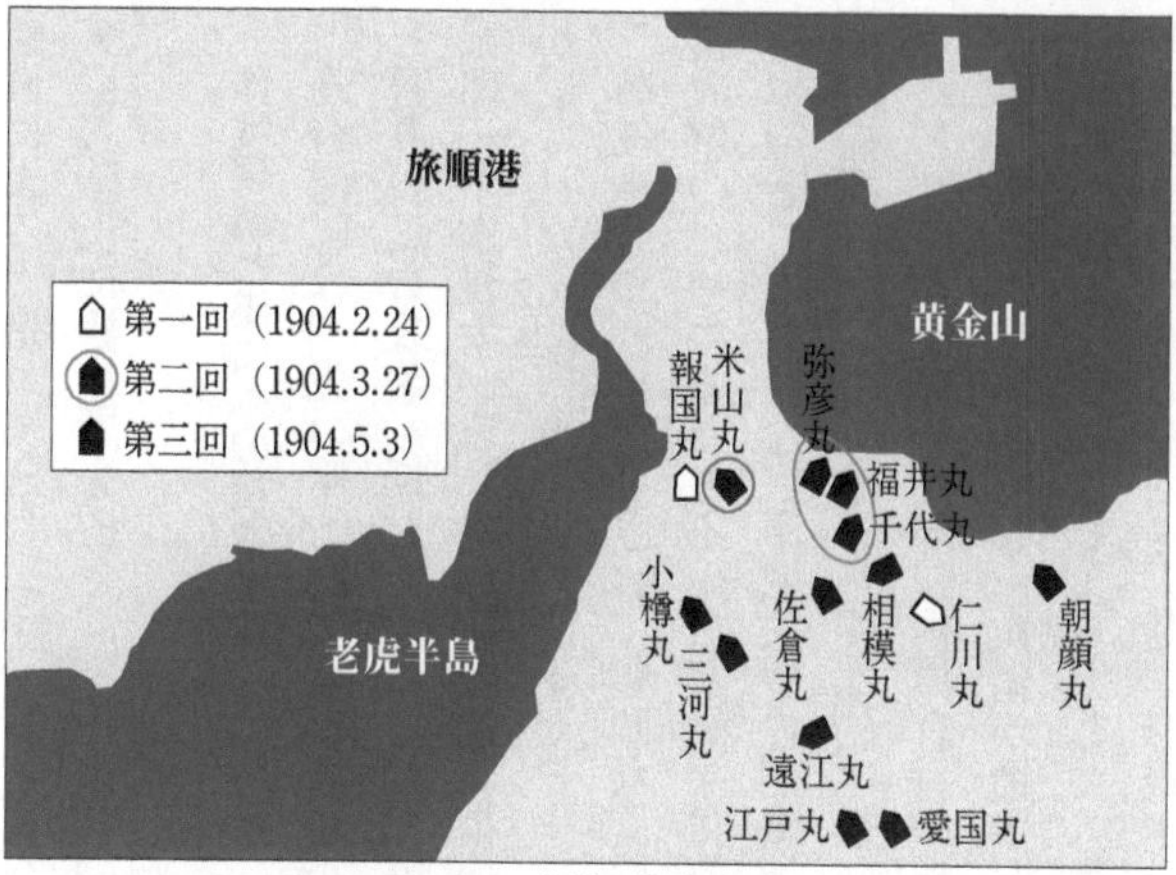

＊各船の位置は閉塞のため自沈させた場所を表す

旅順港口閉塞作戦は不成功に終わった

洋艦が旅順港内に逃げ込んだために港外より砲台と港内に対する間接射撃を行った。この間接射撃は、効果は判明しなかったが、十分に脅威を与えたものと判断された。

　三月十日、第一戦隊は再び旅順港内の間接射撃を行うべく出動した。まず、第二小隊の「初瀬」以下三隻が午前十時八分より砲撃を始め、午後〇時三十分に至り、次いで〇時五十二分より「三笠」以下三隻による砲撃を行い、一時四十六分、予定弾数を打ち終わって帰投した。発射弾数は総計十二インチ砲弾百五十四発であった。この間ロシア艦隊は、港外に脱出しようにも、航路が水深浅く満潮時にしか通過できないものであったため不可能であった。これは戦前から問題とされていながら浚渫《しゅんせつ》を行わなかったロシア海軍指導部の怠慢による。追って三月二十一日、再び第二戦隊による間接射撃を行った。この日は、ロシア側も陸上に観測所を置き、港内より間接射撃を行い、日本艦隊の近くにも弾着があった。

作戦継続と港口への機雷敷設

連合艦隊は、先の第一回閉塞作戦が不十分であったことから、三月十八日、再び決死隊員を募り再度の攻撃を期した。第二回閉塞作戦は三月二十六日、有馬良橘・広瀬武夫・斎藤七五郎・正木義太がそれぞれ閉塞船の指揮官となり、下士官は応募者六千名のなかから五十名が選ばれた。閉塞隊は三月二十七日午前二時、湾口に達して薄もやに隠れて突入を図ったが、三時三十分ついに発見されて猛烈な砲撃を受け、また駆逐艦「レシテルヌイ」の効果的な水雷攻撃のためにまたも不十分な結果に終わった。

軍神として有名な広瀬武夫中佐が戦死したのは、このときの閉塞作戦においてである。広瀬が指揮官として乗船した閉塞船「福井丸」は、探照灯と砲弾の雨をかいくぐって旅順港口にたどりつき投錨したが、指揮官付の杉野《すぎの》孫七《まごしち》上等兵曹が爆薬に点火するため船倉に降りたとき、敵駆逐艦の発射した魚雷が命中してしまった。広瀬はいそいで乗員をボートに移し、仕掛けた爆薬を作動させようとして人員の点呼をしたところ、杉野上等兵曹が見当たらない。広瀬はみずから船内に入り「杉野！」と連呼しながら、三たびくまなく捜したが、ついに杉野の姿は見えず、敵の魚雷命中時に戦死したものと推定された。このときすでに船体は沈没しはじめ、海水が上甲板を洗う状態になっていたため、広瀬はやむなくボートに乗り移って本船を離れた。往路と同様に、脱出するボートに対しても探照灯の光と敵弾が降り注いだ。次の瞬間、広瀬の最期の瞬間が訪れた。そのときの様子は、連合艦隊司令長官東郷平八郎が三月二十七日に天皇に奉呈した報告において、「自ら三度船内を捜索した後、巨弾、中佐の頭部を撃ち、中佐の体は一片の肉塊を艇内に残して、海中に墜落したるものなり」と記されている。

度々の閉塞作戦で満足できる成果が上がらなかったため、東郷長官はさらなる閉塞作戦の継続と、旅順港口に対する機雷敷設を命じた。四月十二日、午後十一時、機雷敷設を命じられた第四、第五駆逐隊及び「蛟《こう》竜丸《りゅうまる》」は、旅順港外に達し、まず「蛟竜丸」が進んで予定位置に至り、十三日午前〇時三十分ごろより作業を始め、十二個の機雷の敷設に成功した。次いで駆逐艦「村雨《むらさめ》」が機雷を積んだ団平船《だんべいぶね》を引い

広瀬武夫

て予定地点に接近、敷設を行った。この日は雨が降り視界が悪く、陸上からは発砲されなかった。このため日本側は、発見されなかったものと信じていた。

マカロフ提督艦、爆沈

四月十三日早朝、旅順港に近づいた第三戦隊は、湾口で味方駆逐艦の帰投を待つロシア海軍巡洋艦「バヤーン」を発見し、砲戦となった。ロシア側は、日本軍が少数であることを見て、マカロフ提督直率の戦艦「ペトロパウロフスク」以下戦艦二隻、巡洋艦三隻、駆逐艦九隻の艦隊で港外に出て来た。これに「バヤーン」以下三隻の巡洋艦が加わり、第三戦隊の追撃に入った。第三戦隊の出羽司令官は、「敵主力艦隊港外に有、我今之と砲戦中」との電報を打ちつつ洋上に誘い出した。勢いに乗って追撃を行っていたロシア艦隊も、出羽司令官の電報で急遽《きゆうきよ》駆けつけた第一戦隊を見て、午前九時十五分反転して帰途についた。しかし、すぐには港内に入らず、港外で日本艦隊を砲台の射程内に誘うような運動に入った。

十時三十二分に、ロシア側にとって一大事態が突発した。先頭を航行していた戦艦「ペトロパウロフスク」が突然、大爆発を起こして瞬時に沈没したのである。これは前述の日本軍が敷設した機雷によるものであり、続く戦艦「ポビエタ」も触雷してしまった。ロシア艦は、これを日本軍の敷設した機雷によるものとは考えず潜水艇に攻撃を受けたものと信じ、海面を乱射した。「ペトロパウロフスク」の爆沈は、魚雷、砲弾の誘爆と最後にボイラーの爆発が致命傷になったもので、このとき太平洋艦隊司令長官マカロフ提督は艦と運命を共にすることとなった。

この機雷敷設については、駆逐隊の中にも「ロシア艦隊の行動に規則性がある」と感じて機雷の敷設を考えた者があると言われているが（有終会『懐旧録』第二集）、作戦自体は第二戦隊の「吾妻《あづま》」艦長藤井較一《ふじいこういち》大佐の発案になるものであるという。藤井は、マカロフの坐乗するロシア軍艦が常に同一の航路を通過していることに気づき、その航路への機雷敷設を具申し、実施に移されたのであった。それが日本側にとって幸いしたといえる。

第三回の旅順閉塞も失敗

戦死したマカロフの後任である太平洋艦隊司令長官にはアレクセーエフが任命され、四月十四日戦艦「セバストーポリ」に着任した。四月三十日、ロシア側は現在の太平洋艦隊を太平洋第一艦隊とし、新たに極東に派遣する艦隊を太平洋第二艦隊と称することを発表した。アレクセーエフはこの太平洋第二艦隊到着まで積極作戦を一切禁止して、旅順の要塞の中に立て籠《こも》ることを基本方針とした。このため軍艦から小口径砲を取り外して要塞強化のために陸軍に提供してしまった。五月四日、日本陸軍が塩大墺付近に上陸した知らせを聞いたアレクセーエフは、自らが奉天《ほうてん》と遮断されることを恐れて、艦隊の指揮を後任のウィトゲフト少将に任せて奉天に脱出してしまった。

「ペトロパウロフスク」爆沈後も、東郷長官は更に攻勢を強める必要があると考え、また先の二回の閉塞作戦の結果をも考慮して、閉塞船を一気に十二隻に増加した第三回の閉塞作戦を行うことを決断した。このため参加将校は、四月二十七日駆逐艦に分乗して突入地点を事前に確認した。閉塞隊は、五月二日夕刻出撃したが、途中荒天のために総指揮官林三子雄《はやしみねお》中佐は突入を中止することに決したが、発光信号による連絡が十分に伝わらず、四隻が中止、突入できたのは八隻のみという結果に終わった。また突入した八隻も、荒天のために予定地点に達したものはなく、かつそのうち四隻の乗員がすべて消息を絶ち、八隻の乗員百五十八名中の生還者わずかに六十三名という大きな損失を被った。

　この第三回の閉塞作戦も失敗であったが、東郷長官は大本営に対して、「閉塞の目的を達した」と報告した。これは、陸軍の第二軍が旅順港の閉塞の成功を確信して、連合艦隊からの報告を待たずに大連付近の上陸地点を目指して既に鎮南浦《ちんなんぽ》を出港していたために、閉塞の失敗を伝えることにより大きな混乱が予想されたためであったと考えられる。

味方の触雷沈没という誤算

ウィトゲフトは第二軍の上陸阻止には出撃しなかったが、約十二隻の駆逐艦が作戦に耐える状況にあった。このため、東郷長官は旅順口監視兵力を増加した。これに先立って、五月五日、旅順におけるロシア側の司令官、艦長会議において、機雷敷設艦「アムール」に対して湾口防御のために速やかに機雷を敷設することが求められた。「アムール」艦長イワノフ大佐は、この会議の結論が、単に機雷の敷設を指示したのみで、その場所などについては示さなかったので、日頃から考えていたことを実行に移すことにした。それは、日本艦隊の哨《しょう》戒《かい》コースが一定であることから、このコースに機雷を敷設しようということであった。ウィトゲフト長官は、当初公海上に機雷を敷設することについて難色を示したが、結局湾口より八マイルの地点に機雷を敷設することを許した。

五月十四日午後三時二十五分、「アムール」は機雷五十個を搭載して駆逐艦六隻の先導で出港した。間もなく予定地点に達したが、イワノフ大佐は独断で更に進み、湾口より十ないし十一マイルの地点に進み、午後三時五十分から四時三十五分の四十五分間で五十個の機雷を敷設し終わった。

日本艦隊がマカロフ中将坐乗の「ペトロパウロフスク」と同様に、常に同一の航路を取っていたことの失敗はたちまち明らかとなった。五月十五日、午前一時三十分頃、旅順港外にあった第三戦隊の「春日《かすが》」は、暗夜の中で先行艦「吉野《よしの》」の左舷に衝突、同艦の水線下を衝角で突き破り、「吉野」は間もなく沈没してしまった。同じく、旅順港の直接封鎖を目的とした出羽第一艦隊司令官指揮の「初瀬」「敷島《しきしま》」「八島」「笠置《かさぎ》」「竜田《たつた》」は、同日午前十時五十分旅順港外老鉄山《ろうてつさん》に達した。このとき先頭艦「初瀬」は突然触雷、続いて「八島」も右舷に触雷、「初瀬」は更に触雷して爆沈してしまった。「八島」はかろうじて遇岩《ぐうがん》まで徐行した後、午後五時四十分過ぎに沈没した。連合艦隊はこの前日（十四日）には水雷艇四十八号と「宮古《みやこ》」を触雷で失い、十五日には事故で「吉野」を、触雷で「初瀬」「八島」を失い、翌十六日には「竜田」が座礁し、また十七日には事故で「大島《おおしま》」を、触雷で「暁《あかつき》」を喪失するという、まさに最悪の時期であった。

第三節　黄海海戦の苦い教訓

出港するロシア旅順艦隊

五月二十七日、ウィトゲフト長官は、司令官、艦長会議を開き、今後の艦隊の方針について協議した。この折の議題となったのは、次の三件であった。

〔一〕敵線突破の準備出来次第ウラジオストクに向け出港するの可否。

〔二〕出動準備完成するを待ちて外海に出て敵を求めてこれと交戦するの可否。

〔三〕状況の許す限り港内錨地に止まりて、旅順の防御戦に参加し、しかる後外海に出て敵と交戦するの可否。

これに対する結論は、基本的にはウフトムスキー少将の、「我が艦隊が出動せる後ウラジオストクに向けて強行回航するべき時期は、我が海陸軍の協同動作によりて旅順港を防守すること不可能となれる絶望の場合に限るを要す」という意見がこれを代表した。これらの中で、艦隊先任参謀のエッセン中佐のみが積極策を述べたが、受け入れられなかった。

六月に入り、旅順は通信的にも孤立し、奉天との連絡も駆逐艦を営口《えいこう》まで出さなくては連絡がつかないという有り様となった。このような連絡を通じて、極東太守アレクセーエフは、ウィトゲフトに対して「艦隊は、決戦の覚悟を以て出港すべし」との命令をもたらした。これによりウィトゲフトは戦艦「セバストーポリ」以下の艦隊主力を六月二十三日に出撃させたが、港外で日本艦隊を見るや直ちに港内に引き返した。

八月に入ると、黒井《くろい》悌次《ていじ》郎《ろう》中佐指揮の海軍陸戦重砲隊は陸軍第三軍攻撃援助のため派遣され、旅順港に対して砲撃を始めた。旅順の市街及び港内は射程に入り、艦隊は反撃を行ったが、日本軍の砲台の位置をつかむことができず、効果的な反撃はできないままであった。八月八日、ウィトゲフト長官は、全艦隊を率いてウラジオストクに脱出することを決し、各司令及び艦長に伝えた。この時の指示は、「艦隊は、途中いかなること有りとも断じてウラジオストクに回航すべし。僚艦中触雷又は戦闘により落伍《らくご》艦発生するも艦隊は之を援護すること無し、損傷艦艦長は艦の現状に鑑《かんが》み自爆もしくは適宜の湾港に回航する等機宜独断専行すべし」という悲壮なものであった。

当のウィトゲフト長官はこの脱出行が失敗に終わることを予測していた。彼は、度々上申した「脱出不可能」という意見に全く耳を貸さなかったアレクセーエフに対して、自説を証明するために出撃したとも言えるのである。これは、ウィトゲフトが旅順脱出後駆逐艦レシテルヌイに託したロシア皇帝にあてた電報からも明らかであろう。これは次のようなものであった。

大守を経て伝達せられたる大命に依り臣は麾下艦隊を率ゐ旅順港を脱出し浦塩斯徳《ウラジオストク》に向ふ囊《さき》に臣及麾下指揮官一同は当地の情況を顧慮し艦隊脱出の不可能及脱出に伴ふ旅順港の迅速なる陥落を憂慮し再三大守に対し出動反対意見を提出したりしなり。（ロシア海軍軍令部『千九百四、五年露日海戦史』）

八月十日午前五時、巡洋艦「ノーウィック」は駆逐艦を従えて出動、艦隊の前路掃海に当たった。以後順次艦隊は出撃したが、最後の巡洋艦「ディアナ」が出港するまでに実に三時間二十五分を要した。ウィトゲフト長官は旅順港内の稼働全艦艇を率いて脱出することを企図したため、前日の九日、日本軍の陸戦重砲隊の間接射撃によって命中弾を受け、応急修理をしただけの戦艦「レトウィザン」も隊列に加えていた。艦隊は、巡洋艦「ノーウィック」「アスコリド」、駆逐艦七隻、戦艦（旗艦）「ツェザレウイッチ」「レトウィザン」「ポペーダ」「ペレスウェート」「セバストーポリ」「ポルタワ」、次いで巡洋艦「パルラダ」「ディアナ」、駆逐艦九隻であった。艦隊は港外に出ると交戦に備えて魚雷を装塡《そうてん》し、被害時の誘爆を恐れて機雷を投棄した。

ロシア艦隊を追う日本艦隊

午前六時三十五分、円島北方でロシア艦隊出撃の報を受けた東郷長官は、直ちにこれに向かった。東郷長官は、六月二十三日のロシア艦隊出撃の際会敵と同時に旅順港内に逃げ込まれたことを考慮して、午後〇時三十分敵艦隊を遇岩沖に発見した際も突撃の態勢を見せず、極力ロシア艦隊を沖合に誘出すべく行動した。正午過ぎ、旅順港南東付近にて両軍は相対した。ロシア艦隊は南東に向かい、日本艦隊は南西に進み、日本艦隊はロシア艦隊の頭を押さえる形になった。ここで東郷は、ロシア艦隊は戦意を失って再び旅順に逃げ込むかもしれないと判断し、さらに外洋に釣り出すために左四十五度の変針を行い、一時距離を開いた。これを見たロシア艦隊は、針路を東方に変えて日本艦隊の後方を抜けて脱出を図った。ここで東郷は、左九十度の一斉回頭を二回行って逆番号単縦陣でロシア艦隊を追う形をとった。一時十分過ぎ、両軍は距離一万メートルで砲火を開き、「ポルタワ」と「アスコリド」に命中弾を与えた。さらに距離を詰めると、ロシア艦隊は再び日本艦隊の後方に回り込もうと南東に転舵した。

ここで日本側の錯誤が生じた。東郷はロシア艦隊は再び旅順に逃げるものと思い込み、右百八十度の一斉回頭を行い、ロシア艦隊に対して丁字態勢を取って先頭艦に砲撃を集中した。しかし、ウィトゲフト長官は機を見て東方に転舵、日本軍の砲戦距離の外に逃走してしまったのである。東郷はようやく、ロシア艦隊があくまでもウラジオストクに向かう覚悟であることに気づいて追撃に入ったが、ロシア艦隊の速力十四ノットに対して、優速とはいえわずか十五・五ノットにすぎない日本艦隊は中々追い付けず、再び砲戦距離に入るまでに二時間も要してしまった。優速の艦隊が敵前を横切るのであるから、敵に戦意がなければ後方から逃げられやすいのは当然であった。

黄海海戦

黄海海戦で損傷した「三笠」

運命を決した日本の一弾

午後五時半、日本艦隊はようやくロシア艦隊と八千メートルを隔てた距離に近づき、砲戦が再開された。この時の態勢は同航戦となったために、日本側は初めと逆の左舷砲戦となったのに対し、ロシア側は初めに被害を受けた右舷でまた戦うことになった。しかし、ロシア側の反撃も激しく、勝敗はにわかには決しがたい状況になっていた。

六時四十分、「三笠」の主砲弾が旗艦「ツェザレウイッチ」の艦橋近くに命中、司令長官ウィトゲフトが戦死、さらに一弾が司令塔を直撃し、艦長及び操舵手を倒した。この時、操舵手が取舵《かじ》を取ったまま戦死したために、艦は左に急転舵を始め、自軍の艦列に突き込み、陣形を崩してしまった。東郷は、この機を逃さずに混乱する敵艦を包囲攻撃した。

ここにおいて勝敗の大勢は決したのであるが、日本艦隊はバルチック艦隊との決戦を控えて自軍の損害を恐れ、徹底的な攻撃に出なかったために、旗艦「ツェザレウイッチ」と駆逐艦三隻が膠州湾《こうしゅう》、「アスコリド」と駆逐艦一隻が上海、「ディアナ」はサイゴンで武装解除された。「ノーウィック」は樺太《からふと》に脱出したが座礁してしまった。残る艦隊は翌朝旅順に逃げ帰った。

「丁字戦法は敵を逃がす恐れがある」

戦闘に勝利したとはいえ、日本側にとってこの黄海海戦の経験は苦いものであった。確かにロシア旅順艦隊はこれ以降、艦隊としての機能を失ったのであるが、日本側は敵主力艦のほとんどを撃沈することができず、五隻の戦艦以下、艦隊の大部分を旅順に帰還させてしまったのである。

東郷・秋山らの連合艦隊首脳陣にとっては、大きな期待を持って実施された丁字戦法が逃走をはかる敵艦隊に対して有効ではない、という欠陥を露呈したことが、大きな悩みの種であった。もとより黄海海戦における日本艦隊の不手際は、夜襲を命じられた駆逐隊や水雷艇隊の攻撃が徹底を欠いたために敵艦を一隻も撃沈しえなかったなど、丁字戦法だけにあったとはいえない。しかしこれ以降、連合艦隊司令部内において丁字戦法に対する信頼感が薄れたことは否めない事実である。このことは、日本海海戦直前の明治三十八（一九〇五）年四月十二日に策定された連合艦隊戦策において見ることができる。そこでは開戦前に策定された戦策における「第一戦隊は……敵に対し丁字形を保持するに力《つと》めんとす」が「丁字戦法に準拠するものとす」という、まことに曖昧《あいまい》な表現になった。そして具体的な作戦指示の中では、はっきりと丁字戦法は姿を消したのである。

東郷長官は「丁字戦法では、敵を逃がす恐れがある」と判断し、以後は敵艦隊を逃がさないことのみに心を砕いたと考えられる。その点から見ると黄海海戦は、東郷長官の判断の誤りからロシア艦隊を撃滅することができなかったが、この教訓が後の日本海海戦に生かされて、バルチック艦隊を徹底的に殲滅する成功のもとになったことを思えば、非常に意義ある海戦であったといえる。

第四節　ロシア極東艦隊の殲滅

ロシア海軍ウラジオ艦隊の出撃

八月十二日、ウラジオストクのロシア艦隊は、旅順艦隊司令長官ウィトゲフトがロシア皇帝に送った「全滅を賭《と》して出撃」の電報を入手し、八月十日の旅順艦隊の脱出を知った。直ちに旅順艦隊を支援するために、八月十二日早朝にウラジオストク艦隊支隊の装甲巡洋艦「ロシア」「グロムボイ」「リューリュック」がウラジオストクを出撃した。この知らせが二日もかかったのは、もともと旅順艦隊のウィトゲフト長官はウラジオ艦隊の支援を期待せず、単にロシア皇帝に対して全滅を期した出撃を行うということのみを知らせたためであった。しかも連絡に出した駆逐艦「レシテルヌイ」は日本艦隊の妨害を避けるために旅順艦隊の出撃後に旅順を脱出、芝罘に向かいここより電報を打ったためであった。しかし、ウラジオ艦隊出撃直後、追って黄海海戦の知らせが届き、旅順艦隊の壊滅を知るに至った。このため、出撃した艦隊に急いで帰港するように知らせの駆逐艦を出したが間に合わなかった。

このころ、ウラジオ艦隊の行動を予想して哨戒中であった上村彦之丞《かみむらひこのじょう》第二艦隊長官の率いる第二戦隊の「出雲《いずも》」「吾妻」「常磐」「磐手」は、八月十四日の午前四時過ぎ韓国蔚山《ウルサン》沖で未明の海上に灯火を発見、ついにロシア艦隊に遭遇した。上村長官にとってはエッセン少将の率いるウラジオ艦隊には、半年あまりにわたって翻弄《ほんろう》され続け、四月二十五日には艦隊所属の運送船「金州丸」を沈められ、六月十五日には「佐渡丸」「常陸丸」「和泉丸」を沈められ、七月一日には対馬《つしま》海峡においてウラジオ艦隊を一万数千メートルまで追い詰めながら夕闇の中に取り逃がしていた。特に、七月二十三日にはウラジオ艦隊は東京湾沖に現れ、数隻の商船を撃沈した後悠々と逃走したのであった。

上村彦之丞

上村艦隊とリューリュックの砲撃戦

上村長官は、ロシア艦隊の行動を注視しつつ進路を押さえるように行動し、五時二十三分ロシア艦隊を右舷側に見つつ敵の殿艦《しんがりかん》「リューリュック」との距離約八千五百メートルで砲撃を開始し、徐々に距離を詰めつつ激しい砲撃戦となった。ところが、ここで思わぬ支障を来してしまった。それは、砲戦準備として八インチ砲弾を各砲につき十五発ずつ用意していたのであるが、たちまち撃ち尽くしてしまい砲戦開始後まもなく前部砲塔は発射をやめて非戦側に砲塔を回し、揚弾を行うという不始末をしてしまったのである。これらは、かなり遠距離から砲戦を始めてしまったことが原因の一つであった。

なお接近するに及び、「出雲」は主砲八インチ砲ばかりでなく六インチ砲以下の小口径砲まで発射する戦いとなった。六インチ砲を発射してみると、倍率五倍の照準望遠鏡が装備された主砲よりもかなり命中率がよかった。ウラジオ艦隊は、盛んに進路を変更してウラジオストクへの逃走を図ったが、「リューリュック」が行動の自由を失い艦列から脱落しそうになり、また他の「ロシア」「グロムボイ」も火災を起こした。しかし、ウラジオ艦隊の反撃は衰えず、七時過ぎまで激しい砲戦が続いた。決定的な勝敗のつかないまま七時五十分に至り、「リューリュック」はついに沈没に瀕《ひん》し、また日本側の第四戦隊の「浪速」「高千穂」が戦闘に参加したために、「ロシア」「グロムボイ」も事ここに至って「リューリュック」の救出をあきらめて針路を北に取り逃走を開始、ウラジオストクに逃げ込んだ。しかし、この両艦は損傷甚だしく、「ロシア」は二十六発の命中弾を受けて使用に耐える艦砲はわずか三門だけになってしまい、「グロムボイ」は二十五発を受けて浸水甚だしく、艦長は自沈に備えて、艦底に爆薬を準備したほどであった。

ウラジオ艦隊壊滅の戦訓

さて、一方別動中であった瓜生司令官の指揮する第四戦隊旗艦「浪速」は、八月十四日早朝、「出雲」の発信した「敵発見」の電報を傍受し、直ちに支援のために「出雲」の所在地に向かい、早くも五時二十分には水平線上に砲煙を発見、「浪速」は「リューリュック」に対して四千メートルまで接近して砲撃を加えた。十時二十分には「リューリュック」は急速に沈み始め、四十二分に至り完全に沈没してしまった。上村長官は各艦に漂流中の「リューリュック」乗員の救助保護を命じ、最終的に士官十六名、僧侶《そうりょ》一名、准士官四名、下士官六十八名、兵五百三十七名、合計六百二十六名を救助した。このうち僧侶のアレクセイは長崎で釈放され、上海に渡りここからこの海戦での「リューリュック」の最期をウラジオストクに報告した。こうして、蔚山沖の海戦は終結した。結果において不十分ではあったが、ウラジオ艦隊は事実上壊滅した。ロシア極東大守アレクセーエフは、この海戦について次のような報告を皇帝に送った。

……艦隊乗り組みの将校及び兵員は寝床にあって朝の夢を破られるや、決起して直ちにその部署につき五時間にわたる激戦中一塊の食物も口にしなかったにもかかわらず、疲労恐怖の態度なく、鉄石の精神をもって終始奮闘し、良く本分を尽くしたことを本職は確認した。

この海戦において、ロシアは東洋における海軍力を失った。この海戦の最も重要な意味はこの蔚山沖海戦が、先の黄海海戦と共に、東郷長官にとって日本海海戦の勝利につながる貴重な戦訓となったことであった。それは、次の三項目であった。

〔一〕八千メートル以上の距離での砲戦は、命中率が低く効果が少ない。
〔二〕命中率、発射速度、いずれも日本軍の方が高い。
〔三〕日本艦隊の方が平均速度は速いが、ロシア側に対して十分優位な態勢を保たないと取り逃がす恐れが多分にある。

旅順ついに陥落す

黄海海戦に敗れたロシア旅順艦隊の残存艦は、戦艦五隻、巡洋艦二隻と十隻ほどの駆逐艦であった。これらは一切の積極的作戦は放棄して太平洋第二艦隊（バルチック艦隊）の来航を待っていた。

一方、日本連合艦隊は、長期にわたる行動で多くの艦が内地に帰って入渠《にゅうきょ》整備の必要があった。しかも太平洋第二艦隊は、着々と整備され東洋来航の機は迫り、いつまでも旅順艦隊に引きずられるわけにはいかなかった。乃木希典《のぎまれすけ》将軍の第三軍は八月十九日より旅順要塞の東北面を総攻撃したがこれを奪取できなかった。海軍重砲隊はこれに協力したが、旅順港内の間接射撃を行っても、弾着観測ができないために決定的な効果を上げることはできなかった。十月二十六日松樹山《しょうじゅざん》から東鶏冠山《ひがしけいかんざん》にかけて第二回の総攻撃、新たに到着した陸軍の二十八センチ榴弾《りゅうだん》砲も加わったが、失敗に帰した。

十二月二日、第三軍は激戦の結果、爾霊山《にれいさん》の一部を奪取、港内を見渡せる観測所を作ったが、間もなく敵弾で破壊されてしまった。乃木第三軍司令官は、十二月五日、再び爾霊山を強襲、すかさず観測所を進め、午後二時には、陸軍の二十八センチ砲四門の射撃を開始、間もなく一弾が「ポルタワ」を直撃し、着底させた。同夜ロシア軍はついに爾霊山を放棄したため、翌六日よりは更に四門の二十八センチ砲が砲撃に加わり、「ペレスウェート」「レトウイザン」「バヤーン」「ポペーダ」などの主力艦は次々に命中弾を受けて大破してしまった。ただ一隻残った戦艦「セバストーポリ」は砲撃を避けて港外に出て老鉄山下に移動したが、日本軍の水雷艇の攻撃を受けて行動不能になってしまった。

以後次々にロシア軍の陣地を奪取し、明治三十八（一九〇五）年一月一日、第九、第十一師団の一部は、ついに旅順の市街地に突入する形勢となった。要塞地区司令官ステッセル中将は午後四時、軍使を水師営《すいしえい》南方の日本軍に送り、ついに開城を申し出た。ここにおいて、連合艦隊の旅順攻撃作戦は終わりを告げ、挙げてロシア太平洋第二艦隊の邀撃《ようげき》準備に入ることとなった。この間、海軍陸戦重砲隊（指揮官、黒井悌次郎中佐）は、明治三十七（一九〇四）年八月七日旅順港内に対して第一弾を放ってより旅順開城の日まで、十五センチ砲七門、十二センチ砲十二門、十二斤砲二十五門をもって総計四万五千五百発の砲弾を発射し、攻撃軍の一大威力となっていた。

〈コラム　戦艦沈んで、死傷者なし〉

日露戦争で、東郷長官が最も心配した問題の一つに、明治三十七（一九〇四）年五月十五日に、戦艦「初瀬」「八島」が旅順沖を哨戒《しょうかい》中、ロシアの機雷に触れて、二隻を一時に失ったことがある。わずか六隻の戦艦のうち、二隻を失ったことは、ロシア艦隊撃滅を任務とした連合艦隊にとって大きな痛手であった。このとき、二隻は僚艦に曳航《えいこう》されて退避したが、「初瀬」は、再度被雷して爆沈、約四百九十名の戦死者を出した。しかし、比較的ゆっくり沈んだ「八島」は、艦長・坂本一《さかもとはじめ》大佐の指揮下に乗員は退避し、とうとう一名の死傷者も出さなかった。世界の海戦史においても、戦艦が沈没して、死傷者なしというのは、稀有《けう》のことであろう。

　以後、「初瀬」「八島」の欠けたあとは、「日進」「春日」がこれを埋めて、日本海海戦に臨んだのである。ちなみに、筆者のかつての上司、関野英夫《せきのひでお》（海兵五十七期）の父、関野謙吉《けんきち》（海兵十三期）は、「八島」副長であったため、親父の話では……といった形で、この話をよく聞いた。昭和の海軍では、船が沈むときは、艦長は運命を共にする、というような風潮が生まれたが、規則があるわけではない。明治時代には、たとえ艦長でも、沈没時の処置が妥当であれば、その後、特に不名誉な扱いを受けることはなかった。

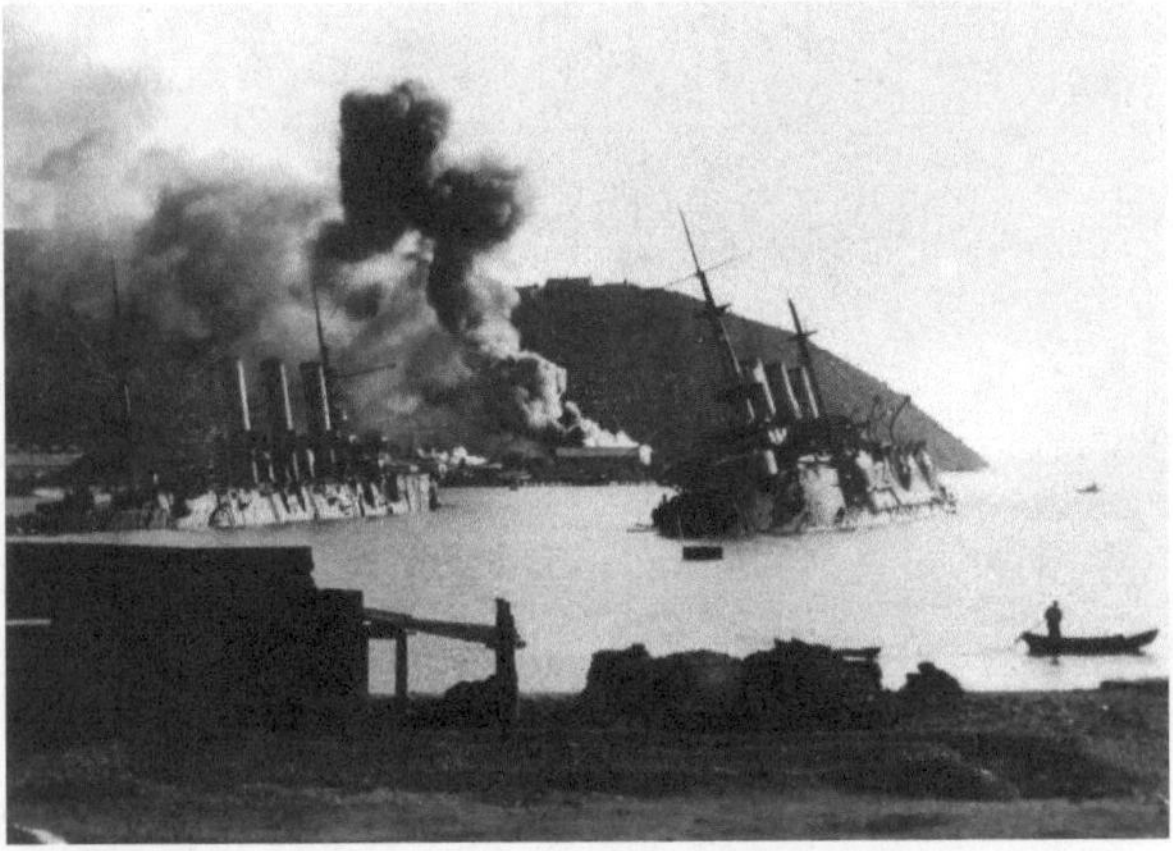

ロシア旅順艦隊の最期

第三章　バルチック艦隊の撃滅

第一節　〝丁字戦法〟からの脱却

バルチック艦隊の編成

日露開戦直後のロシア内部における日本軍に対する観察は全く緊張感を欠いていた。制海権についての認識に欠けていた満洲《まんしゅう》軍総司令官クロパトキン将軍の戦争計画などは、「直ちに攻撃に出て一挙に日本本土に殺到せん、海軍の如きは日本軍隊をアジア大陸より駆逐して、露国軍隊が日本に上陸せんとするに際し、その安全を期するため初めて海軍の助力を要す」などと言ったものであった。一人マカロフ中将のみが日本艦隊を撃滅しなくては制海権を掌握できないと信じていた。しかし、不運にもマカロフ中将は日本軍の機雷に触れその乗艦「ペトロパウロフスク」と運命を共にした。次いで太平洋艦隊のスクルイドロフ中将は、ロシア艦隊のとるべき方策を一九〇四（明治三十七）年四月八日次のように上奏した。

……露国海軍は尚未《なおいまだ》使用せさる戦闘材料及幾多の人員を有するを以《もっ》て極東に於《お》ける我海軍不振の如きは一時の現象に過きさるへく、露国海軍の全力を集結せは日本海軍より遥《はるか》に強大なるへし。然《しか》れとも目下世界の各方面に分離別動しあるを以て各部隊の勢力は日本艦隊に及はさるなり。上述の理由に拠《よ》り、日本との海戦に対する根本的問題の解決は、一挙に日本海軍を粉砕せん為各方面に散在する我艦隊を集結して速《すみやか》に極東に回航せさるへからす。之《こ》れ強大なる波爾的《バルチック》艦隊を極東へ派遣せさるへからさる理由にして而《しか》も回航の迅速なる程戦争の終局に決勝的影響を及すへき制海権の獲得を確実、且《か》つ迅速ならしむるものなり。（千九百四年四月八日上奏文、ロシア海軍軍令部『千九百四、五年露日海戦史』）

この上奏文に基づいて、海軍元帥アレクセイ・アレクサンドロウイッチはバルチック海の氷が解け出した四月三十日、次のような発表を行った。「現時絶東の海上にある艦隊を太平洋第一艦隊と称し、まさに絶東に派遣せんとするか為各艦を以て更に一艦隊を編成し之を太平洋第二艦隊と称す」。ここで言われている「太平洋第二艦隊」が、後世「バルチック艦隊」と呼ばれたものである。追って五月二日には海軍軍令部長・侍従武官ロジェストウェンスキー少将（のち中将）を現職のまま太平洋第二艦隊司令長官を兼務させ、出撃準備に当たらせた。

装備と兵員のアンバランス

スクルイドロフ中将が、旅順《りよじゅん》に赴くにあたり最も重要視したのは、この新艦隊の極東到着の時期であった。この艦隊が旅順艦隊と合同して日本艦隊を撃滅すれば、日本海の制海権を掌握でき、この機に合わせて陸軍の決戦を行えば大成功を収めるであろうと述べる一方、万一日本軍の旅順攻略が早ければ旅順艦隊はその艦隊を自ら破壊して大砲を陸揚げし、要塞《ようさい》防衛戦闘に主力を移す必要さえある、と考えていた（ロシア海軍軍令部『千九百四、五年露日海戦史』）。この出撃準備に対し、ロジェストウェンスキー少将も一日も早い艦隊編制と旅順回航を考えていたが、簡単には進まなかった。

ロジェストウェンスキーを悩ませたものは、まず艦隊の編制であった。派遣予定の新戦艦「インペラトール・アレクサンドル三世」は一九〇三（明治三十六）年の夏には試運転を行っていたが、成績不良であった。他の同型艦「スワロフ」「ボロジノ」「アリョール」の三隻は、これより工程が遅れ、一九〇四（明治三十七）年の夏に試運転に入る予定であり、これら四隻の新戦艦の完成は、早くても秋以降と思われていた。

　これ以外の新造巡洋艦「オレーグ」「シムチュグ」「イズムルート」なども同様であった。その他の旧式艦は、戦艦「ナワリン」「シソイ・ウェリキー」、装甲巡洋艦「アドミラル・ナヒモフ」「ドミトリー・ドンスコイ」などがあった。ただし、「ドミトリー・ドンスコイ」などは、一度は練習巡洋艦にされていたものを再整備したものであった。「スワロフ」以下の新戦艦に至っては、諸機械類の試運転さえ間に合わないまま、大砲なども数発発射したのみでの出撃となったのである。さらにこれら新戦艦は、当初一万三千五百トンの予定のところ、「インペラトール・アレクサンドル三世」などは出港の際には一万五千三百トンとなり、平均二フィートも喫水が深くなってしまっていた。またこのため復原性が悪くなり、転舵《てんだ》時の傾斜が大きくなってしまった。

　装備については、ボイコー式測距儀、望遠鏡照準器、無線電信器などの最新式兵器を搭載したが、幹部職員以外の多くを新規徴募の予備士官と新兵で充足したために、これらの新兵器も十分には活用されなかった。この兵員の練度について言えば、ロジェストウェンスキー長官の率いる艦隊の兵員総数の三分の一以上は予備水兵であったのである（ロシア海軍軍令部『千九百四、五年露日海戦史』）。

ロシア艦隊の極東回航計画

一九〇四（明治三十七）年八月二十三日、黄海《こうかい》海戦の敗北の知らせの後、ペテルゴフ離宮において御前会議が行われた。参列したのは、海軍総督アレクセイ・アレクサンドロウイッチ大公をはじめ、ロジェストウェンスキー少将、陸軍大臣サハロフ将軍、外務大臣ラムズドルフなどであった。この会議において、ロジェストウェンスキーは、太平洋第二艦隊の極東回航の計画を「約一万八千マイルを一昼夜約二百マイルの速力で走ると（約八・三三ノット）九十日を要す、これに石炭搭載などの停泊六十日を加えると約百五十日となる。もし艦隊が九月一日に出港すれば、翌年の一月か二月に着くことになる。これには石炭二十四万トンが必要である。なお航海中に日本海軍の妨害が予想される」と述べた。

次いで、「艦隊到着前に旅順が陥落した場合、芝罘《チーフー》か直隷湾《ちょくれい》に基地を設けたい」との要求に対しては、外相ラムズドルフが、中国の中立を侵害することは、英米両国に物議をかもす恐れがある、と主張したので退けられた。結論としては、黄海海戦の結果から見て、艦隊が極東に達した時には、既に旅順は陥落しているであろう。したがって、艦隊はウラジオストクに直行すべきであるが、二月までは同港は結氷中なので、到着を三月にすべきである、ということになった（ロシア海軍軍令部『千九百四、五年露日海戦史』）。

以後戦艦「スワロフ」に将旗を掲げたロジェストウェンスキー長官は、艦隊の整備に全力を挙げたが、これら艦隊の艦艇がいずれも長期の航海の経験が全くないということは、不安を大きくした。太平洋第二艦隊に編入予定艦の中では、たまたま日露開戦時に太平洋に回航中であり、開戦のためにインド洋の入口とも言うべき紅海《こうかい》の出口ジブチから引き返したウイレニュース少将指揮の戦艦「オスラビヤ」、巡洋艦「アウロラ」「スヴェトラナ」「アルマーズ」だけが長期航海の経験を持っているだけであった。

バルチック艦隊の困難

十月十五日、リバウを出港した艦隊は、十月二十二日午前一時頃、北海のドッガーバンク沖でイギリスの漁船団を日本の水雷艇と見誤り、このうち数隻を撃沈してしまった。これは地名にちなんでハル事件と言われ、英露間に緊張をもたらし、英外相ランズダウンは厳しい追及を行ったが、艦隊回航を最重要事としていたロシア側は、積極的に事態の収拾を図り、艦隊はウイゴ港に五日間足止めされたのみで再び出港した。のち艦隊はマダガスカルに着いた一九〇五（明治三十八）年三月二日、海軍大臣よりの「ハル事件は、ロシア艦隊側に何の落ち度もなかったと認める」との電報を受け取ったのである。

十一月三日、タンジール港でフェリケルザム少将指揮の支隊（旧式戦艦「シソイ・ウェリキー」「ナワリン」以下巡洋艦三隻、駆逐艦八隻）を本隊と分離し、スエズ運河経由マダガスカルのコースに向かわせた。同時に、ロジェストウェンスキー中将（十月二十日に中将に昇進）の指揮する本隊の、戦艦「スワロフ」「アレクサンドル三世」「ボロジノ」「アリョール」「オスラビヤ」以下巡洋艦三隻、運送船五隻はアフリカ西岸を南下、喜望峰経由マダガスカルのコースに向かった。この間、各地での石炭及び食料の積み込みは困難を極めた。フランスは当初領海内での載炭を許したが、日本政府の抗議により許可を取り消してしまった。結局少量ずつの許可をとり不便な洋上載炭を行ったのである。

十二月十六日、アングラ・ペケナに在泊中の艦隊に新しい新聞が届いた。これによって、ロジェストウェンスキー中将は日本軍が二百三高地を奪取したことを知った。不安のうちに艦隊は十八日から二十二日にかけて荒天の喜望峰を這《は》うように回り、二十九日、マダガスカルのセント・マリー海峡に投錨《とうびょう》した。航路中の最大の難所を通過してほっとした艦隊を待っていたものは、旅順艦隊全滅のニュースであった。わずかに三十一日に至って、増援のためにネボガトフ少将指揮下に戦艦「インペラトール・ニコライ一世」「アドミラル・セニャーウィン」「ゲネラル・アドミラル・アプラクシン」「スラバ」のほか巡洋艦四隻、駆逐艦七隻をもって第三艦隊を編成し、これを二隊に分けて本隊を追及させるために準備中であるとの電報が彼の不安を和らげた。

年変わって一九〇五（明治三十八）年一月九日、ロジェストウェンスキー中将は、マダガ

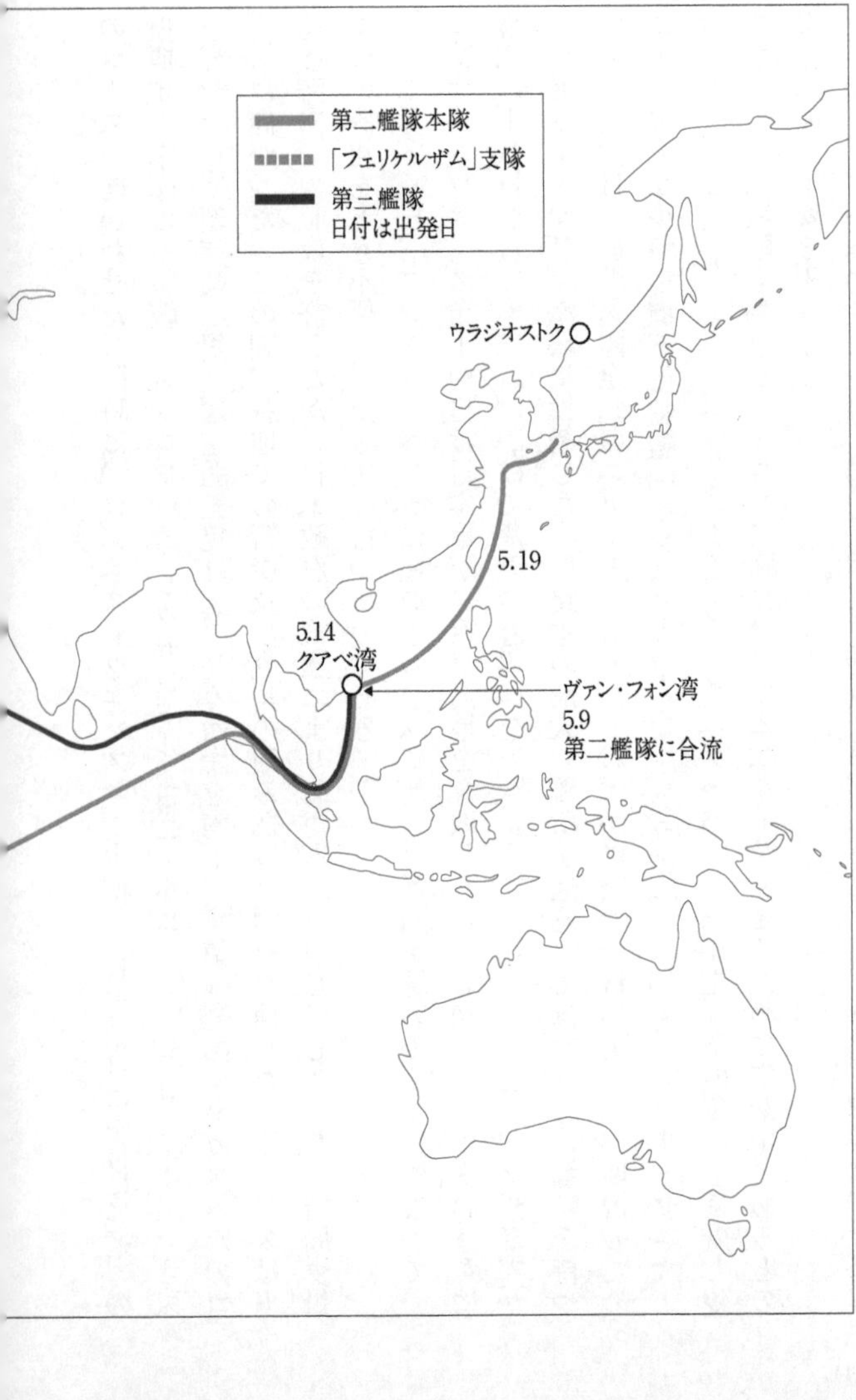

第二艦隊本隊
「フェリケルザム」支隊
第三艦隊
日付は出発日
ウラジオストク
5.19
5.14
クアベ湾
ヴァン・フォン湾
5.9
第二艦隊に合流

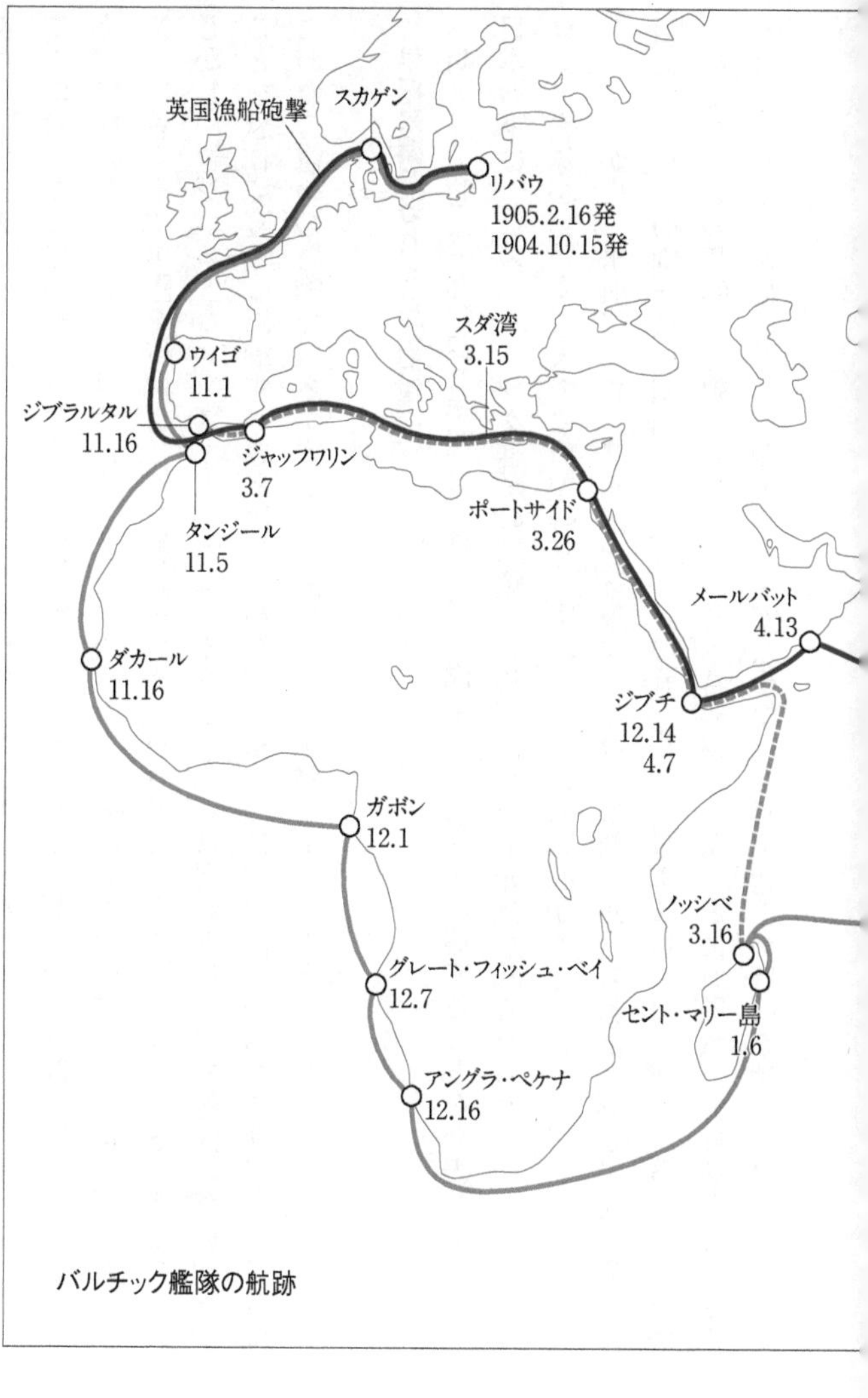
英国漁船砲撃
スカゲン
リバウ
1905.2.16発
1904.10.15発
スダ湾
3.15
ウイゴ
11.1
ジブラルタル
11.16
ジャッフワリン
3.7
タンジール
11.5
ポートサイド
3.26
メールバット
4.13
ダカール
11.16
ジブチ
12.14
4.7
ガボン
12.1
ノッシベ
3.16
グレート・フィッシュ・ベイ
12.7
セント・マリー島
1.6
アングラ・ペケナ
12.16
バルチック艦隊の航跡

スカル島北西部のノッシベ湾に入り、先着していたフェリケルザム少将の支隊と合流した。ここにおいて艦隊は編制を改め、最後の整備に入ったが、予想以上に艦隊各艦の損傷が大きく、修理のために約一か月滞在することになった。この間ロシア海軍省は、第三艦隊がノッシベに着くまで本隊を待機させ、全艦隊を揃えてウラジオストクに向かうことを考えていた。しかし、ロジェストウェンスキー中将は、出発が遅れれば遅れるほど日本艦隊の整備が進むことを恐れて直ちに出港すべきと信じていた。海軍省側は、出港見合わせを命じたが、数度にわたる電報の応酬で、ネボガトフ艦隊は独自に本隊を追うこととなった。

早期来襲を恐れる日本海軍

明治三十七（一九〇四）年四月、ロシアが極東に大艦隊を派遣することを発表して以来、日本海軍は、このバルチック艦隊の旅順到着時期について非常な関心を持っていた。これは、ロシア艦隊が到着するまでに旅順艦隊を撃滅するだけの時間があるかどうか、ということである。しかも、来航するロシア艦隊を遂撃するには、最低一か月の整備期間が必要であった。当初の海軍側の判断は、明治三十八（一九〇五）年の一月上旬には日本海に入るものと予想したため、この時間との戦いの皺《しわ》寄せが乃木《のぎ》希典《まれすけ》将軍の第三軍に旅順戦で無理をさせる原因となっていた。これに対して陸軍の福島安正《ふくしまやすまさ》少将は一月下旬との判断を持っていた。わずか一か月の差ではあるが、旅順攻撃の当事者たる乃木将軍にとっては無理な攻撃を強いられる結果になったことは否めない事実である（島貫重節『戦略・日露戦争』）。

また、ロシア艦隊が十月二十二日、北海で英漁船砲撃事件を起こしたことを知って、同様の事件を起こさせることを計画し、たまたまロシアのスパイが台湾に日本軍の防備を探りに行くことを諜知《ちようち》して、十一月二十六日、台湾総督府の海軍参謀山県文蔵《やまがたぶんぞう》中佐に命じて、澎湖《ほうこ》島《とう》には巧妙に機雷が敷設してあり、馬公《まこう》には数隻の潜水艇が配備されているような偽情報をひそかに流した。更に、十二月十三日には、瓜生外吉《うりゆうそときち》司令官の率いる仮装巡洋艦をジャワ、スマトラ方面に行動させ、盛んに偽電報を打って強力な艦隊が行動中であるように見せかけていた。

いずれにせよ、日本軍が最も恐れていたのは太平洋第二艦隊の早期来襲であり、これによって引き起こされる日本海の制海権の弱体化であった。このように、日本軍が最も恐れていた時期にバルチック艦隊はマダガスカルに足止めされていたのであった。一日も早い出撃を望んでいたロジェストウェンスキー中将は、あまりのことに病気を理由に辞意を表明したが、慰留されるに至った。ノッシベにおける長期停泊は、艦隊の士気を落とし、また訓練弾の不足から実弾訓練は十分に行われず、その前途を暗いものにした。

三月十六日午後三時、バルチック艦隊はついに二か月を過ごしたノッシベを出撃、九ノットで針路を東にとった。四月六日、艦隊はマラッカ海峡にかかった。ここでは先の日本の偽艦隊が東郷平八郎《とうごうへいはちろう》長官指揮の日本の主力艦隊としてシンガポールに寄港したと報告された。四月十三日、艦隊はカムラン湾に到着した。リバウ出港以来、行程一万六千六百マイル、今まさに最後の休息地に着いたのである。しかし、ここも日本の知るところとなり、フランス政府は日本政府の抗議によって、艦隊に対し二十四時間以内の出港を求めた。このため、四月二十六日、艦隊はカムラン湾北方のヴァン・フォン湾に移動した。

五月九日午前十時、艦隊はヴァン・フォン湾を出港した。正午近く、ネボガトフ少将の太平洋第三艦隊の戦艦「ウラジミール・モノマフ」の無線がロジェストウェンスキー中将の旗艦スワロフに入った。直ちに会合位置が示され、午後三時、両艦隊は合流したのであった。第三艦隊は、クアベ湾に仮泊して更に石炭を搭載し、本隊第二艦隊は再びヴァン・フォン湾で最後の載炭を行い、五月十四日午後五時、ついに最後の出港の命令を出した。

対バルチック艦隊戦策の矛盾

この日露戦争において、日本の立場は非常に弱いものであった。「三笠」を旗艦とする常備艦隊の整備はほぼ完成の域に達していたとはいえ、まったく後詰めのない艦隊は、一度大敗を喫すれば二度と回復できないことは明らかであり、したがって常に完全勝利のみを要求されていたのである。明治天皇の日露戦争にかかわる海軍命令の第一号となる「大海令」第一号第一項においても、「連合艦隊司令長官並びに第三艦隊司令長官は東洋に有る露国艦隊の全滅を図るべし」と命じていた。東郷長官の徹底した攻撃精神の背後には、この命令があった。

そして、新たにバルチック艦隊（ロシア太平洋第二艦隊）を迎えるにあたり伊東祐亨《いとうすけゆき》軍令部長は明治三十八年四月十日、東郷長官に対して、大海訓第二十一号を発令した。これは、「敵増援部隊の先頭はすでにシンガポール沖を航過せり貴官は同艦隊の北上するを待ち大海令第一号第一項の目的を達することを務むべし」というものであった。東郷長官に課せられた使命は、完全勝利以外では果たすことのできないものだったのである。この命令に従い、東郷長官は、開戦前に準備された対露戦策を改め、明治三十八年四月十二日に対バルチック艦隊戦策を定めた。

この戦策は、「(一)戦闘序列」「(二)戦闘速力」「(三)戦闘中の守則」「(四)戦法」「(五)彼我の識別法」「(六)各部隊の戦闘任務」「(七)戦闘開始時における各部隊の運動」の七項目からなり、各隊の行動を細かく定めていた。東郷長官は、まず前文で、「戦策は遭敵の地所、時刻、当時の天候、情勢等により臨機変更の必要有るが故に予《あらかじ》めここに詳細の策定を予示する能《あた》わずといえども、本職の戦略上の心算は、昼戦においては第一戦隊を以て敵の主力に対し先《ま》ず持続戦を行い、第二、第三、第四戦隊等をして敵の手足たる巡洋艦以下を極力撃破せしめ、敵の弱点の生ずるを機として我が第一、第二戦隊の全力を挙げて敵の主力を撃滅するに務め、第三艦隊の諸隊は総予備として敵の孤立艦を撃滅する等すべて最終の戦果を収めしめんとするに有り。また夜戦は主として駆逐隊艇隊に委任し、日没後直ちに魚雷攻撃をなさしめ、次いで連繋水雷攻撃を続行し更に翌朝に及びて戦隊の昼戦を再始せんとするの方針なり〔後略〕」とその基本構想を述べた（『極秘明治三十七八年海戦史』）。

この戦策の基本は、連合艦隊の主力をもってバルチック艦隊と持続戦（併航戦）を行い、機をみて全力をもって撃滅を期す、夜戦においては、魚雷戦、機雷戦を行う、というものである。

ところが、この戦策は重要な部分で大きな矛盾を内包していた。「（四）戦法」においては、「単隊の戦闘は丁字戦法、二隊の共同戦闘は乙字戦法に準拠するものとす」と、開戦時以来の戦策が一見そのまま採り入れられていたにもかかわらず、「（七）戦闘開始時における各部隊の運動」においては、「第一戦隊は敵の第二順にある部隊の先頭を斜めに圧迫する如く敵の向首する方向に折れ勉《つと》めて併航戦を開始し爾後《じご》戦闘を持続す」と、敵艦隊に対する並航戦を指示し、（四）で示した丁字乙字戦法とはまったく相容《あいい》れない命令を下していたのである。

現実には、この時点ですでに丁字戦法は、戦策に並記された並航戦よりも重要性は低下しつつあった。先にも述べたように、開戦前の戦策の文面は「第一戦隊は……敵に対し丁字形を保持するに力《つと》めんとす」というように、丁字戦法をきわめて重視していたが、今回それが「丁字戦法に準拠するものとす」という表現になったことは、丁字戦法で危うく敵艦のウラジオへの逃走を許すところであった黄海海戦の経験に基づき、連合艦隊首脳部の間で同戦法に対する信頼感が失われつつあったことを意味する。

そして明治三十八年五月十七日、日本海海戦のわずか十日前になると、連合艦隊は丁字戦法に頼ることなく、一つの奇策を作戦に採用するのであった。

丁字戦法に代わる奇襲作戦

先にふれた連合艦隊戦策にこの日、一つの作戦が急遽《きゅうきょ》、「連合艦隊機密第二五九号ノ三」として追加された。「(八) 奇襲隊の編制及びその運動要領」と名づけられ、丁字戦法に代わるべく追加されたその作戦は、日本の海軍ばかりか、世界の海軍にとってもまったく前例のない新兵器を用いた画期的なものであった。

この作戦は、第二戦隊の「浅間」を旗艦として、第一駆逐隊、第九艇隊、そして駆逐艦「暁」をもって編成された部隊(奇襲隊)が決戦直前に敵艦隊の前方に進出し、次のような行動に出ることになっていた。「浅間」は第一駆逐隊と第九艇隊を援護しつつ機を見て魚雷攻撃を行い、第一駆逐隊は「暁」を援護しつつ敵前を横切り、注意を引く。この間、第九艇隊は敵艦隊直前で反転しつつ魚雷を発射、同時に連繋《れんけい》機雷と擬機雷を投下する。これらの攻撃に隠れながら敵艦隊の前面に達した「暁」は連繋機雷を敵艦隊の先頭を包むように投下しつつ退避する（『極秘明治三十七八年海戦史』）。

まさに奇襲隊の名にふさわしい白兵突撃作戦である。この作戦によって、丁字戦法で行う予定であった敵艦隊の先頭への打撃を加え、隊列を乱した敵艦隊に対して退路を押さえつつ並航砲戦を挑み、敵艦隊が全滅するまで攻撃を継続し決定的勝利を勝ち取る計画であった。丁字戦法を失った連合艦隊にとって、この奇襲隊の作戦の成否こそ、バルチック艦隊を迎えるにあたって連合艦隊勝利のための最大最後のキーポイントだったのである。

石炭袋から生まれた連繋機雷

この作戦には、二つの大きな秘密があった。まず、この作戦の主兵器である連繋機雷である。この兵器は日清戦争中に真野《まの》巌次郎《いわじろう》が研究し、未完成に終わった「敵の水雷艇を禦《ふせ》ぐためのロープで繋いだ小型爆薬」に端を発したものであるが、兵器となったきっかけは明治三十七年八月十日の黄海海戦のおりにあった。この日、旅順港口哨戒《しょうかい》中の駆逐隊が来航しつつあった連合艦隊主力に合流しようと敵艦隊の前面を横切った際、なにげなく不要になった

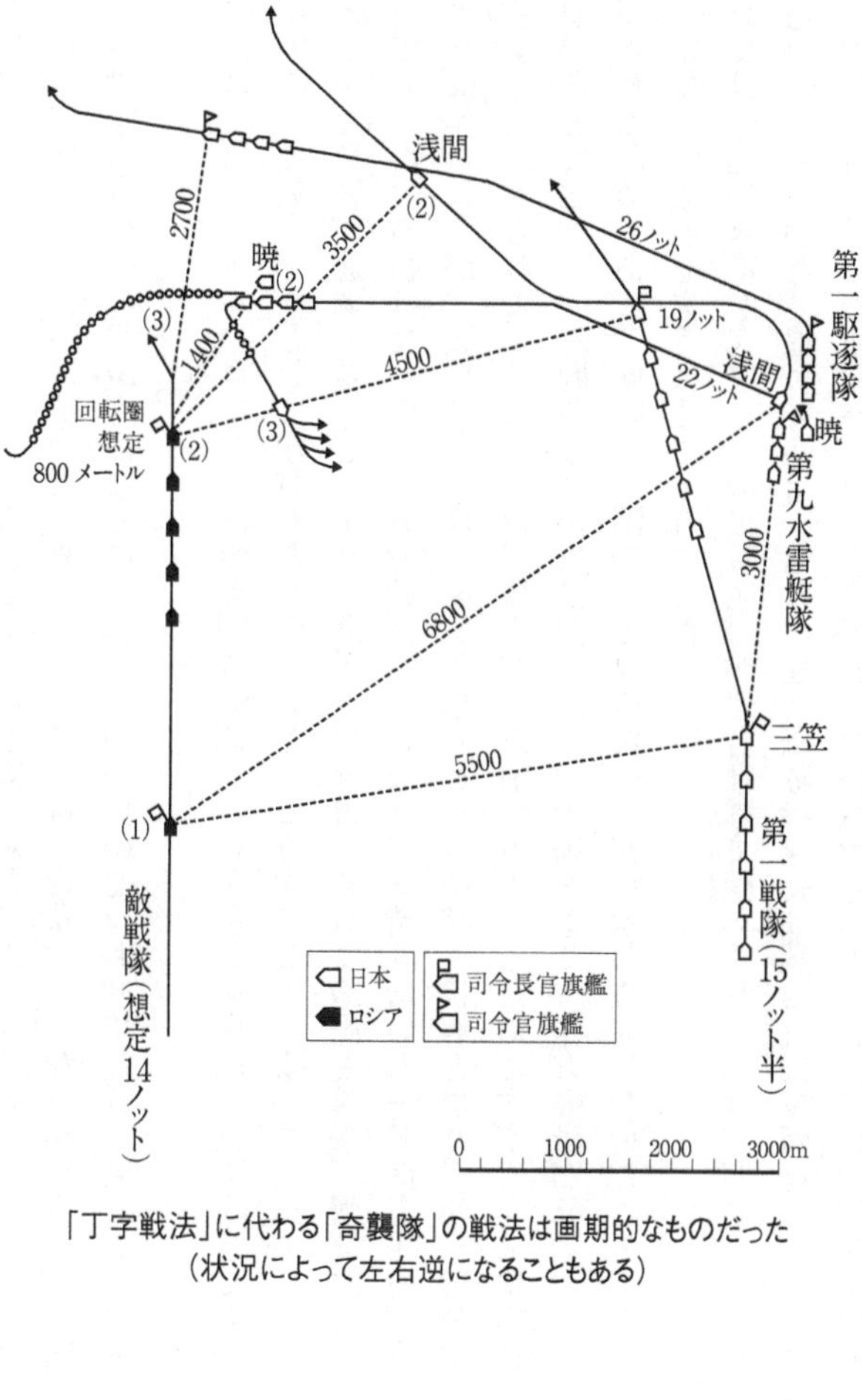

「丁字戦法」に代わる「奇襲隊」の戦法は画期的なものだった
（状況によって左右逆になることもある）

石炭袋を投棄したところ、ロシア側はこれを機雷の敷設と信じて航路をよけたのである。その後この記事がロシアの新聞に載ったために、これに気付いた秋山真之《あきやまさねゆき》参謀が発案して、艦隊付属の敷設隊司令小田喜代蔵《おだきよぞう》大佐などに命じ、各種の実験を行わせて完成させたものであった。

連繫機雷は、百メートルのロープで機雷を四個繫《つな》ぎ、これを多数連続的に投下することで、本来は点であった機雷を線として配置したものである。こうすることによって、この百メートルのどこかを敵艦が通過することにより、機雷が引き寄せられて敵艦と接触、爆発するというものであった。当初は投下後十五分で発火状態となり、一時間ないし一時間三十分で自爆するように作られたが、改良の上、投下後三分ないし六分で発火状態となり、四十五分で自沈するように改められた。この理由は、極力敵の直前に投下するためにすぐに発火状態になる必要があることと、一時間あまり後には投下海面が戦場となり、味方艦隊が行動することが予想されたためである。同時に、国際法で浮遊機雷の使用が禁止されていたこともあったので、短時間で機能を失うようにされていた。

この改良後の連繫機雷が完成し、取扱説明書が連合艦隊で纏《まと》められたのは、明治三十八年四月中旬のことであった。追って四月十七日、連合艦隊参謀長加藤友三郎《かとうともさぶろう》少将は、軍令部長伊東祐亨大将に対し、この連繫機雷を五十組繫ぎ、全長八マイルとすれば津軽《つがる》海峡防備に有効であるとの極秘の意見電報を打った。この電報に対し、即日海軍大臣山本権兵衛《やまもとごんべえ》名で横須賀鎮守府司令長官井上良馨《いのうえよしか》大将に対して、津軽海峡において連繋機雷による実験を行うように取り計らうよう命令が出された。この打てば響くような対応により、約一か月の実験の後に津軽海峡の機雷封鎖の目処《めど》が立ち、軍令部にはその報告がとどいたのであった。これは、山下源太郎《やましたげんたろう》などの努力で、五月二十四日に大本営より連合艦隊参謀宛というかたちで通知された。東郷長官はこれによってバルチック艦隊の針路が対馬《つしま》に来るものか、津軽海峡に来るものか悩んでいた時期に、「津軽海峡に来たならば、決戦を待たずして、バルチック艦隊にある程度の打撃を与えることができる」ことを予想でき、鎮海《ちんかい》待機中の大きな心の支えになったことと思われる。

沈没艦の「影武者」はロシア駆逐艦

もう一つの秘密は、この連繋機雷を搭載して敵艦隊の直前に突入する駆逐艦「暁」にあった。実はこの暁は黄海海戦にあたり、旅順艦隊の出撃をウラジオストクに電報で知らせるために芝罘《チーフー》に脱出したロシア駆逐艦「レシテルヌイ」だったのである。「レシテルヌイ」は同地で十二日に駆逐艦「潮《うしお》」に拿捕《だほ》され、以後しばらく放置されていたが、先の連繋機雷の初期型が実用化された明治三十七年十月頃には、この「レシテルヌイ」を作戦に使用する案があったと思われる。それは、十月末に出された東郷長官の連繋機雷に関する訓令に、敵艦の前方に進出して連繋機雷で敵の先頭を包むように投下する、という作戦が示されていることから、敵前に近づくにはロシア駆逐艦を使用したら有効ではないか、という考えが出るのは自然のなりゆきであったろう。このために十二月末に「レシテルヌイ」は佐世保に回航されて整備されることになった。

ところがここで一つの懸念があった。「レシテルヌイ」の日本海軍内部での取り扱いである。もしも「レシテルヌイ」を正式に日本海軍の艦籍に編入すれば、ただちにロシア側の知るところとなり、「日本海軍にロシア駆逐艦あり」と警戒されてしまうのは明らかである。そこで日本海軍は、明治三十七年五月十七日に旅順港口哨戒中に機雷にかかって沈没した駆逐艦「暁」の名を仮に与えることにした。これは「暁」の沈没をロシア側に知られていないことが確実とされていたためであった。こうして「レシテルヌイ」は明治三十八年一月に「暁」の影武者として整備され、同時に連繋機雷搭載用に選ばれた第二駆逐隊の四隻の駆逐艦と共に機雷投下訓練に励んでいた。海戦直前の「暁」は、連繋機雷を八組（加藤参謀長の電報では十組）搭載して、船体からは一切の日本軍艦としてのマークを消され、ロシア駆逐艦の姿になっていた。この姿のままでバルチック艦隊に突入する計画になっていたのであった。さらに戦策の中で「暁」の突入に際してはロシア側に姿をはっきり見られないために、ときどき蒸気を吹かしたり、有煙火薬で発砲しながら近づくように、といった細かな指示もされていたのである。あまりになりふり構わない作戦ともとれるが、日本艦隊にとって、丁字戦法に期待できない以上、この奇策に頼る他に勝機を摑《つか》む方法はなかった。

奇襲隊をもって敵主力艦隊の進路の直前に、完成したばかりの秘密兵器である連繋機雷を強行投下して敵艦隊の隊列を乱し、この機に乗じて第一・第二両戦隊による殲滅《せんめつ》戦に持ち込もうとするこの作戦は、連繋機雷の発案者である秋山参謀の画策と推定される。連繋機雷は、後の日本海軍の戦術及び軍艦設計にも影響を与えた重要な兵器であった。

果たして連繋機雷は秋山の発案だったのか

前記のように、連繋機雷は以後最高度の秘密を示す軍機兵器となり、一号機雷として長く日本海軍の決戦兵器の一つとされた。八八艦隊の計画艦では全ての艦艇の艦首デザインがスプーンバウという緩やかなカーブの艦首とされたが、これは海戦の最終段階で、連繋機雷が浮遊する海域での行動が予想されたからである。連繋機雷は、敵艦隊の前面に投下した後、一時間ほどで発火機能は停止されているとはいえ、味方艦船の艦首に機雷を繋いだロープが絡まることの無いようにデザインされたためであった。

かつて筆者が、技術大佐として海軍艦政本部四部設計主任であった牧野茂《まきのしげる》氏に八八艦隊の艦艇の特異な艦首形状の理由について質問した際、「あれは一号機雷を乗り切るための形状なので、凌波性《りょうは》の面からは望ましくないものですよ」と聞かされた。また、軽巡洋艦の艦尾には連繋機雷を敷設するためのレールが装備され、特に極秘事項として写真の撮影などが禁止されていた。

これほど期待された秘密兵器ではあるが、実は、日露戦争中にはロシア海軍などでは連繋機雷は一般的に知られていたのである。

雑誌「サイエンティフィック・アメリカン」一九〇五（明治三十八）年三月号には、旅順艦隊の戦艦「セバストーポリ」のフォン・エッセン艦長とサクセ副長が、船を失って帰国中にアメリカでインタビューされた際の記事が掲載されている。この中で、マカロフ提督の戦艦「ペトロパウロフスク」の爆沈について、「同艦の触れたる水雷は一条の綱索に三個連繋せる浮《ふ》泛《はん》水雷にして日本軍が前夜旅順艦隊の平生往来する航路を横切りて投入せるものなり」として、三個の機雷を繋いだ連繋機雷に接触した「ペトロパウロフスク」の図を掲載している。実際は、通常の敷設機雷を設置したものであったが、ロシア側はこれを連繋機雷と判断していたのである。

この記事は一か月もかからずに日本海軍が入手したものと考えることができるので、日本側で連繋機雷の構想と準備がスタートしたのが四月半ばであることを考えると、この記事を

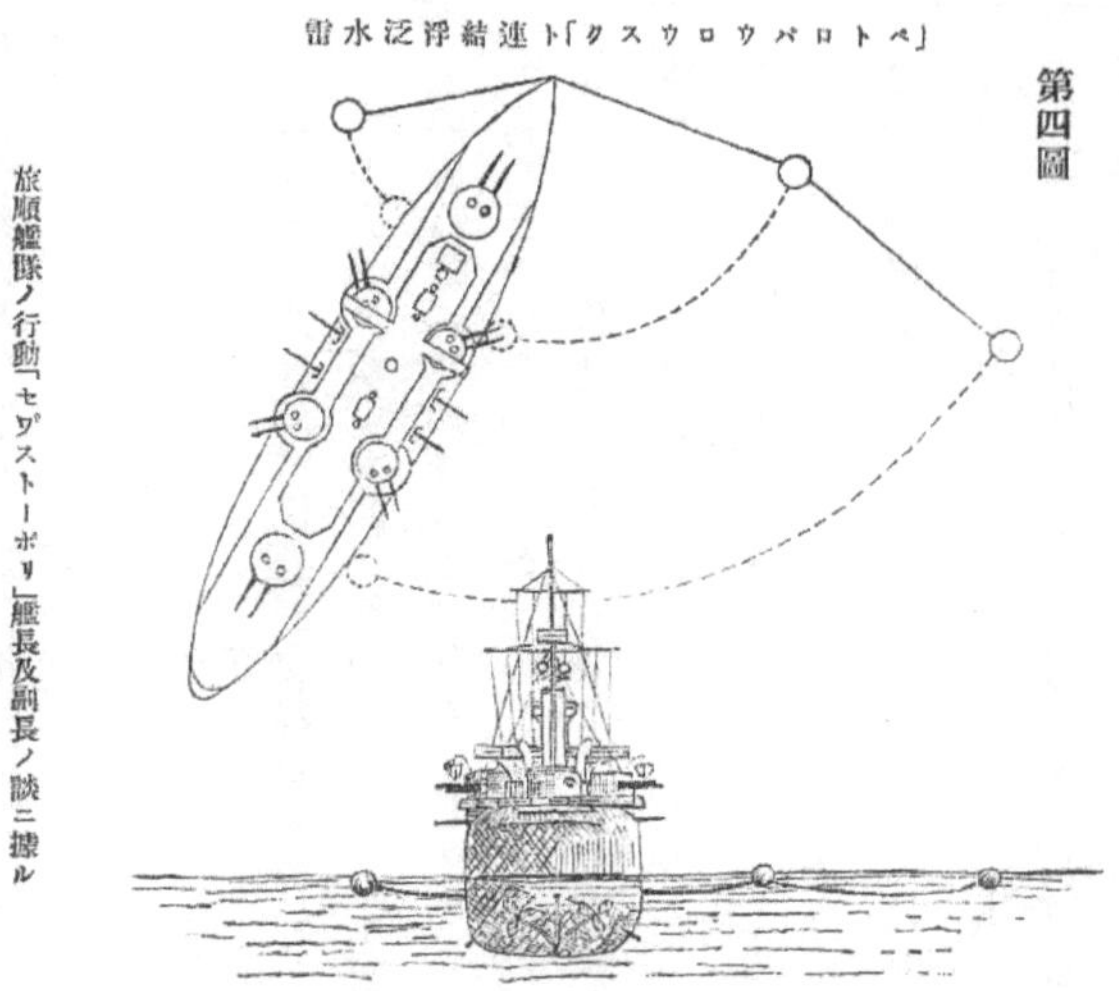

ロシア側は連繫機雷と判断していた

参考にした可能性も考えられる。この記事は翻訳されて、海軍の部内雑誌「水交社記事」臨時号として同年七月に発行されている。つまり、この連繫機雷自体は、実は国内外共に周知の兵器だったのである。

では、なぜ日本海軍においては諸外国周知の連繫機雷を長く軍機兵器としてきたのであろうか。おそらくは、日本海軍が軍機としたのは連繫機雷そのものではなく、秋山が早い時期にこの記事を目にして、自身の過去のアイデアと合わせて、海戦の最中に機雷を攻撃兵器として使用する攻勢機雷戦という、新しい戦術概念を秘密としたものと思われる。これこそが、軍機とされた秋山の連繋機雷作戦の本質だったのであろう。

〈コラム　津軽海峡は機雷で封鎖されていた〉

バルチック艦隊を迎え撃つために、鎮海湾に待機していた東郷長官以下の連合艦隊最大の悩みは、バルチック艦隊が、日本海に直接侵入するか、津軽海峡を迂回《うかい》して行くかの判断がつかないことだった。このために、連合艦隊では、バルチック艦隊が五月二十六日までに発見できないときは、津軽海峡に迂回したものと判断して、北方に移動する密封命令書を準備していた。これを知った大本営の山下源太郎参謀は、この移動計画を思い止《とど》まるように電報を打とうとし、伊集院《いじゅういん》五郎《ごろう》軍令部次長を説得、五月二十三日夜更け、海軍大臣官邸に山本権兵衛海軍大臣を訪れた。しかし、山本大臣は、「対露海軍の全部は東郷大将に任せてある。東郷は考えている。こんなことを言っては、それを乱すことになる」と許可しなかった。ここで山下参謀は、「艦隊では、津軽海峡の乙雷を知りません」と説得、ようやく連合艦隊参謀あての意見なら良いとの大臣の同意を得て、電報で発せられたのは、二十四日であった。この乙雷とは、極秘の新兵器連繋機雷のことであり、すでに、津軽海峡は連繋機雷での封鎖の準備が整っていたのである。東郷長官の鎮海待機の決意には、この情報も大きな要素であったと思われる。（参考／『海軍大将山下源太郎伝』一九四一年、非売品）

第二節　二日間の日本海海戦

日本連合艦隊のきわどい邀撃

五月十四日、最後の寄港地ヴァン・フォンとクアベを出撃したバルチック艦隊（太平洋第二艦隊）は、徹底した灯火管制を行いつつ一路対馬海峡に向かっていた。ウラジオストクに向かうには、対馬海峡を抜けるほかにも、津軽海峡、宗谷《そうや》海峡を抜けるコースがあったが、機敏な行動を取れない大きな艦隊を引き連れたロジェストウェンスキー提督は、一気に最短コースを採ったのである。彼は、必ず日本艦隊との衝突があるものと予想し、また、この衝突は容易ならないものと考えていた。彼は、最後の出撃に当たって、「戦闘中、戦艦は損害を被りたる僚艦あるいは遅れたる僚艦を乗り越すべし」と命じ、戦艦「スワロフ」が損害を被れば「アレクサンドル三世」、「アレクサンドル三世」が損害を被れば「ボロジノ」、「ボロジノ」が損害を被れば「アリョール」が戦艦戦隊の指揮を執るように定めた。多くの艦船を引き連れた艦隊として、一切の小細工を排し、一直線にウラジオストクを目指す決意のほどを示したのである。

一方、東郷長官は、鎮海待機中、ロシア艦隊の針路については対馬海峡通過と判断していたが、万一に備えて五月二十六日正午までに敵を発見できない場合には、二十六日夕方から北方へ移動して艦隊待機地点を津軽海峡へ移すという内容の「密封命令」を発出し、大本営にも報告していた。大本営は、これに反対の意向を伝えた。二十五日午前に連合艦隊旗艦「三笠」で軍議が開かれ、密封命令の予定通りの発動という意見が多勢であったが、第二艦隊参謀長の藤井較一《ふじいこういち》大佐と第二戦隊司令官の島村速雄《しまむらはやお》少将が対馬海峡での待機を主張し、東郷長官も大本営からの情報を考慮したと思われ、密封命令の発動を延期させた。そして二十六日の未明、ロシア艦隊の輸送船が二十五日に呉淞《ウースン》に入港したとの知らせが連合艦隊に達し、ロシア艦隊は太平洋方面に迂回しなかったものと判断されたため、密封命令書は破棄され移動は中止された。

もし密封命令が発動されて津軽海峡への移動が実行されたとすれば、対馬海峡を通過したバルチック艦隊を日本連合艦隊は捕捉《ほそく》できなかったことになり、日本の望んだ講和交渉もあり得なかったであろう。日本側は、まさにきわどいところでバルチック艦隊を邀撃《ようげき》し、海戦での勝利を得たのであった。

「荒天のため、奇襲隊列を解く」

五月二十七日未明、第一、第二艦隊の大部は韓国南岸加徳《かとく》水道方面、第三艦隊の大部は尾《お》崎《さき》湾（対馬）に集まり、第三戦隊は五島《ごとう》列島白瀬《しろぜ》北西海面を遊弋《ゆうよく》し、仮装巡洋艦「亜米利加丸」「佐渡丸」「信濃丸」「満洲丸」の四隻は白瀬の西方に排列し、「秋津洲《あきつしま》」「和泉」は四艦の東方近距離にあって対馬海峡の哨戒を厳にしていた。

午前二時四十五分、哨艦「信濃丸」は五島列島白瀬の西方海上で灯火を点じて航行中の船舶を発見、臨検を行おうとしたところ、艦首方向に十数隻の艦影を発見、四時四十五分「敵艦隊二〇三地点に見ゆ……」との発見電報を打った。同時に哨戒中の「和泉」が監視に加わり、ロシア艦隊の行動を報告した。敵艦隊発見の報が連合艦隊司令部に着いたのは五時五分頃であった。

待ちに待ったバルチック艦隊発見の報であった。東郷長官はただちに全艦隊に出動準備を命じた。しかし旗艦「三笠」では、この電報に小躍りした秋山参謀が、不安な思いで暗い海面を見ていた。天気予報によれば「波高かるべし」という。風波が強いというのである。この天候では、駆逐艦、水雷艇などの小型艦の行動が難しい。場合によっては、練りに練った秘策、「奇襲隊」作戦が実施できない恐れがあった。

そこに飯田久恒《いいだひさつね》参謀等が大本営に対する出動報告の電文の草案を持って来た。発信された電文は「敵艦隊見ゆとの警報に接し、連合艦隊は直ちに出動之を撃沈滅せんとす」であった。敵艦隊の全滅を命じられた艦隊の出撃電報としてはこれ以外にないであろう。この草案を見た秋山参謀はやや考え、続けて「本日天気晴朗なれども波高し」と加えた。言うまでもなく大本営に対して「奇襲隊作戦が決行できない恐れがある」との意味を暗に含む内容であった。東郷長官は六時二十一分にこれを打電し、全艦隊を率いて鎮海湾《ちんかい》から出撃した。予定どおり奇襲隊も出動したが、高い波にもまれて艦隊についてゆくのが精一杯の状態であった。

一方、東郷長官の出撃電報を受けた大本営では、緊張してこの電文を読んだであろう。「予想通りの決戦ではあるが、波が高く、万一奇襲隊の作戦が実施できなくなると、東郷長官は苦戦に陥るのではないだろうか」と。しかし、すでに矢は弦を離れたのである。荒天を見て不安を感じたのは秋山参謀ばかりではなかった。本来の決戦主力である各艦の砲術関係者は風、波、さらに海面を覆う濛気《もうき》を見て、砲戦をするには最悪のコンディションだと感じていた。「三笠」艦長伊地知彦次郎《いじちひこじろう》大佐は、進撃中の「三笠」の後甲板に手空き総員を集めて、「……本日は風波穏やかならずして、射撃に困難を観ずるは些《いささ》か遺憾とするところなり、

日本海軍編制	
	連合艦隊（東郷平八郎大将） 　第一艦隊（東郷平八郎大将） 　　第一戦隊（三須宗太郎中将）　戦艦4…三笠、朝日、敷島、富士 　　　装甲巡洋艦2…春日、日進　通報艦…竜田 　　第三戦隊（出羽重遠中将）　巡洋艦4…笠置、千歳、音羽、新高 　　第一、二、三駆逐隊　駆逐隊13 　　第十四水雷艇隊　水雷艇4 　第二艦隊（上村彦之丞中将） 　　第二戦隊（島村速雄少将）　装甲巡洋艦6…出雲、磐手、浅間、常磐、 　　　八雲、吾妻　通報艦…千早 　　第四戦隊（瓜生外吉中将）　巡洋艦4…浪速、高千穂、明石、対馬 　　第四、五駆逐隊　駆逐艦8 　　第九、十九水雷艇隊　水雷艇7 　第三艦隊（片岡七郎中将） 　　第五戦隊（武富邦鼎少将）　装甲海防艦1…鎮遠 　　　海防艦3…松島、橋立、厳島　通報艦…八重山 　　第六戦隊（東郷正路少将）　巡洋艦4…秋津洲、和泉、須磨、千代田 　　第七戦隊（山田彦八少将）　海防艦1…扶桑 　　　砲艦5…高雄、筑紫、摩耶、鳥海、宇治 　　第一、五、十、十一、十五、十六、十七、十八、二十水雷艇隊　水雷艇31 　付属特務艦隊（小倉鋲一郎少将）　付属特務艦24

ロシア艦隊編制	
	バルチック艦隊（ロジェストウェンスキー中将） 　第一戦艦隊（ロジェストウェンスキー中将） 　　戦艦4…クニャージ・スワロフ、インペラトール・アレクサンドル三世、ボロジノ、アリョール 　第二戦艦隊（フェリケルザム少将） 　　戦艦3…オスラビヤ、シソイ・ウェリキー、ナワリン　巡洋艦1…アドミラル・ナヒモフ 　第三戦艦隊（ネボガトフ少将） 　　戦艦1…インペラトール・ニコライ一世　海防艦3…ゲネラル・アドミラル・アプラクシン、 　　　アドミラル・セニャーウィン、アドミラル・ウシャコフ 　第一巡洋艦隊（エンクウィスト少将） 　　巡洋艦4…オレーグ、アウロラ、ドミトリー・ドンスコイ、ウラジミール・モノマフ 　第二巡洋艦隊 　　巡洋艦4…スヴェトラナ、アルマーズ、シムチュグ、イズムルート 　駆逐隊 　　駆逐艦9 　運送船隊 　　運送船9　工作船1

＊第二戦艦隊司令官フェリケルザム少将は5月23日病死。後任の司令官はオスラビヤ艦長ベルー大佐

日本海海戦時の日本・ロシア両艦隊の編制

依《よ》りて照準は極めて慎重に行い、号令は最も明瞭《めいりょう》に伝え、沈着にして些かも狼狽《ろうばい》する事無く、百発百中を期すべし……」との訓示を行った（中村芳蔵「特務士官が語れる日露海戦思い出話」）。

出動後も波はおさまる様子はなかった。十時八分に東郷長官は、荒天に翻弄《ほんろう》される奇襲隊を見て行動不能と判断、「荒天のため、奇襲隊列を解く」と下令、「暁」以下の奇襲隊を避泊させた。こうして、バルチック艦隊を目前にしながら、対ロシア艦隊戦策の第一段階の要《かなめ》であった奇襲作戦を放棄せざるを得なくなったのである。奇襲隊旗艦「浅間」艦長であった八《や》代六郎《しろろくろう》大佐は、奇襲隊によって戦艦二隻は撃沈できるものと心中秘《ひそ》かに期待していただけに、この信号は不本意なものであったが、肝心の「暁」以下の突撃部隊が行動できなくてはどうにもならなかった。八代は、後に小笠原長生《おがさわらながなり》にあてて、この時の残念な思いを述べた手紙を送った（『八代海軍大将書翰集』、一五三ページコラム参照）。

会敵と司令部の逡巡

出動後数時間で作戦の中核を失ったまま、連合艦隊は北方より漸次接敵した。そして午後一時三十九分に南西の方角、濛気の中にロシア艦隊を発見したのである。この時の態勢は、日露艦隊が互いに正面に向かい合っていたために、日本艦隊は敵との間合いを取るために面《おも》

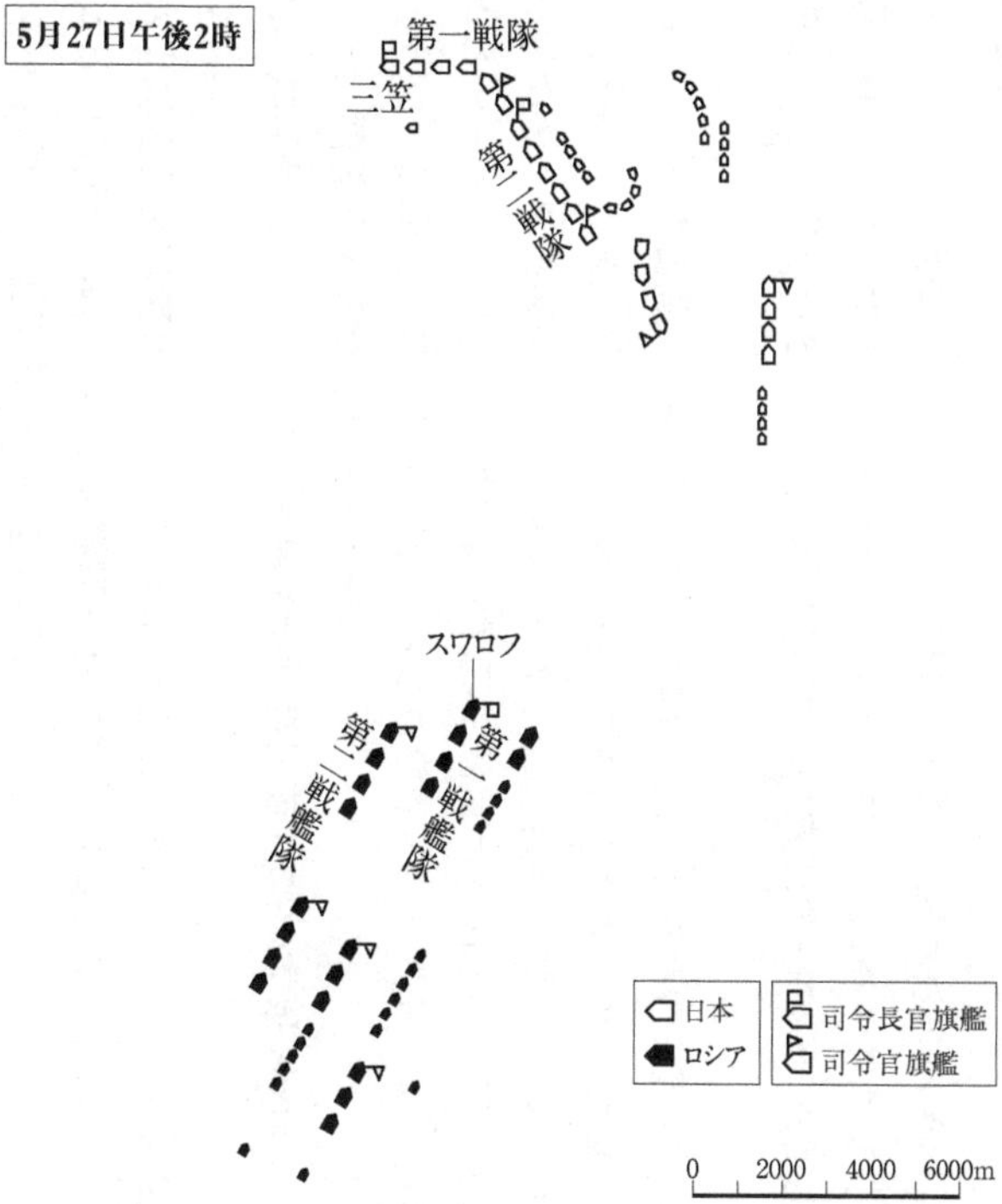

5月27日午後2時
第一戦隊
三笠
第二戦隊
スワロフ
第二戦艦隊
第一戦艦隊
日本
ロシア
司令長官旗艦
司令官旗艦
0
2000
4000
6000m

日本海海戦図(1)

舵《かじ》（右舵）を取ってロシア艦隊の左舷《さげん》方向に離れた。

一時五十五分、「三笠」はバルチック艦隊を左舷後方に見つつ、信号ヤードの先端に畳み込んであった「皇国の興廃此の一戦にあり各員一層奮励努力せよ」を示す旗旒《きりゅう》信号（Z旗）を一気に開いた。

次いで東郷長官は取舵をとってロシア艦隊を左舷正横に見る針路をとり、二時二分、さらに取舵をとって、敵艦隊と反航態勢に入った。

このとき「三笠」の艦上では、何が起こっていたのか？　これまでは、東郷は秋山真之の考えたところの丁字戦法によってバルチック艦隊を撃滅したという説明が長年にわたって広く信じられてきたが、真相はそうではないようだ。司令部の参謀たちは、どのような戦闘指揮を行うべきか困惑し、水平線上にロシア艦隊を認めてもなお対策に結論を出せずに討論を続けていたという（松村龍雄『回想録』四日露戦役其三）。しかしその間にも敵艦隊は目前に迫っていた。

この司令部の逡巡《しゅんじゅん》を破ったのは、「三笠」砲術長の安保清種《あぼきよかず》中佐（のち海相、大将）であった。彼は敵艦を見ながら、右砲戦か左砲戦かも指示されず、耐えきれずに「どちらの側で戦《いくさ》なさるのですか」と、「大声で呟《つぶや》」いて東郷長官に決断を促したのである（東京日日新聞社『日露大海戦を語る』）。

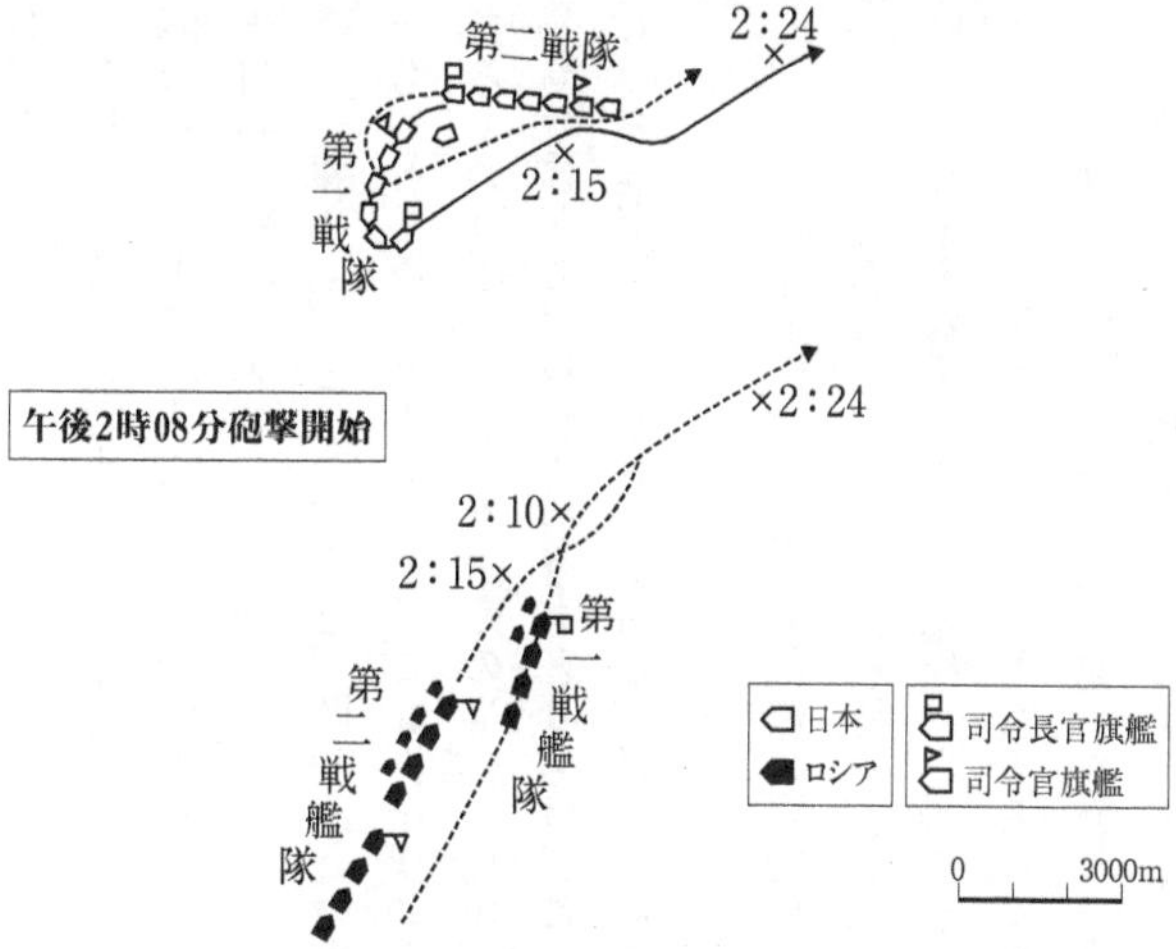

日本海海戦図(2)

起死回生の「東郷ターン」

戦策通りに進めば、敵の射程外で反転するはずであったが、事ここに到って東郷は、彼我の距離八千メートルを確認したうえで、戦策に従って並航戦に入ることを決心し、二時五分に左一六点（百八十度）の回頭を命じ、バルチック艦隊との距離をつめた（現実には、百六十八度の回頭で舵は戻された）。この東北東への急転回が、後世に有名な「東郷ターン」である。前年の黄海海戦時の砲戦開始距離は一万から一万四千メートルであったが、このケースよりもはるかに近い、敵主砲の射程距離内での転回運動だった。しかも回頭中は方向と距離が急速に変化する敵艦に対して射撃は不可能であった。

今日、このときの東郷の心中を窺《うかが》うことはできない。日露開戦前に研究した丁字戦法は黄海海戦で実戦に堪えないことが明らかとなり、ついで研究された連繫機雷による奇襲作戦は、当日の気紛れな天候で消し飛んでしまったのである。東郷長官に残されたものは英国製の軍艦と、練り上げられた実力と、闘争心だけであったろう。

もっとも東郷ターンのタイミングを決めたのは東郷本人ではなく、参謀長の加藤友三郎であるという説もある。歴史家の半藤一利《はんどうかずとし》氏が、かつて軍事評論家の伊藤正徳《いとうまさのり》氏が雑誌『中央公論』誌上に掲載した情景をとりあげ、この記述が加藤友三郎が伊藤に話した内容に基づくものと推定しているものである。以下にその部分を抜き出してみよう。

三笠艦上には、またも幕僚の議論は濤声《とうせい》を外にして湧いた。しかも、長官は不動明王、一言の答うるなくして敵艦隊を凝視しつつある。その時、加藤参謀長は、胃痙攣《いけいれん》に再度の注射を終えて平然と艦橋にあったが、突如大声で、砲術長に測距を命じた。旗艦スワロフとの距離八千米ッ、と答うる一刹那《せつな》、東郷長官は加藤参謀長を無言で見返った。その途端、参謀長は大声一番、「艦長、取舵一杯ッ」と命じた。最初のコースから見て、いったんは反航戦を行うのかと想像し、または面舵一杯に回転するのかと予想していた艦長はツイ「取舵ですか」と反問してしまった。すると加藤参謀長は「そうだ、大至急取舵だ！」と一言したまま、東郷長官を顧みて「取舵にしました」と報告した。長官は会心の微笑を浮かべつつ、うち頷《うなず》いてなおも敵を見守っていたのである。けだし沈黙に始まって沈黙に終り、しかも作戦一微を誤たない勇断の誉れを残したのである。

この説によれば、世間一般に伝わっている「東郷の右手が高く上がり、左へ向かって半円を描くようにして一転した」というターンの合図の情景（安保清種中佐の回想による）も、真実ではないことになるが、確かなことはわからない。

いずれにせよロシア艦隊は、この日本艦隊の行動を見て攻撃の好機と判断し、一斉に砲撃を開始したが日本側は応ぜず、二時十分、約六千メートルに近づいて「三笠」以下の砲撃が開始された。

東郷長官は、なぜこのような無理な敵前ターンを行うことになったのか

日本海海戦の勝利のハイライトシーンとなった、いわゆる東郷ターンであるが、常識的に考えて、このような状況に陥ること自体失敗としか言いようがない。東郷長官の適切な判断と果敢な行動によって、画期的な成果を収めたために、以後この問題は深くは追及されなかったが、東郷長官がこのような危険を冒さざるを得なかった背景には、大きな錯誤が隠されていたのである。

日本海海戦当日の早朝、バルチック艦隊を待ち受けていた連合艦隊は、濃密な警戒線を構築していたが、その中心は片岡七郎《かたおかしちろう》長官の第三艦隊の第五戦隊、第六戦隊、出羽重遠《でわしげとお》中将の指揮する第三戦隊などであったが、いずれも数日来の曇り空で天測が十分にできず、自艦の位置が曖昧なままに哨戒をしていた。そこに午前四時四十五分、哨戒艦「信濃丸」の「敵艦隊見ゆ」との発見報告が入り、間もなく第六戦隊の「和泉」がバルチック艦隊を発見、刻々と敵情を発信し始めた。次いで、第三戦隊の「笠置」がバルチック艦隊を発見、敵の前方に進んで監視を続けた。これに片岡中将の第五戦隊の「厳島」からの敵航路の報告が加わり、バルチック艦隊は完全に日本軍の監視下に北上を続ける形となった。

本来ならば、この時点において東郷長官はバルチック艦隊の位置を完全に把握し、理想的な態勢で戦闘に入れるはずであったが、数日にわたる天候不良のために天測が不十分であったため、三隻の報告してきたバルチック艦隊の位置はみな違っていたのである。三種類の異なるバルチック艦隊の位置を報告された「三笠」の連合艦隊司令部は深刻な混乱を来していた。

当時、連合艦隊の参謀で通信処理に当たっていた清河純一《きよかわじゅんいち》大尉は、後の回想で、「三笠司

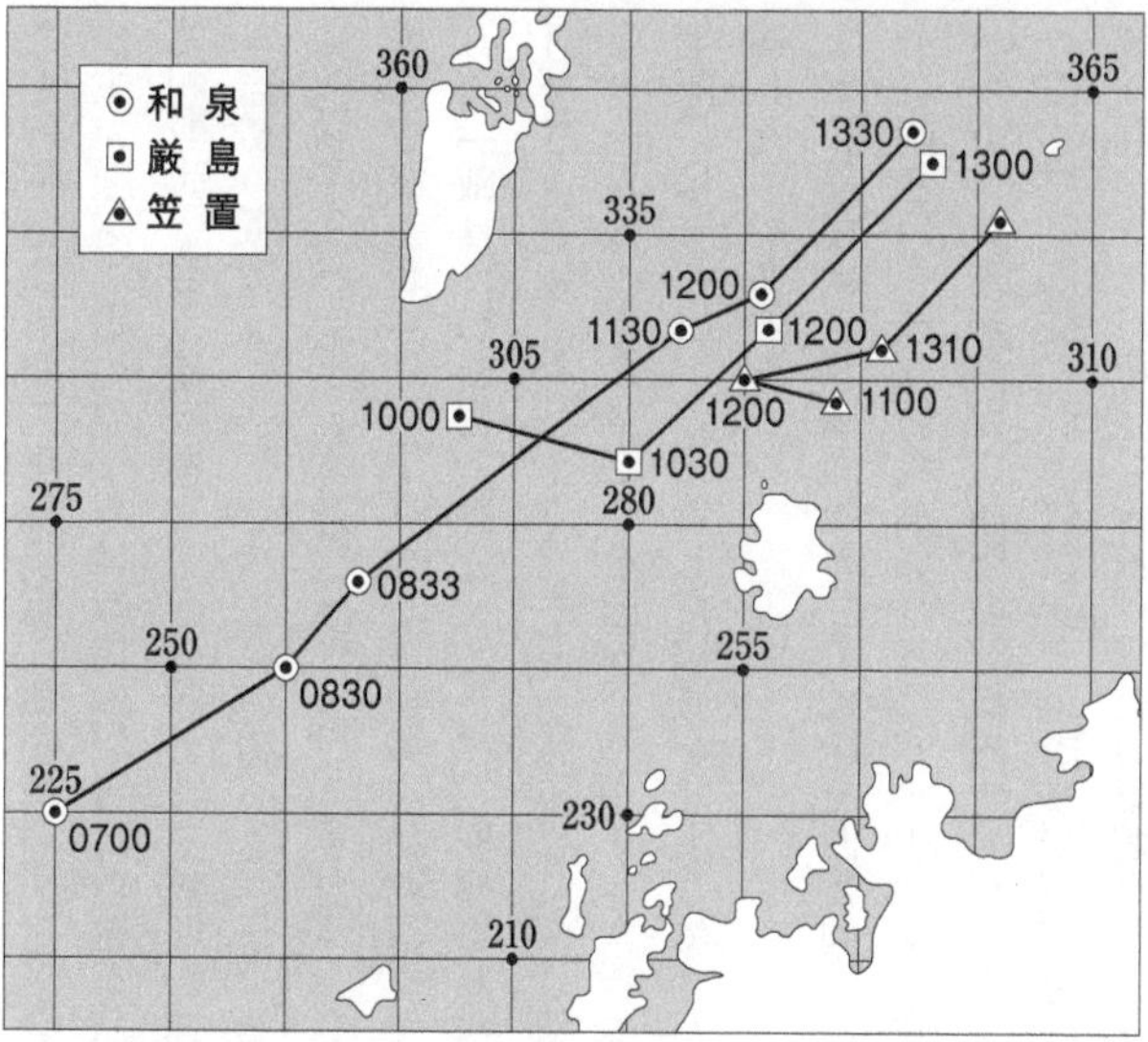

和泉、笠置、厳島が三笠に報告したバルチック艦隊の針路

令部の方で見ますと、各報告が一致しないことになります。司令部で見ておりました敵情報告はだいたい三つで、第三艦隊長官の報告（厳島）、出羽司令官の報告（笠置）と、和泉の報告でありましたが、これらの報告を図に入れて見ますと、約五カイリ位の間隔の平行線のようなものが出来まして、敵がはたしてどの線を北上してくるのか（中略）非常に困りました。私は、加藤参謀長、秋山先任参謀等から、つまり（敵は）どこだ、と問い詰められたような目にあいました。（中略）当日和泉の報告が内容も整頓しており、和泉の報告を基礎にした方が良いと思いまし

たが、何分にも第三艦隊長官（旗艦厳島）が接触部隊中の最高指揮官でありましたから、我が主力艦隊は始めのうちは厳島の報告に重きを置いて行動したのであります」（「通信懐旧談」昭和七年、海軍通信学校）と、当時の「三笠」の連合艦隊司令部の混乱と苦衷を語っている。

当初の戦策は、一二七ページの図のように、連合艦隊はバルチック艦隊の側方（海戦当日は西側を予定）を予想砲戦距離の外ですれ違った後に、わずかな優速を生かしてバルチック艦隊を後方から追い上げつつ並航戦を挑む計画であった。ところが、連合艦隊司令部が採用した「厳島」の報告位置は、「和泉」の報告した正しい位置よりも東方に約五カイリ（約九千メートル）ずれていたために、「三笠」以下の艦隊は、この誤ったバルチック艦隊の位置より一万メートルほど西を進み、バルチック艦隊を左方向に発見する予定であった。だが、実際には「和泉」の報告した位置を北上してきたバルチック艦隊をほぼ正面に見る位置で遭遇したのである。

東郷長官は、急遽面舵として艦隊を西に向かわせて、予定の間合いを取ろうとしたが、十分に間合いを取り切れないうちにバルチック艦隊とすれ違うことになったために止むを得ず、バルチック艦隊の大口径砲の射程内でのUターン強行を決意するに至ったのである。

ここで東郷長官が十分な安全距離まで時間を取れば、最悪の場合バルチック艦隊の多くを取り逃がした可能性もある。現実の東郷ターンは、後に神話のように作り上げられた、泰然とバルチック艦隊を待ち受け、絶妙のタイミングで放った丁字戦法による完全勝利、などというドラマよりも、遥かに錯誤と混乱に満ちた困難な状況の中で決断したものであった。文字通り日本の運命が懸かった、真に危うい一瞬であったと言わなければならない。

この日、「和泉」の報告位置が正しかったのは、前日の激しい風波を避けるために一時、宇久《うく》島に仮泊していたためであった。このために「信濃丸」の敵発見報告を受けた際にも、天測によらずに宇久島という確実な場所から自艦の位置を確認できていたのである。和泉乗り組みであった樺山可也《かばやまべくや》大尉も、「厳島」の報告位置は間違っていると思っていたが、「第三艦隊長官の報告が間違っているとは発信できなかった」、と海戦後に語っている。しかし、このような重要な情報に関しては、「和泉」の報告位置の正確さの根拠を示して、強く主張するべきであった。因みにこの時、「和泉」には後の海軍大臣、軍令部総長、嶋田繁太郎《しまだしげたろう》が少尉候補生として乗り組んでいた。

（本稿は、「通信懐旧談」、吉田昭彦「海軍における作戦情報処理の変遷」を参照した）

「丁字戦法」は実施されたのか

この海戦における日露両艦隊の交角や距離について、海軍史研究家の中川務《なかがわつとむ》氏による詳細なレポートがある。中川氏によれば、この時点で日露両艦隊の交角は五十度で、丁字戦法にいう「イ字」にあてはまる対勢にあったが、ロシア艦隊が運動に有利な単縦陣への変換を試みて約四十度東側に変針したため、交角は急速に減少し、二時十分に四十度、二時十二分に二十度、二時十三分には十度になり、並航戦の対勢に変化したため、ターン後の丁字状態の戦闘時間は、かなり「イ字」が崩れた状態を含めてもわずか三分だったという（もっともロシア側にとっては、単縦陣への陣形組替えが終わらないうちに戦闘が始まってしまい、初動の戦術行動に制約を受けることになった）。

二時十三分から並航戦に入った日本艦隊は二時四十三分までの間、おおむねマイナス四度～二十度の交角で全力砲戦を実施した。中川氏によると、二時十五分に日本艦隊が交戦距離の短縮を図って東微南に変針し、交角三十度の態勢を取りながらそのまま丁字の態勢を描こうとせず、さらに三分後、東北東に変針して交角をマイナス四度に戻しており、この点から見ても、日本艦隊は丁字戦法ではなく並航戦を継続して敵艦隊を制圧しようとする意図が明らかであった。秋山中佐が後日少将となっていた大正四（一九一五）年五月二十七日、御前講演で「敵が漸次東方に撃圧さるるに従ひ自然に彼我の並行戦となり」と述べていることも、この解釈を補強するものである。

もっとも戦闘中に全く丁字の陣形をなさなかったわけではなく、二時四十三分に「三笠」が敵旗艦の前程約五千メートルに進出した時点で敵の針路を圧するように東南東に変針を開

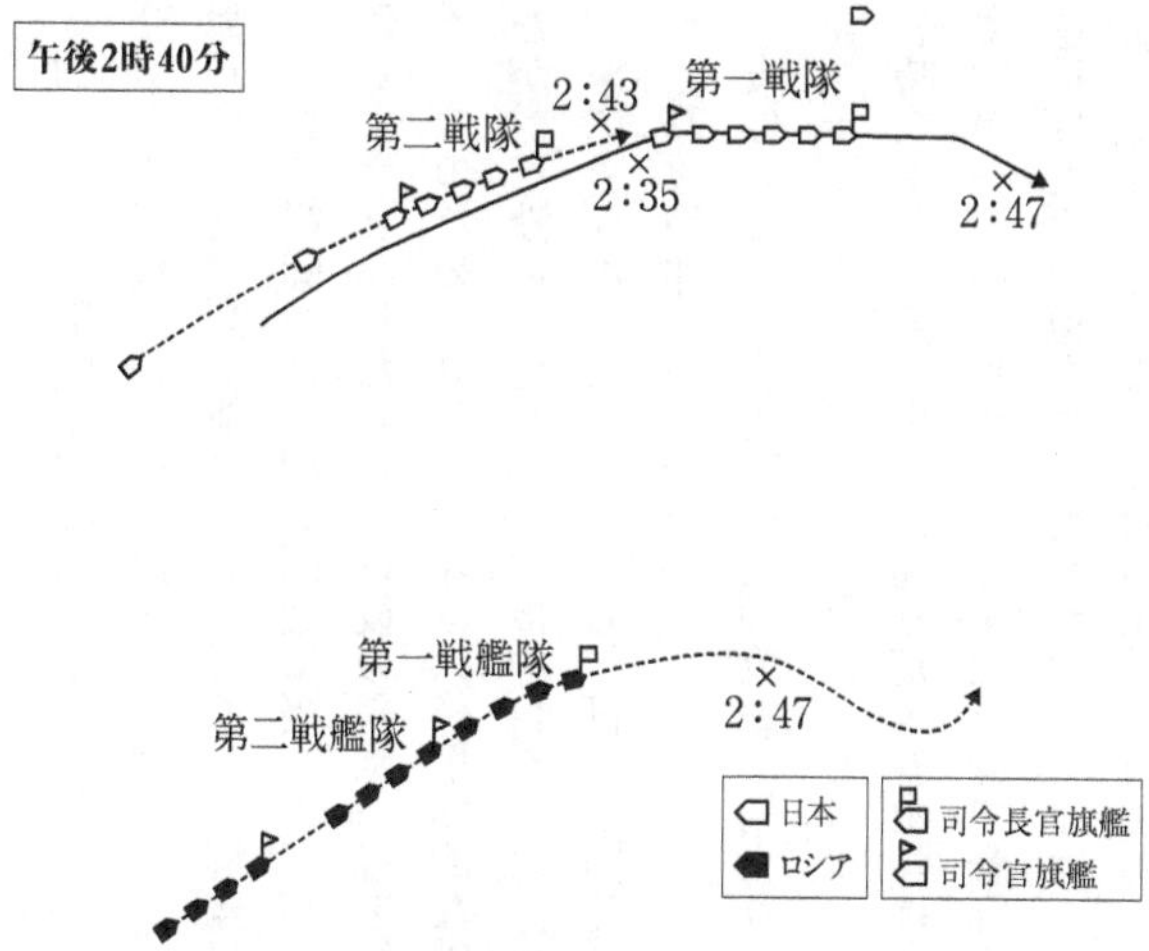

日本海海戦図(3)

始し、二時四十七分には交角三十度で不完全ながら丁字の陣形をなして射撃を加える瞬間があったが、十一分後の日本艦隊回頭によって丁字陣形は解消した。したがってこれは意図的な丁字戦法の実施とは言い難いであろう。少なくとも東郷ターンの直後、また以後の並航戦において丁字戦法は存在しなかったといえる（以上の記述については、中川務「東郷ターンの真実―いわゆる丁字戦法理論をふまえて」『世界の艦船』二〇〇五年五月号所収に負うところが大きい）。

砲戦開始後、第一戦隊の「三笠」「朝日」と第二戦隊の「吾妻」「磐手」は「スワロフ」を、第一戦隊の「敷島」「富士」「春日」「日進」と、第二戦隊の「出雲」「常磐」「八雲」「浅間」は、「オスラビヤ」

に対して猛射を加えた。

　約三十分の砲戦で、大勢はほぼ決し、「スワロフ」「オスラビヤ」が戦列を離れ、「アレクサンドル三世」が火災を起こしていた。これに対し、日本側の損害は、「浅間」が舵機に被弾して一時戦列を離れたのみであり、同艦はほどなく戦列に復帰している。

　ロシア艦隊では、砲戦開始に当たって、ロジェストウェンスキー長官が「敵の先頭艦を砲撃せよ」と命じたのみで以後の砲戦指導を行わないうちに負傷し、意識不明となってしまった。このため、ロシア艦隊は以後積極的な戦闘を避け、ウラジオストク目指して逃走を図ったが、日没近くになって、再度日本艦隊に捕捉されて「ボロジノ」「アレクサンドル三世」が撃沈された。七時二十八分、日没と同時に日本艦隊は追撃を中止し、翌朝の予想合戦海面たる鬱陵島《うつりょう》沖に向かった。

　夜に入ると、駆逐隊の夜間攻撃が始まり、戦艦「ナワリン」が撃沈され「シソイ・ウェリキー」「アドミラル・ナヒモフ」「ウラジミール・モノマフ」が大破した。翌二十八日、午前五時二十分、鬱陵島沖に進んだ第五戦隊は、逃走中のロシア艦隊を発見。十時三十分に至って、第一、第二戦隊は、完全にロシア艦隊の退路を断ち、ついにネボガトフ司令官は降伏旗を掲げた。重傷を負ったロジェストウェンスキー長官は駆逐艦で逃走中、日本側の駆逐艦に捕らえられた。ここにおいて、二日にわたった海戦は終わりを告げた。ロシア艦隊三十八隻のうち、戦艦六隻を含む十九隻が撃沈され、戦艦二隻を含む五隻が捕獲された。ロシア艦隊が最大の目標としていたウラジオストクにたどり着いたのは、わずか巡洋艦一隻、駆逐艦二隻、輸送船一隻だけであった。これに対して日本側の損害は、わずかに水雷艇三隻を失っただけであった。

東郷長官の鎮海出撃の電報は、第三章第二節「荒天のため、奇襲隊列を解く」にあるように「敵艦隊見ゆとの警報に接し、連合艦隊は直ちに出動之を撃沈滅せんとす、本日天気晴朗なれども波高し」（傍点引用者）であるが、海軍軍令部の公刊戦史では、「敵艦見ゆとの警報に接し、連合艦隊は直ちに出動之を撃滅せんとす、本日天候晴朗なれども波高し」とされた。しかし、一般には「敵艦見ゆとの警報に接し、連合艦隊は直ちに出動之を撃滅せんとす、本日天気晴朗なれども波高し」のかたちで広まった。

〈コラム　奇襲隊攻撃中止を嘆く「浅間」艦長〉

日本海海戦を控えて、「浅間」は奇襲隊旗艦の任務を与えられていた。奇襲隊は、駆逐艦で敵艦隊の前方に突撃、連繫機雷を敷設するという、特殊任務を帯びていた。「浅間」艦長・八代大佐は、この攻撃に期待していたが、海戦当日は波が高く、奇襲隊作戦は中止となってしまった。海戦後、八代は、大本営参謀であった友人小笠原長生に手紙を書いて、これを惜しんだ。文面は、

「……浅間は……敵の二艦に大害を加え、火災を起こさしめ候位の働きをなし、どうかこうか日本男児の一分を辱かしめざるを得たるは、心密かに喜ぶところに御座候。さりながら、合戦前浅間は敵の二戦艦を撃沈する覚悟に有り候を果たし得ず（奇襲隊列を解かれし為め）この覚悟に対しては、何となく残念に候……」

と、奇襲攻撃を実施すれば、戦艦二隻くらいは撃沈できたと思っていたのである。連繋機雷に関しては、その効果に対して賛否があり、明治四十（一九〇七）年の海軍大学校甲種学生首席の大角岑生《おおすみみねお》は、「天候静穏なるときは、充分に成算あるを信じて疑わざる者なり」としていた。（参考／『八代海軍大将書翰集』一九四一年、尾張徳川黎明会・『第五期甲種学生兵学卒業論文集』一九〇七年、海軍大学校）

終　章　日本の「完全勝利」とは何だったのか

予想外の奇跡

世界史上類のない完全勝利を収めたことで艦隊は沸き立ち、国民は驚喜した。ロシア艦隊には負けるべき要素があまりにも多く、日本艦隊には勝つべき要素があった。しかし、東郷《とうごう》長官や秋山《あきやま》参謀にとってこの勝利は違った意味を持っていたのではないか。わが身を削るようにして立てた計画のすべてが無となってしまい、白紙の状態で戦った結果の勝利だったのである。

明治三十八年五月三十日、東郷平八郎《へいはちろう》連合艦隊司令長官が率いる旗艦「三笠」以下の第一戦隊及び第二戦隊が佐世保《させぼ》に入港した。佐世保では、旗を打ち振って熱狂的にこれを迎える小船が港に溢《あふ》れた。開戦以来、次々にもたらされる勝利の報道に沸いていた日本中の興奮はまさにピークに達した。講和の目処《めど》も立たないのに、すでに国民は勝利のうちに戦争は終結したかの錯覚にさえ陥っていたのである。

この国を挙げての歓声の中で、興奮に酔えずに醒《さ》めていた何人かの男たちがいた。連合艦隊司令長官東郷平八郎、連合艦隊参謀秋山真之《さねゆき》、その他この海戦にまつわる最高機密に関わった男たちであった。彼らは日本海海戦での勝利が奇跡的なほどの幸運によってもたらされたもののように感じていたのである。

入港した東郷長官には、ただちに明治天皇から勅語が伝達された。これは、「連合艦隊は敵艦隊を朝鮮海峡に邀撃し奮戦数日遂にこれを殲滅《せんめつ》して空前の偉功を奏したり……」で始まり、「汝等《なんじら》いよいよ奮励して以て戦果を全うせよ」で締め括《くく》られていた。

東郷はこの勅語に対してどのように反応したのか。彼は「……神霊の加護に依るものにしてもとより人為のよくすべき所にあらず……」と奉答し、海戦の公式報告書ともいうべき戦闘詳報には「天祐《てんゆう》と神助により……」と書き出したのである。東郷も秋山も、人事を尽くして天命を待つ、というだけでは割り切れないものを感じたのであろう。

後の話になるが、大正一三（一九二四）年海軍兵学校五十二期生の卒業を前にした記念講演で、日本海海戦当時第二艦隊参謀であった戦術の大家佐藤鉄太郎《さとうてつたろう》中将は、「妙なことをいえば諸君の研究と違ってきて後来の害をなすか知らぬが」と前置きして、次のように述べている。

戦というものはこんなものであって、初めから計画したとおりに行くものではないのである。このとき（日本海海戦）にあたって東郷元帥がこう突っ込んで行ったのも、決して初めからの計画ではないし、上村《かみむら》艦隊が敵の頭を押さえたのもまた初めからの計画ではなかった。……戦争というものはそういうものである。

しかし、これを記憶に残した生徒はいなかったようであった。

そしてこれ以後、東郷大将は一層寡黙になり、日本海海戦当日のことをほとんど話さなくなった。一方、秋山参謀は戦後海軍大学校教官となったおりに、「自分はこの戦争で国に奉公したのは、戦略・戦術ではなく、ロジスチックス（戦務）であった」と語るようになった。これは、裏返せば、連合艦隊作戦の中心であった秋山参謀が「戦略・戦術ではお役に立てなかった」といっていることになる。秋山参謀が脳漿《のうしょう》を絞った丁字戦法と奇襲隊作戦のいずれもが、実戦でまったく威力を発揮し得なかったことに対する慚愧《ざんき》の想いからであったのかもしれない。後に秋山参謀は大本教《おおもときょう》に入信し、人知の及ばない世界に傾倒することになるのである。

数ノットが分けた戦局

日本海海戦の勝因については、艦隊速力の優速といわゆる統一射撃の採用をはじめとする砲戦術力の優越とが最も大きな要因であった。以下、稲垣武「日露戦争の勝因と陥穽」（『日本近代と戦争6』）の記述に基づき、その詳細を確認してみることにする。

まず日本艦隊の戦艦・装甲巡洋艦の速力については、きわめて統一性のある速力（戦艦部隊は十八ノット、装甲巡洋艦部隊は二十ノット）で構成されている。一方バルチック艦隊は、八隻の戦艦のうち、十八ノット近くを発揮できる新鋭艦は「ボロジノ」級の四隻と「オスラビヤ」一隻のみであり、それ以外は十九世紀末、日清戦争以前に建造された、最高速力十四ノット程度の低速艦であった。装甲巡洋艦についても、日本艦隊は二十ノット以上の高速を誇り、しかも二十センチ以上の速射砲を積んだ艦をそろえていたのに対し、バルチック艦隊の装甲巡洋艦で日本の装甲巡洋艦と互角に戦えるのは「ナヒモフ」一隻で、それ以外は一八八〇年代に建造された低速艦で武装も十五センチ砲が最大であった。

そのうえ、北欧のバルチック海から大部分がアフリカ南端を経由して、一万八千カイリもの長距離航海のあと対馬《つしま》海峡にたどり着いたバルチック艦隊の艦艇は、貝類や海草がびっしりと付いた艦底の掃除を一度も行えずにいた。さらに日本の同盟国であったイギリスの妨害によって寄港地を著しく制限され、真水の入手が常に困難であったため、やむなくボイラー用水に海水を使い、日本海海戦のころは、蒸気を作る熱水管に塩がこびりつき、蒸気の圧力が上がらなくなっていたケースも少なくなかったという。また、各艦ともウラジオでの補給に不安があったから、あらゆるスペースに石炭を積み上げて航行していた。そのため過重状態となり、たとえば「ボロジノ」級の新鋭戦艦四隻は、排水量一万三千五百トンが航海中に一万五千トン以上に増加したという。その結果、各艦とも正規の戦闘速力を到底発揮できず、艦隊運動の最大速力は戦艦部隊で十三～十四ノット程度であったと伝えられる。

一方、日本艦隊の各艦はドックに入渠《にゅうきょ》して艦底を掃除し、機関の点検修理も完了しており、所定の速力を発揮できた。日本海軍はこの数ノットの優速によって、日本海海戦で主導権を握ることができたのである。

日露両軍の砲戦命中率

さらに日本側は、実質的な砲戦力でもバルチック艦隊を凌《しの》いでいた。日本海海戦時における連合艦隊とバルチック艦隊との砲数を比較すると、口径二十五センチ以上の砲門数は二十四で、バルチック艦隊の四十一門の約半数に過ぎないが、二十センチ以下の速射砲では三百三十七門と、バルチック艦隊の二百八を上回っている。

さらに、六・六艦隊の戦艦・装甲巡洋艦の主砲に最新式のアームストロング砲を搭載した日本艦隊の発射速度は、平均してロシア艦隊の三倍に近かった。いっぽう、ロシア艦隊の戦艦・装甲巡洋艦の主砲は多くがドイツのクルップ社製であったが、これは動力として当時先端的な電力を使用していたものの、しばしば故障したために人力で砲弾の運搬や装塡《そうてん》、砲の回転を行わねばならなかったのである。

砲弾の発射速度に加えて、命中率についても大きな差があった。日本軍艦の命中率の優秀さは、連合艦隊の実施した不断の猛訓練によると見て良い（旗艦「三笠」一艦だけで三万発という、一年分の発射訓練用小銃弾を十日間で消費するほどの猛訓練が、待機中の鎮海湾《ちんかい》で行われていた）。この猛訓練が、戦場で結実したものであることはいうまでもない。しかしそれに加えて、照準装置においても日本側がイギリスから輸入した最新式の照準望遠鏡を使用したのに対して、ロシア側は照準手の肉眼に頼る照門照星方式であり、また射法に関しても、第一章でふれたように光学式の測距儀を導入した日本海軍は、艦橋で方向・距離などを測定し各砲台に伝え、特定の砲台で試射した弾着を見て諸元を修正したのち、本射に入るという照尺統射法を採用実施した。バルチック艦隊もイギリスから輸入したヴィッカース式測距儀を各艦に二基ずつ装備していたにもかかわらず、十分に訓練を行わないままに極東への航海に乗

日本海海戦の直前、訓練中の連合艦隊

り出す羽目になり、日本海海戦では各艦とも砲戦開始後ほどなく、従前の砲側照準に戻ってしまい、命中率の向上は望めなかったのである。

日本海海戦では、これら両艦隊の能力がそのまま戦果に現れた。両艦隊の砲撃が開始されたときの距離は約六千メートル強であったが、日本連合艦隊の旗艦「三笠」は射撃開始から二分後、試射弾で命中弾を得て、その一分後の本射で連続して敵艦への命中弾を得ている。これに対してロシアのバルチック艦隊旗艦「スワロフ」は、試射開始から五分後にようやく十五センチ砲弾が一発、その一分後に三十センチ砲弾一発の命中弾を得たに過ぎなかった。そして海戦の帰趨《きすう》を決したといわれる最初の三十分間では、ロシアの最新鋭戦艦四隻で構成される第一戦艦隊が日本艦隊の旗艦「三笠」に命中させた砲弾は大小三十発強であったが、日本連合艦隊の第一戦隊の戦艦四隻・装甲巡洋艦二隻は、ロシア艦隊旗艦「スワロフ」に百発以上を命中させて、早々に同艦を落伍《らくご》させている。

かつて日本海軍の砲術の権威とよばれた黛治夫《まゆずみはるお》氏の研究結果によれば、日本海海戦全体を通じて、日露両艦隊の大口径砲（二十センチ以上の砲）の平均命中率は、距離六千メートルで日本側が六％強・ロシア側が二％弱、距離五千メートルでは日本側が八％・ロシア側が二・五％、距離四千メートルでは日本側が十％、ロシア側が四％であり、いずれも二・五倍から三倍の開きがあった。これに砲弾の発射速度（大口径砲で約三倍の差）を考慮すると、日本側の命中弾の数はロシア側のおよそ八倍という計算になる。

幸運に救われた日本海軍

もちろん、日本側の装備や技術もパーフェクトであったとはいえない。たとえば伊集院《いじゅういん》信管は不安定であり、下瀬《しもせ》火薬は命中の衝撃で自爆しやすく、また、当時は本格的な徹甲弾がなかったこともあり、命中弾も艦上で炸裂《さくれつ》あるいは自爆するものが多かった。しかし、これが多くの火災を起こし、艦上の人員に被害を与え、急速にロシア艦の戦闘力を奪う結果となったのである。

こう見てくると、日本海海戦が、事前の準備や装備、将兵の練度や士気等において優勢にあった日本側の圧倒的な勝利に終わったことは、連合艦隊がバルチック艦隊に対して正面から戦いを挑み得たことから生じる当然の結果であったといえる。もちろんそのためには、東航してくるバルチック艦隊を捕捉《ほそく》できることが必須の条件であり、海軍大臣の山本権兵衛《やまもとごんべえ》も連合艦隊司令部も、水雷艇から老朽軍艦にいたるまで、動員できる艦艇をすべて佐世保に集結させ、密度の濃い哨戒《しょうかい》網を張っていた。その七十三隻の哨戒艦船の一つである「信濃丸」がバルチック艦隊を発見し、かつ戦闘現場において東郷長官のすぐれた戦闘指揮、艦隊将兵の勇戦奮闘などが相まって完全勝利をもたらしたといえる。

なお戦闘中に、ロシア艦隊旗艦の「スワロフ」が被弾損傷によって舵機《だき》に故障を起こし回頭をはじめたとき、東郷や加藤友三郎《かとうともさぶろう》、秋山らの連合艦隊首脳はこれをロシア艦隊の戦線離脱の意図があるものと誤認し、第一戦隊が一斉回頭を行った結果、敵艦隊の殲滅《せんめつ》に失敗しかけた。だが、上村彦之丞《ひこのじょう》長官率いる第二戦隊が、参謀の佐藤鉄太郎の進言を容《い》れて第一戦隊に追従せず敵艦隊を押さえ込むように行動したため、日本側がロシア艦隊の何隻かを取り逃がす事態を危うく免れたという僥倖《ぎょうこう》もあった。東郷や加藤、秋山らも決して全能の存在ではないということをよく示すエピソードである。

講和条約交渉の難航

三月十日の奉天会戦の勝利と、五月二十七日の日本海海戦の完勝により、事実上戦争の大勢は決し、六月十二日には、宮中において日本海での勝利が報告された。以後、連合艦隊は、講和条件を見越した樺太《からふと》作戦を支援しつつ、損傷艦の修理などに当たった。陸軍の樺太占領は、「固有の領土を全く占領されていないのに、講和に応じることなどできない」としてきたロシア政府に対し衝撃を与えることとなった。

日本海海戦の結果が世界中で周知のものとなったことを確認したアメリカのルーズベルト大統領は、日露両国に対して講和会議の開催を提議し、日本政府は、六月十二日、これを受け入れて、講和全権大使に小村寿太郎《こむらじゅたろう》を任命した。これに対して、ロシア政府はヴィッテを団長とし、両国は、ポーツマスにおいて会することになった。

ロシア側の主張は、「ロシアは何ら敗北していない。よって、講和にあたっても一切の償金の支払い及び一切の領土の割譲には応じられない」というものであった。これに対して、日本側は、「少なくとも樺太の割譲と、何らかの賠償金の支払いを求める」というものであった。いきおい交渉は難航し、一切の妥協を拒むロシア側は、「日本側が妥協しなければ継戦を辞さず」とする姿勢を崩さなかった。このロシア側の主張に対して日本側には継戦能力が既になく、講和を強いるために新たな作戦を発動することは困難な状況であった。八月二十八日、日本政府はついに講和のためには樺太も償金も共に放棄するもやむを得ずとの決定を下した。ところが、ほとんど同時にイギリスの駐米公使マクドナルドによって、ロシア側が樺太南部だけなら割譲に応じる意向であることがひそかに知らされ、急遽《きゅうきょ》「償金要求の放棄、樺太北緯五十度以南の割譲」をもって二十九日の最終会議に臨み、ここにようやく日露の講和は成立し、九月五日に調印が行われたのであった。

しかし、この講和は日露両国にとっていずれにも不満を残したものであった。ロシアにとっては、陸軍の満洲《まんしゅう》増派は進捗《しんちょく》中であり、敗者としての調印には抵抗を感じていた。むろん日本では多くの国民が領土の割譲と多額の償金支払いがあるものと信じており、講和条件は甚だ弱腰なものに映っていた。更に日本の恩人であったはずのアメリカさえも、日本の国民の多くからは、日本がロシアから十分な償金を取り損なった元凶、と見られたのである。この講和の成功によって、ルーズベルト大統領は一九〇六（明治三十九）年のノーベル平和賞を受けた。

十月二十三日、連合艦隊は横浜沖に集結。明治天皇の行幸を仰ぎ、凱旋《がいせん》観艦式を挙行した。艦列には、十一隻の戦利艦が異彩を放っていたが、九月十一日に佐世保港内で事故により爆沈した「三笠」の姿はなかった。十二月二十日、連合艦隊はその編制を解かれ、日本海軍の戦時体制はここに終わりを告げた。

秋山真之の秘密作戦

日露戦争はかろうじて日本の勝利に終わった。しかし、ロシアの次に日本の前に立ちふさがったのはアメリカであった。日露戦争後、ただちに海軍は来るべき戦争がアメリカとの間にあることを信じ、新たな作戦準備に入る。この対米作戦計画の中に、大きな柱の一つとして一号機雷による洋上機雷戦があった。この一号機雷こそ秋山参謀が考案した連繫《れんけい》機雷そのものだったのである。日本海海戦では荒天に災いされて実施できなかったものの、機能としては有効と判断され、最高機密である「軍機兵器」として軽巡洋艦を中心に整備が進められたのであった。これは後の昭和五（一九三〇）年頃まで決戦兵器として艦隊に配備されていたが、軍艦の高速化と航空機の発達により敵艦隊の直前を横切るというような作戦は実施不可能になり、この後に一号機雷に代わる兵器として、甲標的と名づけられる特殊潜航艇が開発されるのである。

ところが、この連繫機雷が開発当初より秘密兵器であったために一切の連繫機雷関係の事実の公表が禁止された。そのため、海戦直後から「連合艦隊参謀談」といった非公式な形で丁字戦法による勝利が広められたのである。ちなみに、この参謀は言葉づかいから見て秋山と思われる。このため、明治四十二（一九〇九）年に海軍軍令部が公刊した『明治三十七八年海戦史』には一言も連繋機雷に関する記述がないという不自然な状況ができてしまった。当然、日本海海戦についての記述は曖昧模糊《あいまいもこ》としたものになってしまったのである。大国ロシアの大艦隊を破った壮大なドラマを求める国民にとって、このような戦史では満足できなかったのは当然であろう。

創られた「丁字戦法」神話

日本海海戦から一か月後の明治三十八（一九〇五）年六月二十九日、東京で大本営参謀の報道担当であった小笠原長生《おがさわらながなり》中佐による日本海海戦についての講演が行われた。その内容は翌三十日・七月一日の東京朝日新聞に連合艦隊参謀某氏の談として掲載されている。

小笠原によって紹介された海戦の模様は「当日、東郷大将の執られたる戦法が丁字戦法で左図の如く〔日本艦隊が敵艦隊に対してイの字を描く陣形をなしている〕敵列に対し、其《そ》の先頭を圧して丁字に運動されました。故に我が全線の砲火は、敵の先頭に集中する様になりまして、敵の後続部隊は、未《いま》だ充分戦闘距離に入らざる内に其の先頭艦のみが我が総艦の砲火を喰《くら》はなければならぬという次第で……」というもので、海戦の勝因が丁字戦法であったと強調している。

簡単な図によって理解可能な丁字戦法が史上類のない完全勝利をもたらした、ということの説は、勝利に沸く日本国民に極めて理解しやすいものであったらしく、この「連合艦隊参謀某氏の談」は見る間に広がっていった。そしてそれが以後一世紀にわたって国民一般における通念になったのである。

小笠原はなぜ、海戦の実相を伝える報道を行わなかったのか。彼が後に東郷元帥の私設副官ともいうべき存在となったことはよく知られている。彼が自身のなすべき使命を、国民が望んでいる形で日本海海戦のドラマを創作し、その中に東郷平八郎の卓越した戦闘指揮の様子を描き出すことであるとして、それに腐心したという想像は可能であろう。彼は日露戦争中の軍令部参謀であり、後に軍令部の戦史編纂《へんさん》に関係していたことから、そのために公表すべきこと、秘密にすべきことをはっきり知っていた。

戦史から抹消された真相

小笠原のこのような「努力」が結実したのが、今日に至るまで価値あるものとされている東郷元帥の伝記『東郷元帥詳伝』の大正十（一九二一）年の刊行である。この伝記中では、東郷長官は半ば神のような無謬《むびゅう》の存在であり、泰然とバルチック艦隊を迎え撃ち、絶妙なタイミングで敵前大回頭を行って、必殺の丁字戦法を見事に決めて完全勝利を収めている。そして人々はこのドラマに満足し、納得し、歴史的事実として受け入れ続けてきたのであった。

実際の東郷や秋山の言動は、数々の失敗や錯誤の連続であったにもかかわらず、他のスタッフの働きや偶然によってその失敗が深刻なものとならず、結果から見れば大勝利となったことはすでに見てきたとおりである。

小笠原は、こうして東郷元帥を神格化することと同時に、真の秘密である連繫機雷を日露戦史から抹消することに成功したのである。しかし、この抹消があまりに巧妙であったために、現役の海軍軍人でさえ小笠原の創作を事実と信じてしまった。特にこの丁字戦法については、海軍軍令部の公刊戦史でさえ、黄海《こうかい》海戦で実施したことを明瞭《めいりょう》に書いているにもかかわらず、日本海海戦の部分では一言の言及もない。また、同海戦の合戦図を見ても、ただの一度も日本艦隊がロシア艦隊に対して丁字を画《えが》いたことなどなく、素直に読めば日本海海戦では丁字戦法は使われなかったことは自明のことであるにもかかわらず、小笠原の筆力によって、東郷長官の敵前回頭は丁字戦法である、ということになってしまったのであった。この誤った事実に基づいた認識が、日本海軍を自称無敵海軍にしてしまったのではないか。東郷長官、秋山参謀等の深い苦悩を知らぬままに、天祐と神助のみを取り込んだ日本海軍は、昭和二十（一九四五）年、歴史の舞台から姿を消すことになるのである。

バルチック艦隊降伏の瞬間

泊地の艦隊

おわりに

日本の歴史を見て、私が最も興味を引かれる時代は、明治維新と明治時代と言って良い。こう書くと、冷静な見解に見えるが、私の実際の気持ちを言えば、興奮を抑えられないような、ドラマチックな時代ということなのである。

西洋世界から見れば、文字通り東の果て（The Far East）の小国日本が、世界の荒波の中に投げ出され、必死の努力で、辛うじて近代国家としての形を成した歴史が、僅《わず》か五十年ほどの中に凝縮している。

実際のところ、幕末までは、国といえば、それは藩のことであり、自身の住む地方を指したものであった。お国自慢、などという言葉を見れば分かるように、江戸時代の人間が言う国は、決して現在の意味での国や国家ではなかった。これが、浦賀《うらが》沖に四隻の黒船を見た日から、天下国家という概念に変わってゆき、明治維新を迎え、次いで近代的中央集権国家へと変貌《へんぼう》し、わずか五十年に満たない時間で、確乎《かっこ》とした新興国の地位を得たのである。

この急激な変化の中で、日清戦争、日露戦争の果たした役割は、極めて大きいと言わなくてはならない。日清戦争は、国家間の武力紛争が世界諸国のパワーバランスの中で解決されることを知った戦争であり、日露戦争は、この国際間のパワーバランスを積極的に利用した戦争だったということができる。

本書は、大きな歴史の中の、極めて小さな部分を扱ったものであるが、本書を通して、近代日本史の中で、大きな要素であった海軍史に興味をもたれる方があれば幸いである。

第二部　海戦からみた日清戦争

はじめに——海軍史が光をあてる日本の近代

筆者は、第一部において、二十世紀当初に海軍の力を利用して世界の舞台に登場した日本を日露戦争と海軍から見た。今回は、その前段であり、日露戦争を勝利に導いた日清戦争を、同じく海軍と海戦から検討していきたい。

本来、日清戦争を説いた後に、日露戦争に及ぶことが普通と思われがちだが、筆者は、歴史というものは、時間軸においては過去から現在に及ぶが、その理解は、現在から過去に及ぶべきではないかと考えている。一つの歴史的現象を見るとき、時間を遡《さかのぼ》ってその現象を齎《もたら》した原因に至ることが、歴史を考えるということではないかと思うからである。

無論、歴史的事象の正しい理解と判断には、客観的に正しい事実を検討対象としなければならない。歴史検討の作業の多くが、客観的事実の調査に当てられるのは、このためなのである。

このように考えるとき、日露戦争の勝利の原因を求める対象は、日露戦争の中ばかりではなく、その多くを日清戦争に求めなければならないことに気がつく。

そして、日清戦争を理解してはじめて、明治政府が常に一流の海軍、艦隊を持とうと努力したこと、同時にその海軍の根幹は、実は軍艦の整備ばかりではなく有能な海軍軍人の養成にあることを明確に認識していたと、見て取ることができる。

しかし、全てが順調に推移したわけではない。海軍としては、その国軍としての制度の確立には、多くの試行錯誤を経験することになる。特に、日清戦争当時、戦時における海軍の地位は陸軍の下に置かれていて、海軍としての主体的な行動に限界があった。このために、海軍は、陸軍の参謀本部に対抗すべく、海軍軍令部の設立と、その権限の強化に乗り出すことになる。これは、一部成功したところで、日露戦争を迎え、辛うじて所期の成果を挙げたのである。しかし、後の昭和八（一九三三）年に至り、最終的に目的を達し、作戦に関しては陸軍とほぼ対等、部分的には海軍大臣をも超える権限を持った結果、海軍は双頭の組織となって暴走し、日米衝突に向かってしまうのである。

このように、多くの検討すべき問題を内包した日清戦争であるが、既に百二十年を超えた過去の事件であり、また、日露戦争、太平洋戦争という大きな戦争の陰に隠れて、なかなか、その全体像が十分に理解されていないのが現状のような気がする。

とはいっても、われわれが学界での議論に決着が付くまで、日清戦争に関して通りいっぺんの知識しか持たずにいて良いということにはならない。日本近代史における日清戦争の意義を総合的にとらえられるまでには至っていない状況にあるなら、戦争のある側面に着目することによって見えて来るものを確認し、その成果を後世に残す作業は有用であろう。

　このような観点に基づいて、日清両海軍によって戦われた海戦を、戦闘の過程からその背景及び日中両海軍の建設プロセスまでとりあげることを試みるものである。

第一章　幕末の海軍建設と近代日本

第一節　海戦からみた日本近代

近代化のバロメーター

日清戦争に至る時期の海軍建設と、実際の戦闘やその結果という視点から日本近代史の展開を第二部でたどることによって、読者には何が見えて来るのだろうか。それは、海軍建設の段階が明治日本の工業化のみならず「近代化」の進展の度合いを表しており、日清戦争の勝利はその近代化が成功した証明として国内外に受けとめられたという事実である。

「近代化」とはそもそも何であろうか。それは軍事技術や産業技術の導入や定着をはじめとする「工業化」の進展に加えて、それを推進する政治や法律の制度、社会制度の変革、さらには国民の態度や価値観などの文化的な変化を総称する概念といいうる。そして明治期から現在までの日本人にとって日本の進路はまさしく、近代化の成否という観点から構想され、かつ評価されたといっていいだろう。

われわれ現代の日本人が自国の近代化の歴史をふりかえるとき、日露戦争によって日本の近代化の成功が国際社会に示されたと考えがちである。日本が大国ロシアに勝利したことから、その国際的地位が欧米列強のそれに肩を並べる水準になった、という認識がその背後にある。しかし周知のように、日露戦争における日本の勝利は日本単独のものではなく、英米両国の好意と支援によるものがきわめて大きい。そしてそれが可能になったのは、その十年前に戦われた日清戦争における勝利によって、清国とは対照的に日本が近代的軍隊を建設し、立派に運用しえたという事実が証明されたことによるのである。いいかえれば、日本の近代化の成功が国際社会、とくに欧米列強に認識されたのは、日清戦争における戦闘を通じてであると言って良い。そして、その大きな部分を海軍が負っていた。

いつの時代でも軍艦には、その時点で最新の科学技術の粋が集められて建造される。したがって、ある国が持つ海軍力はその国の工業化の度合いを反映している。しかし強力な海軍を持っていても、それが近代化の進展にはつながらない、というケースも存在する。その代表例が、十九世紀後半に洋務運動を展開した清国である。幕末の日本のように国家制度や思考様式の変化が生じることはなかったが、西欧の軍事技術を日本よりも早くから、かつ大きな規模で導入した清国は、日本のそれよりもはるかに強力な軍艦を整備した海軍を有していた。そして明治中期の日本が、これらの清国軍艦に対抗しうる海軍軍備を国をあげて追い求めたことについては、第二部の第二章で取りあげる。

ところがその清国では、日清戦争における敗北をきっかけとして、日本の軍事力、とくに海軍力が単なる工業化の進展によるものではなく、それに加えて制度や思考様式の変革も伴った近代化の産物であるという認識が官僚や知識人に急速に広がった。彼らがどういう思考メカニズムでそのような結論に至り、その後の清国でどのような政治運動が展開されたかについては第二部の終章で述べるが、明治日本で海軍建設は社会変革につながる近代化と一体として実施されたという彼らの指摘は、きわめて正鵠《せいこく》を射たものといわねばなるまい。

教科書的説明に残る疑問

第二部では以下の点を重視して叙述を試みる。まず新鋭軍艦の建造整備のプロセスを通じて、日本海軍の建設がどのように行われたかをたどる。これらの軍艦の調達は順風満帆に進んだわけではなく、またその建造や運用は試行錯誤の連続であった。第二部第二章で紹介するいわゆる三景艦《さんけいかん》（「松島《まつしま》」「厳島《いつくしま》」「橋立《はしだて》」という三隻の海防艦）の建造はその最たるものであって、これを踏まえれば日清戦争の勝利も、よく言われる完全勝利というより、海軍建設をめぐる絶え間ない困難とトラブル、そしてそれらの克服の積み重ねの結果としてようやく得られたものであったことがわかるだろう。

また軍艦だけでなく、それを扱う専門家集団としての海軍組織の創出や改革にも注目する。その過程で、幕末の勝海舟《かつかいしゅう》から明治中期の山本権兵衛《やまもとごんべえ》など、海軍の創始や発展の立役者だけでなく、戦術・作戦や造船・兵装などの分野において頭角を現し、のちそれぞれの部門を代表する存在になった人材にも目を向ける。

さらに日本海軍の建設を近代化過程の一つとしてとらえる視点から、清国海軍の拡張との比較を行い、日清戦争の勝敗の分かれ目が両軍の作戦の巧拙や士気の高低だけによるのではないことを明らかにする。そのことは敗者の清国の知識人においても痛感され、のち変法自強のように自国の政治体制の変革を求める運動が生じた背景となったのである。

とはいっても、この日清日露の二つの戦争に対する歴史的な評価には、極端なアンバランスが見られる。日露戦争が良くも悪くも、日本をいわゆる「帝国主義時代」を迎えた世界における大国の一つに押し上げたことに異論は見られないが、日清戦争が近代日本にとってどのような意味を持ったか、日本や東アジア世界の何が変わったのかについて、戦争から百二十年以上が経過した今でも、後世の評価が一定しているとはいえない。

このことは、学校教育の場で日清戦争がどのように伝えられているかを見れば明瞭《めいりょう》である。

多くの高校生が日本史学習において使用する教科書においては、明治初期から日清戦争に至る東アジア情勢に関して、おおむね次のような簡単な記述があるだけである。

(1)一八七一（明治四）年に政府は清国に使節を派遣して日清修好条規を結んだ。ところがそののち、台湾での琉球《りゅうきゅう》漁民の殺害をめぐって清国とのあいだで琉球民保護の責任問題がもつれ、軍人や士族の強硬論におされた政府は、一八七四（明治七）年に台湾に出兵した（台湾出兵・征台《せいたい》の役）。しかしイギリスの調停もあって、清国は日本の出兵を義挙として認め、事実上の償金を支払った。

(2)また新政府は発足とともに朝鮮に国交樹立を求めたが、当時鎖国政策をとっていた朝鮮は、日本の交渉態度を不満として交渉に応じなかったので、一八七三（明治六）年、西郷隆盛《さいごうたかもり》・板垣退助《いたがきたいすけ》らが征韓論をとなえた。そののち一八七五（明治八）年の江華島《こうかとう》事件を機に、日本は朝鮮にせまって、翌年日朝修好条規を結び、朝鮮を開国させた。

(3)これ以後、朝鮮国内では親日派勢力が台頭してきた。しかし一八八二（明治十五）年に、朝鮮では日本への接近を進める閔《ミン》氏一族に反対する大院君《だいいんくん》が軍隊の支持を得て反乱をおこし、これに呼応して民衆が、日本の公使館を包囲するという事件がおこった（壬《じん》午《ご》軍乱・壬午事変）。それ以後、朝鮮政府は日本からはなれて清国に依存しはじめた。これに対し日本に接近して朝鮮の国内改革をはかろうとした金玉均《キムオクキュン》らの改革派（独立党）は、一八八四（明治十七）年の清仏戦争での清国の敗北を好機と判断し、日本公使館の援助のもとにクーデターをおこしたが、清国軍の来援で失敗した（甲申《こうしん》事変）。

(4)この事件できわめて悪化した日清関係を打開するために、翌年政府は伊藤博文《いとうひろぶみ》を天津《てんしん》に派遣し、清国全権李鴻章《りこうしょう》とのあいだに天津条約を結んだ。これにより日清両国は朝鮮から撤兵し、今後同国に出兵する場合にはあらかじめ、たがいに通知することになり、両国の衝突はいちおう回避された。

(5)天津条約の締結ののちも、日本政府は朝鮮に対する影響力の回復をめざして軍事力の増強につとめ、清国の軍事力を背景に日本の経済進出に抵抗する朝鮮政府との対立を強めた。このようななかで一八九四（明治二十七）年に、朝鮮で減税と排日を要求する農民の反乱（甲午《こうご》農民戦争、東学党《とうがく》の乱）がおこると、清国は朝鮮政府の要請をうけて出兵するとともに、天津条約にしたがってこれを日本に通知し、日本もこれに対抗して出兵した。両国の出兵もあり農民軍は朝鮮政府と和解したが、日清両国は朝鮮の内政改革をめぐって対立を深め、同年八月、日本は清国に宣戦を布告し、日清戦争がはじまった。

(6)開戦と同時に政党は政府批判を中止し、議会は戦争関係の予算・法律案をすべて承認した。戦局は、軍隊の訓練・規律・新式兵器の装備などにまさる日本側の圧倒的優勢のうちに進んだ。当初は早期休戦をかかげて干渉をはかったイギリスものちに態度をかえたので、国際情勢も日本に有利となり、戦いは日本の勝利におわった。一八九五（明治二十八）年四月、日本全権伊藤博文・陸奥《むつ》宗光《むねみつ》と清国全権李鴻章とのあいだで下関《しものせき》条約が結ばれて講和が成立した。

(7)しかし、遼東《りょうとう》半島の割譲は満洲に利害関係のあるロシアを刺激し、ロシアはフランス・ドイツ両国をさそって、同半島の返還を日本に要求した（三国干渉）。三国の連合に対抗する力がないと判断した日本政府は、この勧告をうけいれたが、同時に「臥薪嘗《がしんしょう》胆《たん》」の標語に代表される国民のロシアに対する敵意の増大を背景に、軍備の拡張につとめた。

もちろん教科書には、江華島事件や日朝修好条規、また日本と清国の軍事力等に関する簡単な注釈は付いており、読者は戦争に至る過程や結果を一応頭に入れることは可能である。また、大学などの日本史の授業では日清戦争についてもう少し詳細な説明もされるようだ。たとえば「明治期の日清関係は、一八七一（明治四）年の日清修好条規による対等関係としてはじまる。しかし清国は朝貢国として琉球と朝鮮をしたがえていたため、これをめぐって日清両国は対立し、とくに朝鮮をめぐる対立が、戦争にまで発展したのが日清戦争である」

（佐々木潤之介ほか編『概論日本歴史』）というように。日本史を履修する学生は、それら文献や授業内容によって、「日清戦争は、朝鮮に政治的影響力を拡大しようとしていた日本・清国の衝突が戦争に発展したものである」と一応理解することはできる。

しかしそれでも、次のような疑問は解消されないであろう。日本と清国とは互いに戦争を意図して軍事力を増強していたのか。また開戦以降、日本軍が清国軍に対して終始一方的な勝利を続けた理由はどこにあるのか。

日本史の教科書には、これらの疑問についての説明はない。

しかしそれには理由がある。日本史の教科書の記述は、その時点での学界において幅広く共有された研究成果、いわゆる「通説」となっている歴史解釈や、その背景となっている価値観に基づいて書かれている。したがって、学問の世界で評価が定まっていない事柄については、断定的な記述をすることはできない。そして近代の日本史のなかでも、日清戦争の意義については特に意見が分かれている分野なのである。特に対外戦争を初めて経験する日本が、この戦争の意義を、開戦の詔勅で、朝鮮を属国と認識する清国から朝鮮の完全な独立を確保するため、としている点などには注目する必要がある。無論日本の国益保護が最大の目的ではあるが、朝鮮が独立国として安定することが、日本の国益あるいは国防上の要件であると認識していたのである。ところが後に清国が朝鮮を属国視していたと同様に、日本が朝鮮を属国視し、日露戦争後の韓国併合へと変容してしまう。日清戦争は、単に二国間の武力衝突と見るだけでは説明できない側面を持っているのである。

しかしその話に入る前に、戦闘自体がどのような経過をたどったかに関する知識を、読者に共有してもらうことからはじめたい。

戦闘経過の解明とその歴史的評価

この戦争において宣戦布告がなされたのは明治二十七（一八九四）年八月一日であるが、すでに日本は七月に陸上及び海上において、ほぼ同時に清国軍に対する先制攻撃を加え、戦闘の火蓋《ひぶた》は切られていた。翌九月には平壌《ピョンヤン》に兵力を集結する清国軍に対して、漢城《ハンソン》（現在のソウル）に兵力を集結して北上する日本軍との攻防戦が開始され、その十六日には司令官の陸軍大将山県有朋《やまがたありとも》にひきいられた第一軍に属する第五師団が平壌を攻略占領した。また翌十七日に、日本海軍の連合艦隊が黄海《こうかい》海上において、清国海軍の最精鋭といわれた北洋艦隊と海戦を展開し、これに大打撃を与えて同海域の制海権を掌握した。

これら九月の陸戦と海戦における勝利以後、日本は終始一貫して戦局を有利に進め、十月下旬には、北上する日本軍が朝鮮と清国との国境を越えるに至り、翌月には北洋艦隊の根拠地であった旅順《りょじゅん》も占領した。そして翌明治二十八（一八九五）年一月から二月にかけては、山東《さんとう》半島の要衝である威海衛《いかいえい》を陸海協同で攻撃し、ここを根拠地としていた北洋艦隊の残存艦艇を全滅、あるいは降伏させた。

日本軍が二月に威海衛を占領して後、清国は日本に講和を申し入れ、三月から四月にかけて日清間で交渉が行われた結果、同年四月十七日に講和条約が締結調印された。しかしその六日後に、遼東半島の還付を求める露独仏三国による干渉が行われ、日本が半島の返還を余儀なくされたことは周知の通りである。

さてこの戦争の帰趨《きすう》を決したのは、明治二十七（一八九四）年九月の黄海海戦と、それに先立つ七月の海戦（豊島沖《ほうとうおき》海戦）とにおける日本海軍の勝利であるといえる。当時の清国が整備し保有していた北洋艦隊は清国の国力の象徴であり、とくに艦隊の主力を形成した「定《てい》遠《えん》」「鎮遠《ちんえん》」という二隻の巨大甲鉄艦の戦闘力は、日本の艦艇に比べて圧倒的に強力であった。

この北洋艦隊が日本の朝野に対して与えた威圧感はきわめて強力なものがあり、開戦にあたって、日本の政府や軍部当局者は海戦で勝利を収める確固たる自信を持っていなかった。

それが豊島沖海戦・黄海海戦において日本海軍が勝利を収めたことによって国内は沸き立ち、戦争の帰趨に対する期待を高めるとともに政府当局者も勝利の見通しを確実にすることができた。また戦略的にも、制海権を得たことで大陸への兵力・物資の輸送が支障なく行えるようになったのである。この意味において、日本海軍の清国海軍に対する勝利は戦局に計り知れない影響をもたらしたということができる。

このように、戦闘の経過は十分明らかになっており、豊島沖海戦については例外的に日清両軍のどちらが先に発砲したか、などで見解が分かれているものの、特に議論となるところはない。しかし、戦争の背景については学界で大いに見解が分かれている。

まず日本の朝鮮半島への関与、あるいはその後の日清戦争へと至るプロセスについて。長年にわたって広範囲に唱えられてきた議論は「日清戦争までの日本には帝国主義国となるか、植民地となるかの二者択一しかなく、帝国主義にならざるを得なかった」というものである。この見解に従えば、日本は朝鮮侵略や対清戦争、そして植民地を保有する帝国主義国への道を一貫して歩んだことになり、また軍備についても、清国との対決に備えてたえず拡充や強化につとめたという解釈がなされる。

日本の好戦性・侵略性を象徴するものとして、たとえば山県有朋は有名であろう。とくに、明治二十二（一八八九）年の第一回帝国議会において、当時総理大臣であった山県によってなされたいわゆる「主権線」「利益線」演説や、明治二十六（一八九三）年における山県作成の「軍備意見書」に示された軍拡の主張が、その翌々年から日本が実施した軍拡の基礎をなすものと見なされがちである。ところが最近では、その説に批判的な研究も登場している。

その内容は、明治十年代の、いわゆる「松方《まつかた》デフレ期」から二十年代前半（初期議会の時期）にかけての日本は「小さな政府」を目指して軍備を抑制し、朝鮮に対しても、その支配を意図した一貫した政策、いわゆる「膨張政策」をもたず、「帝国主義国」や「植民地」以外の選択肢をとる可能性があり得た、というものである。この解釈に立った実証的な研究は学界でも相当な支持を受け、日本史のみならず東アジア国際関係史を専攻する学者らによって、この観点からの活発な議論が行われており、日清戦争の意義についてなかなか一致は見られない状況が続いている（川島真「対立と協調—異なる道を行く日中両国」）。

日清戦争をいかに評価するのか

ところで、このように正解が一つに定まらない、あるいは論理的に説明がつきにくいという事実は、その事件や背景を学習する上で望ましくない、困った事態ということになるだろうか。筆者にはそうは思われない。日本が朝鮮に対する侵略の意図を一貫して持っており、その結果として日清戦争が発生したのであれば、「日清戦争は起こるべくして起こったのだ」ということになり、現代に生きる我々にとって大きな関心をひくものとはいえない。しかし、現在の学界で生じている議論の背景にある研究者の関心は、次のようなものである。

日本と清国は開戦の数か月前まで、お互いに戦う意図はなかった。なるほど、どちらも相手を仮想敵として軍備を整えた事実はあるが、それは明確な戦争目的によるものではない。いわば開戦前のある時期まで、日清間で戦争となる可能性はフィフティ・フィフティだったのだ。それがいつの間に、開戦の主張が大きくなり、なぜ日清開戦に至ったのか。

本来起きるべきでなかった事態が、いつの間にか起こっていた。これこそ学問的に追究する価値のある問題なのではないか。先に紹介した吉川弘文館の『概論日本歴史』においても、日本にとっての日清戦争の意義について、「国内の反体制勢力を外戦にそらす必要はなかったし、また日朝間での貿易も全体に占める割合は小さく、日本の経済的発展が植民地を必要とする段階ではなかった」という旨記述しており、通常私たちが考えるところの戦争理由とされる、内政面や経済面から説明するものを否定している。

学者の間ではこのように論争があり、日清戦争についての評価は一定していないが、それは新たな日本近現代史像を生み出すという学問の発展のためには、むしろ望ましいことなのであろう。

以上のように第二部では、先にふれた日清戦争をめぐる学界での論争点について何らかの解決や示唆を与えるものではないが、海軍建設や海上戦闘というアングルから見て日本の近代化をどのように評価すべきか、という点においていくらかの価値があるといえよう。まずこの第一章では、司馬遼太郎も題材にしたところの幕末長崎海軍伝習所における海軍伝習を海軍建設の起点としてとらえ、明治維新後の日本の近代化にそれがいかなる貢献をなしたかを考察することからはじめたい。

第二節　日本海軍の建設

海軍建設の父、勝海舟

嘉永《かえい》六（一八五三）年にアメリカのペリー提督が日本に来航して開国をせまり、翌安政《あんせい》元（一八五四）年に再来したペリーとの間で日米和親条約が調印されたことはよく知られている。日本はこれをきっかけとして、イギリス・フランス・ロシアと相次いで国交を結ぶことになった。幕府は海防の重要性を強く認識し、この条約締結の前年に大船建造禁令を解除して、諸藩に軍艦の建造を奨励するようになった。そして幕府自身も洋式軍艦の購入を決定し、長崎奉行を通じてオランダ商館長クルティウスにその入手を要請したのである。これが日本の海軍建設の出発点である。

このとき、海軍建設の方向付けに大きな影響を与えた人物がいる。老中阿部《あべ》正弘《まさひろ》は開国にあたって、幕臣だけでなく諸藩士から町人までを対象として、海防に関する意見を幅広く集めた。当時の幕府で海防と外交を担当した部署は海岸防禦用掛《ぼうぎょようがかり》（海防掛）であったが、安政元年に徒頭《かちがしら》から海防掛目付に抜擢《ばってき》された大久保越中守忠寛《おおくぼえっちゅうのかみただひろ》（一翁《いちおう》）は、当時四十俵取りであった一人の小普請（非役の旗本、御家人）による近代海軍創設の意見に着目し、これを幕府に推挙した。その意見書の大要は次の通りである。

「何《いず》れにしても、海から来る奴を防ぐのは軍艦しかない、しかし、今日手に入れ、明日から役立てようとしてもうまくいかない、急ぎ軍艦を購入すると共に、海軍生の養成が第一だ、本当の日本の軍艦と海軍生が出来なくては、何時《いつ》までたっても同じだ」（末國正雄監修・小池猪一編著『図説総覧海軍史事典』）

海軍の建設が艦船の整備だけでなく、それら艦船を扱う人材の育成と専門家集団の形成とを必要とすることを鋭く指摘したこの意見書の内容は、老中の阿部によって採用され、かつこの意見書の執筆者は大久保の知遇を得て、異国応接掛附蘭書翻訳御用として取り立てられることになった。その執筆者こそ、のちに日本海軍建設の父といわれた勝麟太郎《かつりんたろう》（のち勝安芳《やすよし》、号は海舟）である。

侍たちが学ぶ代数と幾何

海舟の意見書の内容は、幕府海軍の創設と海舟の登用によって実現した。幕府が安政二（一八五五）年に、オランダ人が居住していた出島《でじま》の隣、長崎奉行所の施設内に海軍伝習所

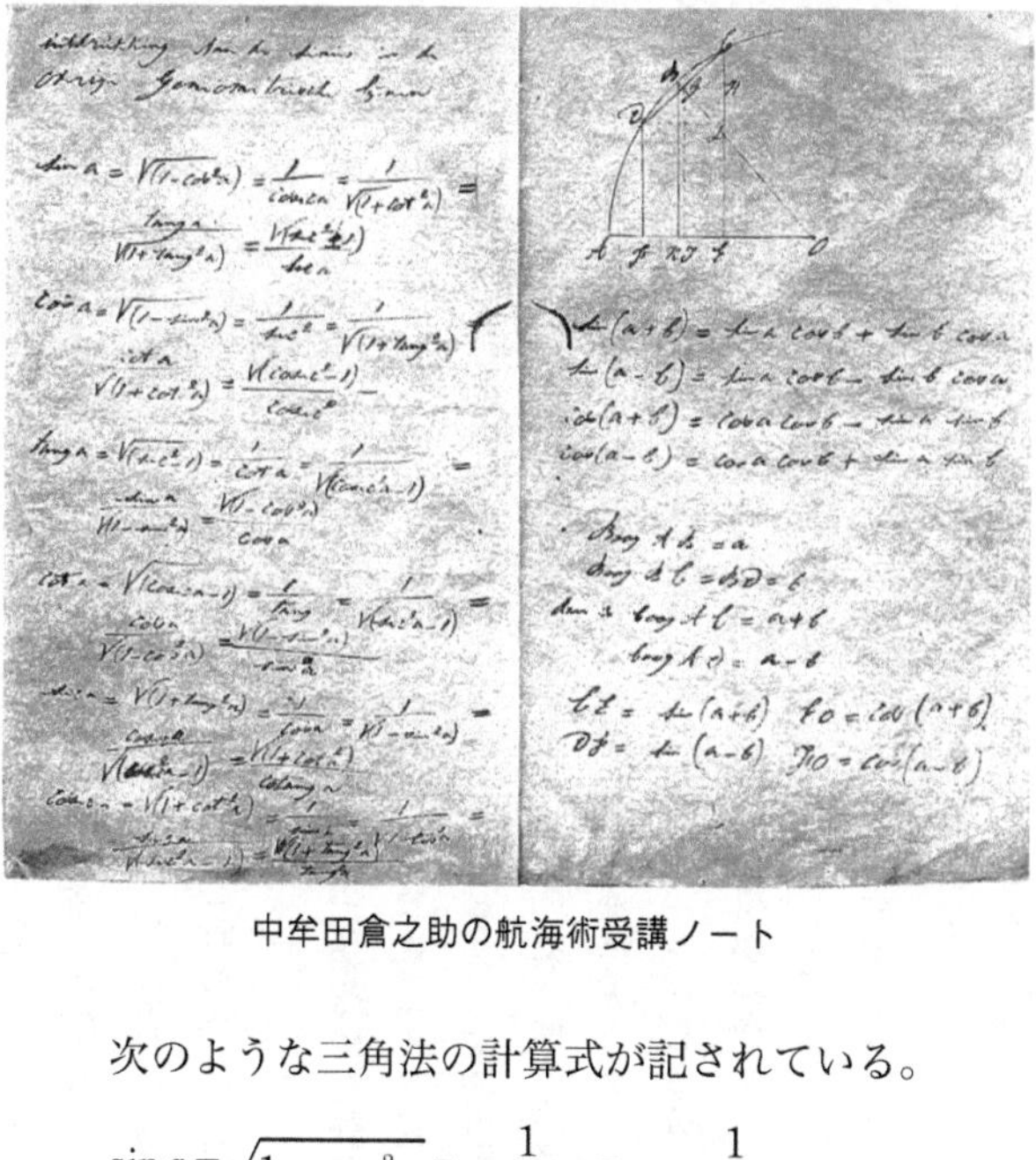

中牟田倉之助の航海術受講ノート

次のような三角法の計算式が記されている。

$$\sin a = \sqrt{1-\cos^2 a} = \frac{1}{\operatorname{cosec} a} = \frac{1}{\sqrt{1+\cot^2 a}}$$

$$\sin(a+b) = \sin a \cos b + \sin b \cos a$$

を創設し、オランダ人海軍士官を教官として海軍技術の伝習を開始したときに、海舟が一躍百俵取りの旗本となり、かつ生徒監（伝習生の事実上の代表）に任命されたのである。時に海舟三十二歳、彼はこの抜擢に大いに感激して長崎に向かい、それから約三年半の間、伝習に明け暮れた。なお伝習の総責任者（伝習諸取締）には、これもペリー来航以降に抜擢され、目付に登用されていた永井《ながい》玄蕃頭《げんばのかみ》尚志《なおむね》が任命された。

この伝習において注目されるのは、伝習が幕臣のみならず諸藩にも許され、佐賀藩・薩摩《さつま》藩をはじめとする多くの藩士が参加したことである。安政二（一八五五）年十月から翌年四月までの間において、伝習生は幕府側の水夫、火夫、職方を含めて約百十八名、各藩から計百四名（福岡三十八名・鹿児島二十五名・長州《ちょうしゅう》十五名・津十四名・熊本六名・福山四名・掛川一名・田原一名）、佐賀藩九十六名（水夫十六名を含む）、長崎地役人百名、合計四百十八名を数える（藤井哲博『長崎海軍伝習所　十九世紀東西文化の接点』）。ただし著者の藤井氏によれば、この数は確定されたものではないので、実際にはより多くの伝習生が存在した可能性がある）。

伝習の方法は、代数・幾何などの基礎的な学科の修得の上に、運用術・航海術などの技術的な学科をつみ重ねるというカリキュラムで構成されていた。オランダ人教官の代表格であったペルス・ライケン大尉によると、教育開始時点で伝習生には「まったく予備素養がない。ソロバンなしにはまったく計算ができず、したがって幾何学、運用術の初歩を教えることが出来ない」しかも「彼等はヨーロッパの科学の範囲に就《つ》いて殆んど何等《なんら》の概念を有せず、なにもかも一度に学び、数科目を断片的に始めようと欲する」という状態であったが、学課と実習を重ねるにつれて成果はあがっていった。

この当時の教授内容の一例として、佐賀藩からの学生中牟田《なかむた》倉之助《くらのすけ》（維新後は海軍中将）の航海術受講ノートが残っている。

長崎海軍伝習所の教育カリキュラム

長崎海軍伝習所の教育の特徴は、座学が組織的なカリキュラムに基づいて組まれて実施されただけでなく、蒸気船による実習を伴っていた点にあった。伝習所開設以前にも、薩摩藩や佐賀藩をはじめとする諸藩においては艦船や大砲などの製造が試みられていた。たとえば薩摩藩ではペリー来航以前の嘉永四（一八五一）年に藩主島津斉彬《しまづなりあきら》の命により、鹿児島城内の製煉《せいれん》所で蒸気機関の小型模型を研究し、後に江戸で製造して動かすことに成功していた。また佐賀藩では黒船来航の前から精錬方の設置や反射炉の建設などを行っていた。ただしこれらの諸藩では費用や施設、人員などの制約もあり、その成果は限られたものであったといえる。

そのような理由もあって、長崎で海軍伝習が開始されると諸藩はすぐれた人材を派遣して、西洋の進んだ軍事技術や航海術の取得につとめた。薩摩藩では、さきにふれた蒸気機関模型の製造技術者に伝習で使用された「スームビング号」に乗り組んで見学させ、のち彼らの手で蒸気機関を完成させて、日本初の蒸気船「雲行丸《うんこう》」を竣工《しゅんこう》させている。佐賀藩では前出の通りきわめて多くの藩士を伝習に参加させるとともに、「スームビング号」には佐賀藩主の鍋島直正《なべしまなおまさ》（閑叟《かんそう》）が自ら乗船して、船内の最新施設をくまなく見学している。この両藩では伝習への藩士の組織的な参加によって、自藩の軍事・工業の水準をいちじるしく高めることができた。

長崎での伝習は安政六（一八五九）年の伝習所閉鎖までの間に計三次にわたって実施されたが、ここでの組織的かつ実践的な教育によって、伝習生の中から、幕臣の勝海舟をはじめ榎本武揚《えのもとたけあき》・肥田浜五郎《ひだはまごろう》・赤松則良《あかまつのりよし》、佐賀藩の佐野常民《さのつねたみ》・中牟田倉之助・石丸虎五郎《いしまるとらごろう》、薩摩藩の五代友厚《ごだいともあつ》・川村純義《かわむらすみよし》などのような、明治初期に活躍する多くの人材が輩出したのである。日本では海軍創設にあたって、幕府と諸藩による挙国一致の国防体制の構築がはかられたことが、近代国家の建設に大いに寄与したといえる。

アメリカ航海で触れた西洋近代

もっとも幕府は、長崎だけでなく江戸においても海軍伝習を並行して進めることを意図した。安政四（一八五七）年になると、それまで旗本の子弟に対する軍事教育機関として江戸の築地《つきじ》に開設されていた講武所内に軍艦教授所を開設したのである。このとき、長崎海軍伝習所の伝習生を海軍術の教授にあたらせることとしたため、幕府派遣の伝習生の大部分が「観光丸《かんこう》」（前出の「スームビング号」がオランダから幕府に寄贈されて改称された）に乗船して、独力で江戸に航行した。この軍艦教授所での海軍伝習は、総督に任命された永井玄蕃頭（この翌々年には軍艦奉行）のもと、旗本と御家人、諸藩の藩士を対象として行われた。この軍艦教授所はのち軍艦操練所、さらに海軍所へと改称され、幕末まで存続するとともに、維新後は明治新政府の海軍用地として受け継がれた。

海舟はこのとき「観光丸」の江戸回航には同行せず、新たにオランダから購入した「ヤパン」号（のち「咸臨丸《かんりん》」と改称）によって長崎で伝習を継続していたが、やがて日本の海軍発展の一里塚をなすイベントである、「咸臨丸」の太平洋横断航海に参加することになる。

ちなみに永井尚志の玄蕃頭は、安政二年に宮中より与えられた職名であり、幕府の職名ではない。本来玄蕃頭は、大宝《たいほう》律令下の玄蕃寮の頭で、職務の一部に外国使臣の接待などがあったために、永井尚志が嘉永七年以来、長崎御用として外国船との折衝に当たってきた功績で与えられたものと考えられる。当初幕府に軍艦奉行の職が無かったために、仮に永井玄蕃頭を名乗ったが、後に軍艦奉行となった。

安政五（一八五八）年六月に日米修好通商条約が調印されたとき、日本側の希望もあって米国首府ワシントンで批准書の交換を行うことが条約の条項に盛り込まれた。その使節団の派遣の際、永井玄蕃頭尚志らは「米国の送迎艦のほか、日本人による一隻を派遣する」という上申を行った。その後、使節団便乗の米艦は「ポーハタン号」（三千七百六十五トン）、そして「咸臨丸」を随行艦とすることが決まり、使節の名代として軍艦奉行木村摂津守喜毅《きむらせっつのかみよしたけ》が「咸臨丸」の司令官格で、そして海舟が艦長として乗艦することになったのである。

「咸臨丸」の乗組員は長崎海軍伝習所出身者を主とする士官十二名、水夫五十名（うち三十五名は、瀬戸内海に浮かぶ塩飽《しわく》諸島出身者であり、長崎海軍伝習所で教育を受けた）、通訳の中浜《なかはま》万次郎《まんじろう》（ジョン万次郎）、木村摂津守の従者の一人として乗艦した福沢諭吉《ふくざわゆきち》をはじめとする計九十六名であり、アメリカ海軍の測量船「フェニモア・クーパー号」のブルック大尉以下十一名が便乗した。

一行は、万延《まんえん》元（一八六〇）年一月十九日に浦賀《うらが》を出発し、大圏コースの約八千キロの航程を経て、二月二十六日にサンフランシスコに入港した。五十余日の米国滞在後、閏《うるう》三月十九日にサンフランシスコを出航し、帰路はハワイ・ホノルルに寄港し、約八千キロの航程を四十五日間をかけて五月五日に浦賀に帰着した。

この航海で日本人乗組員は時化《しけ》に悩まされて操艦には大いに難渋し、ブルック大尉以下のアメリカ人同乗者の助けを終始借りざるを得なかったが、開国からわずか六年で小艦（「咸臨丸」の排水量は長らく不明であったが、艦艇研究家の福井静夫《ふくいしずお》氏の計算によると六百〜六百五十トンである）による太平洋横断を成し遂げたことは確かに快挙であった。そして海舟や福沢は五十日余の滞米中に、アメリカの文明や制度、文化に触れることによって、広く世界に目を開かされたのである。

福沢がアメリカ合衆国の初代大統領であったジョージ・ワシントンの子孫についてアメリカ人に尋ねたときに、どうしているか誰も知らないという回答に大変な衝撃を受けたことは有名な話だが、海舟もアメリカから江戸に帰ったとき、老中の一人から日本とアメリカとの相違について問われた際、「我が国とちがってかの国は、重い職にある人ほど賢こうございます」と答えた。海舟は滞米経験によって日本が将来、世襲や身分制を廃してアメリカのような民主制度を取り入れた国家にならなければ進歩も生存もおぼつかない、と考えるに至ったようである。もっとも、この海舟の皮肉は海舟の近代的感覚が背景にあってのことであり、言われた老中は、特に皮肉とは感じなかったと思われる。江戸時代の幕府閣僚や藩主などは、「抜きん出て有能に見えない」ことが必要であり、軍事に力を入れたり、武芸に励んだりすれば、謀反の下心有りと見られて改易、失脚ということさえあり得たのである。こういった社会では、「重い職にある人」ほど徹底した前例墨守主義であり、いたずらに才気を見せなかったのは当然だったのである。一面、この気風が文化芸術に造詣《ぞうけい》の深い大名などを多数生んだともいえる。近代人としての海舟の努力は、この空気を破ることだったのである。

立ちはだかる封建制の壁

そして海舟は、その滞米経験から必要と強く感じた政治変革を、海軍建設を通じて実現することを試みた。「咸臨丸」帰港後の文久《ぶんきゅう》元（一八六一）年に幕府は外国の兵制を調査して西洋式軍隊を建設することを正式に決定した。これにともなって小栗豊後守《おぐりぶんごのかみ》（小栗　上野介忠順《こうずけのすけただまさ》、外国奉行・歩兵奉行・勘定奉行）らとともに海舟は軍制取調委員に任命され、翌年にかけて軍制改革と海軍拡張それぞれの計画案が作成された。海舟はこの計画案策定の中心的な存在であったといわれる。

この計画は日本沿岸を六つの地域に分けてそれぞれ艦隊を組織し、蒸気艦船三百七十隻、そのための乗員六万千二百五人（うち士官五千四百六十人）を整備するという膨大なものであった（ちなみに当時のアメリカ海軍の規模は、海舟の帰朝報告によると五艦隊・八十六隻である）。この実現のため、取り急ぎ江戸と大阪に配備する軍艦として四十三隻、乗員四千九百四人という計画が目先の目標として掲げられている。

文久二（一八六二）年閏八月には、この軍制改革・海軍拡張計画案をめぐって江戸城内でしばしば会議が開かれたが、この月に軍艦奉行並（のちの海軍次官に相当）に任ぜられた海舟は下問に答えて、「軍艦は幾年かで整うであろうが、乗員の養成には時間がかかる。イギリスでも今日の盛大な海軍の育成に三百年を要した」という理由から、この計画の実現に五百年を要する旨発言した。

ところでこの計画案の大きな特徴は、日本の海軍建設において現行の封建制度が大きな障害になっており、これを否定して強大な国家権力を打ちたてる必要がある、という主旨の文章を含んでいることであった。海舟によれば、国土が二百数十の藩に細分されている状態でそれぞれが軍隊の整備を行っても環境の違いによって大きな混乱を招くし、また藩によってはその私兵と化して幕府の統治能力が低下するおそれがある。結局「海軍のことは全国に干渉するから封建の制に至っては至難」ということになる。そして海舟は続けて、「人員や艦船の数が多くとも、人民と学術とで相手を圧伏できるようでなければ真の防衛はできない。今このような大計画を議論するよりも、むしろ学術を進歩させて人物を養成すること

勝海舟

こそ肝要である」と述べたのである。

海舟によれば、このような人物養成を進める上で、世襲と門閥を不可欠の要素とする幕藩体制は不適合であった。海舟はこの会議の前日に松平春嶽《まつだいらしゅんがく》（松平慶永《よしなが》、当時政事総裁職）や老中水野忠精《みずのただきよ》に対して「貴賤《きせん》尊卑の区別なく、百為の人材を選抜する必要」を述べているが、これが翌年（文久三年）に設置された神戸海軍操練所の建設につながるのである。

文久三（一八六三）年に幕府は江戸築地の海軍操練所のほかに、大阪や兵庫の沿岸防備のため神戸にも海軍操練所を設立することを決定し、この操練所設置のため幕閣や朝廷を説いてまわった軍艦奉行並の海舟が伝習指導にあたることになった。

この操練所施設の開設までの間に、海舟は神戸の生田《いくた》の森の自宅で海軍塾を開き、海軍伝習教育を始め、翌元治《げんじ》元（一八六四）年五月に操練所が設置されたときには、海舟（操練所開設と同時に軍艦奉行に昇格）の私塾という色彩が相当強くなっていた。またその伝習生も、京阪神などに住居する旗本や御家人の子弟だけでなく、四国や中国、九州諸藩の青年をあわせて二百名内外というもので、この中には土佐《とさ》藩を脱藩した坂本龍馬、薩摩藩の井上良馨《いのうえよしか》（のち、初代常備艦隊司令長官）・伊東祐亨《いとうすけゆき》（のち連合艦隊司令長官）、紀州《きしゅう》藩の伊達小次郎《だてこじろう》（のち外務大臣陸奥宗光）などがいた。伝習生のうち、幕臣の子弟は寄宿舎で居住したが、諸藩の出身者は生田の海軍塾に起居しており、この青年達の中には佐幕・討幕・攘夷《じょうい》・開国など政治的思想や立場を異にする志士達が多く含まれていた。

この操練所は結局、同年七月の禁門《きんもん》の変（蛤御門《はまぐりごもん》の変）が起こり、修業生の中に長州藩出身者で追われる立場の者があり、また諸藩の脱藩者もあって、幕閣から「激徒の巣」と目されるに至って翌年三月に閉鎖、また海舟も監督不行き届きということで奉行を罷免されて蟄《ちっ》居《きょ》閉門を命ぜられる結果となった。

神戸操練所はこのように短い期間で廃止されたが、諸藩の志士のエネルギーを海軍建設という方向に向かわせようとした海舟の意図は、かつての海舟と同様に海軍を通じて世界への目を開いた坂本龍馬らの伝習生によって、十分に実現されたといってよいだろう。

海軍建設に寄与した横須賀製鉄所

さて幕府の推進した海軍建設は、海舟の失脚につれて幕府内で力を得た小栗上野介を中心として進められた。その小栗にとっても、現行の封建制度が建設の大きな障害になっており、これを否定して強大な国家権力を打ちたてる必要があるという観察は、海舟と共通していたように思われる。ただ小栗は海舟とは異なり、幕府の絶対権力の強化を目的とした洋式海軍の整備を目指すようになり、それがフランス公使レオン・ロッシュの助力を得ての横須賀《よこすか》製鉄所（のち横須賀造船所をへて横須賀海軍工廠《こうしょう》）の建設につながっていった。

神戸に海軍操練所が設置され、京都で禁門の変（蛤御門の変）が起こった元治元（一八六四）年に、幕府は江戸湾内に造船所を設置することを計画した。そして小栗をはじめとする幕府内の親仏派と関係の深かったフランス公使ロッシュの斡旋《あっせん》によって、同年十一月には相《そう》州《しゅう》横須賀村に造船所を建設することが決定され、十二月には老中諏訪《すわ》因幡守《いなばのかみ》忠誠《ただまさ》、水野和《いず》泉守《みのかみ》、阿部豊後守、勘定奉行小栗上野介などがロッシュと設立の綱領を論議している。

その時にロッシュは、「造船所設立は主として日本の富強を図るために重要であり、この建設経費は列藩に支出させ、全国一般に課税した生糸を海外に輸出して、その利益によって幕府の財政を助けるべきである」と述べた。これに対して老中は同意し、国産の生糸によって造船所設立費（百万ドル）の支出に充当する予定である、と返答している。

要するに横須賀製鉄所の建設は、幕府が資金充当のために重要な国内産業品である生糸の輸出を統制するとともに海軍力を強化し、フランス側は幕府による生糸貿易を独占するとともに軍事援助を通じて幕府への影響力を強化するという、両者の経済的・政治的利益の実現をめざしたものであった。そして当時のロッシュの施策に対しては、フランス本国での産業界、そしてアジア地域での活動の拠点を求めるフランス海軍からの積極的支持が存在した。横須賀製鉄所は日本の政治体制の将来を左右する事業として、日仏両国の政府やフランスの産業界、海軍の意向が強くはたらいていたのである。

この構想は、両者による貿易の独占に反対したイギリス・オランダ二国の牽制《けんせい》と、フランス国内の政治情勢の変化による対日政策の大幅な転換とによって結局は実現しなかった。だが、後世のわれわれから見て横須賀製鉄所は、当事者の意図は海舟の海軍構想とは究極の目標において異なるものの、結果として海軍建設を通じた日本の近代化に寄与したもう一つの例といえるのである。

その理由は第一に、幕府にとって洋式海軍の整備を通じた絶対権力の強化が直接の目標であったものの、その施策が艦船の修理と建造とを目的とする海軍工廠として実現したことである。

横須賀製鉄所建設の構想は、文久元（一八六一）年における幕府親仏派の栗本鋤雲《くりもとじょうん》と、のちフランス公使ロッシュの側近となったフランス人宣教師カションとの対話から生じたものであるといわれる。そこでは栗本が「通商貿易によって各国間に友好関係が樹立されれば、衝突や紛争が生じることはないのではないか」と質問したのに対して、「真の友好関係強化のためには軍備が必要であり、日本であれば大小六百隻の軍艦が必要である」とカションが応じている。そして栗本が「今の日本では、それら軍艦の自国製造は困難であり、外国からの購入資金もない。その現状でいかにして、それを実現すべきか」と問うたのに対して、カションは「軍艦を他国から購入するなどというのは未開の国のやることであって、日本が造船の担当部局を設置して精密な研究を実施すれば、幾隻かの軍艦を製造可能である」と答えた。このカションの示唆に基づいて栗本や小栗ら親仏派の幕府官僚が設置したのであるが、建設された横須賀製鉄所は単なる軍艦建造による海軍力強化にとどまらず、関連する国内産業の発達をも促進する役割を担うことになったのである。

理由の第二に、設立された横須賀製鉄所は艦船の建造・修理にとどまらず、フランス人技師から造船技術を体系的に習得する、日本初の組織的な西洋技術伝習機関としての役割を担ったことである。慶応《けいおう》元（一八六五）年正月には横須賀製鉄所設立についての議定書がフランス公使と幕府との間で交わされているが、そこでは設立の目的として、「日本政府は他年内国人をして、仏人に代りて造船事業に当らしむる為め、造船所内に学校を興《おこ》し、以《もっ》て技士及技手たるべき人材を養成すべし」というように、長期的な視野に立った技術伝習の必要性が強調されている。そして、この目的に従って翌二（一八六六）年にフランスの海軍技師ヴェルニーが招聘《しょうへい》され、彼によって建設予定地の調査、必要な資材の調達や人員の募集、そして人材養成を行うための学校の構想が立てられ、さらに翌年には横須賀製鉄所に設置される造船学校案が公使ロッシュに提出された。その学校案は具体的に、本国フランスの工学教育機関をモデルとして造船技術者と職工長とをそれぞれ養成するものとして構想されていた。

要するに、ヴェルニーは正規の教育機関を通じた組織的な技術伝習による技術者養成を重視し、横須賀製鉄所においてはフランス語の習得を前提とした造船学の教授を行う高等教育機関の設立を意図したのである。この構想に従って設立された技術学校は、幕末期にはフランス語習得者の入学者数確保に困難をきたし、顕著な成果を挙げることなく、維新後に政府によっていったん廃止されたものの、明治三（一八七〇）年には、技士養成のための「正則学校」と、技手の養成を目的とする「変則学校」の二つの系列からなる技術伝習制度（「黌《こう》舎《しゃ》」と呼称された）として復活し、造船技術者の養成機関として機能した。

以上に見たように横須賀製鉄所は、国防と幕府権力の強化を直接の目的とするものではあったが、単なる軍艦の修理建造にとどまらず、軍事力・産業力・技術力の三者が一体として発展するための拠点として活動を開始したのであった。日本の近代工業技術の導入の先駆ともいうべきものであり、以後の近代重工業の発達において重大な意義をもつものである。のちに日本海軍が、史上最大の戦艦「大和《やまと》」「武蔵《むさし》」をはじめとする、部分的には世界水準を上回る軍艦を多数建造し、太平洋戦争後世界一の造船・鉄鋼王国となった根源もまた、ここに存在するといえよう。

幕末に実施された海軍伝習・造船伝習は、このような意味において、最も大規模かつ組織的に実施された産業技術政策ということができる。日本の海軍は創設当初から、日本の近代化を促進する先導者としての役割を担ったといえるのである。

海軍拡張案建議の難航

維新政府が明治元（一八六八）年十一月、東京の築地に海軍局を設置し、日本海軍の運営を幕府から引き継いだとき、その海軍力は幕府から接収した「観光丸」「富士山《ふじやま》」「朝陽《ちょうよう》」「翔鶴《しょうかく》」の四隻、そして幕末に各藩が購入した雑多な艦船をあわせたもので、軍艦八隻・運送船八隻という微々たる勢力であった。

このとき海軍が有した艦船のうち、もっとも強力な艦は、木造の船体の舷側《げんそく》に鉄製甲鉄帯を有していた「甲鉄《こうてつ》」（排水量千三百五十トン、のち「東《あずま》」と改称）と言われたが、当時西欧ではイギリスが鉄製の船殻と装甲を持った最初の甲鉄艦（ironclad）であるウォーリア（九千二百十トン）を竣工させて七年が経っていた。そしてこの一八六八年には同国の造船技術者エドワード・J・リードが、帆装を全廃し蒸気機関のみで航行する砲塔艦「デヴァステーション」を設計していた。この艦が一八七三年に竣工して以降、世界の軍艦建造の趨勢《すうせい》は木造船から鉄船（のち鋼船）へ、また動力の点においても帆船から蒸気船に移り、かつ強力な火砲と装甲を装備する方向に進んでいたのである。

これにくらべて兵部省が所管する艦船は、ほとんどが旧式艦であったため、明治新政府誕生以来はじめて、兵部省は明治三（一八七〇）年五月一日に「大に海軍を創立すへきの議」

を太政官《だじょうかん》に提出した。この海軍艦船拡張計画は、日本海軍における最初の拡張案で、「大小軍艦二百隻・運送船二十隻を二十カ年で計画建造、常備人員二万五千名体制の実現、建造軍艦をもって十個艦隊を編成して各要港に配備、完成後も毎年十隻宛建造」という内容のものであり、建艦に伴う予算（一千万両）の算定や士官教育の方法に至るまで具体的に記した建議であった。

もっとも、このような膨大な拡張案は、当時の国家財政では到底実現不可能で不成立に終わったが、その事情は建議を行った海軍当局者も十分認識していた。

その後明治五（一八七二）年に兵部省が陸海軍各省に分離されて海軍省が発足したが、その時点で海軍の艦船は軍艦十四隻・運送船三隻の合計十七隻、総排水量一万三千八百三十二トンであった。このうち艦体に装甲を施した艦は「東」と、明治二（一八六九）年にイギリスで竣工し、熊本藩が購入した後に明治新政府に献上された「龍驤《りゅうじょう》」（「東」と同様に、木造の船体の舷側に鉄製甲鉄帯を装着していた）だけであった。そこで、海軍省では発足の翌年に初の軍艦建造計画を提出した。これは甲鉄艦二十六隻・大艦十四隻・中艦三十二隻・小艦十六隻ほか計百四隻を十七年で整備するというもので、三年前の案にくらべて相当現実的なものであったが、これも不成立となった。一連の海軍拡張案が毎回不成立となったのには、この当時頻発していた武士（士族）の政府への反乱や農民による一揆《いっき》への対応など、国内治安対策が優先されて陸軍の整備が優先されたからであろう。しかし海軍拡張が開始される転機は日ならずして到来した。

海軍初の建艦計画

明治七（一八七四）年は国内・国外ともに大きな出来事があった。まず二月に江藤新平《えとうしんぺい》をリーダーとする佐賀の乱が起こり、ついで五月に台湾出兵が行われた。後者は、三年前の琉球漁民が台湾先住民に多数殺害された事件を口実に、陸軍中将西郷従道《さいごうつぐみち》の率いる遠征軍を軍艦「日進《にっしん》」「孟春《もうしゅん》」等の護衛のもと台湾に派兵し、約三か月で要地を占領したものである。同年九月から北京で行われた清国の恭親王《きょうしんのう》と大久保利通《おおくぼとしみち》との談判の結果、清国側が非を認め賠償金の支払いを約することによって事件は解決を見たが、この出来事によって、万一の際に備えた海軍力の増強が要望されるようになった。

その主唱者は台湾への遠征軍を指揮した陸軍中将西郷従道（のち海軍中将に転じた）であった。彼は出征するに際してアメリカとイギリスの商船一隻ずつを購入（「社寮丸《しやりよう》」と「高砂丸《たかさご》」と命名）し、これに大砲を装備して出兵したが、この過程で、軍艦の建造が急務であることを痛感して帰国した。のち明治十八（一八八五）年に伊藤博文内閣が発足すると初代海軍大臣に就任した動機の一つは、この海軍拡充の急務をみずから実現するためであったともいえる。

　このような動向を背景として、その翌八（一八七五）年に海軍最初の建艦計画が実現した。海軍大輔川村純義が軍艦三隻をイギリスに発注する案を提出した。これが認められて日本海軍がはじめて「扶桑《ふそう》」「金剛《こんごう》」「比叡《ひえい》」の三隻の軍艦を注文することになり、いずれも明治十一（一八七八）年に竣工したのである。なお、明治八（一八七五）年時点での海軍経費は三百五十二万円強であったが、これら三隻の建造費合計額は約三百十二万円にのぼったから、実に九割に近い海軍費が充てられたことになる。

　海軍が予算のほとんどを投入しただけあって、これら三隻の軍艦は当時のイギリスの造船技術の粋を集めて建造された最新式の軍艦であった。これら三艦については、艦艇研究家の福井静夫氏による構造や特質の紹介がある。以下、氏の説明に拠《よ》って、それらを述べてみよう。

三隻の最新鋭艦

　これら三隻の船はいずれも汽帆併用だが、まず「扶桑」（三千七百七十七トン）は装甲フリゲート艦と称せられる。鉄製の船体をもち、その中央部には、砲塔を防護する装甲（砲廓《ほうかく》）を持ち、セントラル・シタデル型と称する当時の主力艦であった。当時は戦艦や巡洋艦などの艦艇類別はなかったが、後年（明治三十一年）に日本海軍が艦船類別標準制定を定めた時には二等戦艦に類別された。

速力十三ノット、武装は二十四センチ砲四門・十七センチ砲二門（いずれもドイツのクルップ社で製造）を装備して、舷側には厚さ二百三十ミリの鋳鉄甲板を装着した甲鉄艦の一典例であった。本艦は就役後長きにわたって、常備艦隊旗艦として日本海軍を象徴する存在であった。また竣工から十六年後の日清戦争の時点では、帆装を補助として汽走の装甲主力艦とする大改装を終え、十七センチ砲を新式の十五センチ及び十二センチの速射砲（イギリスのアームストロング社で製造）に換装し、艦隊主力の一艦として活躍した。

「金剛」「比叡」（いずれも二千二百八十四トン）はのちの巡洋艦の前身であり、十七センチ砲三門と十五センチ砲六門（いずれもドイツのクルップ社製）を装備し、鉄骨木皮船体に厚さ百十四ミリの水線甲鉄を装着、速力は「扶桑」と同様に十三ノットで石炭搭載量も「扶桑」とほぼ同量、かつ真水・糧食の搭載量も多く、長期の航海にも適していたため、それぞれ明治四十二（一九〇九）年・四十四（一九一一）年の除籍までの三十年以上、遠洋航海や警備などで太平洋の各水域を行動した。

またこの三隻の注文が日本の海軍建設におけるエポックメイキングであった理由がもう一つあった。日本海軍はこれら三隻の基本計画から設計、建造監督から日本回航までのすべてを、当時の軍艦設計の第一人者であったエドワード・J・リードに一任したのであった。リードは三十歳代の壮年にしてイギリス海軍造船部長（兼艦艇基本計画主任）を多年務め、近代装甲主力艦をはじめ多くの汽走時代の軍艦艦種を開発した近世軍艦設計の巨匠であり、同時に下院議員でもありながら、当時はロンドンに船舶設計所を経営していた。

このとき、日本海軍造船官としてイギリスに滞在していた佐双左仲《さそうさちゅう》（のち海軍造船総監）ら数名もこの三艦の設計において、リードから懇篤な指導を受けた。さらに兵科士官でイギリス留学中であった者も、これら三隻の最新鋭艦の艤装《ぎそう》や公試に数多く関係し、完成後はそれに便乗して帰国した。これら三隻の鉄あるいは鋼製軍艦は「数多くの新兵器と幾多造船造機上の智識とを搭載し……当時堅牢《けんろう》無比の英式軍艦として、太く人心を強からしめたり」（『帝国海軍機関史』）という高い評価を得たのである。

なおこの三隻の武装についても、当時最新のメカニズムが採用された。まず、日本初の諸典砲（ノルデンフェルト砲）として二十五ミリ四連及び二十ミリ五連数基が薙射《ていしゃ》用として高所に装備され、対水雷艇用兵器として重視された。また三艦には、当時発達途上の魚雷を、早晩採用することを予想して、発射管の後日装備が可能のように設計されたが、数年後に朱式（シュワルツコップ式）魚雷が採用され、発射管が装備された。また明治十四（一八八一）年ごろにはこの三隻の艦に初めて探照灯が装備された。日本海軍は発足十年あまりにして、最新の第一級の艦と兵器、機関を所有し、またその操作や原理体系を学ぶ機会を得たのである。

〈コラム　計画されていた軍艦の体当たり〉

日清戦争直前の頃は、近代的な軍艦と、帆走を主とするような軍艦が混在し、海戦において、どのような戦術をとるかははっきりしていなかった。日清戦争前に、「比叡」艦長の桜井規矩之左右《さくらいきくのすけ》大佐は、「比叡」の係船桁《けいせんこう》に外装水雷を取り付ける研究をしていた。外装水雷とは、水雷艇などが、艇首の長い棒材の先に水雷を付けて、敵艦に体当たりする兵器である。これを見た日高壮之丞《ひだかそうのじょう》大佐が、どうするのだ、と聞くと、「比叡」なんかの大砲ではどうにもならない、これで突撃するのだ。と言うので、日高大佐は、爽快《そうかい》爽快と大賛成した。旧式艦で、「鎮遠」「定遠」に対抗するには、体当たりしかないと思っていたのである。

黄海海戦では、「比叡」は敵艦に突撃を企図したが、乱戦で舵《かじ》を破壊されて、動きが取れなくなってしまった。この時、清国側でも、「来遠」が「比叡」に体当たりして切り込み隊を突入させようと準備していた。もし実現したら、海戦史上最後の切り込み戦となったに違いない。

第三節　日清両国の対外戦略

台湾をめぐる睨み合い

さて、日本海軍がこの三隻の外国軍艦を保有したことは、日本の対外関係にどのような影響をもたらしたであろうか。注文の契機となった出来事が、台湾出兵をめぐる清国との緊張の高まり（武力紛争にまで発展することはなかったが）であった以上、清国側がどのような反応を示したかが問題となる。そして日本海軍の建設もある時期から清国海軍の軍備に対抗して実施される時代を迎えるが、それはいつからであろうか。また日清両国の軍拡が戦争に発展していったのか。ここではその疑問を念頭に置き、清国海軍の建設過程をたどってみたい。

日清間の関係史においては、両国の衝突といえる出来事は台湾出兵の二年前、明治五（一八七二）年における日本側の琉球の専有化（琉球王国を廃止して藩を設置するという、いわゆる第一次琉球処分）に端を発したと言われている。その二年後の台湾出兵の時点でも琉球の帰属問題については、日本側の意向（琉球の日本帰属）通りに事態が進みつつあったが、最終的な決着は日清戦争後となった。

その台湾出兵こそ、清国の海軍建設が本格化した一つの契機であった。日本の派兵は中国の当局者に大きな衝撃を与え、中国側は台湾へ陸軍五千人の派兵を指令し、ただちに臨戦態勢をとった。そのような武力による解決を求める可能性があったにもかかわらず、結局清国は補償金五十万両を支払った上、琉球の主権についての主張を差し控えたのである。

この清国の行動の背景にあったのは、日清両国の海軍力に対する認識であった。清国政府はヨーロッパからしきりに艦船や兵器を買いこんだので、武器の値段が三倍にはねあがったと伝えられている。しかし「当時の中国の軍艦はすべて木造の軍艦であり、日本の海軍には鉄甲艦が二隻ある」という観察から、戦争にふみきることはなく、以後近代海軍の建設に専念する策をとった。

当時の日本海軍は甲鉄艦として、前出の「東」「龍驤」を保有していたものの、全十二隻の保有軍艦の船体はいずれも木製（ただし「東」は鉄骨木皮）であり、「東」「龍驤」の二隻以外は内地防御に適するにすぎない戦力であった。これに対して清国は国産の二十一隻の軍艦を保有していたが、清国自身はそのうち戦力たりうるものとして二隻を数えるに過ぎなかったといわれる。したがって当時の清国海軍が日本海軍の軍艦と戦闘を交えるだけの規模ではなく、海軍力の微弱という認識が日本の一方的な台湾出兵を可能にしたことは確かであった。そしてこれが契機となって、日清両国は本格的に海軍軍拡に着手するようになったのである。

まず清国は台湾出兵の翌一八七五（明治八）年春に、上海と天津の海関収入の二十%を海防基金に充当して毎年四百万両を支出することによる海軍力の増強を決定し、これに基づいて一八七六（明治九）〜一八七九（明治十二）年に排水量三百〜四百トンクラスの砲艦八隻がイギリスから輸入（のち三隻が追加）された。しかるに日本海軍が明治十一（一八七八）年に「扶桑」以下三隻の甲鉄艦を就役させたことによって、清国の当局者には自国の対日海軍力が相当に劣勢であるという認識が広がった。

清国の海軍拡張が始まる

翌一八七九（明治十二）年には、さらに清国側に衝撃を与える事件が生じた。日本による沖縄県の設置（いわゆる第二次琉球処分）である。

実際のところ、清は琉球をめぐっては日本と武力による衝突を起こすつもりはなかった。当時の直隷総督兼北洋大臣であった李鴻章も、日本とは妥協による解決策をとることを主張している。その背景にあったのは、清国海軍が有しない甲鉄艦を日本が三隻保有しているという海軍力の劣勢についての認識である。翌一八八〇（明治十三）年に李鴻章が海軍増強に関する上書を提出した中で、「近年、日本鉄甲三隻ありて遥《はる》かに中土に対し、先に台湾の役、琉球の廃あり……今、海防を整備して自強を計らんと欲せば鉄甲船数隻あらざれば、重洋を控制して威を建て、萌を鎖するに足らず。断じて覚を惜しみ、中止するの理なし」と述べている。

そして清国の見るところ、日本は明治九（一八七六）年の日朝修好条規（江華島条約）締結をきっかけとして、朝鮮に対する影響力の拡大につとめつつあった。中国は伝統的に朝鮮国王の朝貢を受け、その代わりに朝鮮半島における朝鮮国王の支配を認める、という方法で朝鮮を属邦として扱ってきたのであるが、日朝修好条規は清国の宗主権を否認させる条項を含むものであった。清国はこれとは反対に、これまで形式的にすぎなかったこの伝統的宗主権を実質化しようとしたのであり、遠くない将来に日清間での対立衝突が予想される事態となったのである。

以上、清国は日本の脅威を海軍力の強弱という観点から測定したのであった。そして、その脅威を圧伏するための解決策として大型甲鉄艦の保有に乗り出したのである。清国はこの軍拡競争において、日本に対する勝算も十分持っていた。たとえば李鴻章の上書と同じ年に提出された軍機大臣の水師（水軍、海軍の意）整頓（艦隊整備）の意見書は「日本に至っては地狭く、財少なし。近時、東海の中に屈強するといえども、その力は断じて多くの真鉄甲を

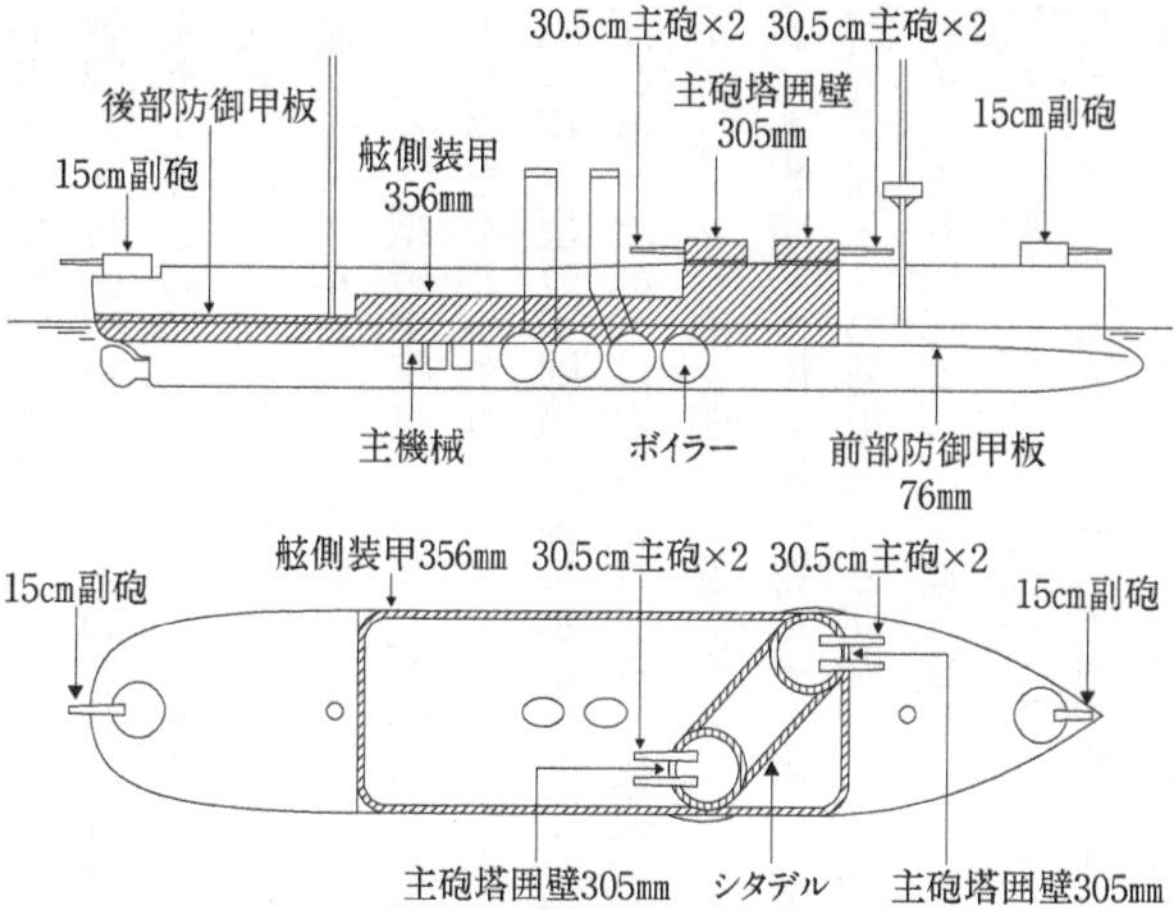

「定遠」型装甲艦の概要

購《あがな》うこと能《あた》わず」（同上）として、建艦競争では日本は経済力において劣る以上、やがては清国に敗北せざるを得ない旨述べている。

清国の建艦計画策定

そしてこの一八七九（明治十二）年に、清国は装甲艦四隻（南洋・北洋水師用に各二隻）、水雷艇十隻という、これまで類を見ない大規模の建艦計画を策定した。ここでいう装甲艦（armored ship）とは鋼による装甲を船体に装着した艦のことで、それまでの錬鉄によって船体を保護した甲鉄艦（ironclad）とくらべて、防御力を格段に高めた艦種である。

もっとも清国といえども装甲艦を一度に大量に購入する財源の確保は容易ではなく、装甲艦建造予算は二隻分に削減された（その代わりに巡洋艦一隻が追加）が、この装甲艦は日本海軍の保有する「扶桑」をはるかにしのぐ戦闘力・防御力を有するものとして計画された。「定遠」型の建造予定として、ドイツのフルカン社との間で、一八八一（明治十四）年と翌八二（同十五）年に一隻ずつの建造契約が交わされた。これら二隻の装甲艦（同型艦）はそれぞれ契約の二年後に竣工し、一八八五（明治十八）年に清国に到着した。この二隻こそが「定遠」「鎮遠」である。

「定遠」型装甲艦はどのような特質を持っていたのか。中川務氏による艦艇説明に従い、その概要をたどってみよう。

「定遠」型装甲艦の常備排水量は七千三百三十五トン、当時の西欧における最大級の艦型ではなかったが、日本の保有する「扶桑」の二倍に当たる排水量を有していた。また武装は三十・五センチ砲を四門、速力も「扶桑」のそれを上回る十四・五ノット、さらに防御力においても当時の西欧の第一線の装甲艦に匹敵する装甲を備えていた。船体の中央部分に厚さ三百五十六ミリの装甲による囲壁（これをシタデルと呼称した）を設け、その内部に三十・五センチ二十五口径クルップ連装砲を二基、梯型《はしご》に配置している。この防御方式と主砲配置は一八八一（明治十四）年に竣工したイギリスの装甲艦「インフレクシブル」（排水量一万千八百八十トン、主砲四十・五センチ砲四門装備）をモデルにしたものといわれる（ただし船体の寸法は、一八八〇年に竣工したドイツの装甲艦「ザクセン」とほぼ一致する）。主砲はとくに艦首方向への射撃能力を重視し、前方の敵に対しては全砲門を指向することができた。なおこのように前方砲火を重視したのは、前方から敵艦に体当たりして水線下に浸水させて撃沈することを意図した衝角《しょうかく》（ラム）による攻撃を考慮したためである。

当時の日本海軍にはこの「定遠」型に対して、最有力艦であった甲鉄艦「扶桑」の武装でさえ二十四センチ砲四門にすぎず、また防御力もきわめて遜色《そんしょく》があった。そして、それ以外の鉄骨木皮艦や木造艦に至っては到底対抗できる相手ではなかった。明治初期以来、日本が保持してきた清国に対する海軍力の優越はここにおいて、完全に失われたと考えられたのである。

さらに清国による海軍力増強はその後の数年間、急速に進んだ。「定遠」型装甲艦の他には装甲巡洋艦二隻（「来遠《らいえん》」「経遠《けいえん》」）、巡洋艦四隻（「致遠《ちえん》」「靖遠《せいえん》」「超勇《ちょうゆう》」「揚威《ようい》」）がイギリス・ドイツに注文され、すべてがその後一八八七（明治二十）年までに清国に到着し、李鴻章が掌握する北洋水師に編入されたのであった。

対日政策を硬化させる清国

海軍力が著しい充実を見せつつあった清国では、対日政策の方針もそれまでの妥協的なものから強硬あるいは積極的なものに変化が生じつつあった。

一八八二（明治十五）年に朝鮮で発生した壬午事変をめぐる対応は、その象徴的な出来事であった。当時朝鮮の宮中では高宗《こうそう》の妃である閔妃《ミンピ》らと高宗の実父である大院君らとの間で政治の実権をめぐって激しい争いが生じていたが、日本への接近を進める閔氏一族に対して大院君が軍隊の支持を得て反乱をおこした。民衆もこれに応じて暴動を起こし、漢城《ハンソン》（現在のソウル）の日本公使館を兵士や暴徒が包囲して公使館員が殺傷されると、日本はこの機に乗じて朝鮮への影響力をさらに高めるため、政治・経済上の新たな特権を要求し、軍艦「金剛」「比叡」など計四隻を仁川《インチョン》に派遣して朝鮮を威圧した。

これに対して清国は、軍事力を背景に強硬な姿勢を示した。朝鮮の出兵要請をうけた清国は北洋水師提督丁汝昌《ていじょしょう》の率いる「超勇」など三隻の艦隊を仁川に集中し、清国陸軍四千名も漢城に入城して、一歩も譲らぬ構えを見せた。さらに事件の中心人物であった大院君を逮捕して天津に送った。これは明らかな清国の姿勢の転換であり、自国の主導のもとに朝鮮を統制し、かつ武力に訴えても日本の影響力を減殺することを辞さない意志の表明でもあった。

この事変によって日清それぞれが得たものは大きな相違があった。日本は朝鮮と済物浦《さいもっぽ》条約を結んだが、それは賠償金の支払いと、公使館護衛のための兵員駐屯などを内容とするものであり、それに対して清国は朝鮮との間に中朝水陸貿易章程を締結し、海関の設立や清国軍の漢城常駐を可能としてその宗主権を著しく強化した。

その二年後の一八八四（明治十七）年には甲申事変が発生した。さきの壬午事変によって、排日派の巨魁《きょかい》である大院君は朝鮮から清に連れ去られたが、代わりに朝鮮に対する清国の影響力は強化された。この当時朝鮮においては、清国との関係を重視する事大党《じだいとう》と、日本と結んで近代化の推進を意図した独立党とが対立していた。この独立党の金玉均・朴泳孝《パクヨンヒョ》・洪英植《ホンヨンシク》らが日本の支持のもとでクーデターを起こした事件が甲申事変であった。金らは同年に発生していた清仏戦争によって清国に介入の余裕がないことを見越して反乱に踏み切ったのであり、高宗はいったんクーデターを容認し新政府が樹立されたものの、事大党が清国軍に協力を要請し、袁世凱《えんせいがい》の率いる清国軍が漢城に迫ると独立党と日本の勢力は敗退して金玉均らは日本に亡命した。このときも、清国にくらべて海軍力で劣勢であった日本が朝鮮政策の後退を余儀なくされたのである。そして壬午事変・甲申事変後の日清関係は、それまでとは異なって対立あるいは対抗という関係に変化したのであった。

清国の対日観と洋務運動

日本と清国とは、なぜ対立を重ね、相手国を屈服させうる軍備拡張を進めるようになったのか。これは長きにわたって論争がありながら、未《いま》だ正解が出ていない問題である。

日清両国はここまで見たように、相手国との対決や侵略の意図を持って自国の海軍を整備してきたわけではなかった。しかし琉球や台湾をめぐる領土対立をきっかけに、局地的な衝突が生じたときには相手国に圧力をかけて、自国の意志を貫徹できる海軍力を整備する方向に進んでいったことは疑いがない。このとき日清それぞれが、国際社会を弱肉強食の世界ととらえるか、少なくとも相手国の行動を、自国にとっての脅威と結びつけて考える視点をもっていたのであれば、そのような両国の認識枠組みが、相手国に対する警戒心や脅威感を助長したことになるだろう。

　しかしここで一つの疑問が生じる。この時代に国際社会を、統一された政府がないアナーキーな状態ととらえる見方がすでに定着していたイギリス・ロシア・アメリカ・フランスなどの西欧列強が、必要とあれば武力に訴える（もしくは、そのポーズをとる）外交スタイルをとったことは確かであるが、日本と清国とがそういうスタイルや国際観をいつ身につけたのであろうか。その疑問にこたえるため、ここでは「清国が幕末・明治期の海軍建設による近代化を進める日本をどう見ていたか、それがどこまで正確なものであったか」という点を検証してみたい。

　日本で幕末から明治初期に相当する時代の清国（一八五〇年代から六〇年代）においては、太平天国《たいへいてんごく》の乱を鎮圧する過程で曾国藩《そうこくはん》や李鴻章、左宗棠《さそうとう》などの地方官僚が政治的に台頭し、彼らによって軍事技術や工業技術の導入をはじめとする近代化、すなわち洋務運動が展開されていたことは有名である。なかでも海軍の建設は、この洋務運動において最優先の課題とされた。一八六五年に南方系軍閥の指導者左宗棠が海軍建設に関する上奏を行い、福建《ふっけん》船政局（馬尾船政局）の建設に着手し、翌六六年に完成して軍艦建造が開始された。

一八六五年には、もう一方の北洋軍閥の領袖《りょうしゅう》であった李鴻章が江南機器製造総局を建設して軍艦の国産化を開始している。六七年には福建船政局に航海と造船技術の教育を行う学校（福州船政学堂）が設置された。日本とほぼ同時期に軍艦工場が建設され、木造船がほとんどであったが、軍艦の国産化も進められていたし、海軍将校の育成も開始されていたのである。

ここで注意すべきは、彼らが海軍の建設を開始した時点で念頭にあったのは日本への脅威感ではなく、アヘン戦争・アロー戦争後の対外関係や、太平天国の乱を鎮圧するなかで洋式軍隊の整備による近代化が必要である、という認識であったことである。洋務運動も、その認識から西欧の科学技術の導入をはかることによって、「自強」をスローガンとして進められた。この意味では、日本が近代化の先導者として海軍建設を進めたことと大きな違いはないようであるが、国家体制の変革まで実現したかどうかについては、のちに大きな違いとなってあらわれてくる。

しかし清国では、洋務運動が推進される中で、対日警戒心が芽生え、徐々に大きくなっていったのである。それをもっともよく示すものとして、ここでは洋務運動の中心人物の一人であり、一八七〇年以降日清戦争まで北洋大臣として対日外交を担うとともに一八八〇年代、九〇年代の清国海軍の実権を掌握していた李鴻章、また彼の周辺に位置した洋務官僚の対日観を、それを扱った研究文献（佐々木揚『清末中国における日本観と西洋観』）に基づいて確認してみよう。

「自強」を進める日本への視線

清国が日本と国交を結ぶ前の時代、清朝の政府当局者は日本に関する情報をもっぱら、開港場や香港で発行された欧字新聞の翻訳版から得ていた。この報道から李鴻章ら洋務官僚は日本に関して、「新式の兵器や軍艦の購入・製造・使用、また西洋への留学生派遣といった『自強』政策を推進しておりこの結果、西洋の進出に対して中国よりも有利に対処している」存在として言及していた。この例示は、自国の「自強」を促す上で、同じく海軍建設を行っている日本のケースを引き合いに出すことにあったといわれる。「西洋各国は数十年前より汽船の建造に努力しており、相互に学習し合って日々、新たなものを産出している。そして東洋の日本も、近年西洋に人を派遣して英語や数学を学ばせ、汽船建造の基礎としようとしている。このときに我が清国のみが因循積習にとらわれて他国に及ばぬという恥は、西洋人から教えを受けるという恥よりも甚だしい」。洋務運動を推進した左宗棠をはじめとする地方官僚は、そのように主張して近代化の推進をはかったのである。

ところが李鴻章らが当時、日本に対して抱いていたイメージは、右のような「日本は小国ではあるが時機を逸さず『自強』を進めている」というものだけでなかった。日本と中国との関係に焦点を絞っていえば、「日本人は明代において倭寇《わこう》であった」という歴史的事実、また「日本は西洋からは遠いが清国からは近い」という地理的な感覚も共有されていた。洋務運動を進めた地方官僚の中でもっとも早くに日本に注目した李鴻章は、一八六四年に総理衙門《がもん》に宛て送った洋式火器の製造に関する長文の書簡の中で、「もし清国が『自強』に成功できれば、日本は中国に味方して共に西洋に対抗することができる、それに対してもし清国が『自強』に成功しなければ、日本は西洋にならって中国侵略に参加することになるだろう」と、日本が将来清国の脅威になる可能性について言及している。

このような倭寇の歴史を通じて日本を見る視角は、この時期における洋務運動の方策を記した意見書や上奏に数多く見られる。一八六七年末に李鴻章が上奏において添付した江蘇布《こうそ》政使丁日昌《ていじつしょう》による意見書では近隣の外国勢力、特に日本の「自強」に努めている様子を次のように観察している。

「日本は兵士を訓練し優秀な船舶・大砲を製造しており、現在では汽船を操縦するのに船長・機関長以下、水夫に至るまで西洋人を用いることなく、また中国のように税関を西洋人に管理させることもない。また近年日本は施条式の小銃大砲を大量に購入しており、中国が購入するのは皆日本が買い付けた後の飾りものにすぎない。ところで日本が欧米諸国を攻撃するのは不可能であるにもかかわらず、何故に日本は軍備強化に努めているのであろうか。今の日本は明代の倭寇であり、うわべは柔順であっても内心は遠謀を抱いている。日中両国は朝発夕至の近距離にあり、西洋人が中国の弱体であることを考慮して日中を対立させ漁夫の利を得ることがないとは保証できない」

李鴻章の対日宥和外交路線

明代の倭寇であった日本が清国に先んじて「自強」に成功することがあれば、いずれ清国にとって脅威となる、という対日観は、明治初期の清国政府内で共通認識となっていった。一八六七年三月において総理衙門は、西洋よりも日本の方が、朝鮮さらには中国にとって重大な脅威になりうるという上奏を行っている。総理衙門は次のように言う。「日本は明代には倭寇として江浙地方や朝鮮を蹂躪《じゅうりん》し、かつ夜郎自大の心を存し、久しく中国に朝貢してこない。近年英仏などと日本との間に武力衝突があった〔薩英戦争や四国艦隊の下関砲撃事件を指す〕が、いずれの側が勝っても中国にとり重大な関係があるので情勢を注視していたところ、日本が敗れて英仏などと講和した。日本はその後発憤して雄国たらんとし、軍艦建造を学び各国と交際しており、その志は小さくない」

ところでこの上奏がなされたきっかけは、外国人が中国で発行している新聞が、「朝鮮の国王は以前、五年に一度は江戸の将軍（「大君」）に朝貢していたが、これを廃して久しいので、日本が近く、問罪のため朝鮮に出兵するという説がある」という旨を報じたことによる。これは単なる風聞であったが、総理衙門は日本の脅威が現実のものとなるのではないかという懸念を抱いた。その理由はこうである。「もし英仏などが朝鮮に出兵するということがあれば、その目的はキリスト教布教と通商にあるにすぎず、かつ英仏両国は相互に牽制しあっているので、直ちに朝鮮を占領して自己の領土とするということはない。他方日本にとって布教と通商は余事であるにすぎず、出兵するとなればその目的は領土併合にある。また日本はその行動を牽制されることもないであろう。もし朝鮮が日本によって占領されれば日本は中国と隣接することになり、患いは切実なものとなる」。

このような懸念から、清国政府は日本との外交上、何らかの措置をとる必要を痛感した。明治維新後の一八七〇（明治三）年から清朝政府の内部において、対日条約締結の是非やその内容が論議された際、以上のような日本観が判断の基礎となっていた。そして李鴻章は、自強に努めている日本と清国とが提携して西洋の脅威に対抗する路線を重視して、対日条約を締結することを強く主張したのである。また維新当時の日本の朝野においても、清国との提携を求める意見が広く存在したため、七一年の日清修好条規の締結となった。このとき李鴻章は、自らが起草した条約案に則《のっと》った条約の締結に成功したが、その第二条は次のように、西洋列強に対抗して日清が提携する方向性が示されていたのである。「両国、好みを通せし上は、必ず相関切す。若《も》し他国より不公及び軽藐《けいばく》すること有る時、其《そ》の知らせを為《な》さば、何《いず》れも互に相助け、或《あるい》は中に入り、程克《ほどよ》く取扱い、交誼《こうぎ》を敦《あつ》くすべし」。

ただし、清国政府内部では修好条規締結後も、日本の朝鮮侵略という可能性が脳裏を離れることはなかった。その後も李鴻章らは、倭寇や豊臣秀吉《とよとみひでよし》による朝鮮出兵という歴史の事例を判断基準として日本の対外意図を論じ、清国の「自強」を追求したといわれる。

本格化する清国海軍建設

李鴻章らのそのような日本観を背景として、清国において差しせまった脅威感が広がった事件が一八七四（明治七）年に生じた。日本の台湾出兵である。先にもふれたように、このとき清国側は自国の海軍力の劣勢を自覚し、かつ李鴻章の対日宥和《ゆうわ》外交路線もあって、日本との武力衝突は避けられた。しかし李鴻章はこれ以降の清国海軍の建設の方向を、単なる自国の「自強」ではなく日本の海軍力へ対抗するものとして、明瞭に示すようになる。すなわちこの事件をきっかけとして清朝は、地方大官から海防問題についての意見を徴して活発な論議が政府内部で行われたが、このとき李鴻章は長文の意見書を提出した。その骨子は「泰西〔西洋〕は強いが七万里の彼方《かなた》にあり、近くにあって我が虚実をうかがう日本こそ『中国永久の患』である」というもので、清国が購入すべき兵器の優劣や造船についてくわしく論じたものである。この海防論議のなかで、ロシアの脅威を重視して内陸アジアに重点をおいた陸軍軍備を優先するという左宗棠の塞防論と、日本を仮想敵国として沿岸の防備に重点をおいた海軍を建設するという李鴻章の海防論とが対立し、海防・塞防論争といわれた。

李鴻章によるこの意見書のもたらした帰結として、先にふれたように清国では一八七五（明治八）年以降、海軍建設が本格化する。それをより詳しく述べると、広州や上海の税関などで得られる関税の収入と、江蘇・浙江などの省において徴収された商品通過税収入とから毎年四百万両を支出して海軍建設費に充て、以後十年間のうちに南洋・北洋など計三つの地域で艦隊を建設する、というものであった。北洋海軍の大権を掌握していた李鴻章は天津に水師営務処を設立し、側近の馬建忠《ばけんちゅう》に担当を命じて海軍の事務処理にあたらせた。

また、清朝政府は一八七六（明治九）年には海軍士官育成のために、福州船政学堂から学生を選抜してイギリス・フランスなどに留学させ、海軍の航海・戦闘の技術を学ばせた。一八八〇（明治十三）年になると李鴻章が天津に水師学堂（海軍兵学校に相当するもの）を設立し、イギリスに留学して海軍を学んで帰国した厳復《げんぷく》を校長に任命して、北洋系の海軍士官の訓練を開始している（復旦大学歴史系・上海師範大学歴史系編著、野原四郎・小島晋治監訳『中国近代史2　洋務運動と日清戦争』）。

「国際社会は戦国乱世」という認識

十九世紀後半における清国の対日政策に反映した日本観が、その時点から三百年以上も前の戦国時代における日本の行動に基づいていたというのは、後世のわれわれから見ていささか、時代錯誤的に感じられなくもない。しかし現実には、日本が琉球を併合した時点では朝鮮の領有を実施する意図も能力もなかったにもかかわらず、日清戦争を経て明治四十三（一九一〇）年の韓国併合に至る日本の歩みは、李鴻章ら清国政府当局者の予想が正しかったことを証明している。

この事実を指して従来、歴史学界では「日本帝国主義に基づく侵略性のあらわれ」と表現するものが多かった。しかし、この表現は「帝国主義」についてすでに固定的なイメージを持っている人たちに、「日本もそれら帝国主義国の一つだった」というイメージを確認する材料を提供するだけのことである。「日本帝国主義は、自国の経済的・領土的・民族的欲求のため、他国への侵略を必要とした」。これは証明すべきはずの命題を、ある時には命題の前提にすりかえてしまう循環論法による表現にすぎず、この言葉をなぞってみても当時の日本の行動原理については何も説明してくれない。

そこで、かつて倭寇や朝鮮侵略の主体であった日本人が幕末から明治初期にかけて、いかなる国際観をもって行動したかをたどってみる。すると、日清両国が互いに、相手国に対してどのような外交スタイルをとっていたかについて、意外なほどの共通性が認められる。以下、この観点に立った研究文献（佐藤誠三郎「幕末・明治初期における対外意識の諸類型」）の論じるところにしたがって、それらを確認したい。

第一に、幕末に西洋列強の軍事的脅威に直面し、鎖国方針を放棄した日本が、状況認識の枠組みとして形成した対外観は、国際関係を戦国時代における国家間の競争関係としてとらえる見方であった。西洋列強が自国の勢力を拡大すべく、世界的に競争や紛争を繰り広げるという状況に対して、それと類比できる既知の時代は、古代の中国や中世日本に存在した戦国時代の状況だったのである。

一般に国際関係についてのイメージはしばしば、国内における人間関係の主要類型を下敷きにして形成されることが多い。そして当時の日本の支配階級であった武士にとっては、国内での集団の関係を、軍事的なそれ（敵対や同盟の関係）として理解することは慣れたものであった。彼らにとって、西洋列強が世界各地をつぎつぎに征服し、さらに隣国の清までをアヘン・アロー両戦争によって軍事的に圧倒したという事実は、まさしく世界を「戦国時代の世」として認識させる根拠となった。実際に当時の当局者や知識人が、幕末の開国をめぐって直面した国際状況（その中で日本の進む方向は全く明らかではなかった）を、群雄が割拠する戦国時代と同一、あるいは類似したものとして理解しようとした事実は、記録によっていくつか確認できる。

世界を戦国の世としてとらえるこのような対外観から生まれる対外態度は、第一に外国にたいする鋭い警戒心とはげしい対抗心である。これらは、日本において富国と強兵を実現しなければならない、という情熱と使命感とをかきたてるものであった。しかしそれは西洋に対する壁として機能したのではなかった。警戒心や対抗心の一方で、国際情勢の変化にたいする敏感さと現実主義的な態度とが、ナショナリズムの情熱が危険な冒険主義にまで行きすぎるのを抑える機能をはたした。そして西洋人及び西洋文化への開かれた態度は、日本の強国化に不可欠な先進技術の導入にたいする心理的な壁をとりはずした。当時の日本の武士は、黒船や西洋人を肯定的に評価し、彼らからすぐれた要素を学び取ろうと努める傾向が強かったのである。したがって「戦国乱世」との類比という認識枠組みは日本の近代化を促進する上で、実はきわめて大きな意味を持ったのである。

「国家の格付け」そして「東洋対西洋」

次に、西洋との接触が深まり、その理解が深化するにつれて、列強間の競争関係は、世界制覇をめぐる絶え間ない戦争状態のみではなく、勢力均衡（バランス・オブ・パワー）による国家関係も存在する、という新たな認識も生じた。

このような勢力均衡によって国家の安全と繁栄を追求するために、日本人は国際関係における諸国家の格付けに強い関心を持つようになった。戦国時代においても群雄諸国はその強弱によって階層（ヒエラルキー）を構成し、弱国は強国による支配や強制に従わざるを得なかったし、身分や階級における格付けは長きにわたって、日本国内の秩序を維持するための強力な規範であった。

その格付けとして重視されたのが当初、清国を二度の戦争で圧倒し得た西洋列強が持っていた軍事力と、それを造り出す経済力・技術力である。次に、西洋諸国についての理解や考察を深める過程で、それら目に見える力の背景としての政治制度や生活水準の高さ、いいかえれば「文明化の水準」が格付けの基準となった。この「文明化」はいうまでもなく西洋の文明を目標としたものであり、日本が「近代化」を進めた究極の目的も、西洋にならった国力と社会との実現にあったといえよう。

さらに、自国が「近代化」を進めてゆく過程で、隣国との関係や日本人のアイデンティティに関わる問題として登場したのが、日本や中国をふくんだ「東洋」対「西洋」の対比という認識枠組みであった。西洋列強と向かい合ったとき、日本は周囲のアジア諸国といかなる関係を構築するのか。これは日本人にとって簡単に回答できる問題ではなかった。一方で日本は清国や、他のアジア諸国と同様に、西洋列強の圧迫を共通に受けているという意味で運命共同体であり、「西洋」に対抗するために同盟すべき友邦であった。これは、戦国時代とのアナロジーで国際関係をとらえる視点においても、諸国間の対立や割拠だけでなく「弱国の合従連衡による強国への対抗」という観点から首肯できる解釈であった。人種や文化の共通性をもち、また「西洋」列強の圧迫や侵略にさらされているという現実に対抗するものとして「東洋」という概念を立て、その生存や発展を希求するという思考様式、なかでもこれまで長きにわたって日本にとっての畏《い》敬《けい》の対象であった清国との提携は、多くの幕府当局者や知識人によって主張されていた。

　しかし、「東洋」という概念はあくまで、「西洋」と対比して有効性を持ちうるものであって、具体的にどの国や地域を指すのかについて、コンセンサスがあったとはいえなかった。本来、政治・社会・文化等あらゆる面で異なる歴史を歩んでいたアジア諸国（や諸地域）を「東洋」として一つにくることには無理があるのであって、したがって「東洋」の中身も、たとえばある場合には日本を指し、またある場合には中国の文化圏を指し、また場合によっては、西洋列強の進出におびやかされているアジア一般を意味するという「ぶれ」があったのである。

このような多様な解釈を許す「東洋」対「西洋」という枠組みが、戦国時代のイメージに基づく対外観に投影されるとき、「東洋」についても、また異なる位置づけが生まれてくる。それは日本が西洋列強の圧迫をはねのけた強国として、国際社会における階層（ヒエラルキー）の上位に位置するために、「東洋」がまず最初に征服されなければならない対象である、というものであった。西洋列強によって日本が受けた脅威感は、一方で清国や朝鮮との連携という外交方針を模索させるとともに、他方で両国を圧倒あるいは征服するための国力増進を追求するという欲求も生みだしたのである。

実際に明治初期から日清戦争までの日本の行動をふり返ってみるとき、この二つの思考様式のうち、後者の通りに事態が展開したのであった。すなわち日本は最初の海外派兵を台湾に行い、日本の艦隊は明治八（一八七五）年に朝鮮において初めて他国に攻撃を行い（江華島事件）、近代日本が経験した最初の戦争も、朝鮮半島の支配権をめぐって清国との間で行われたものである。

退けられた日清・日清朝提携論

こうしてみると、一八六〇年代の李鴻章らの対日認識はきわめて正確であったように思えてくるが、実際には日本国内で清国・朝鮮との連携、とくに三国の海軍提携によって西洋に対抗するという主張は維新以降も長い間、強い影響力を持っていた。その代表格が幕末海軍建設の祖といえる勝海舟であった。

海舟は文久二（一八六二）年に軍艦奉行並に登用された時、「海軍を拡張し、営所を兵庫対馬《つしま》に設け、其一《その》を朝鮮に置き、終《つい》に支那《しな》に及ぼし、三国合縦連衡して西洋諸国に抗すべし」という、海軍の提携による日清朝三国同盟論を唱えた。当時の将軍（第十四代）家茂《いえもち》はこれを採用して、翌年には将軍自ら神戸に赴いて同地に軍艦操練所敷地を指定した。ここでの海舟の構想は、対馬を基地化しようとするロシアに対抗し、同じく対馬に関心を持つ英仏両国によってロシアを牽制させる、その間に対馬を大陸との関係における日本の軍事上・貿易上の拠点とすることによって、海軍を媒介とする朝鮮及び清国との提携をつくり出そうというものであったと解釈できる（三谷太一郎「福沢諭吉と勝海舟　外国借款政策をめぐる対立とその歴史的意味」）。

この構想は、元治元（一八六四）年に海舟が軍艦奉行を罷免され、さらにその翌年に神戸軍艦操練所が廃止されたことによって挫折《ざせつ》したが、このとき形成された海舟の日清朝三国提携論は、維新後も彼が終始一貫唱えたところであった。そして、同様な三国提携論は明治維新以降、清国の現実あるいはその潜在的な力に対する古くからの伝統的な高い評価を根底にして、相当な影響力をもっていたのである。しかしこの単純素朴な構想は、清朝両国の政治的脆弱《ぜいじゃく》性や「近代化」が容易に進行しない国内状況が明らかになるにつれて、さすがにそのままの形では維持し難くなった。そこで、清国と朝鮮が国内改革によって提携に値するものへと変化することを期待する主張が発生した。明治十年代以降、日本の国家主義者や国家主義団体が、清国や朝鮮における革命派や革命運動へ接近して、これを支援する動きを示した起源は、以上のような主張にある程度由来しているといえる（岡義武「日清戦争と当時における対外意識」）。

しかし、このような日清あるいは日清朝提携論の大前提は、清国や朝鮮の側において、日本と協力しようとする有力な政治勢力があることであった。明治十五（一八八二）年の壬午事変、同十七（一八八四）年の甲申事変によって、この前提が崩れたことが明らかになると、日本国内で提携論は力を失いはじめ、代わって「日本によって征服されるべき『東洋』」という思考様式が広まってゆく。清国がこの二つの事件で、軍事力の示威によって日本を圧伏し、自らの意図を貫徹させたことも、日本の被圧迫感を助長したのであった。

以上、日清両国は互いと戦端を開くことを差しせまった目的として海軍力の整備に進んだわけではなかった。西洋列強という脅威を目前にした日清両国では、連携によって対抗するという主張が、両国ではそれなりに説得力を持っていた。しかし究極的には、戦国時代にさかのぼる歴史的先例に基づいて、日本の国際社会に対する認識枠組みや清国の対日観が形成され、それが互いの脅威感や対抗心を生み出して増幅していったといえよう。その意味では、日本と清国がお互いを提携相手として見るよりも、紛争や競争の相手として見るイメージが培われていたことが、日清戦争の遠因であったということも可能であろう。

第二章　海軍軍備を整える日清両国

第一節　日本海軍拡張計画の始動

軍拡抑制路線から軍拡路線へ

壬午事変が起こった明治十五（一八八二）年は、日本がそれまでの軍拡抑制路線から拡張路線に転換した年であった。この時から十二年後の日清戦争まで、日本は清国に対抗するため大規模な軍備拡張に乗り出したが、当時の日本の財政や工業水準から見て、その実現は容易ではなかった。以下に紹介するのは、その苦難と試行錯誤のプロセスである。なおこの章の記述においては、艦艇研究家の中川務氏による論考「三景艦　その背景と生涯」（私家版）に負うところがきわめて大きい。記して氏に謝意を申し上げる。

さてこの年の八月十五日に、陸軍参謀本部長の山県有朋《やまがたありとも》が閣議において、陸海軍の軍拡案

「陸海軍拡張に関する財政上申」を提出した。その内容は、清国の軍事力、なかでも李鴻章《りこうしょう》の手になる北洋海軍が購入した「定遠」「鎮遠」を高く評価し、それに対抗して軍備を拡張する必要を訴え、海軍については軍艦四十八隻の整備を説くものであった。

山県の上申は閣議で受けいれられて政府は軍拡方針を決定し、緊縮財政に基づく軍拡の抑制は転換された。なお岩倉具視《いわくらともみ》右大臣もこの翌月に、海軍拡張の優先と、その費用捻出《ねんしゅつ》のための大増税を主張する内容の「官民を調和し海軍を拡張するの意見書」を提出している。

これらの動きを背景として海軍当局は同年十一月に「軍艦製造の議」を請議しているが、この拡張の規模がどれだけ巨大なものであったかは、前年の明治十四（一八八一）年に海軍卿川村純義《かわむらすみよし》中将が提出した「軍艦製造拡張計画」と比較すると明らかである。この計画は、毎年三隻軍艦を新造し、二十年をかけて六十隻を保有するという内容であったが、翌年の「軍艦製造の議」では、六隻建造八カ年計画で四十八隻の保有というように、軍艦整備のペースが倍増している。

この軍拡計画は多少の修正を受けたものの、翌明治十六（一八八三）年二月に内容をあらためて裁可され、いわゆる海軍拡張八カ年計画として、総予算二千六百六十四万円をもって発足した。これが、海軍省が提出した軍艦整備計画案が承認され、拡張が開始された起点となる。

緊縮財政と対清脅威論

当時の日本では、明治十四（一八八一）年に大蔵卿に就任した松方正義《まつかたまさよし》による緊縮財政政策（いわゆる松方デフレ）が実施に移されていた。このデフレ政策は大規模な増税によって不換紙幣を回収し、正貨を蓄積して金本位制の実現をめざすものであり、この政策で西南《せいなん》戦争以来続いていた悪性のインフレは終息したが、かわって諸物価の下落と深刻な不況が訪れていた。そこに政府が大規模な軍拡（山県の上申により、陸軍についても常備兵四万人体制を整備することになった）を打ち出したのである。

財政が極端に緊縮している状態で軍拡を進めようとすれば、財源は新規の、そして大規模な増税に頼るほかなかった。そこで政府は、酒や煙草などの大衆課税を増額して捻出した年間七百五十万円の財源を陸海軍費に充当することとして、うち軍艦建造に三百万円を充てることとした。さきに述べた海軍拡張八カ年計画は、この三百万円に加えて、従来の海軍予算内で定額として認められていた額（毎年三十三万円）を加算した三百三十三万円を八年間継続し、合計二千六百六十四万円を支出する拡張案であったのである。

当時の日本の財政規模は年額七千万円内外で、軍事費は明治十五年の段階で千二百万円に達していた。これは歳出の十六％に相当する。さらにその上、今回の拡張による毎年の支出七百五十万円を加算すると、軍事費は歳出の三十%弱に膨張することになった。当時の弱体な日本経済と軍拡の高い負担にもかかわらず、国民はよくこれに耐え得たのである。

もっとも政府や国民が、差し迫った将来における清国との戦争を予期したり、まして意図していたわけではない。そのことは、先にふれた山県有朋が同じ上申において、軍拡と同時に平和的かつ穏当な外交路線の必要性を説いていたことからもうかがわれる。しかし、差し迫った戦争の可能性を否定する態度とは別に、朝鮮半島の支配権をめぐる抗争から清国への対抗心がこの時期から国民の多数にも広がり、その後も持続したことは確かである。世論は軍拡を容認し、自由民権運動も民権論から国権論へと傾斜していった。

増税によって毎年三百三十三万円の軍艦建造予算を得ることができた日本海軍であったが、清国が一八八一（明治十四）年にドイツのフルカン造船所と建造契約を結んだ時の「定遠」型装甲艦の値段は一隻二百万両（邦貨に換算すると約三百万円）であり、日本海軍の拡張案で毎年この規模の装甲艦を整備しようとすれば、ちょうど一隻建造できる程度にすぎなかった。したがって、清国海軍の「定遠」型に相当する装甲艦の整備は実際上不可能であることは明白であったが、これ以後の日本海軍では装甲艦整備への強い志向が長く持続してゆく。

しかし現実的には、予算規模に見合った軍艦の整備を実施するほかなかった。明治十六（一八八三）年の新規軍艦建造においては、排水量七千三百トンの「定遠」型装甲艦に匹敵する七千百トン規模の装甲艦の建造も検討されたが実現にいたらず、結局十六年から二十三年までの八年間に、排水量三千六百トンクラスの巡洋艦である「浪速《なにわ》」「高千穂《たかちほ》」「畝傍《うねび》」の三隻を主力とした拡張が手一杯であった。しかもこのうち「畝傍」は、建造されたフランスから明治十九（一八八六）年に日本に回航される途中、東シナ海で行方不明となり（難船沈没したものと推定された）、清国海軍との戦力差は歴然としていた。

その翌年（明治十七年）には、さらに日本国内で対清脅威感を高める出来事が起こった。清国とフランスとの間で戦争が勃発《ぼっぱつ》し（清仏戦争）、ソウルに駐屯していた清国軍隊が一時的に半減した機会に乗じて、韓国における金玉均《キムオクキュン》ら親日派グループが十二月にクーデターを起こしたが即座に鎮圧されたのである（甲申事変）。日本の韓国における影響力はこの事件後いっそう低下した。

さらにその二年後の明治十九年八月、「定遠」「鎮遠」をはじめとする四隻の清国軍艦がウラジオ回航時に損傷した艦底の修理のために長崎に入港したが、その時に上陸した清国水兵と日本の警官の間に乱闘が生じ、双方に死傷者が生じた（長崎事件）。この事件によって、一昨年の甲申事変の記憶と相まって日本国内での清国への対抗心は大いに高まった。

造船家エミール・ベルタン

このような日清関係の緊迫化を背景として、明治十八（一八八五）年にはさらなる大規模拡張計画が、川村海軍卿から政府に請議された。この計画案では、当時の海軍国で装甲の最大厚二十インチ以上、排水量一万トンを上回る巨大装甲艦によって艦隊が編成されているにもかかわらず、日本の海軍兵力が弱小であること（日本が当時保有していた唯一の甲鉄艦「扶桑」は排水量三千八百トン弱、甲鉄の最大厚さ九インチにすぎない、という例）を訴え、装甲艦八隻（すべて新造）・一等巡洋艦十六隻（うち十二隻を新造）・二等巡洋艦十二隻（うち五隻を新造）、以下合計百八隻を整備することを提議していた。

しかし、この計画の実現に必要な予算（七千五百五十一万円）は一年分の国家歳入に相当する額であり、海軍当局もこの計画の実現が現実的に不可能であることは認識していた。この計画案には、「従来の八カ年計画の予算二千六百六十四万円のうち、既に支出された額千百四万円を差し引いた残額は千五百六十万円で、新計画実現のためにはさらに五千九百九十一万円の支出が必要である。しかし財政上の都合でこの案が認められない場合は、装甲艦の製造は断念し、巡洋艦と砲艦の計二十二隻、水雷艇二十四隻、装甲水雷艇十八隻を主力とする艦隊を整備せざるを得ない」という旨が記されている。これは、装甲艦の建造が不可能な現在の財政状況に鑑《かんが》みて、建艦コストの安い小型艦を多数用意し、清国海軍の装甲艦に対抗するという海軍当局の方針の表明であった。自国の安全保障のため軍備拡張を最優先するのではなく、あくまで自国財政の制約を意識しながらの拡張要望が、この時期の日本海軍に見られた姿勢であった。

もっともこの時期の海軍部内で、「定遠」型装甲艦に正面から対抗し、これを撃破できる装甲艦の建造整備を要望する動きは常に存在していた。たとえば先の拡張計画が提議された明治十八年の十二月に、海軍は「定遠」型を上回る排水量（八千八百トン）と砲力（三十センチ砲四門・十四センチ砲六門）を備えた装甲艦一隻を、フランスのフォルジュ・エ・シャンティエ社に発注することを計画している（ただし建造費が三百四十四万円と見積もられたことから、建造計画は未定であった）。日本海軍がいかに装甲艦を切望していたかを物語る計画といえよう。

しかし海軍当局者は、このような建艦コストのかかる軍艦の整備による大規模な軍拡計画に対して、日本の国力がすでに限界に達しつつある現状をよく認識していた。松方デフレ政策による財政規模の圧縮によって明治十八年の歳入が六千万円に低下したことを背景として、海軍拡張案も根底的に再編を迫られた。すなわち海軍公債を発行しそれを財源とした軍拡が実施されることに伴い、軍艦建造整備も装甲艦を要望するものから海防艦と水雷艇を主力とする内容に変化したのである。そして、この路線に沿って海軍の対清戦備の中核をなす三景艦の計画を行ったのが、フランスの高名な造船家エミール・ベルタンであった。

ベルタンはかつての横須賀《よこすか》造船所首長ヴェルニーと同じくエコール・ポリテクニックの海軍技術部を卒業後、さらに海軍技術応用学校を一八六三年に修了し、海軍技師としてシェルブール軍港に勤務、艦船の通風装置や防水区画の研究で有名になり、一八九六年までにはこのベルタン方式を採用した艦船は二百二十隻にのぼったという。またかつて横須賀造船所黌《こう》舎《しゃ》で、ヴェルニーの指導を受けた若山鉉吉《わかやまげんきち》、桜井省三《さくらいしょうぞう》、辰巳一《たつみはじむ》、広野静一郎《ひろのせいいちろう》の四名が明治十（一八七七）年六月に、翌十一年に黒川勇熊《くろかわゆうくま》、十二年には高山保綱《たかやまやすつな》らがシェルブールの海軍造船学校に留学し、ベルタンから指導を受けている。そして彼は明治十九（一八八六）年二月に造船顧問として日本に招聘《しょうへい》され、日本海軍の軍艦建造の指導だけでなく戦略戦術のあり方の建議も行った（篠原宏『日本海軍お雇い外人』）。そしてこれから明治二十三（一八九〇）年ごろまでの時期、海軍部内ではベルタンの計画・設計によって建造された軍艦の整備を通じて海軍力を整備する方針を採用したのである。

さきにふれた海軍の八千八百トン型装甲艦導入の計画は、これにベルタン招聘直前の十九年一月に閣議で承認され、二月にはフランスの会社への契約も認められていた。しかし来日したベルタンはこの計画を批判し、「装甲艦ではなく四千トン級の海防艦二隻を導入すべきである」と主張した。さらにベルタンは、この当時の日本海軍で艦船計画を担当した艦政局

（海軍艦政本部の前身）造船課長の佐双左仲《さそうさちゅう》の建艦方針に対抗して、独自の建艦構想を提示したのであった。

「水雷学派」理論への転換

これまで見てきたように、ベルタン来日までの日本海軍では、輸入した装甲艦による清国艦隊の打破を目指し、そのために大規模急速な軍拡を主張していたのであるが、ベルタンが掲げた軍艦建造の方針は、その路線をくつがえすものであった。そのベルタンの建艦方針は、彼の母国のフランスにおいて海軍が採用していた戦術に基づいたものであったが、この当時予算のやりくりに苦闘していた日本海軍はそれを受け入れたのである。

その第一の理由は、明治十七（一八八四）年に発生し翌十八（一八八五）年まで続いた清仏戦争において、フランス海軍の対清戦闘における優位が、アヘン戦争の時のイギリス海軍のそれをはるかに凌《しの》ぎ、ほとんど海軍だけの活躍で清軍に勝利したと評価されたことである（清国海軍についていえば、フランス軍との戦闘の結果として南洋艦隊は壊滅し、福州の造船所も破壊されて、有力な勢力は北洋艦隊のみとなってしまった）。

第二の理由は、日本海軍が短期間で高価な甲鉄製軍艦を多数整備することが困難であったこと、第三の理由は、当時のフランスにおいて、建造に過大な設備と費用、そして高度な技術を必要とする甲鉄製軍艦の代わりに、安価で大量建造が可能な水雷艇の整備を優先して海軍力を充実するという、いわゆる「水雷学派」が台頭し、かなりの支持を国内外で得たことによる。この時代は砲熕《ほうこう》や装甲などの分野での新技術の導入や艦の巨大化によって、どの海軍国でも建艦予算が年々ふくれあがることが当局者の悩みであったが、それを解消しうるという期待が生まれた。そしてこの理論は、大型甲鉄戦艦の建造を主体として海軍力の整備がなされていたイギリス海軍部内においても有力な存在であり、艦隊戦における大艦巨砲の有効性が後年において立証されるまではかなりの信奉者を獲得していた（小林啓治「日英関係における日露戦争の軍事史的位置」、大澤博明『近代日本の東アジア政策と軍事―内閣制と軍備路線の確立』）。

この「水雷学派」理論の信奉者であったベルタンは、清国海軍へ対抗しうる日本海軍の艦隊編制について、海防艦（「鎮遠」「定遠」よりも大型の主砲を搭載）と水雷艇とを主体とする編制法を主張した。日本海軍はこのベルタンの主張を容《い》れて、三月に新たな建艦計画が策定されたのである。

「三景艦」建造計画

日本海軍がこのとき決定した新たな建艦計画は第一期軍備拡張計画と呼ばれるもので、一等海防艦二隻（合計排水量一万二千トン）・二等海防艦四隻（合計排水量一万六千トン）・一等装甲艦一隻（九千トン）以下合計五十四隻・六万六千三百トンを整備するという内容であった。海防艦と水雷艇が主力となっているが装甲艦も一隻含まれている。これは、当時顧問として滞日していたイギリス海軍大佐イングルスの強力な主張によるものであったといわれるが、実際にこの計画案の実行にあたっては装甲艦の建造（その総額は、三百万円をはるかに超えたであろう）は放棄され、のち三景艦と呼ばれた三隻の二等海防艦（「松島」「厳島」「橋立」、計画時の一隻あたりの排水量は四千トン）の建造を柱とする拡張が実施されたのである。そして、すでに同年一月に来日していたベルタンは、この計画策定の中心人物であり、三景艦の設計から建造方針立案に至るまでを担当した。

海軍側がこの海防艦の基本計画にあたって、ベルタンに示した要求項目はつぎの通りである。

・清国海軍の「定遠」型より大型の主砲を搭載
・速力は「定遠」型より二ノット優速
・一隻当たりの建造費が百四十万円以下
・明治二十二（一八八九）年中に完成

前章の図［二一九ページの図参照］に見るように、「定遠」型は艦首方向の火力を重視して主砲を梯型《はしご》に配置しており、全砲門（四門）を指向できるのは艦首か艦尾、あるいは正横方向に限られていた。さらに強力な爆風の影響で、全門の一斉発射自体が困難であった。したがって、「定遠」型の砲力は実戦において一隻あたり二門に限定されると見てよい。そこで日本側は「定遠」型のそれを上回る大口径砲を搭載し、かつ安価なため大量建造可能な艦を整備して対抗することにした。ベルタンはこれに応じて、二ノットの速力優位によってつねに「定遠」型に対して有利な距離や射界を占め、かつどのような状況でも最低一門の主砲を発射できるように、主砲搭載位置が異なる（艦の前部あるいは後部に一門を搭載する）二通りの海防艦を計画したのである。また中川務氏によれば、この海防艦の建造予定隻数は当初、主砲を前部に搭載した艦二隻・後部搭載艦二隻の計四隻で、後年「定遠」型が増強された場合に備えて、さらに二組四隻の建造を予定する、という構想であったが、予算の都合で当初三隻の建造となったようである。

これに続いて、建造の方法についてもベルタンの意見が採用された。海軍が長年にわたって求めてきた大型装甲艦はいうまでもなく、今回計画された四千トン級の軍艦でも日本国内では建造の実績がなかった。そこでベルタンは日本の軍艦建造能力の引き上げも意図して、以下のように提案した。三景艦を構成する三隻の艦型は基本的に同型として、主砲も同一口径のものを搭載する。ただその配置が、艦の前部か後部かで異なるだけである。そして二隻をヨーロッパにおいて建造し、その時に作成された詳細図面を流用して残り一隻を日本国内（横須賀）で建造する。このように同型艦を建造することで建造費や期間の縮減が可能であるし、ヨーロッパと日本の二カ所で建造することは、互いに競争心を持って建造を行うことで好結果をもたらすであろう。

このようなベルタンによる建造方針は日本海軍に採用され、明治二十（一八八七）年二月二日、フランスのフォルジュ・エ・シャンティエ社との間で第一海防艦（のちの「厳島」）の建造契約が、続いて八月十日に同社との間で第二海防艦（のちの「松島」）の契約が、それぞれ締結された。

盛り込まれた最先端技術

計画された三景艦はどのような技術的特徴を持っていたのか。まず主砲については、日本海軍部内で搭載砲について明治十九（一八八六）年五月、三十二センチ砲を搭載すべき砲の諸元として決定し、砲の設計はベルタンが担当することになった。設計された三十二センチ砲の要目は二五五ページの表の通りで、「定遠」型の主砲性能をあらゆる面で上回るものであった。

防御については、装甲艦と異なり舷側《げんそく》の対弾力はほとんど皆無である（外板の最大厚さは二十四ミリで、しかも艦首と艦尾をのぞいて鋼鉄ではなく軟鋼を使用していた）が、水面下に防御甲板を装着してその下部に機関や弾薬などを置いて防護している。このように水線下に防御甲板を設置して艦の主要部を守る方法は、水平防御方式と呼ばれた。

これまでの軍艦で採用されていた防御法は垂直防御方式というもので、舷側の部分を垂直に装甲板で覆い、飛来する敵弾の貫徹を防ぐというものであった。この方法の難点は装甲の厚さが増大するにつれて重量と船体の大きさが増え、巨額の建造費を要するということであった。日本はまさに、この難点によって装甲艦の導入ができなかったのである。

これに対して三景艦で導入されたような水平防御方式は、当時の海戦における砲弾の飛来距離から見て、水線下に設置された防御甲板に砲弾が直角に近い角度で命中する可能性はほとんど皆無で、したがってよほどの貫徹力をもった砲弾でない限り、甲板を貫徹されるおそれはまずなかった。その代わりに舷側の装甲帯を欠いているので水線部の防御力は弱体であるが、代わりに防御甲板上に防水区画を多数設けることで、敵弾命中により発生する浸水を局限できることになる。そして舷側装甲帯を使用しないために軽減された重量分を機関部に充当することで、高出力の機関装備が可能となり高速を発揮できる。三景艦が三十二センチ

	三景艦	「定遠」型
砲口径	32cm	30.5cm
砲身長	38口径	25口径
重量	66トン	32トン
初速（ただし鋼鉄弾の場合）	650m/秒	500m/秒
砲口エネルギー	9,690mt	4,189mt
砲弾重量（ただし鋼鉄弾の場合）	450kg	329kg
鍛鉄板への貫徹力：砲口	厚さ1,012mm	厚さ562mm
鍛鉄板への貫徹力：距離1,000m	厚さ907mm	厚さ494mm
鍛鉄板への貫徹力：距離2,000m	厚さ823mm	厚さ433mm

三景艦と「定遠」型の主砲性能比較

砲を搭載しながら艦型を排水量四千トン級に抑え、かつ十六ノットの速力を得られたのは、この防御方式によって船体重量を軽減し得たことによる。

この水平防御方式は、この三景艦の時代には各国の巡洋艦の防御として多用されつつあった。一八八二（明治十五）年にはイギリスの造船家アームストロングは「大型装甲艦一隻の建造費で、水平防御方式を使用した巡洋艦（防護巡洋艦）が三隻建造できる。この防護巡洋艦は艦型が小さく、速力、旋回性などの運動力が高い。これに水雷などの攻撃兵器の充実を考えると、大型装甲艦よりもはるかに有利である。いまや装甲艦に打ち勝つためには、必ずしも装甲艦は必要ではない」と述べているが、実際に彼の経営するアームストロング社は翌一八八三（明治十六）年に世界最初の防護巡洋艦「エスメラルダ」を建造し、それが高い評価を得たことから、同種の艦が多数建造された。これら一連の巡洋艦は建造地の名を冠してエルジック型巡洋艦と呼ばれた。

三景艦はエルジック型巡洋艦と系統は同一ではないが、舷側装甲帯を使用しない代わりに水平防御方式を採用している点は共通している。次図はイギリスとフランスそれぞれにおいて設計された、当時の最新鋭の日本軍艦の断面を示すものであるが、日本海軍は三景艦の三番艦「橋立」の建造において、このような最先端の船体構造を導入した軍艦の国産化を意図していたのである。

さらに機関に関しては、当時の世界最高の水準をさらに上回る主缶の高圧化（十二キログラム／平方センチ）を実現し、十六ノットの高速力を得ることが計画されていた。

以上、兵装・防御・機関のいずれの面でも、ベルタンは当時の最先端の技術を盛り込んでおり、その意味では三景艦はきわめて先進的な軍艦であったといえる。これが計画通りの実績を発揮すれば、三景艦は傑作艦として後世に語り伝えられることになったであろう。しかし現実には、三隻を実戦の用に堪えるものとするために、日本海軍はなみなみならぬ労力と時間を必要とするのである。

浪速（イギリスで設計・建造）

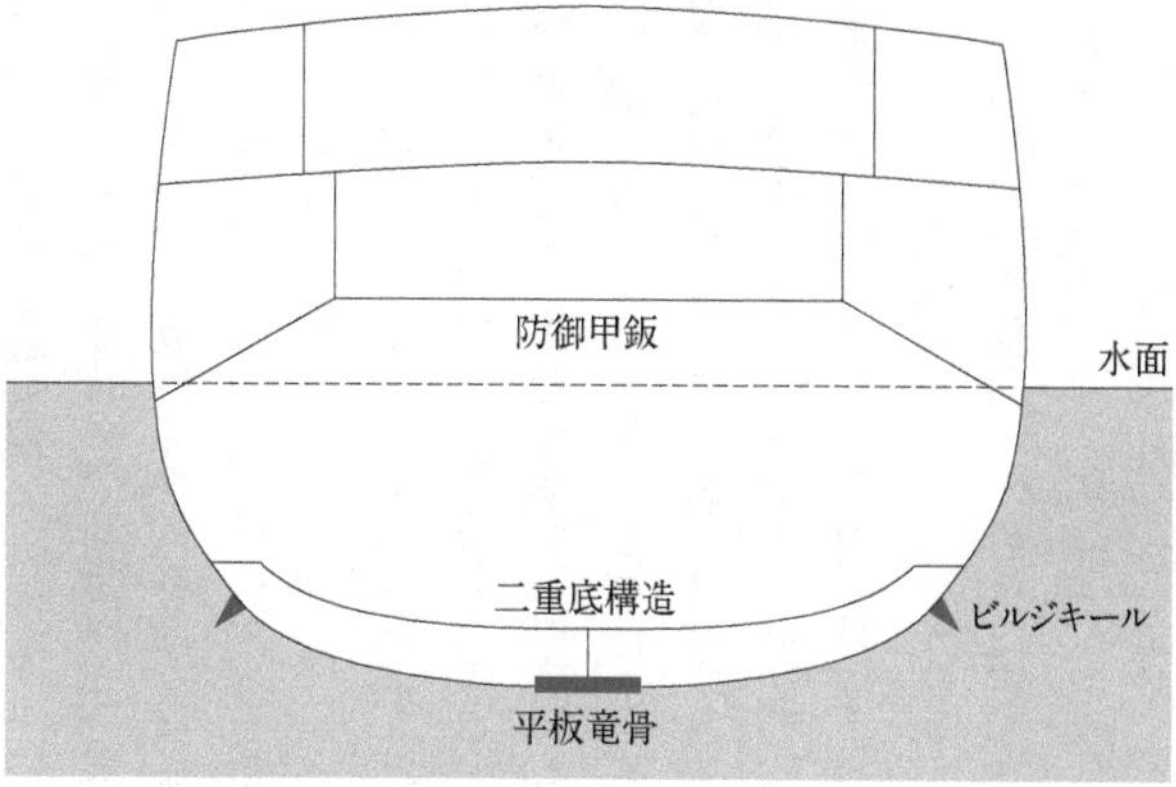

橋立（フランスで設計）

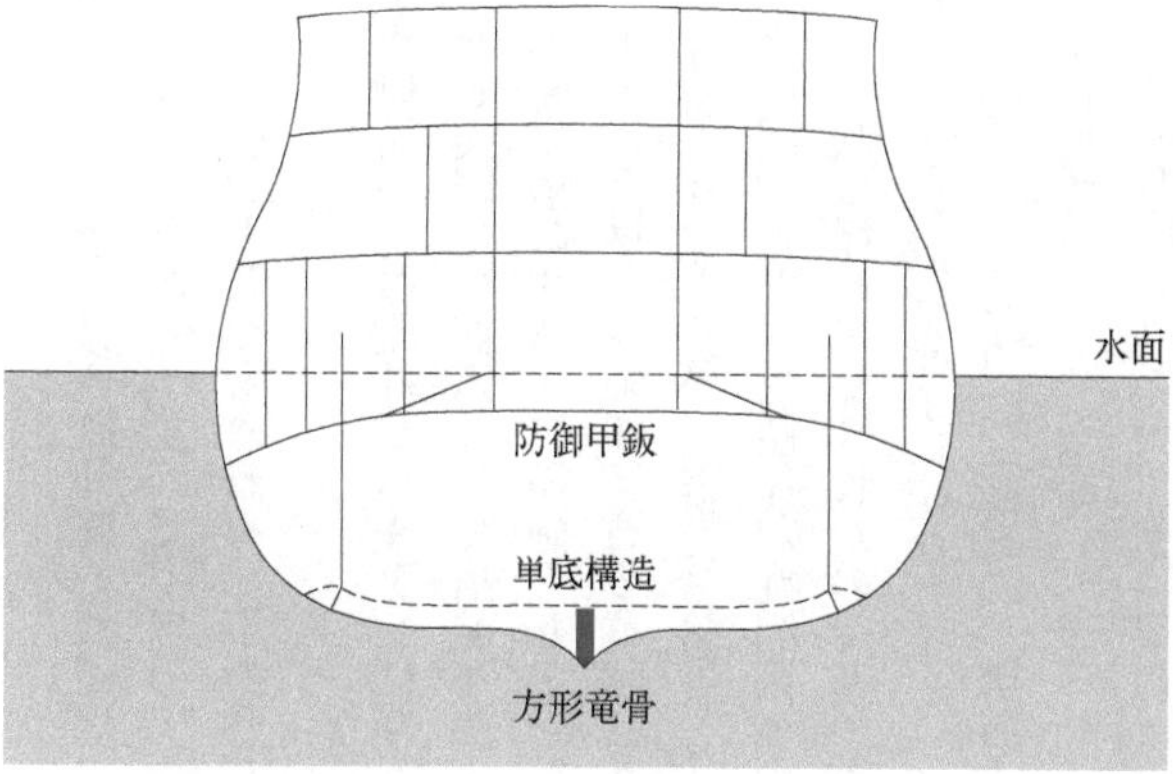

イギリス設計艦とフランス設計艦の中央切断面の比較

トラブル続きの最新鋭艦

三景艦の建造と整備のプロセスは、苦闘の連続であった。三景艦は西欧列強の海軍国でも実用化していない高度かつ先端的な技術をふんだんに取り入れたが、かえって現場の工作技術が追随できず、建造と運航に無理を重ねることになり、戦力としてもきわめて不徹底なものに終始したのである。

まず主砲については先に触れたように、三十二センチ口径の砲の設計がベルタンにゆだねられて、三十八口径砲が製造されることになった。しかし実際には海軍部内で搭載を決定した主砲の諸元は、砲身長四十二口径のものであった。軍艦に搭載する大口径砲として、前例のない砲身の長さであり、これによって七百（メートル／秒）以上の砲弾初速を意図したのである（同一の口径でも、砲身長を増大すれば砲弾の初速は高まり、より厚い鋼板を貫徹することが可能となる）。しかし「四十二口径の砲身長では、砲を旋回したときに船体が旋回側に傾いてしまう」というベルタンの意見によって、砲身長が三十八口径に短縮されたのであった。

こうして三十八口径三十二センチ砲の設計が行われたが、この設計完了は明治二十（一八八七）年八月で海軍部内での搭載決定から一年以上経っており、この間に「厳島」「松島」はフランスのフォルジュ・エ・シャンティエ社に発注がなされていた。

この砲（三隻分で計三門）の製造はフランスのカネー社に発注されたが、その契約は明治二十一（一八八八）年二月のことで、三景艦の一番艦「厳島」発注から一年が経過してようやく搭載主砲が決定したことになる。しかも、この砲はこれまでに一度も試作されたことがなく、したがって何の実績もないままで三景艦に搭載されるという、通常では考えがたいプロセスで製造が行われたのであった。

前例のない大型砲を製造し、軍艦に搭載する場合にはまず試製の砲を製造して充分に試射実験を実施し、不具合や欠陥を発見して解消した上で実用化するのが常識である。三景艦の場合は、期間と費用の節約を図ったために試作砲製造を省略したといわれているが、のち昭和の時代に史上最大の戦艦「大和」「武蔵」に搭載された四十六センチ砲についても、搭載決定の十五年前である大正九（一九二〇）年に製造・実験を行った四十八センチ砲の実績に基づいて製造が決定されていることを思えば、三景艦の主砲搭載はやや常識を外れたものであったといわねばなるまい。しかも完成した主砲は、後の黄海《こうかい》海戦で明らかになったように、幾多の難点を抱えていたのである。

三景艦の一番艦の「厳島」は明治二十一（一八八八）年一月、ツーロンのフォルジュ・エ・シャンティエ社で起工、翌年七月進水、「松島」は明治二十一（一八八八）年二月起工、明治二十三（一八九〇）年一月に進水した。当初は両艦ともに明治二十二年中の竣工《しゆんこう》を予定していたが、実際は大幅に遅延して「厳島」は建造開始から四十五か月後の明治二十四（一八九二）年九月に、また「松島」はさらに遅れて、建造開始五十一か月後の明治二十五（一八九二）年四月にようやく竣工し、これまでの間日本海軍は清国の「定遠」型に対抗する軍艦を一隻も保有できなかった。

さらに「厳島」は日本への回航の途中、搭載した六基の汽缶すべてで缶水が漏洩《ろうえい》し、故障や事故が頻発して日本への回航が途中で不可能となり、同艦の回航担当者から海軍省への報告書において「新艦にしてこの如くしばしば汽缶に故障を来し、航海殆《ほとん》ど危険に陥らんとするが如き悪結果は、我海軍創業以来未《いま》だかつて聞かざる所なり」と酷評されたほどであった。

清国海軍との戦闘に勝利するための切り札としての役割を三景艦に期待した当時の海軍にとって、この最新鋭艦のトラブル頻発はきわめて深刻かつ重大な問題であった。そのことは、日本海軍が太平洋戦争前に、歴代の軍艦に搭載された機関の発達を記録した『帝国海軍機関史』において、「艦隊鎮守府を問はず、全員之《これ》が対策を真剣に考究したりしことは、如何《いか》に当時の海軍に採り苦痛なりしかを測知するに余りあり」とあることからも想像できる。その後「厳島」は何とかコロンボに入港して、フランスから急派された技術者と機材によって修理を行い、起工から実に四年四か月を経過した明治二十五（一八九二）年五月に、ようやく品川《しながわ》沖に到着することができた。しかし日本到着後も汽缶漏洩のトラブルが頻発し、イギリスで開発された水管缶を採用して処置を施すなどの工事に追われた結果、「厳島」は明治二

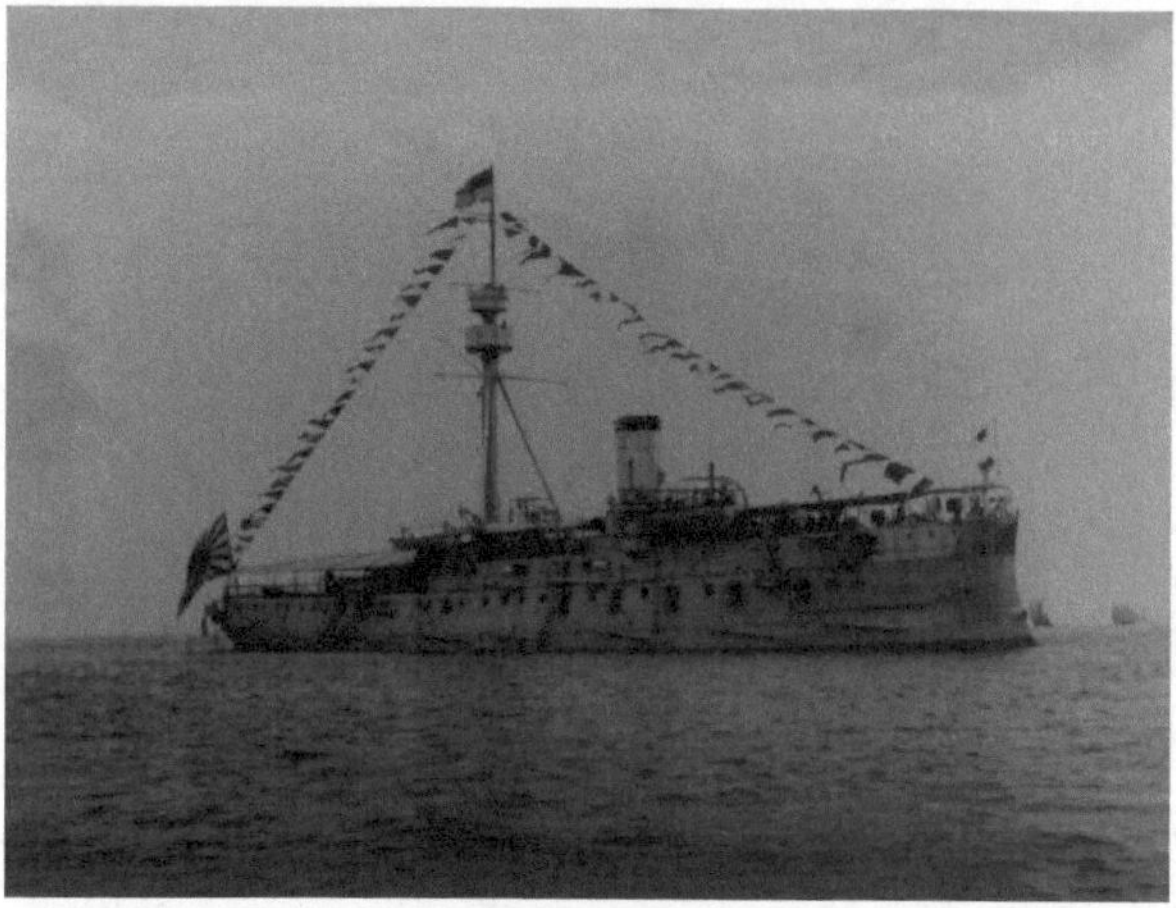

二番艦「松島」

十七年の日清開戦までの二年あまりの間に、わずか十日間しか艦隊行動に参加できず、戦闘訓練もまったくなしえなかったのである。

三景艦の二番艦である「松島」の回航担当者はこの例に学んで、フランスで長期間同艦の慣熟運転を行ったのち、同年の七月にツーロンを出港して十月に無事佐世保《させぼ》に到着した。航海中に重大な事故は一度も発生しなかったものの、細心の注意を払い続けて遅々とした航海が必要となり、回航員たちは「これでも軍艦なのか」という強い疑問を抱いて帰国したと伝えられている。

これに先立つ明治二十一（一八八八）年八月には、三景艦の第三艦「橋立」が、「二艦をフランスで建造し、残る一艦を日本国内で建造する」というベルタンの方針に従って、横須賀海軍造船所で起工された。ベルタンの構想通り、フランスで製作された「厳島」の図面を使用して起工されたが、これまでこのような新機軸を盛り込んだ軍艦の建造経験や必要な施設を持たなかった日本国内において、「橋立」の工事は大変な重荷となった。明治二十四（一八九一）年三月にようやく進水し、翌々年（日清戦争の前年である明治二十六年）の九月に呉《くれ》に回航されて公試運転に入ったが、汽缶に故障が相次ぎ、結局部品の交換を必要とする羽目になった。しかしその数か月後には日清間での危機が切迫し、戦争が必至となったため、海軍当局は修理改造を中断し応急工事を施して緊急に竣工させ、艦隊に編入させた。それは戦闘開始のわずか三週間前の明治二十七（一八九四）年七月四日のことであり、結局「橋立」は起工から完成までに七十か月という長期間を費やして、かつ戦闘行動に耐えうる整備や訓練などを全く欠いたままで戦場に投入されることになったのである。

イギリス式軍艦への路線変更

このように三景艦の竣工、就役に至る経緯は苦難の連続であり、しかも「厳島」「橋立」の二隻は、肝心の対清戦備として威力を発揮する準備を全くなしえなかった。三景艦の計画から設計、建造までを主導したベルタンの発想力と実行力は敬服に値するものとしても、彼がこれら三隻に盛り込んだ新技術・新機軸は実用性に乏しいという点において、「定遠」型に対抗しうる軍艦の整備を進める上でかえって仇《あだ》となったことは疑いない事実である。そしてこれらの事実が明らかになるにつれて日本の海軍当局も、軍艦の計画と建造をベルタンのフランス方式に頼る方針を放棄し、彼が明治二十三（一八九〇）年二月に本国に帰国する前後から再び、装甲艦の建造を柱とする拡張案に乗り出すのである。

明治十九（一八八六）年のベルタン主導による第一期の海軍拡張計画以降も、海軍部内では装甲艦の導入による拡張計画が策定されていたが、明治二十一（一八八八）年二月に当時の海軍大臣西郷従道《さいごうつぐみち》は第二期軍備拡張の議を閣議に提出した。その内容は、排水量八千トン以上の装甲艦八隻と巡航装甲艦八隻、巡航艦四十八隻などを主力とした合計百三十九隻（それに加えて水雷艇二百二隻）、全排水量四十万七千八百トンに達する大量の軍艦を第一期から第三期にわけて建造し、第一期は明治二十七（一八九四）年から予算六千五百二十三万円をもって着手するというきわめて膨大なものであった。

結局この拡張案は否決、修正され、わずかに巡洋艦一隻（「秋津洲《あきつしま》」）・砲艦一隻・水雷艇三隻の国内建造が承認された。このとき横須賀造船所で建造された「秋津洲」は排水量三千百五十トン、国産初の巡洋艦であった。

この「秋津洲」の設計にあたって、ベルタンと日本海軍造船官とのあいだに意見の衝突が起きた。ベルタンはこの艦をフランス式の設計にしようとしたが、かつてイギリス留学時に

「扶桑」以下三隻の設計と建造を通じてエドワード・J・リードの指導を受け、この当時に造船所艦政局長であった佐双左仲造船大技監はイギリス式の設計を主張して譲らなかった。ベルタンが望んだ設計はおそらく、三景艦の改良発展版（このとき建造中であった三隻とあわせて戦隊を構成しうる、巨砲搭載艦）であったと考えられるが、佐双大技監は速射砲を主兵器とし、かつ高速の巡洋艦案を計画した模様である。ベルタンはこの佐双の設計方針に対する不満を西郷海相に訴えたが、西郷は佐双を支持して以降の艦船計画を担当させた。この当時、フランス式設計艦である三景艦の建造が進行中であったが、その艦の実態が明らかになるにつれ、海軍はフランスの造艦技術に不信を抱き始めていたようである。そしてベルタンは「秋津洲」の設計主担当が佐双となったことを不満として、契約期間の満了にともない明治二十三（一八九〇）年にフランスに帰国した。

これ以降フランスからの軍艦輸入は、水雷艇を除いて日清戦争後まで途絶えることになったが、我が海軍の造艦技術がこれ以降にモデルとしたのはイギリスのそれであった。その理由は、この時期にイギリス国内で建造された日本向け軍艦に対する高い評価にある。

たとえば三景艦と同時期に日本が購入したイギリス製軍艦は明治十六（一八八三）年の巡洋艦「筑紫《つくし》」、ついで明治十九（一八八六）年に建造された巡洋艦「浪速」「高千穂」であるが、これらの軍艦には当時のイギリス海軍の第一線軍艦で導入されていた船体・砲熕・機関の技術が多数盛り込まれただけでなく、かつフランスに発注された三景艦とくらべてはるかに短期間で竣工した（たとえば、巡洋艦「浪速」の竣工は建造開始からわずか二十三か月後である）。また完成したこれらの三隻は、特に機関技術の点において内外の高い評価を獲得し、「之を仏製のものに対比するときは、其の機関の諸設備に於《おい》て雲泥の差あり、軍艦としての実際活用上仏式は到底英式に及ばず……将来造機術の発展は、英式に則《の》らざる可《べか》らずとの感を深くせしめたるものあり」（日本船用機関史編集委員会編『帝国海軍機関史』上巻）として、日本海軍のイギリス技術依存方針が確立する要因となったのである。

装甲艦建造のスタート

日本海軍はこれ以降、フランスにおいて有力であった水雷艇・海防艦主体の、いわば沿岸防御型の海軍から、イギリス海軍部内で主流であった大型装甲艦あるいは高速巡洋艦を主体とする海軍を目指し、新規建造を求める軍艦の種類や隻数も、装甲艦を第一とするようになった。明治二十三（一八九〇）年、西郷海相の後を引き継いだ樺山資紀《かばやますけのり》海相は、装甲艦二隻、巡航装甲艦三隻を主体とする海軍拡張計画を閣議に提出した。閣議ではこの計画に対して反対はなかったものの、当時すでに日本の全歳出に対する軍事費の割合は三十％に達しており、拡張案実行に必要な新たな財源は確保できず、この年に開設された第一回帝国議会では巡洋艦二隻（「吉野《よしの》」「須磨《すま》」）、水雷砲艦一隻・水雷艇二隻のみの建造が認められたに過ぎなかった。

この翌年、日本の朝野に清国の巨大な威圧感を認識させる出来事が起こった。かつて明治十九（一八八六）年に日本に来航した北洋水師（艦隊）が再び日本の港に姿を現したのである。これこそ、李鴻章が朝鮮半島に関する日本との年来の対立を有利に導くため、日本において北洋水師の主力艦艇六隻（「定遠」「鎮遠」「経遠」「来遠」「致遠」「靖遠」）を誇示しようと意図したものであった。

これら六隻の艦隊が来航したとき、日本の海軍が保有した最有力艦は、十三年も前に竣工した「扶桑」であり、「定遠」型に対抗可能と目された三景艦はいずれも、当初の進水・竣工予定を大幅に超過して、未《いま》だ建造の途上であった。

横浜に入港した北洋水師は七月九日、丁汝昌《ていじょしょう》以下の艦隊首脳部が宮中に参内し、その後は日本の国会議員を始め多くの名士や軍人を艦に招待して公開し、その実力を誇示した。日本は一八五三・五四年のペリー来航以来、圧倒的に優勢な海軍力による圧迫を、五年間に二度も受けたのである。

この北洋水師の来航によって、日本海軍部内はいうまでもなく政府当局者や国民一般も、海軍力整備の必要性をあらためて認識したが、拡張計画の進捗《しんちょく》は遅々たるものがあった。そ

長崎に来航した「定遠」

れは、一つには先に見たような日本の財政事情、もう一つには明治二十三年以降開設された帝国議会において、政府と民党（野党）との激しい対立によって、建艦予算の協賛が得られなかったことによる。たとえば北洋水師が来航した明治二十四（一八九一）年に海軍が第二回帝国議会に提出した建艦計画は装甲艦四隻の建造整備を骨子とするものであったが、野党の反対で当初予算八千三百五十万円のうち軍艦製造費を含む八百九十万円が削減されて実行不能となり、翌二十五（一八九二）年の第三回帝国議会に再度提出されたものの、これも否決されてしまった。

そして同年の十二月に当時の海軍大臣仁礼《にれ》景範《かげのり》は第四回帝国議会において、同じく装甲艦四隻を中心とする海軍整備計画を三たび提出し、中でも装甲艦二隻・巡洋艦一隻・通報艦一隻を至急に建造することを要求した。

このときも野党による予算削減の要求は厳しいものがあり、今回の拡張計画も否決される気配が濃厚だったが、事態は一挙に変転した。海軍予算の否決を憂慮した明治天皇が翌二十六（一八九三）年二月に、内廷費と官僚の給与を削減して建艦費に充当する旨の詔勅を発布し、あわせて政府と民党の協調をうながしたのである。この詔勅によって海軍が緊急に建造を要請した甲鉄戦艦二隻以下の予算は議会の協賛する所となり、海軍は長年希求した装甲艦の建造にはじめて着手できることになった。

しかしこの計画に基づいて二隻の甲鉄戦艦（「富士《ふじ》」「八島《やしま》」、それぞれ排水量一万千七百五十トン）がイギリスに注文されたときには、日清間での戦争は目前に迫っていた。結局この二隻が竣工したのは日清戦争終結から二年後の明治三十（一八九七）年のことであり、日本海軍は三景艦を主力とする艦隊によって、戦闘の帰趨《きすう》に大いに不安を抱えたまま開戦を迎えるのである。

第二節　内部変革を迫られる清国海軍

停滞する清国海軍増強

清国海軍は北洋軍閥の総帥である李鴻章のイニシアティブによって建設が進められ、「定遠」型装甲艦の建造以降も、大幅に戦力が増強されていた。「定遠」「鎮遠」二隻の就役は一八八五（明治十八）年だが、その後、排水量二千三百トンの巡洋艦「致遠」「靖遠」、二千九百トンの装甲艦「経遠」「来遠」がイギリス・ドイツで建造され、一八八八（明治二十一）年十二月には李鴻章が掌握していた北洋水師（艦隊）の成立が正式に宣言され、初代提督として丁汝昌が任命された。この時点で北洋艦隊は合計排水量三万トン以上を擁し、合計排水量では日本艦隊とほぼ同等であるものの、旧式艦や木造艦で大半が構成されていた日本側に対して、大きな戦力差をつけていた。

しかし北洋艦隊の軍艦は、一八九〇（明治二十三）年に就役した巡洋艦「平遠」（排水量二千百トン）以降、小型艦艇を除くと日清開戦まで一隻も建造されていない。一方、日本海軍の軍艦は三景艦に加えて、「浪速」「高千穂」「千代田《ちよだ》」「秋津洲」「吉野」などが一八八〇年代後半から日清開戦直前までの間に就役している。しかもこの時期に建造された日本軍艦はいずれも高性能の速射砲を装備し、最高速力も清国軍艦のそれより数ノットすぐれていた。したがって、北洋艦隊が日本に二度目に来航してその威力を誇示した明治二十四（一八九一）年のあたりを境に、日本海軍の戦力は清国海軍のそれに三年間で追いついていったのである。

日本が財政上の困難に呻吟《しんぎん》しながらも、清国の軍艦に対抗し、これを打倒しうる軍艦の建造を進めたことが日清戦争における勝利につながったのであり、後の歴史に照らしてこのことは高く評価されるべきであろう。ではこの期間、清国海軍はなぜ増強されなかったのだろうか。

第一にあげられる理由は、この当時清朝の実権を握っていた西太后《せいたいこう》(同治《どうち》帝の生母)が隠居後の居住地とするために、頤和園《いわえん》(アロー戦争で破壊された)の修築が開始されたことである。当時清国では、海軍関係の行政を担当する海軍衙門《がもん》が一八八五(明治十八)年に設置され、西太后の妹を妻とする実父醇親王奕譞《じゅんしんのうえきけん》が総理の座にあったが、彼の判断で頤和園の造営工事のために、軍艦建造費の大半が流用されてしまった。清国では海軍経費として毎年四百万両(約六百万円)が計上されていたが、一八八八(明治二十一)年以降、日清戦争までの間にその海軍経費の九十%が流用されたといわれる。これを事実とすれば、その流用額の合計は当時の日本円で三千万円以上になる。先に見たように、清国が一八八〇(明治十三)年にドイツの造船所と建造契約を結んだ時の「定遠」型装甲艦の値段は日本円で約三百万円であったから、この流用額は「定遠」型十隻分以上に相当する巨大なものであった。

この流用額がそっくり軍艦建造にあてられ、「定遠」型のような装甲艦や高速の巡洋艦が一八九〇年代前半に多数整備されていたら、日清戦争における日本海軍の勝利はあり得なかったかもしれない。

改革の上奏と建議

実際には清国海軍は、この海軍費の流用以外にもいろいろな問題を抱えていた。そして当局者の中でも識見すぐれた者は、その事態を解消するために長期間、上奏や建議を行っていたのである。

一八八二（明治十五）年は壬午事変が起こり、日本の海軍拡張への歩みが開始された年であるが、この年に李鴻章以下の清国海軍における実力者が、今後の海軍建設の方向を建議した上奏文が存在し、日本語の研究文献で紹介されている。以下、その文献（坂野正高『中国近代化と馬建忠』）に拠《よ》りながら清国海軍の状況を見てゆこう。

上奏文はいずれも、日本海軍の建設を意識して、自国海軍の早急な整備を建議したもので、取り上げている課題や力点に多少の相違はあるものの、それぞれの上奏文が最重要の課題としている事柄については共通している。それは第一に、海軍士官に適した人材の養成、第二に海軍関係の行政と軍令を司《つかさど》るそれぞれの統一部門の設置である。

まず、この年の十月に北洋海軍の責任者として李鴻章が提出した上奏文を見てみよう。その概要は、「〔一八八二年〕現在、清国は北洋・南洋艦隊をあわせて三十七隻の軍艦があるが、その中で実戦に役立ちそうなものはわずかに北洋二隻・南洋三隻にすぎない。他方で日本海軍の軍艦は約二十隻を数え、うち実戦の役に立つものは十隻あまり、ただしその中には『鉄甲』艦一隻（「扶桑」）・『半鉄甲』艦二隻（「金剛」「比叡」）などが存在し、清国海軍と大きな戦力差はない。また、清国の軍艦は数省に分かれて属しており、防護を担当する海域も国内でいくつかに分けられ（当時、北洋・南洋・福建・広東の四つの艦隊が編成されていた）、指揮命令系統も一つではない。これに対して日本海軍は、『海軍卿』（大臣）の統一的な指揮のもとにあるので、万一両国海軍が戦った場合の勝敗は予測しがたいほどである。日本の台湾出兵事件や琉球処分のときは清国の海軍力が十分でないために隠忍自重せざるをえなかったがその後、不十分ながら『購船・製械・選兵・練兵』につとめ、電信も敷設したので、本年発生した壬午事変の時にはいちはやく七隻の軍艦を相前後して現地に急派でき、あらゆる点において機先を制して日本の『狡逞《こうてい》の謀（狡猾《こうかつ》にして不逞《ふてい》な陰謀）』を抑制しえた」というもので、今後とも日本の侵略的な行動を抑制するためにも、海軍力の増強と関連諸制度や機構の整備が必要である旨を訴えるものであった。

この時期、李鴻章以外にも海軍建設に関する方策を積極的に建議した有名な人物として、初代の駐日公使として一八七七（明治十）年から三年間日本に滞在した何如璋《かじょしょう》がいる。彼は日本から帰国した後に福建の船政大臣に任命されたが、のち一八八四（明治十七）年にはじまった清仏戦争で福建水師（艦隊）が全滅した責任を問われて流罪に処せられた。

何如璋は李鴻章による上奏が行われたのと同じ一八八二（明治十五）年十月に、海軍建設に関して上奏文を作成している。彼はこの文において、「臣〔自分〕は近年、海外に外交使節として勤務し、西洋各国の海軍のさかんであること、日本が西洋にならって海軍の訓練に専念していることを見た」と記し、そこから「時局の艱難《かんなん》なることははなはだ急をつげており、我が国に対する外国のあなどりは日々に深い。海軍を整備する仕事をこれ以上遅らせることはまことに万万できない」と結論している。

では清国海軍の現状はどうか。何如璋は「各省が陸続として購入、もしくは製造した大小四十余隻の艦船を有するが、『船械は良きにあらず、兵弁は多く濫《みだ》れ、章程〔規則〕は一ならず、訓練は精ならず』という実情である」と観察し、それらの問題の解消策として、根拠地の設置や艦隊の編制などをはじめとする六カ条の方策を簡潔に提示している。その上で「全国の海軍を統一的な指揮下におく」ということを強調する。その理由は、陸軍は省を分けて守りを設けても差し支えないのに対して、海軍は沿海七省が互いに関連しあっており、かつ最近の軍艦は汽船で高速度に往来できるため、七省の海防を統一して司る組織が必要である、というものである。

何如璋はこの上奏文において、海軍の財政面についても論じている。それによれば、年々三百～四百万両は必要であろうが、徴税の不正を行わず、不要不急なものをやめ、旧式の水師（艦隊）を廃止すれば、海軍の経費などの心配はいらないというのである。

もう一人、海軍建設における李鴻章の懐刀的な存在であった馬建忠《ばけんちゅう》が、同じ年に具体的な海軍建設の建議を行った。前章でも触れたように、一八七五（明治八）年以降の清国における海軍建設の本格化によって李鴻章は天津に水師営務処を設立して海軍関係の行政事務を担当させたが、馬建忠はその時の担当者であった。彼はその後李鴻章により朝鮮に派遣され、この一八八二（明治十五）年に朝鮮とイギリス・アメリカ・ドイツとの通商条約の締結交渉において宗主国代表として関与し、朝鮮側代表に代わって条約文の起草を行うなど重要な役割を演じていた。またこの年に発生した壬午事変に際しては、直ちに軍艦に搭乗して現地におもむき、大院君を拘禁して日本の花房義質《はなぶさよしもと》駐朝鮮公使の済物浦《さいもつぽ》条約交渉に圧力を加えるなど、朝鮮半島における清国の影響力の維持拡大に努めたことでも知られる。

馬建忠の近代海軍建設論

一八八二（明治十五）年に馬建忠が執筆した意見書は、何如璋が先に上奏した意見書の内容に関して意見を求められた李鴻章が、馬建忠にこの意見書を回付して諮問したことに対する回答としてつくられた。そこにおいては、何如璋の提示した論点を踏まえながらも、馬建忠が自身の経験や信条に基づき、より具体的かつ大胆に建議を行っている点が注目される。

坂野正高氏によれば、馬建忠が近代海軍の建設を論じるにあたって最も重点をおいているのは、第一に統一海軍の構成、第二には、専門家集団としての海軍将兵の養成のための訓練計画と人事行政のあり方についてである。

まず馬建忠は、汽船の発明が中国の安全保障にとっての「海洋」の政治地理的戦略的意義を一変させたことを強調している。この認識から、統一海軍を構成すべしとする主張が生まれる。具体的には統一機関として「水師衙門」を設置すべしという提案であるが、この機関は海軍が陸軍から独立し、かつ指揮系統の一本化と艦船・武器の規格統一をはかるために必要不可欠なものであった。

次に馬建忠が説くのが、専門家集団としての将兵の養成のための訓練計画と人事行政のあり方についてである。そのねらいは、一言にしていうならば、専門家集団としての海軍将兵の養成、とりわけ海軍士官のプロフェッションとしての確立である。

馬建忠はこれに続く文章で、専門家集団としての海軍将兵の養成方法に重点を置いて意見を展開し、今後の海軍建設計画を賄うための費用（総額四千五百万両あまり）の調達方法として増税や金本位制度の採用などを柱とする、大規模な制度改革をも説いている。

清国海軍建設の障壁

馬建忠が海軍建設の主張を通じてこのような制度変革にまで議論を進めた背景には、西洋諸国の財政に関する次のような観察があった。「およそ民間で用いるところのものを、ほとんどあますところなく捜しだして課税の対象としている。ところが民衆の生活は日々ゆたかになり、国家の収入はますます増加する。これはどういうわけであるか。民からとったものを民の役に立つように還元し、民に利があるのに民が生産できないものは民からとったものを使って国が生産し、民に害があるのに自分達で除去しえないものは民からとったもので国が除去するからである。制度の作り方がうまくて中間搾取の弊がなく、わずか一滴のものでもすべて国庫におさまる。それは上下の情が通い、君臣一体の道が実現しているからであろう」。馬建忠はこの意見書の冒頭で、英仏両国の海軍士官に誇り高い職業意識があることを述べ、その背景として、「何万ともつかぬ多額の公金を動かしながら、糸一筋ほどの無駄遣いもなく、一銭一厘の水増し報告もされない。それは外国人が中国人よりも賢いためでは決してなく、法制が然《しか》らしめているのである」と記している。このように馬建忠は海軍建設にあたって、専門家としての士官の養成や海軍の統一を重視したが、その議論は以上のような大規模な制度変革にまで及ぶものであった。

では彼や李鴻章・何如璋らが説いた意見は現実の海軍建設においてどこまで実現したのか。

結論から言えることは、海軍部門の統一については「海軍衙門」が一八八五（明治十八）年に設置されて行政を担当したが、当時清国に存在した北洋・南洋・福建・広東の四つの艦隊（各地域の総督が個別に整備しており、彼らそれぞれの私兵と化していた）を統一的な指揮命令に服させることができず、また海軍建設のための財源が頤和園造営のために流用されることを防止し得なかった。また馬建忠が説いたところの専門家集団としての海軍士官層も、ついに創出されずに日清戦争を迎えた。さらに財政面においても、海軍費を計上するための制度や機構の改革、ひいては近代化による社会変革は、とうとう実現しなかったといえる。

「洋務運動は当時の清国の政治体制という大きな壁につきあたって挫折した」といわれることがよくあるが、海軍建設についてはそれが典型的に当てはまるケースであると言えるかもしれない。

第三節　日本海軍の人材育成と組織改革

専門家組織の確立

以上にみるように、明治中期の時期において清国では海軍建設の課題として、専門家としての人材の育成と統一部門の設置を当局者が痛感していた。その究極的な目標は専門家組織の確立にあり、そのための費用捻出の方法として、徴税をはじめとする法律や制度改革の建議も行われたのであったが、これらの諸策はついに実現せず、課題も解決されずに終わった。

ところが、海軍力において清国よりも弱体であったはずの日本では、日清戦争がはじまるまでの間に、この専門家組織の確立が曲がりなりにも実現していたのである。まず、人材養成においては海軍兵学校での士官養成制度が確立して、のち日清・日露戦争において第一線で活躍する人材が育ちつつあった。また彼らによって、清国艦隊との海戦直前に「単縦陣《たんじゅうじん》」という方法による艦隊戦術も確立し、黄海海戦での勝利につながった。

兵器開発の分野では、もっぱらイギリスに留学して軍艦建造技術を学んだ造船や造機（機関）・造兵（兵器）の技術者が艦船整備の重要局面で大きな役割を演じ、それが黄海海戦における日本艦隊の勝利に大きく寄与した。

海軍が組織として一体性を持ちながら独立したことは、日清戦争前年における海軍軍令部の設置に見ることができる。また海軍が日清開戦時には、明確な思想に基づいて大本営による戦略策定にも大きな影響力を発揮して勝利を導いたのであった。

そして当時の海軍部内で、これらのすべてを取り仕切った中心的存在が山本権兵衛《やまもとごんべえ》であった。実に日清戦争において両海軍の明暗を分けたものは、山本権兵衛のような人物が存在したかどうかにかかっていたのである。

ぼっけもん、山本権兵衛

山本権兵衛は嘉永五（一八五二）年に鹿児島の加治屋《かじや》町に生まれた。この加治屋町は、西《さい》郷隆盛《ごうたかもり》や大久《おおく》保《ぼ》利通《としみち》、大山巌《おおやまいわお》、東郷平八郎《とうごうへいはちろう》などの出生地でもあった。山本は幼少の頃から負けん気の強い「ぼっけもん（剛胆な男児）」で知られ、文久三（一八六三）年に発生した薩英戦争では十二歳で、砲弾運搬などの雑役に加わった。慶応三（一八六七）年に薩摩藩で藩兵の募集が行われたときは十六歳であったが十八歳と年齢を偽って志願し、薩摩藩兵小銃隊に編入され、同年の十一月には藩主の島津《しまづ》忠義《ただよし》に随伴して上京し、翌年の鳥羽伏見《とばふしみ》の戦いや戊《ぼ》辰《しん》戦争において軍功を立てた。

山本権兵衛

明治二（一八六九）年には薩摩藩から派遣されて東京に遊学したが、このとき西郷隆盛に海軍の重要性を吹き込まれ、彼の紹介で勝海舟《かつかいしゅう》の知遇を得ることができ、海舟の食客となって海軍軍人としての人生を歩むことを決めた。もっとも権兵衛が海舟に認められるためにはねばり強い嘆願を必要としたようである。「海舟に会って志を告げ、ご指導を願いたいと申し出ると、海舟は首をたてに振らない。朝の九時頃から午後の四時頃までいて、ねばったが、海軍のことは技術的なことが多くてむずかしいからやめた方がいい、といって、どうしても許しが出ない。とうとうその日はそれで帰り、翌日あらためて出直し、嘆願をかさねた。また一日かかったが、やはりよろしいとはいわれない。そこでまた三日目にも出かけて、繰り返し懇願した。その根気には海舟もかぶとを脱いだ。そう熱心にやる考えならばやれ、とはじめてお許しがあった」（山本英輔『山本権兵衛』）。

このときから権兵衛は海舟から海軍に関する数多くの知識を学ぶとともに、彼のすすめで昌平黌《しょうへいこう》に学び、また開成所《かいせいじょ》に入学して勉強を重ねた後、同年九月に築地に設置された海軍操練所（後の海軍兵学寮）に、薩摩藩推薦の貢進生として入所した。翌三（一八七〇）年十一月に海軍操練所が海軍兵学寮に機構改革されたときには、幼年生徒（のち、予科生徒と改称された）の十五名の一人に選抜され、五（一八七二）年には海軍兵学寮の本科生徒に進学している。

明治六（一八七三）年に征韓論をめぐって西郷隆盛らが参議を辞職し帰郷すると、直接西郷に会って事の真相を確かめようと、同僚生徒の左近允隼太と一緒に鹿児島に帰郷して西郷に会った。この時権兵衛らは、事によっては海軍を辞めて西郷に殉じる覚悟であったが、当の西郷は「中国とロシアに隣接した日本がこれから、東洋で国家的独立を維持していくためには、どうしても海軍の力に頼るほかに道がない」と述べ、権兵衛らに対しては「目の前の政治問題にわずらわされることなく、海軍の修業に専念し日本の将来に備えることが肝要である」と訓戒した。山本は西郷のこの言に翻然と悟るところがあり、帰寮復学の道を選んだ。なお同行した左近允はついに翻意することなく鹿児島に帰り、西南戦争では薩軍に投じて戦死したと伝えられている（『伯爵山本権兵衛伝』巻上）。海軍建設に対する強烈な情熱や使命感は、権兵衛の心中においてこの時に、不動のものとして定着したに相違ない。

明治七（一八七四）年には海軍兵学寮を卒業し、十一月に海軍少尉補に任ぜられて軍艦「筑波《つくば》」にて、台湾や日本周辺、アメリカ（サンフランシスコ・ハワイなど）の練習航海に参加した。その後明治十年代の前半はドイツ軍艦への乗組留学を手はじめに「乾行《けんこう》」「龍驤」「浅間《あさま》」などの軍艦に乗り組んで各地を航海した。

この「浅間」に乗り組んだ明治十四（一八八一）年が権兵衛にとって一つの転機となった。同艦は砲術専攻の練習艦として指定されていたが、権兵衛は兵学校出身の青年士官のうち、有能な者を艦長に多数推薦して艦に集めた後、砲術教育のあり方について活発な議論を行い「海軍操砲程式」の制定を建議するに至っている。当時海軍部内では、砲術と操艦の教育は相当進んでいたが、部内で統一された体系にまで達しておらず、練度の向上の度合いは艦隊やそれぞれの艦艇においてまちまちであった。権兵衛はこの弊を取り払って、砲術と操艦の教育を一貫したものとして進める必要を唱えた。そして権兵衛が明治十五（一八八二）年十二月に「浅間」の副長、その翌年一月には艦長代行になると、同艦は権兵衛を中心として兵学校出身者の一大拠点となったといわれる。

その後権兵衛は、巡洋艦「浪速」の副長（明治十八年十一月、イギリスで建造された同艦を日本まで回航し、またそれに先だってイギリス・ドイツ・フランス・イタリアの軍事制度全般を研究視察した）、「天城《あまぎ》」艦長（明治十九年十月、北海道や朝鮮を巡航して、ソウルでは当時の清国代表袁世凱と会見している）を経た後、明治二十（一八八七）年十月に海軍次官樺山資紀が一年間の欧米視察に出張したときに、それに随行して海軍の先進諸国の制度や組織に関する詳細な調査を行い、翌年十月に帰朝し、約五か月をかけて報告書を纏《まと》めあげて提出した。その内容の抄録が「欧米視察紀行」として、『伯爵山本権兵衛伝』巻上に百ページ強にわたって記されているが、各国海軍の教育制度や組織、運営の方法などが徹底的に研究されたあとがうかがえる。彼が後年に海軍の行政を一身に担ったのも、この海外視察で得られた経験や知識によるところが大きい。

帰国後の権兵衛は明治二十二（一八八九）年八月に海軍大佐となり軍艦「高雄《たかお》」艦長、また翌年九月には巡洋艦「高千穂」の艦長にそれぞれ補せられ、その翌二十四（一八九一）年六月に海軍大臣官房主事（のち二十六年五月に官制改正で海軍省主事、今でいう官房長）となり、三年後の日清開戦を迎えた。

山本による海軍大改革

専門家組織としての日本海軍が確立したのは、実に彼がこの主事について以降のことであった。権兵衛の官房主事就任は、数年前の欧米視察で行動を共にした樺山資紀が海軍大臣に在任していたときのことである。樺山は維新以降の海軍がこの二十年間、多くの方面で著しく進歩したことを認めつつも、今後の発展のため諸制度の根本的な改革を実行すべき時機が来ていると考えた。そして樺山の意向を受けた権兵衛が、海軍制度の改革についてあらゆる面の調査に着手し、主事就任一年後の明治二十五（一八九二）年秋ごろには、既にかなりの範囲にわたって研究を終え成案を得ていた（山本英輔、前掲書）。

折しも、この年十一月に召集された第四回帝国議会で、予算不成立に伴う内閣弾劾の上奏という事態が発生した。この政府と議会との衝突は結局、「第五議会までに政府が行政各部の整理を行うこと、特に海軍については急速に改革を実行すること」を条件として妥協を見た。このように行政整理実施を求める情勢のもとで、権兵衛の研究成果が大いに活用されることになった。権兵衛の成案を基礎として、以下のものをはじめとする数多くの改正初案が提出されたのである。

海軍省官制改正案、海軍軍令部条例制定案、附・海軍参謀部条例廃止案、軍事参議官条例中改正案、海軍区及軍港等に関する件、鎮守府条例改正案、鎮守府監督部条例制定案、附・海軍会計監督部条例廃止案、海軍司計部条例制定案、海軍造兵廠条例改正案、海軍衛生会議条例制定案、附・海軍中央衛生会議及鎮守府衛生会議廃止案、海軍技術会議条例改正案、造船造兵監督官条例改正案、新原採炭所官制改正案、海軍監獄官条例制定案、海軍兵備品会計規則中改正案、水路部条例中改正案、艦隊条例改正案、水雷隊配備改正案、海岸望楼条例制定案、海軍大学校条例改正案、海軍兵学校条例改正案、海軍機関学校条例更定案、附・機関工練習所及技手練習所設置案、海軍砲術練習所条例制定案、海軍水雷術練習所条例制定案、海軍主計学校廃止案、海軍軍医学校廃止案（『伯爵山本権兵衛伝　上巻』による）

これらはいずれも明治二十六（一八九三）年五月から十二月にかけて、つぎつぎに裁可を経て施行されていった。なかでも、専門家組織としての海軍形成にあたって重要な意義をもつものは、第一に海軍軍令部条例の制定であり、第二にこれらの制度改革に附随して実行された人員整理であった。

海軍軍令部の独立

軍令部設置は、海軍が陸軍と分かれ、かつ用兵作戦に関する専門組織を確立するために、海軍部内における悲願であったものである。明治維新後の日本では、明治二（一八六九）年に軍事を司る兵部省が設けられ、その二年後には同省の内部で陸軍部と海軍部とが分離し、さらにその翌年に兵部省が廃止されて陸軍省と海軍省それぞれが設置されていた。

陸海軍が分離した後に、それぞれの内部で必要とされたのは軍政と軍令の分離であった。たとえば清国では軍隊の指揮命令が、文官（政治家）と武官（軍人）の両方から出ることがしばしばであり、武官のトップであっても戦術上の指揮官であるにとどまり、戦略上の指揮は地方の行政長官など、多くは軍事の専門家ではない文官がとることになる。もちろん、昭和に入ってからの日本のように、武官が軍事専門家の権威をかざして文官の介入を排除するばかりでなく、政治に介入することになっては困る事態だが、すくなくとも作戦計画が純粋な軍事的観点からおこなわれず、政略と戦略が混同されてしまい、結果として用兵の論理的な一貫性が保たれないというのでは、戦争の勝利はおぼつかない。

この点、陸軍はすでに明治十一（一八七八）年に陸軍省から参謀本部を独立させて軍政と軍令の分離を実施していた。いっぽう海軍では、当時のイギリスの海軍軍制にならって海軍大臣が軍政と軍令の双方を統轄しつづけ、用兵・作戦に関する事項については、海軍省内の軍務局が担当していた。ようやく明治十九（一八八六）年になって、艦船がしだいに整備され、それにつれて諸機関が発達し機能の分化を必要とするようになったことから、海軍の用兵・作戦事項は参謀本部海軍部の管轄に移されるようになった。陸軍と同じく海軍も初めて軍政・軍令の分離が行われたのであるが、やがてこの方針は海軍側にとって不満の種になっていった。

戦時において海軍の作戦の最終的な決定権限を陸軍の手にゆだねるなどということは、海洋国家日本の国防の中心は海軍であると考えている山本権兵衛ら海軍にとって許容できないことだった。現実に、専門性の高い艦隊の運用と、陸上戦闘とは全く異なる海上での戦闘に関しては、海軍は全面的に独自の判断及び決定権限を必要としていた。

ここにおいて海軍省主事山本権兵衛が、海軍の軍令系統を陸軍の参謀本部と同格として昇格させようとする軍令部独立案を立案・作成し、明治二十五（一八九二）年十一月の閣議に提出されることになった。この時の陸軍首脳部は参謀総長が熾仁《たるひと》親王、次長が川上操六《かわかみそうろく》、陸軍大臣が大山巌、次官が児玉源太郎《こだまげんたろう》であった。

はたして陸軍側からは強硬な反対があった。たとえば大山は、「用兵作戦に関し陛下の帷《い》帷《あく》に参画するは、現参謀本部一あるのみ、決して二あるべからず」と発言しているが、その理由はおそらく「陸海軍の両軍令機関を参謀本部で統合するという現行の制度方針が、軍の統一的な用兵・作戦という点で適切である」というものであったろう。しかし海軍側にとっては、自らの軍令部門が陸軍の参謀本部の下部機構に位置することになり、当時の海軍大臣仁礼景範は、「敢《あえ》て陸軍を凌駕《りょうが》せんとする意はないが、海軍は軍の性質に鑑《かんが》みて別に見るところあり」と強硬に反論し、とうとう翌二十六（一八九三）年五月に海軍軍令部の設置が裁可公布されたのであった。

この件をめぐる陸海軍の衝突がいかにすさまじいものであったかは、仁礼海軍大臣がこの閣議の後に辞職を決意し、かろうじて思いとどまったと言われるほどであった。では、海軍が軍令部門の陸海同等を強硬に主張したのは、単なる自己利益の拡大を目指したセクショナリズムによるものであったのだろうか。それもあっただろうが、最大の理由は陸海軍での戦略発想の相違によるものであったと思われる。海軍はこれまでもしばしば、陸上作戦と海上作戦の相違や後者の独自性を強く主張していた。そして明治二十三（一八九〇）年には、アメリカ海軍大学校長のアルフレッド・マハン海軍大佐の著になる『海上権力の歴史に及ぼした影響　一六六〇―一七八三年』が刊行されて以降、日本海軍は近代戦における制海権獲得の重要性を強く意識し、陸海の協同作戦においてもその方針に基づいて戦略を確立しようと意図したのである。一般に、制海権は戦時における海上支配、すなわち一定海域の自由な行動を確保し、敵対勢力を排除する力を言うことが多いが、マハンによれば、戦時と同様に、平時にあっても海上の支配力は、海洋国家にとって欠くべからざるものとされていた。

本質的に兵員数が戦力である陸軍にあっては、有事に際して急速に動員することができるが、建造と訓練に数年を要する軍艦を基本戦力とする海軍にあっては、平時にあっても戦時と同様の兵力を維持することが望ましい。すなわち、海軍軍令部も同様に、平時にあっても戦時と同じ権限を常に持つことが期待されたのである。

日本では、制海権、海上権は使い分けが曖昧《あいまい》であるが、マハンは、平時と戦時の海上権、また、広域の海上権、特定海域の海上権を分けていた。

後に見るようにその意図は、日清開戦直前の閣議における山本権兵衛の政府・陸海軍首脳部の面々への発言をきっかけとして実現する。

海軍人事の大刷新

専門家組織形成のための施策の第二点としての人員整理は、海軍の軍令部が独立した明治二十六（一八九三）年から本格的にはじまった。この年の三月に、海軍大臣は仁礼景範から西郷従道に交代していた。

西郷は日清戦争後の明治三十一（一八九八）年に権兵衛に後を譲るまでその地位にあり、専門的かつ重要な事項はほとんど権兵衛に一任していた。そのことを物語るエピソードが、西郷が権兵衛（当時少佐）に海軍概況調査書の提出を命じた時のこととして残っている。権兵衛は苦心の末に調査書を作成して提出したが、それが一週間ほどで返されたとき、「七か月の調査期間を要したものが、一週間くらいで理解できるはずはない」と反論した。

西郷海軍大臣は泰然として「もう一度見よう」と手元に置いたが、十日ほどして「やっぱり読まなかったよ」と返却したという。権兵衛もこれには驚き「読まないということは万事を任すという意味ですか」と確認したところ、西郷は「その通り」と返答した。これが後世、「海軍建設の名コンビ」とうたわれた二人の出会いであった。

権兵衛が整理対象の人員を調査してリストを作成し、西郷に提出すると、他の案件についてはほとんどを権兵衛に任せきりであった西郷は「このように多数の士官を整理して、一朝有事の時に配員上の支障が生じるおそれはないのか」と問うた。これに対して山本は「今や、新教育を受けた士官が増加しているので、今回この整理を行っても一旦《いったん》緩急の場合、第一線に配置する者は十分です。もし戦線が拡大し、あるいは持久戦となっても、予備役を召集すれば間に合います」と答え、西郷は納得してこの案が実行に移された。この時、整理の対象になり予備役に編入された者は、将官八名、佐官及び尉官八十九名、合計九十七名である

（『伯爵山本権兵衛伝』巻上）。

さて、このエピソードを見ると、西郷の懸念は有事の際の人員配置にあったように思われるが、西郷の本当の心配は別の所にあったようである。というのは、権兵衛はたとえ同郷の薩摩藩出身の先輩で、維新当時から勲功を積んで将官の地位にある者、あるいは自分と親しくつきあいのあった者でも、必要とあれば遠慮なく整理の対象としたのであった。たとえば整理された将官八名の中には数名の薩藩出身者があり、彼らを含めた整理対象人名が発表されると、山本主事の副官室には駆け込みの詰問や陳情で両三日にわたって怒声がつづいたといわれるほどである（池田清『日本の海軍』上巻）。

権兵衛はこの整理で、海軍をどのような組織にすることをねらったのだろうか。さきに権兵衛は軍艦「浅間」「浪速」「高雄」などに乗艦する過程で、兵学校出身者の中心的存在となりつつあったことを述べたが、彼の主眼はこれらの人材、つまり兵学校で最新の軍艦・兵器・戦略戦術の教育を受けた優秀な若手を重用することにあった。当時の海軍技術は、世界的にこれらの分野で日進月歩の進歩を遂げており、老年に達していたり、あるいは思考の硬い海軍軍人にはその動きについてゆくことは事実上不可能であった。

権兵衛はこのような不適応者を整理するとともに、薩摩藩出身者というだけで部内で高い地位にあった者も放逐したのである。かつて薩藩出身で独占されていた海軍大臣や軍令部長の要職がこの整理以降、昭和二十（一九四五）年の海軍廃止に至るまで（権兵衛本人を除いて）わずかに大臣一人（財部彪《たからべたけし》）、部長一人（伊集院五郎《いじゅういんごろう》）だけとなった。また日清・日露両戦争における諸海戦でも、（艦隊司令長官としての伊東祐亨や東郷平八郎は例外として）各戦隊の司令官や参謀、主要な軍艦の艦長などはほとんど兵学校出の他藩出身者であり、薩摩藩出身は日高壮之丞《ひだかそうのじょう》・上村彦之丞《かみむらひこのじょう》・鮫島員規《さめじまかずのり》など数名のみである（池田清、前掲書）。権兵衛によって、かつての「薩の海軍」は「日本の海軍」へと大きく成長したのであった。

抜擢された海軍軍人たち

権兵衛の慧眼《けいがん》は、この整理の前後の期間においても発揮されている。それは、海軍行政・技術・教育のそれぞれの分野の将来を担うであろう人物に目をつけ、有形無形の支援を与えていることにうかがわれる。なかでも有名なのは、行政の齋藤實《さいとうまこと》（のち海軍大将をへて首相）、山内万寿治《やまのうちますじ》（のち海軍中将）、坂本俊篤《さかもととしあつ》（のち海軍中将・男爵）の三人である。

齋藤は兵学校在学中から権兵衛と面識があったが、権兵衛が「高雄」艦長であったときに親しく仕事をして知遇を得たが、坂本も明治二十二（一八八九）年に「高雄」砲術長として乗艦したときに艦長であった権兵衛の目にかなったといわれる。この両名の活躍はもっぱら日清戦争後の時代が有名であるのでここでは省き、のち黄海海戦の勝利をもたらしたといわれる、中口径速射砲の導入に貢献した山内万寿治の例について紹介してみよう。

明治十九（一八八六）年に三景艦が計画された時点で、口径十センチ以上の艦砲の射撃速度は一発あたり一分前後を要しており、実際に三景艦の副砲として搭載を予定したフランス・カネー社製十二センチ砲も、発射速度がその程度の通常砲だった。三景艦が搭載した三十二センチ主砲についていえば、一回の射撃に数十分から、場合によっては一時間近くを要したということであるから、これよりも発射速度は高かったということで搭載が決定したのであろう。

ところが、三景艦の建造されている数年間にヨーロッパでは艦砲技術の急激な進歩が起こっていた。それまで一分間で数発程度の発射速度を持つ、最大口径五センチ程度の速射砲が、対水雷艇防御用に使用されていたのであるが、その口径は一挙に十五センチにまで増大し、かつ発射速度も一分十発程度にまで向上し、この頃に実用の域に達していた榴弾《りゅうだん》をあわせて使用すれば、きわめて威力のある兵器となることがわかったのである。一八八二（明治十五）年にイギリスのアームストロング社で完成した軍艦「ハンディー」が、一八八七（明治二十）年に一発あたりの発射速度五・三秒という高性能を記録した十二センチ速射砲を搭載してから、ヨーロッパ各国ではこの中口径速射砲の開発が流行した。

日本海軍もこの速射砲の情報入手に努め、あわせて建造中あるいはすでに就役した軍艦への搭載の検討を開始したが、その決定に最も貢献したのが、フランス駐在の富岡定恭《とみおかさだやす》大尉によるカネー式速射砲の開発に関する報告と、イギリス駐在の山内万寿治大尉によるアームストロング式速射砲に関する報告であった。山内によれば、ドイツのクルップ社でも同様の砲を開発中であったため見学を申し込んだものの、クルップの造兵部長は詳細を知らせず数回の試射を見せただけであった。これと対照的に、イギリスのアームストロング社は友好的な態度で工場に案内し、砲及び弾薬の詳細を公開してくれたという。

海軍は山内監督官をフランスへ出張させ、富岡監督官と二人で二つの砲の性能比較をさせた結果、その性能に大差はないものの、「フランスのカネー式はデリケートである」という報告が本国になされた。日本の海軍部内ではこの報告を重視し、明治二十三（一八九〇）年にはそれまで三景艦に搭載する予定であったカネー社製十二センチ砲に代えて、このアームストロング式十二センチ速射砲の採用を決定した。そしてこの三景艦以外にも、多くの日本軍艦に中口径速射砲が搭載され、明治二十七（一八九四）年の黄海開戦時に参加した日本側の艦艇においては計六十七門を擁して清国海軍の軍艦（中口径速射砲の搭載数は計三門）を圧倒したのである。

ところで清国では速射砲の導入はなぜ進まなかったのだろうか。それはヨーロッパ各国の開発した砲のうち、優秀なものを国産化する方針をとったことによる。その結果、日本海軍と同様にアームストロング砲を採用して江南造兵廠で製造に着手したのだが、日清戦争が始まった時点でわずか数門が完成しただけで、実戦に間に合わなかったのであった。

もっとも山内は、清国が目指した優秀兵器の国産化の必要性を常日頃から要路に説いており、海軍省主事の権兵衛に対しても明治二十五（一八九二）年ごろから海軍軍備の最大要素として、国内製鉄・製鋼業の振興による兵器国産化を絶えず要望していた。山内の回想によれば、この時の権兵衛は自分の要望に全く聞く耳を持たぬという姿勢だったが、それは日清間の情勢が緊迫しつつあった下では、実用化までに数年以上を要する国産兵器の開発よりも外国からの購入による戦力の増強を優先したことによるのであろう。そして日清戦争終結後に権兵衛は、日本国内の製鉄・製鋼業の振興に海軍大臣として取り組むとともに、その中心人物に山内を据えて彼の才幹を大いに活用したのである。

対清軍備をめぐる議論

明治十九（一八八六）年の三景艦の計画のころに、海軍部内での軍艦整備方針が、装甲艦の導入か、それに代わる安価な海防艦の導入建造のいずれを優先するかで揺れていたことは先に述べた。では権兵衛はこのとき、どちらの立場であったのか。実は権兵衛はいずれの立場にもくみすることなく、独自の路線を提唱したのであった。

明治二十（一八八七）年、海軍次官樺山資紀に同行して欧米視察に出た年に海軍少佐であった山本権兵衛は、「この二十年現在において、清国海軍は日本海軍よりもはるかに強大であり、本（二十）年度はドイツとイギリスから鋼鉄巡洋艦がそれぞれ二隻、清国海軍において就役する状況である。海軍部内の一部で検討されている、水雷艇で北洋艦隊を撃滅する方法は渡洋攻撃能力が低いという点で現実的ではないし、計画された三景艦は装甲艦に対抗するには速力が不足しており微力な存在でしかない」という主旨の見解を述べた。

では、清国海軍に対抗しうるべき軍艦の導入法はどうあるべきか。権兵衛は「僅《わず》か一隻や二隻の一等戦艦を導入するよりも装甲巡洋艦を中心とした方が良い」と主張し、「六〇〇〇トン以上の一等巡洋艦二隻、二等巡洋艦四隻、三等水雷巡洋艦六隻、水雷艇二十隻」を翌二十一年までに整備することを求めたのである（大澤博明『近代日本の東アジア政策と軍事』）。

すでに述べたように日本海軍は三景艦だけでなく、いわゆるエルジック型巡洋艦として「浪速」「高千穂」を明治十九（一八八六）年に、またその二年後に「千代田」をそれぞれイギリスの造船会社に発注して建造を開始させていた。権兵衛は日本海軍の拡張の主力としてこの種類の軍艦に注目し、かつ日本の財政を考慮して、「造艦費が大型装甲艦より安く、かつ速力が三景艦・大型装甲艦より高い、排水量四千～六千トン規模の装甲巡洋艦」の導入を唱えたのである。そして、この主張は明治二十四（一八九一）年度の海軍拡張において、海軍がイギリスのアームストロング社に排水量四千二百十六トンの巡洋艦「吉野」を発注し、その後排水量三千百五十トンの巡洋艦「秋津洲」を国内で建造したことで、まがりなりにも実現したといえる。そしてその方策は、黄海海戦の結果から見て最良のものであった。この海戦での日本艦隊の勝因は、各艦の優速発揮と中口径速射砲の威力とにあったといわれるが、「吉野」以下のエルジック型巡洋艦は、その二つの点で実力を遺憾なく発揮したのである。

新鋭巡洋艦「吉野」の竣工

なかでもイギリスのアームストロング社で建造され、日清戦争前年の明治二十六（一八九三）年九月に竣工した「吉野」は、その中の最新鋭艦であった。

「吉野」は公試運転時に二十三ノットを記録して、当時「世界最速の巡洋艦」と呼ばれただけでなく、アームストロング社が開発した最新の十五センチ速射砲四門・十二センチ速射砲を八門搭載していた。またこれらの砲の発射薬には無煙火薬を導入した。これは従来の火薬よりも燃焼エネルギーが大きく、発砲の際に上がる煙も少ない利点があり、やがて同艦の艦砲にならって日本海軍の軍艦の発射薬に導入された。

「吉野」は明治二十七（一八九四）年三月にイギリスから回航されて日本に到着した。同艦の砲術長は加藤友三郎《かとうともさぶろう》大尉、水雷長は村上格一《むらかみかくいち》大尉、砲台分隊長は吉松茂太郎《よしまつもたろう》大尉であった

新鋭巡洋艦「吉野」

が、彼らはいずれも後の海軍大将であり、それぞれ海軍大臣・連合艦隊司令長官に栄進した逸材であった。さらに航海士として乗り組んでいたのが、日露戦争時に連合艦隊作戦参謀であった秋山真之《あきやまさねゆき》少尉であった。彼はイギリスで、航海科主管の兵器であるバー・アンド・ストラウド社製(武式)一・五メートル測距儀を受領し、調整法を学んで「吉野」の航海中に訓練を実施していたのである。この測距儀はイギリス本国でも実用後数年しか経ておらず、日本海軍の軍艦では「吉野」が最初にこれを搭載したのであった。日清戦争後に日本海軍は同種の測距儀を各艦に搭載して砲撃戦に重用するようになる。このように「吉野」には速力・兵装ともに、のち主流となる新技術が盛り込まれており、それらの新技術がおおいに戦局に寄与したのであった。

こうして海軍は比較的順調にイギリスを中心とした先端技術の導入を果たしていたが、それは、まだハードウェアの側面に偏ったものであった。軍艦の性能が、そのまま戦力と認識されていながら、技術者に対する認識は高いものではなかった。特に海軍にあっては、軍艦の機関を運転操作する機関科の要員に対する処遇に関して、確固たる方針が無く、常に最新鋭の技術を求めながら、その運用に欠くことのできない幹部要員をも海軍士官（将校）として扱うことをしなかったのである（簡単な例で言えば、機関科士官は、制度上海軍大将にはなれなかったし、戦闘指揮の権限は基本的に無かった）。この機関科要員に対する不公平な扱いは、海軍の表面的な華やかさの陰に隠れて表面化しなかったが、長く海軍部内を混乱に陥れ、その解決は太平洋戦争末期まで尾を引いていた。技術を重視した海軍にあってさえ、戦闘指揮官としての士官（将校）と、機関科士官のあり方に関しては、ついに完全な解決を見ないままに、海軍はその歴史の幕を下ろしたのである。

山本権兵衛の海軍戦略

さて、これまで権兵衛の主導による海軍組織・人員・軍艦の整備を見てきたが、これらは清国海軍に対抗しうるいかなる海軍戦略に基づいてなされたのであろうか。

海軍部内で、アルフレッド・マハン海軍大佐の著作をきっかけに制海権獲得の重要性が強く意識されたことは先にもふれた。マハンの著作の邦訳が『海上権力史論』という題で刊行されたのは日清戦争後の明治二十九（一八九六）年のことであるが、明治二十二（一八八九）年から二十六（一八九三）年まで日本海軍部内で戦略戦術を教授したイギリス海軍のイングルス大佐は、自分の滞日中に日本海軍の士官がマハンの著作を深く研究し、かつマハンを「誠意崇拝」していたと回想している（「諸外国新聞雑誌の我海陸軍に関する評論並高名者の論説」『明治二十七・八年戦史編纂《へんさん》準備書類』）。おそらく権兵衛は、海軍部内で流行しているマハンの論説に触れその重要性を認め、日本の国家戦略の柱とすることを意図したのであろう。そのことを示すのが、以下に紹介する有名な話である。

日清関係がいよいよ緊迫の度を高めた明治二十七（一八九四）年六月、ときの伊藤博文内閣は陸海軍の対清作戦とその戦備状況を聴取する閣議を開催し、陸軍側は大臣の他に参謀次長川上操六中将が、海軍側は大臣と山本権兵衛海軍省主事が出席した。川上は山本と同じ薩藩出身で、山本より四年年長、維新前には藩校の造士館でともに学び、戊辰戦争時には互いに兵卒として苦楽をともにした間柄であった。彼はその後陸軍に残り、ドイツに二度留学して、当時のドイツ陸軍参謀総長モルトケや次長ワルデルゼーの知遇を得てドイツ兵学を学び取るなど、やがて部内有数の戦略家として頭角をあらわし、この日清戦争の直前には川上の戦略家としての名声は、軍政の桂太郎《かつらたろう》（のち首相）のそれと並んで陸軍中枢部の双璧《そうへき》をなしたといわれる。

この閣議の席上で川上は、まず自らの所信を述べた。その詳細な内容は今日では必ずしも判然としないが、陸軍主力を渤海湾《ぼっかいわん》に進め、直隷《ちょくれい》平野で清国軍主力と決戦するという積極策が内容であったと思われる。山本は黙々として、川上の話を聞き終わってから発言した。曰《いわ》く、「陸軍は優秀な工兵隊を使って九州から対馬《つしま》に、対馬から釜山《プサン》に橋を架けるがよい。そうすれば、陸軍を大陸へ送るのに何も苦労は要らない」と。この発言は出席者を唖然《あぜん》とさせたというが、さらに山本は語を継いで、次のように主張したのであった。

・およそ海洋国で兵を論ずる場合、いやしくも海を越えて対抗しようとするには、まずその海上権を制するのが第一義である。

・そもそも戦時における海軍の任務は、敵の海軍に対抗して海上権を把握することを最急務とするが、進んで敵の領土に迫ってこれを制圧し、あるいは陸戦隊を揚陸、あるいは彼我陸軍対抗の場合には、我が陸軍を援護して敵陸軍を攻撃せねばならない。さらにまた敵地の占領に従事したり、他国と敵国との物資輸送を妨害し、また我が国と他国との交通を円滑ならしめるなど、直接間接に敵国に対してなすべき任務の範囲は非常に広い。

・したがって、海軍を陸軍輸送の警護に当たる単なる補助機関として扱うことは誤りである。海軍のまず採るべき策は、前進根拠地の施設にあり、この根拠地及び敵海軍の遊面に接し、及ぶ限り我が活動面を拡大して敵に近い要害の地点を選んだ上、防御その他の設備を施さなければならない。かくして我が根拠地を進め、敵に備えた後、陸軍の出動に移り、ここに初めてその兵站《へいたん》の連絡を得ることになる。

・いま清国海軍はその総力が日本海軍に三倍し、トン数もまたはるかに我が海軍を超越している。その全海軍を集結して戦に臨むか否かは簡単に判断できないが、ともかく優勢な海軍を有していることは確かである。こうした場合、敵の海軍が健在している方面に我が陸軍の敵前上陸を企てるのは、その意気盛んなるは大いに称賛すべしとしても、それは海上権とはどんなものか、また海軍の任務のいかなるものかを理解しない、向こう見ずの空論である。

（『伯爵山本権兵衛伝』上巻）

マハンの制海権理論

この権兵衛の発言は相当に挑発的な言辞を含むものであったが、この海上権についての説明は、陸軍首脳部にとっても、また列席の政府閣僚にとっても耳新しい論であった。果たして権兵衛の説明に対して川上は首肯し、参謀本部でも制海権と海軍戦略の構想を話してくれるよう求め、翌日に権兵衛による参謀本部訪問となった。

ここで権兵衛のいう海上権とは、先にもふれたアメリカ海軍大学校長のアルフレッド・マハン大佐の著作『海上権力の歴史に及ぼした影響　一六六〇―一七八三年』（一八九〇年刊行）において言及されている「制海権」を指すものである。日本人でこのマハンの著作にもっとも早く接した人物は、かつて伊藤博文のもとで伊東《いとう》巳代治《みよじ》や井上毅《いのうえこわし》らとともに憲法や皇室典範の起草に携わった金子《かねこ》堅太郎《けんたろう》枢密院書記官である。彼は明治二十二（一八八九）年から翌二十三（一八九〇）年にかけて欧米諸国を視察の途上、アメリカ滞在中にこの本を読み、その普遍性と価値の高さに着目して帰国後すぐに結論と第一章の抄訳を西郷海軍大臣に奉呈した。西郷も直ちにその価値を認め、水交社《すいこうしゃ》の機関誌に掲載させたといわれている（以上、麻田貞雄訳『アルフレッド・T・マハン』解題による）。また海軍大学校でもこの著作がテキストとして使用された。先に引用したイギリス海軍のイングルス大佐の回想は、この間における日本海軍部内でのマハン理論の流行を指すものと思われる。

この席上での権兵衛の発言は、川上をはじめとする陸軍側にとって、海軍力と制海権についての認識をはじめて思い知らせるものであった。陸軍は当初、海軍の任務をたんなる護衛部隊としてしか位置付けていなかった。これに対し権兵衛は、敵艦隊との対抗、艦隊決戦による黄海・渤海の制海権確保が海軍の任務であり、それがまた陸軍の上陸作戦を実行する前提であると主張したのである。

陸軍もこの権兵衛の主張に深く同意した。これ以降策定された作戦の基本方針は、制海権の確保を第一の目的とし、その成否によって次段以降の作戦として三通りが構想されるというように、制海権の獲得を最重要視する権兵衛の意向に沿ったものとなったのである。すなわち、政府が清国との戦争を決意したのは七月三十日であるが、その翌三十一日に大本営は「作戦の大方針」を決定し、八月五日に参謀総長・次長から上奏された。この「大方針」はまず冒頭で「我国の目的は首力〔主力〕を渤海湾頭に輸《うつ》し清国と雌雄を決するに在り」とし、そのための作戦を二期に分けている。

第一期は、第五師団を朝鮮に出し清軍を牽制《けんせい》し、この間に艦隊を派遣して黄海・渤海の制海権獲得に努める。

第二期は第一期の海戦の結果によって、清国艦隊を打破して制海権を獲得した場合には、
(甲) 陸軍主力を直隷平野に上陸させ清軍との決戦を行う。
もし渤海の制海権が確保できないものの日本近海の制海権を確保している場合には、
(乙) 陸軍を朝鮮に進め朝鮮の独立を援助し清軍を撃退する。

海戦に敗れ制海権を敵に奪われた場合には、
(丙) 朝鮮にいる第五師団を支援しつつ国土の守備を固め防御に努める。
(以上、『明治二十七・八年戦史編纂準備書類』二巻、参謀本部編纂『明治二十七八年日清戦史』第一巻、宮内庁編『明治天皇紀』第八)

実際には日本海軍は九月十七日に黄海で行われた艦隊決戦において清国艦隊に勝利し、制海権を掌握しえた。これによって、陸軍の第二軍を海路輸送して中国・遼東半島に上陸させることが可能となり、鴨緑江《おうりょくこう》を越えて進撃していた第一軍とともに戦線を朝鮮半島から清国領内部に拡大できたのである。

日本でのマハン研究の第一人者の麻田貞雄氏も述べているように、マハンの文章は内容が込み入っており、およそ読みやすいものではない。それにもかかわらず、マハンの著作『海上権力の歴史に及ぼした影響　一六六〇―一七八三年』は、各国でセンセーションを巻き起こし、ベストセラーとなった。それはマハンが国家と海軍力の相互発展について、イギリス帝国の歴史的事例に基づいたきわめて説得的な主張を同書で展開していたことによる。端的に言えば、マハンはイギリス帝国の現在の繁栄において王室海軍の果たした役割を高く評価し、当時世界の主要国に成長しつつあったアメリカの発展における海軍力充実の必要性を説いたのであった。

国家の発展には制海権の獲得維持が必要であり、そのためには大海軍の建設が不可欠である。アメリカやイギリスの海軍軍人や政治家はこのマハンの主張におおいに共感し、海軍の発展と拡大の理論的支柱としたのであった（青木栄一『シーパワーの世界史②』）。そしてこの近代的な大海軍の建設路線の主張が日本海軍においても、権兵衛をはじめ多くの海軍士官にとって、自らの進む方向を示すものとして受け取られたのであろう。

権兵衛が推し進めた近代海軍の建設は、制海権の獲得を第一義とする海軍戦略によって理論的に基礎づけられた。その海軍戦略が陸海軍の協同作戦の骨格をなしたことによって、権兵衛によってつくられた海軍も、また彼自身も日清戦争当時の国家戦略の柱となったといえよう。

〈コラム　蛮勇士官揃いの軍艦「高千穂」〉

日清開戦近しと見た日本海軍は、豊島《ほうとう》沖に艦隊を進めていた。日清衝突の二日前の明治二十七（一八九四）年七月二十三日、「高千穂」分隊長だった小笠原長生《おがさわらながなり》大尉のところに、先任の八代六郎《やしろろくろう》大尉がきて、「当局者は弱腰だ、今回も戦になるかどうかわからない。しかし、いくら当局者が弱腰でも、一発ポンとブッ放したらそれまでだ。俺は明日、支那《しな》の船に出会ったら最後、一発ブッ放すから、もし邪魔が入ったら、やっつけてしまえ」と言うので、小笠原が「誰が邪魔するのだ」と言うと、「艦長だい」と言う。幸い開戦第一弾は、東郷平八郎が放つことになったが、危ない話である。しかし、その邪魔をすると思われた野村貞大佐の方がよほどバンカラで有名な人物だった。野村艦長は、「天城」艦長当時、荒天の中で「総員、死に方用意」と号令をかけたような人物である。

冷静な山本権兵衛は、こういった空気を良く知っていたので、日露戦争直前に、常備艦隊司令長官を日高壮之丞から東郷平八郎に代えたのであろう。

第三章　激突する日清両海軍

第一節　朝鮮半島をめぐる緊張

日本の対外戦争と朝鮮半島

日本の対外戦争の歴史を多少でも学んだ人であれば誰でも、その多くが朝鮮半島の問題をきっかけとして起こっていることに気づくであろう。日本列島と朝鮮半島及び、日本海、黄海《こうかい》の地理的関係は古代から日本と大陸との関係において、現在から未来にあっても変わらないものであり、過去の歴史も、地理的には現在と全く同じ舞台で進行しているのである。朝鮮半島と黄海、日本海が、日本の安全保障の上で常に大きな要素であるという認識は、重要なことであるといえる。

日本と朝鮮半島の関係は、半ば神話であるとされる西暦二百年の神功皇后《じんぐうこうごう》による新羅《しらぎ》遠征以降、六六三年の白村江《はくすきのえ》の戦い、十六世紀末の豊臣秀吉《とよとみひでよし》による朝鮮出兵など、日本の他国との戦争はすべて朝鮮をめぐる争いに端を発している。この理由は単純かつ明白であって、日本と地理的に近接している朝鮮半島が他国の支配下に入ったときに、日本にとって安全保障上の大きな脅威になるからであった。

この脅威感に基づく日本の行動パターンは、江戸時代の二百年に及ぶ鎖国政策を放棄して日本が国際社会に登場した近代になってもまったく変化はなかった。そのうえ、大砲を搭載した蒸気船の登場によって、それまでの日本人にとって唯一のより所であった「周囲が海に囲まれているから、敵国が日本を侵略することは容易ではない」という安心感はペリーの江戸湾来航以降、雲散霧消してしまった。そこで、朝鮮半島が他国の手に渡らないようにあらゆる策を講じることが、明治期日本外交の基本路線であったのである。

この基本路線を象徴したできごとが、明治二十三（一八九〇）年十一月二十五日に開かれた日本最初の帝国議会（第一議会）での山県有朋《やまがたありとも》総理大臣の演説であった。この演説の内容は有名であるが、要約すると次のようになる。「国家の独立の保持と国勢の伸長とは将来にわたり、われわれの不変の目的である。そして国家独立自衛の道は『主権線』の守護と『利益線』の防衛にある。ここで『主権線』とは国の領域を指すものであり、その『主権線』の安全と密接に関連ある地域が『利益線』である。この両者を確保する必要から、巨大の軍事費を充てる必要がある」。

このとき明治二十四（一八九一）年度の予算案においては、すでに軍事費は国家歳出の実に三十％以上となっていたが、山県は、朝鮮政府が日本に敵対的な第三国の影響下に置かれたり、あるいは半島南岸に日本に敵対的な列強が租借地を得るような事態を防ぎ、かわって日本の朝鮮半島への影響力を確保することの重要性を力説したのであった。

当時の日本による朝鮮半島へのこのような外交方針は、今から見れば、きわめて過剰な危機感、あるいは弱肉強食の視点にとらわれすぎた国際観のあらわれのように映るかもしれない。しかし目を欧米に転じれば、近代のヨーロッパにおいても、イギリスは対岸にあるオランダやベルギーなどの国々が独立を保持して、ヨーロッパの他の強国の支配や影響が及ばないようにすることを外交の基本方針としていた。イギリス政府や国民にとって、それは自国の安全や利益にかかわるきわめて重大な事柄であったのである。そしてこの、杞憂《きゆう》ともいえる危機意識に基づいた大国の外交スタイルは二十世紀後半のベトナム、二十一世紀初頭のアフガンやイラクの情勢を見ても、なお生き続けているといえそうである。

東学の武装蜂起から宣戦布告へ

日清両国が開戦するに至ったプロセスはよく知られている。朝鮮では一八九二（明治二十五）年の末ごろから、東学という土着の民族宗教団体による反政府運動が断続的に起こっていたが、それが一八九四（明治二十七）年の五月になると大規模な武装蜂起に発展した。このとき事態を鎮圧する力に欠けていた朝鮮政府は清国に出兵を要請し、その情報をつかんだ日本政府も機を逃さず出兵を決定した。こうして六月には日清両国の軍隊が朝鮮半島で対峙《たいじ》することになった。

このときには、すでに東学による武装蜂起は鎮静に向かっていた。だが、清国は朝鮮の宗主国としての立場を主張し、朝鮮政府の要請を理由に属邦保護の名目によって朝鮮の牙山に駐屯を続ける。これに対抗して日本も公使館と在留邦人の保護を理由として仁川《インチヨン》経由で漢城《ハンソン》（現在のソウル）に軍隊を派遣し、朝鮮の王宮を武力で制圧してこれまで政権を掌握していた閔妃《ミンビ》一派を放逐し、多年同派と激しく対立してきた大院君《だいいんくん》派を擁立して新政府を組織させ、彼らに清国軍の退去を要求させようと図った。このように、朝鮮に対する影響力の維持あるいは拡大をはかった日清両国の対立がエスカレートして、明治二十七（一八九四）年八月一日における両国間での宣戦布告となったのである。

もっとも宣戦布告の数日前には、日本軍の陸海両軍による清国軍への攻撃によって、すでに戦闘ははじまっていた。なかでも七月二十五日に生じた豊島《ほうとう》沖の海戦において、日本海軍はほとんど一方的な勝利を収め、戦争の帰趨《きすう》に大きな影響を与えたのであった。

日清間での戦闘が発生したときに重要な役割を演じるのが海軍であり、明治中期の日本で終始その整備が重要な課題であったことは、前章に見たとおりである。さきに第一議会で「主権線」「利益線」演説を行った山県も、陸軍のリーダーでありながら演説の最後に海軍力の拡張を力説していたほどであった。

「しらずしらず大洋に乗出した」

ところが日本海軍の首脳部は、政府による開戦の決定まで戦争準備をほとんど整えていなかった。たしかにこの数年の間、海軍はイギリスからの巡洋艦購入などにつとめ、三景艦も就役させていたものの、おそらく当時の海軍大臣であった西郷従道《さいごうつぐみち》らは、自らが清国海軍を打倒できるだけの海軍力を整備するまでに至っておらず、したがって我が国の政府も清国との戦争に踏み切ることはしばらくあるまい、と考えていたようである。たとえば、当時外務次官であった林董《はやしただす》は、のち回想録『後は昔の記』において「日清戦争の始まらんとする際、……海軍大臣〔西郷従道〕は、北洋艦隊の優勢なるを憚《はばか》るが為めに躊躇《ちゅうちょ》したり」と述べている。実は西郷だけでなく政府も軍部当局者も、陸戦はともかく海戦で日本軍が勝利できる可能性については大きな危機感を抱いていた。当時の外務大臣であった陸奥宗光《むつむねみつ》は、回想録『蹇蹇録』の中で、「我国民は、はじめより陸軍に於《お》ける勝利は予期したる所なりしも、海軍の勝敗如何《いかん》に付ては、すこぶる疑念を抱きたるもの多かりし」と書いている。

また、日清が戦う必要性にそもそも疑問を感じる者も多かった。当時の総理大臣であった伊藤博文は、この朝鮮半島での日清対立の過程で武力の行使を極力抑制し、平和的に事態を解決することを強く望んでおり、開戦の日を迎えたとき、伊藤は陸奥宛書簡において「しらずしらず大洋に乗出した」と歎息《たんそく》したといわれる。そして明治天皇もまた、日清開戦にきわめて消極的であった。開戦後天皇は「今回の戦争は朕素《もと》より不本意なり、閣臣等戦争の已《や》むべからざるを奏するに依《よ》り、之れを許したるのみ」という不満をもらしている。また勝海舟《かついしゅう》にいたっては徹底した日清戦争反対論の立場であった。彼は戦争中に以下の漢詩を詠んで、日清両国が戦争を行う必要性を全面的に否定している。

隣国交兵日　　　隣国と兵を交えるの日、
其軍更名無　　　其《そ》の軍更《いくさ》に名〔大義名分〕無し、
可憐鶏林肉　　　憐《あわ》れむ可《べ》き鶏林《けいりん》〔朝鮮半島〕の肉、
割以与魯英　　　割きて以《もっ》て魯英《ろえい》〔ロシアとイギリス〕に与う

「其軍更名無」という表現に、海舟の日清戦争観が象徴的にあらわれているといえよう。

　このような反対論や消極論、また海軍力の劣勢という不安感にもかかわらず、陸軍参謀次長の川上操六《かわかみそうろく》や外務大臣の陸奥宗光らの主導によって、清国との戦争という路線が選択されていったことは有名な事実である。すなわち、朝鮮政府が清国に出兵を要請したのは五月三十一日であるが、清国政府代表として漢城に滞在していた袁世凱《えんせいがい》がこれを受けて北京の李鴻章《りこうしょう》に翌六月一日に電報を送った。この事実を、同じく漢城に駐在していた杉村濬《すぎむらふかし》代理公使がその日のうちにつかんで東京の陸奥外相へ通報し、翌二日の閣議で朝鮮への派兵が決定された。そしてこの日の夜に陸奥外相邸に外務次官の林董と陸軍川上参謀次長が訪れ、三者間で秘密の会議が行われた。この密議では、今回の事件を朝鮮における日本の優位を確立する絶好の機会であるとして、清国の派遣軍（約三千名）を撃破するに足る兵力（約八千名）を混成旅団という名目で朝鮮に派遣して清国に開戦し、早期決戦により勝利を収めることで合意されたのであった。清国が朝鮮に出兵を決定した翌日の六月五日には、日本は大本営を設置して本格的な戦争準備に着手している。

　したがって日清戦争は、外務省と陸軍の実力者の手で積極的かつ秘密裏に推進されたのであり、陸軍は戦争を予期して入念な開戦準備を整えていたことが明らかである。

戦闘方針は「単縦陣」

海軍はこれに対して、日清開戦が目前に迫っていることへの認識が遅かった。まず朝鮮への派兵が決定された六月二日の時点で、海軍の各艦は「吉野」が横須賀在泊中、「松島」「千代田」は清国の福建《ふっけん》沖を巡航中であり、これらを急ぎ呼び集めて出動準備を実施する必要があった。また六月六日には、それまで機関に故障が頻発していた三景艦の一隻である「厳島」の修理工事を実施する命令を下しているが、この工期は六十日間の予定であり、それまで同艦は急な戦闘に参加できないことになった。もう一隻の「橋立」も前章で見たように工事を速成で終了し、整備や訓練をほとんど行わないままで艦隊に編入しているが、それは七月四日になってのことであった。さらにこの二隻は不完全な工事の影響で、予定最高速力（十六ノット）が発揮できず、十一〜十二ノットが精一杯であった。

六月二十四日には第一線部隊のほとんどの軍艦が佐世保に集結したが、艦隊の主力となる三景艦のうち二隻が以上のように、来るべき戦闘に対して不安この上ない状態にあっただけでなく、戦術の方針も定まっていなかった。戦時に備えた艦隊編制として、三景艦と「吉野」「浪速」「秋津洲」などの巡洋艦などからなる「常備艦隊」と、砲艦「金剛」「赤城」などからなる「西海艦隊」、それらをあわせた「連合艦隊」（司令長官は伊東祐亨《いとうすけゆき》海軍中将）が組織されたものの、各艦は単独での航行や戦闘はともかく、複数の艦が艦隊を組んで統一された航行・戦闘を行うまでには至っていなかった。そこで、七月二十三日に艦隊が佐世保を出港して朝鮮半島に進出するまでの一か月足らずの間に即席の訓練と研究が行われたのであった。開戦前から常備艦隊の参謀だった釜屋《かまや》忠道《ただみち》（のち中将）による当時の回想談があるが（有終会『懐旧録―戦袍余薫　日清戦役之巻』）、そこでは以下のように記されている。

当時佐世保に集合した軍艦は幾十隻という数でありましたが、悲しい事には当時は信号の何たるかを知らない――と言っては少し過言でありますが、全く艦隊運動について熟練した将校が極めて少なくて、信号しても艦隊の整備はまことに遅々たるもので、今日から考へますとほとんど成っておらないのであります。ここにおいて艦隊司令長官は非常に心配されまして、この不熟練なる艦隊では、正々堂々と一挙一動信号の下に行動することは困難であるという考えから、毎日暇あるごとに佐世保港外に出動して艦隊運動を行い、そのできない日は各艦より小蒸気を集めて艦隊運動を行い、其の欠点を補うことに努力されたのであります。所が弦に一つ緊要な問題がある。それは今日でこそ何でもない事でありますが、其の当時としては、如何《いか》なる陣形が最も有利であるかといふ問題であります。

これはかつて経験のないことでありますから、あるいは単横陣がよいとか、あるいは群隊陣形が可《よ》いとか、あるいは小隊縦陣とか、あるいは単縦陣がよいとか、色々の説がありましたが、甲乙両隊に分けて対抗運動を行い、戦争の真以《まね》をやって見た結果は、巧、みな事をやった艦隊はいつでも負け、それに反して何でも彼でも単縦陣で『先頭艦の後を続け』でグルグル廻《まわ》って、信号なしでも行動する陣形が勝ちを制することが確実にわかったので、今度の戦争は単縦陣ということに決せられたのであります。

この結果から、連合艦隊は佐世保を出港する前に単縦陣での戦闘行動方針を決め、伊藤祐亨司令長官名で次のような「戦闘規約」を定めて示達した（海軍軍令部『征清海戦史　巻一、第三篇　豊島海戦』）。

第一　戦闘陣形　戦闘陣形は単艦単位の単縦陣とす。
第二　運動　単縦陣の方向変換には一々信号を為《な》さず。諸艦は宜《よろ》しく旗艦の通跡を進むことに注意すべし。……
〔第三・第四・第五・第六は略〕

単縦陣の特徴は、訓練が容易で、航行上の誤りも比較的少ないことにある。またこの当時の日本軍艦が、左右舷側《げんそく》方向に射撃可能な中口径速射砲を多数装備していたため、この攻撃力を最大限発揮できる陣形を採用したという可能性もある（一方の清国海軍は、「定遠」型甲鉄艦に見られるように艦首・艦尾方向への射撃能力の発揮や、衝角（ラム）による衝撃戦法を重視したため、単縦陣ではなく「単梯陣《たんていじん》」という隊形を採用していた。これは、二番艦以下が先頭艦に対して順次右、あるいは左にずれた位置を占めることで、梯子を横から見たように見える斜めの陣形であった）。

もっとも、この単縦陣による戦闘行動については、明治二十二（一八八九）年から三年間、日本海軍に戦術を講義したイギリス海軍のイングルス大佐によって伝えられていた。彼は蒸気軍艦時代の戦闘行動の陣形として各種のスタイルを考察し、その結論として単縦陣が適当であることを海軍大学校において教授していたのである。また日本海軍部内でも、明治二十（一八八七）年に参謀本部海軍部（後の軍令部）に勤務していた島村速雄《しまむらはやお》中尉（のち日清戦争時の連合艦隊参謀をへて大将、元帥）が、欧米各国の海軍戦術に関する文献を翻訳・編集した『海軍戦術一斑《いっぱん》』を発行した後に、イギリスに三年間留学して各種の戦術論を考究していた。彼は帰国後の明治二十六（一八九三）年に常備艦隊の参謀に補されると（当時は大尉）、イギリス流の新しい訓練方法を提唱して艦隊運動や合戦準備、各種の戦闘教練を実施していた。したがって、単縦陣での戦闘スタイルを各艦が理解し、それを実施することは一応可能な段階ではあった。

豊島沖の海戦と高陞号撃沈

七月二十三日に連合艦隊が佐世保港を出港して朝鮮方面に向かったときの艦隊編制は次のとおりであった。

常備艦隊本隊
第一小隊「松島（旗艦）」「千代田」「高千穂」
第二小隊「橋立」「厳島」
第一遊撃隊
「吉野（旗艦）」「秋津洲」「浪速」
第二遊撃隊
「葛城《かつらぎ》（旗艦）」「天龍《てんりゅう》」「高雄」「大和」
水雷艇隊母艦「比叡」

日清戦争における戦闘の開始は、宣戦布告に先立つこと七日の七月二十五日午前七時五十分、豊島沖の海戦においてである。この日連合艦隊は群山《クンサン》沖で錨《いかり》を下ろし仮泊したが、第一遊撃隊は偵察のため本隊と分かれ、七月二十五日の早朝、仁川沖の豊島付近を航行していた。午前六時三十分ごろ、豊島方面から近寄ってくる二隻の軍艦が見えたが、それは清国海軍の軍艦「済遠」「広乙《こうおつ》」であった。そして七時五十二分に両国艦艇の間で戦闘が開始された（どちらが先に発砲したかについては、後で触れる）。

戦闘開始直後から「吉野」以下日本側の三隻は「済遠」に砲弾を浴びせ、「済遠」が戦場から遁走《とんそう》すると続いて「広乙」を攻撃した。このため「広乙」は炎上して陸岸に擱坐《かくざ》し船体は放棄され、戦争の緒戦は日本海軍の一方的勝利となった。この時、「浪速」は「吉野」の前方に出て「済遠」を追撃中に、清国海軍の砲艦「操江」と英国商船旗を掲げた汽船「高陞《こうしょう》号」が西方から「済遠」に接近して来た。「操江」は「済遠」の信号を受けて西方に退避したが、「高陞号」のみは東方への進航を続け、「浪速」の付近を通過しようとした。ここで「浪速」艦長の東郷平八郎大佐は万国信号で「直ちに止まれ」「直ちに投錨《とうびょう》せよ」と命じ、なお「済遠」に迫ろうとしたが、遊撃隊の坪井《つぼい》航三《こうぞう》司令官によって「浪速」が「高陞号」の処置を担当する旨の命令があったので、停止させた汽船の近くで様子をみると、清兵を搭載している疑いがあるので士官を派遣して臨検させたところ、牙山に向かう約千百名の清国将兵と砲十四門、弾薬を搭載していることが判明した。

　ここで、東郷艦長は同船の船長に「浪速」に続航することを命じ、船長は応じたが、清国軍の将校はこれを拒んで従わず、舷門に剣銃をつけた番兵を配して船長以下の船員を監視させた。東郷は意を決して「高陞号」を撃沈した。このときイギリス人の船長以下三名は日本側の出した端艇に救助されたが、清国軍陸兵のうち二百名あまりは翌日に同海域を通過したフランス・ドイツ・イギリス軍艦にそれぞれ救助されたものの、大部分の九百名近くは船とともに沈んだ。

　なお、この四日後に牙山の北東二十キロに位置する成歓《ソンファン》で日清両陸軍が初めて交戦し、日本軍が成歓・牙山を占領して清国軍を敗走させたが、このときに日本軍兵力は三千五百名・清国軍三千名であり、もし「高陞号」に搭載されていた清国将兵と火砲が揚陸されていれば、この成歓の戦いにおいて日本軍の苦戦は必至であった。

大佐・東郷平八郎の判断

　このように日本側は海戦そのものでは清国軍艦の「広乙」を撃破、「済遠」は遁走したものの中程度の損害を与え、「操江」を降伏させて捕獲し「高陞号」を撃沈するという戦果を挙げた（日本側の損害は「吉野」「秋津洲」がそれぞれ軽微、「浪速」は損害なし）ものの、イギリス籍の輸送船を撃沈したという事実は日本の朝野をともに愕然《がくぜん》とさせた。この後の展開についてはよく知られているが、以下、篠原宏《しのはらひろし》『海軍創設史』の記述に従い、経過をたどってみる。

伊藤博文総理大臣は日英間での国際問題となることを憂えて西郷海相に詰問した。さっそく山本主事が呼びつけられると、伊藤は上海電報を示して「海軍は実に遺憾の事を仕出かした。国際上の一大困難を惹起《じゃっき》したが、貴殿はどう考えるか」との詰問である。山本は落ち着いて「本件については西郷大臣から承りましたが、海軍省には未《いま》だ何ら報告が来ておらず、従って何も考えておりません。しかし、御示しのような事態が起こったのなら善後策を講ずる必要があると思います。けれども従来、上海電は虚実相半ばするものが多く、これを以て直ちに判断することは早計であると考えます。かりに事実としても、我が国艦が英船を撃沈するには、必ず相当な理由があってのことと信じます。善後策を処置するにしても、これが英国船であるので比較的容易です。もし某国船（露国船か）だったらすこぶる面倒だったでしょう。英国は先進文明国をもって任じ、事に当たるのに冷静に真相をつきつめて判断する国なので、国際問題となってもさほど心配することにはならないと思います」と答えた。

イギリスの世論もまた激昂《げきこう》し、ロンドンの各新聞は社説で「浪速」の国際法違反を責め、日本を攻撃した。なにぶんにもイギリス国旗をかかげたイギリスの商船が開戦前に撃沈されたのである。キンバリー英外相は駐英公使青木周蔵《あおきしゅうぞう》を英外務省に招いて詰問し、「貴国海軍将校の行動によって生じたる英国民の生命財産に対しては貴国政府において当然賠償の責に任ずべき」ことを警告した。伊藤首相も陸奥外相も、この事件が日英両国間の国際紛争にまで発展することを予想し、「浪速」の処置について早速調査に乗り出すことになった。各国の公法学者もこの事件を取り上げ、言論界は東郷艦長の処置の是非をめぐって騒然となった。このとき、八月三日の『タイムズ』紙にケンブリッジ大学の国際法学者ウエストレーキが寄稿し、「『高陞号』は英国国旗を掲げていたが、清国の使用に供され、運送船として働いたことは明白である。『高陞号』がもし戦争行為に供されたとすれば、イギリスより保護を受ける権利はない。撃沈されたのは開戦の宣言が公布される以前のことであるが、国際公法上からは戦争の開始後と認められ、清国兵を指揮し、もしくはその運送の任に当たる者は、当然彼等と運命を共にすべきである」と述べた。

また英国の国際法学者オックスフォード大学教授のホランド博士は、「浪速」の行動を国際法違反と見る説に反論して、日本の軍艦が「高陞号」に停船を命じたにもかかわらず、兵員を満載した同船が逃走しようとした事実からみて、東郷艦長の処置が戦時国際法のどの条章に照らしても適法であると論じた。この両博士の反論をきっかけとして、イギリスの反日世論はたちまち収束したといわれる。またこの事件で「浪速」艦長東郷平八郎大佐の名前は、一躍世界的に知られるようになった。

どちらが先に発砲したのか

以上がこの事件発生後、『海軍創設史』に記載されている経過であり、日本海軍史の叙述においてもこの内容が長年踏襲されてきた。ただ、この海戦と事件については二つの疑問が残されており、近年はその解明が進んでいる。

第一の疑問は、この戦いで先に発砲したのは日本側・清国側のいずれかということである。清国側では開戦の上諭において、日本側が「我備えざるに乗じ、牙山口外海面に在りて、砲を開いて轟撃《ごうげき》」したと記し、日本側からの奇襲による攻撃であったと主張する。いっぽう日本側は、戦後軍令部が編纂《へんさん》した『二十七八年海戦史』全四巻（明治三十八年刊行）において、さきに発砲したのは、清国軍艦「済遠」であったとしている。また明治四十（一九〇七）年五月に時の参謀総長奥保鞏《おくやすかた》大将から明治天皇に奉呈された『明治二十七八年日清戦史』においても、「午前七時五十二分爾《じ》艦隊三千米突の距離に近つくや清艦済遠は突然我吉野に向て発火したり、因《よっ》て坪井少将は諸艦に戦闘を令し両艦隊熾《さかん》に砲撃を交え……」と述べられている。

ところが同じ軍令部編纂の『二十七八年海戦史』でも、部内にのみ作成されて一般に発表されなかった「秘」版によると「前七時五十二分第一遊撃隊敵艦済遠及廣乙に対して発砲し、敵も亦《また》之に応す」とあり（『秘二十七・八年海戦史　巻一　戦紀第一編　朝鮮役』）、また「浪速」艦長であった東郷平八郎の日記においても「午前七時二十分豊島沖に於《おい》て遥《はるか》に清国軍艦済遠号、広乙号を認む。直に戦闘を命ず。同七時五十五分開戦、五分余にして砲煙の掩《おお》う処となりしを以て間々敵艦を見て砲撃をなす」と記されている。

日清双方がそれぞれ、相手側が先に発砲したと主張し、また公海上での戦闘であるから第三者による目撃証言も存在しないため、この疑問を解消する手だてはないのであるが、海軍史家の野村實《のむらみのる》氏（海兵七十一期卒業・終戦時大尉・戦後は防衛大学校教授）は、遺作となった『日本海軍の歴史』の中において、第一遊撃隊司令官（坪井航三少将・「吉野」に坐乗）・「吉野」艦長（河原要一《かわはらよういち》大佐）・「秋津洲」艦長心得（上村彦之丞少佐）・「浪速」艦長（東郷平八郎大佐）がそれぞれ、戦闘直後に上級指揮官に提出した「戦闘詳報」を参照して検討した結果を記している。

それによると坪井は「午前七時五十二分、距離凡《およ》そ三千米突〔メートル〕にて我艦隊先づ発砲す。敵も亦直に之に応ず」と報告しているなど（『戦闘詳報第一号』・明治二十七年八月八日）、右のどの記録をみても「豊島沖海戦は『吉野』が先に発砲したと信じるほかはない」という結論になるという。たしかに日本側は成歓の地上戦闘を前にして、清兵の増援を阻止する必要があったのであり、それにこの海戦においてどちらが有利な立場にあったかを考えれば、圧倒的に優勢な日本側から攻撃を開始したと考えるのが妥当であろう。

もっとも日本側が最初に発砲したとしても、それは独断専行にあたるものではない。七月十九日付で日本政府が行った対清覚書において「この際、清国より〔朝鮮に〕増兵するにおいては、日本はこれを威嚇の処置とみなすべし」という一項を付して、回答期限を二十四日としていたが、清国側はこれに応じなかったため、二十五日以降に清国による朝鮮への軍隊増派の事実を発見したときの日本艦隊の行動について西郷海相が陸奥外相に確認し、「その場合に日本艦隊が直ちに戦端を開いても、外交上の順序として何の支障もない」という回答を得ていた。この回答は二十三日に佐世保を出撃した連合艦隊にも伝えられていたため、第一遊撃隊の坪井司令官はすでに戦争が始まっているという認識で、「済遠」「広乙」は日本艦隊を要撃するため航行してきていると考えたのであろう。

けれども、前出の野村氏はそれが坪井の「誤解」によるものであって、海軍「軍令部は開戦責任を考えて、『吉野』の第一弾発砲をことさら秘したのであろう」と記している。

高陞号撃沈をめぐる国際法

先に見たように、「高陞号」の撃沈は国際法に照らして当時、合法であると認定された。

そしてこの行為は当時も今も、日本海軍（あるいは「浪速」艦長の東郷平八郎）の国際法を遵守する姿勢のあらわれとして、「文明国日本」の水準を内外に表明したものと評価されたが、実情はどうであったのか。これが第二の疑問である。

「高陞号」撃沈にかかわる東郷の措置に関する批判を日本国内一般に紹介したのは、司馬遼《しばりょう》太郎《たろう》氏による『坂の上の雲』であり、同書では極東視察の任にあったイギリス海軍のフリーマントル中将による批評を紹介している。同中将は、東郷の坐乗する「浪速」が「高陞号」撃沈後六時間にわたって現場近くの海域にありながら、イギリス人船長や船員のみを救助して海上に漂流する清国兵を全く救助しなかったことについて「戦時の人道についての知識が全くない。英国海軍の伝統は全く違っており、無力化した敵兵を救助する〝戦勝後の仁愛〟は当然視されている」という旨批判しているのである。

司馬は東郷への批判をこの紹介にのみとどめているが、実は東郷や日本海軍の行動に対する批判は、当時からいくつも存在したのである。東郷の「高陞号」撃沈の手続きが国際法に照らして妥当であると論じたホランド博士もまた、その一人だったのである。

〈コラム　「西京丸」で突入した樺山海軍軍令部長〉

黄海海戦では、海軍軍令部長である樺山資紀が、幕僚を従えて、仮装巡洋艦「西京《さいきょう》丸」で、戦場付近を行動し、かなりの損害を出す結果となった。この樺山の行動については、連合艦隊に対する督戦であるという風に言われることがあるが、どうもそうばかりではない。元来海軍軍令部は海軍省内にあり執務をしていたが、日清開戦前後より、海軍省には新聞記者が詰めかけては、樺山部長に戦況の質問をする。あまりにうるさいので、樺山部長は、幕僚を引き連れて、「西京丸」に逃げ込んだのだ。そして、そのまま「西京丸」を前線に出航させてしまった。当時の通信事情から、最前線の状況が十分に伝わらないために、業を煮やした樺山部長の独断であったらしい。

しかし、連合艦隊としては、戦場に、直接指揮権の及ばない、と言うよりも指導側の海軍軍令部長がうろうろしていて、迷惑極まりなかったのである。

第二節　黄海海戦と威海衛陥落

清国艦隊との会敵

八月一日、日清両国は互いに宣戦布告を行った。そして連合艦隊には翌日、早急に清国海軍の北洋艦隊を撃滅し黄海・渤海海域の制海権を確保することで、陸軍の直隷平野への上陸と決戦を支援する任務が課せられた。連合艦隊はこれを受けて朝鮮半島南部の根拠地に進出し、清国艦隊を求めて黄海各所を偵察した。しかし、八月の前半は清国艦隊と会敵する機会はなく、八月十五日になると船団の護衛も任務に加えられた。

日本側が意図した短期決戦の方針は、だんだん実現の見込みが薄くなってきたため、大本営は「作戦の大方針」の甲案を放棄し、乙案に移行せざるを得なくなった。このとき陸軍は平壌への進出を意図していたが、制海権を確保できていないため大本営では短期決戦への見通しに不安を抱き、樺山資紀海軍軍令部長が自ら戦況視察のため現地におもむき、仮装巡洋艦「西京丸」に坐乗して連合艦隊司令部に随行し伊東連合艦隊司令長官への督励を行った。

実はこのとき清国側では、北洋水師（艦隊）提督の丁汝昌《ていじょしょう》が日本艦隊との決戦を希望していたのであるが、李鴻章は艦隊保全主義に基づいた戦略方針を堅持して、山東《さんとう》半島の頂点と

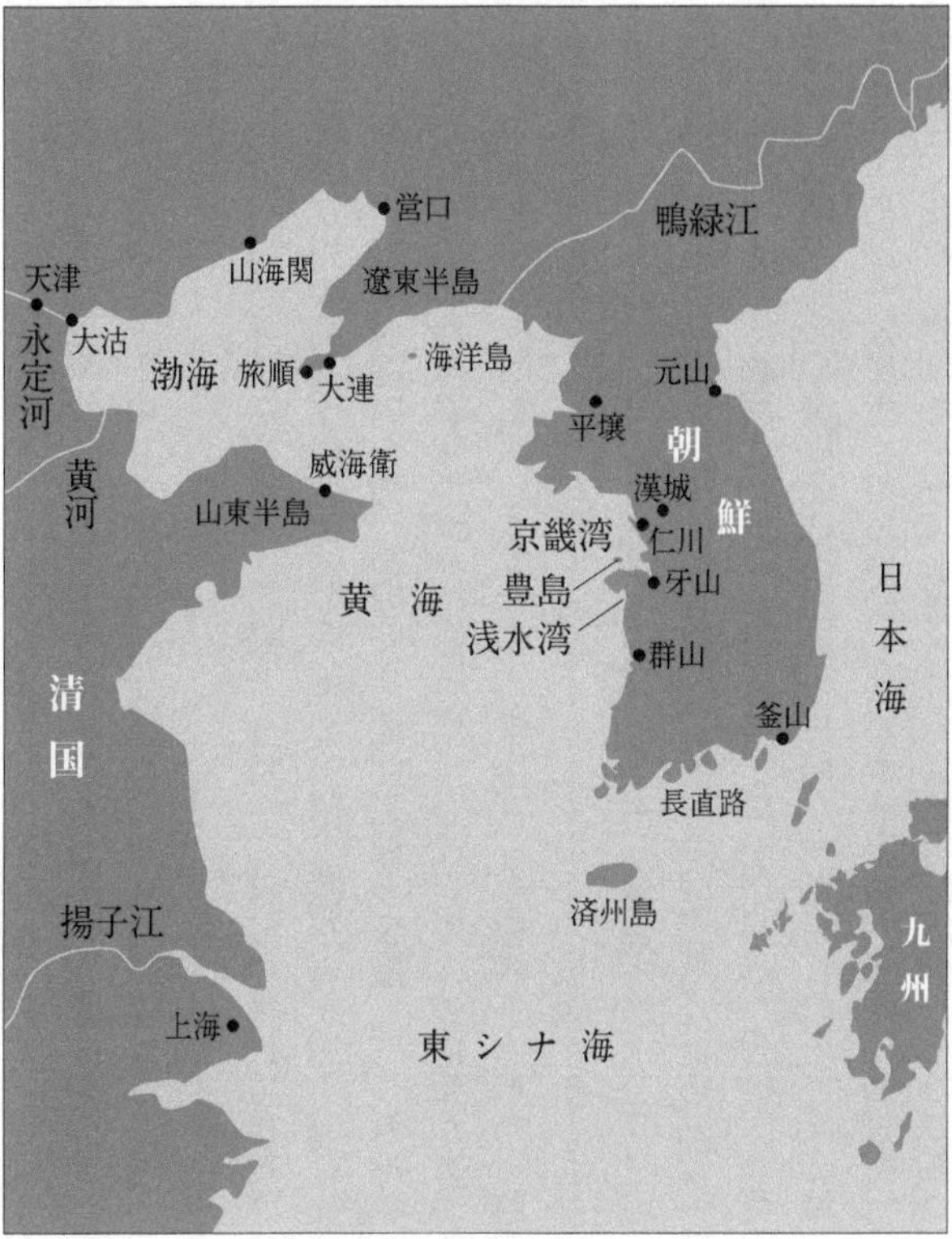

営口
鴨緑江
山海関
天津
遼東半島
大沽
永定河
渤海
旅順
大連
海洋島
元山
平壌
朝
鮮
黄河
威海衛
漢城
山東半島
京畿湾
仁川
豊島
牙山
黄　海
浅水湾
日本海
群山
清国
釜山
長直路
済州島
揚子江
九州
上海
東シナ海

黄海周辺図

鴨緑江《おうりょくこう》口を結ぶ線から東方の海域に出てはならないと厳命していた。李鴻章はその理由として、「日本艦隊は快速であるのに対して我が清国艦隊は旧式で速力が遅く、敏捷《びんしょう》活発な作戦を行うことはできない」と上申していた。日本側の望む艦隊決戦はなかなか生起しそうにない状態にあったのである。

連合艦隊は仁川港への陸兵護送を果たしたが、九月十二日に伊東長官は艦隊の勢力を三つに分け、一つの隊で仁川の陸兵上陸を掩護《えんご》し、他の一隊で陸軍の平壌攻撃を支援し、残る本隊と第一遊撃隊の主力で渤海湾内を強行偵察して北洋艦隊と会敵し、これを殲滅《せんめつ》するという決戦計画を立てた。この時北洋艦隊が大孤山《だいこざん》沖に出没しているとの情報があったので、まず最初に海洋島《かいようとう》（旅順《りょじゅん》の北東）に行き、そこから大孤山沖、威海衛《いかいえい》、大連《だいれん》湾、旅順口、大沽《たいこ》、山海関《さんかいかん》、牛壮《ぎゅうそう》の各要所を偵察し、敵艦隊と遭遇するまで渤海の奥深くにも進む旨を決定した。

こうして九月十六日午後五時、伊東司令官は「松島」（旗艦）「千代田」「厳島」「橋立」「比叡」「扶桑」の六隻から成る本隊と、「吉野」（旗艦）「高千穂」「秋津洲」「浪速」の四隻から成る第一遊撃隊、そして砲艦「赤城」、仮装巡洋艦「西京丸」の計十二隻を率いてチョッペキ岬北東の仮泊地を発し、黄海北部の海洋島に向かった。このとき「赤城」は吃水《きっすい》が浅い砲艦であるため、島陰や陸岸近くの浅海域を偵察するため、また「西京丸」は樺山海軍軍令部長が戦況視察に乗艦していたため、本隊と第一遊撃隊に同行したのであった。

艦名			艦種	常備排水量(t)	速力(kt)	装甲厚さ		兵装(門)				艦齢(年)	被害			備考
						水線部(mm)	防御甲板(mm)	通常砲	速射砲	機砲	発射管		被弾(発)	即死(人)	負傷(人)	
日本艦隊	本隊	松島	海防艦	4,278	16.0	—	32.5	1	27	1	4	4	13	35	78	
日本艦隊	本隊	千代田	甲鋼帯巡洋艦	2,439	19.0	86	42.0	—	24	3	3	4	3	—	—	
日本艦隊	本隊	厳島	海防艦	4,278	16.0	—	32.5	1	29	1	4	5	8	13	18	
日本艦隊	本隊	橋立	海防艦	4,278	16.0	—	32.5	1	29	1	4	3	11	3	10	
日本艦隊	本隊	比叡	鉄甲帯コルベット	2,284	13.2	11.4	—	12	—	6	2	17	23	19	37	
日本艦隊	本隊	扶桑	甲鉄コルベット	3,777	13.0	15.2	—	12	—	9	2	17	8	2	12	
日本艦隊	第1遊撃隊	吉野	巡洋艦	4,216	22.5	—	84.0	—	34	—	5	2	8	1	11	
日本艦隊	第1遊撃隊	高千穂	巡洋艦	3,709	18.0	—	57.0	8	2	14	4	9	5	1	2	
日本艦隊	第1遊撃隊	秋津洲	巡洋艦	3,150	19.0	—	40.0	—	18	4	4	2	4	5	10	
日本艦隊	第1遊撃隊	浪速	巡洋艦	3,709	18.0	—	57.0	8	2	14	4	9	9	—	2	
日本艦隊	付属	赤城	砲艦	622	10.2	—	—	4	6	—	—	6	30	11	17	
日本艦隊	付属	西京丸	仮装巡洋艦	2,200	14.5	—	—	—	4	—	—	6	12	—	11	
清国艦隊	第1隊	定遠	甲鉄砲塔艦	7,335	14.5	383	76.5	10	4	8	3	12	159	17	38	
清国艦隊	第1隊	鎮遠	甲鉄砲塔艦	7,335	14.5	383	76.5	10	4	8	3	13	220	13	28	
清国艦隊	第2隊	致遠	巡洋艦	2,300	18.0	—	76.0	5	16	4	4	8	?	246	—	沈没
清国艦隊	第2隊	靖遠	巡洋艦	2,300	18.0	—	76.0	5	16	4	4	8	110	2	16	
清国艦隊	第3隊	経遠	甲鉄砲塔艦	2,900	15.5	240	40.0	6	8	—	4	7	?	232	—	沈没
清国艦隊	第3隊	来遠	甲鉄砲塔艦	2,900	15.5	240	40.0	6	8	—	4	7	225	17	13	
清国艦隊	第4隊	済遠	巡洋艦	2,300	15.0	—	22.0	7	11	—	4	11	15	5	10	
清国艦隊	第4隊	広甲	コルベット	1,296	14.7	—	—	7	4	—	—	7	?	?	?	擱座
清国艦隊	第5隊	超勇	砲艦	1,350	15.0	—	—	8	4	6	—	13	?	125	—	沈没
清国艦隊	第5隊	揚威	砲艦	1,350	15.0	—	—	8	4	6	—	13	?	57	—	擱座
清国艦隊	付属	平遠	甲装砲艦	2,100	11.0	—	—	3	4	4	1	5	24	—	15	
清国艦隊	付属	広丙	巡洋艦	1,000	17.0	—	—	—	7	4	4	3	1	—	3	
清国艦隊	付属	鎮南	砲艦	440	8.0	—	—	3	—	4	—	13	?	?	?	
清国艦隊	付属	鎮中	砲艦	440	8.0	—	—	3	—	4	—	13	?	?	?	
清国艦隊	付属	福龍	水雷艇	115	23.0	—	—	—	2	—	4	9	?	?	?	
清国艦隊	付属	左隊1号	水雷艇	108	24.0	—	—	—	2	4	2	7	?	?	?	
清国艦隊	付属	右隊2号	水雷艇	74	18.0	—	—	—	—	2	2	9	?	?	?	
清国艦隊	付属	右隊3号	水雷艇	74	18.0	—	—	—	—	2	2	9	?	?	?	

*排水量及び速力は竣工当時の値を示す。

黄海海戦への参加艦艇一覧

このとき、丁汝昌の北洋艦隊は大連から鴨緑江口への清国陸軍部隊を輸送する船団の護衛に従事中で、日本艦隊の伊東が仮泊地を発した九月十六日午後には小鹿島《しょうろくとう》の北西、大孤山で陸兵の揚陸支援を行った。この艦隊は北洋艦隊の主要艦艇がほとんど含まれており、「定遠」「鎮遠」「致遠」「靖遠」「経遠《けいえん》」「来遠」「済遠」「広甲《こうこう》」「超勇」「揚威」で編成され、さらに巡洋艦「平遠」、広東水師の水雷巡洋艦「広丙《こうへい》」と水雷艇四隻が付属していた。

翌九月十七日早朝に、連合艦隊は遼島半島沖の海洋島付近にまで進出したものの、敵艦隊に遭遇しないため大孤山沖に針路を向けた。いっぽう清国艦隊は前日に陸兵揚陸を行った後、この日は大弧山沖で戦闘訓練を実施していた。そして午前十時過ぎ、日清両艦隊は互いに敵を発見し、相手に接近しつつ戦闘の準備に入った。前日の午後は小雨で天候は良好ではなかったが、この十七日は天候は快晴となり、敵艦隊を発見できたのであった。

開戦を告げる戦闘旗

伊東長官は敵を発見すると、まず昼食を命じ、ついで総員を戦闘配置に付けた。このときの「松島」艦内は敵艦隊発見に大いに沸き、士官室では祝杯を挙げたといわれる。

敵艦隊を発見した後になって昼食と祝杯というのはいかにも悠長な印象を受けるが、当時の軍艦は戦闘時でも発揮速力はせいぜい十ノット（時速十八・五二キロ）内外で、日本側の

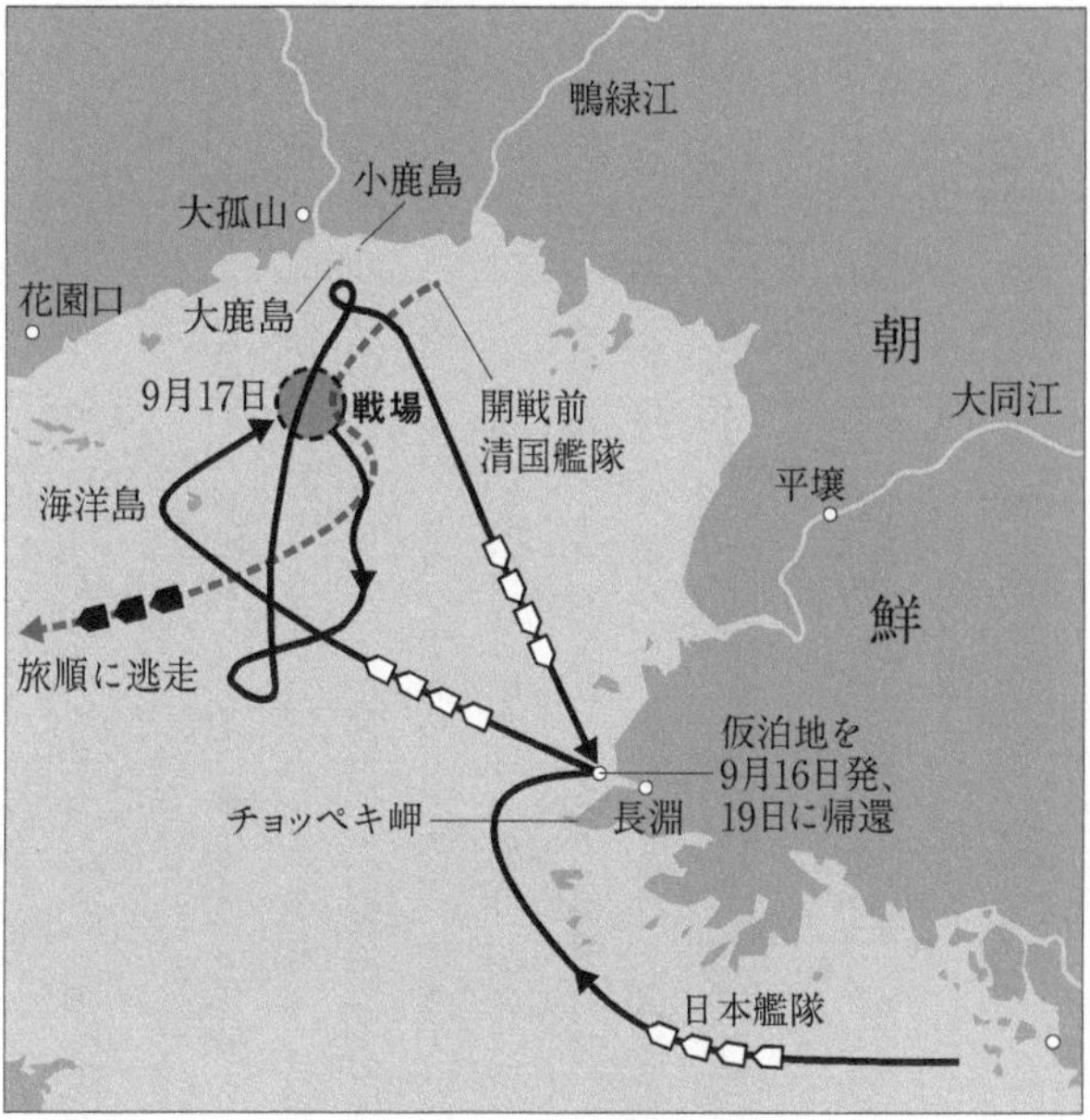

黄海海戦までの両艦隊の行動

艦隊速力は最大で十四ノット程度、清国側にいたっては機関整備の不良により七ノット（時速十二キロ）程度しか出せなかったといわれている。そのため、両艦隊が相手を発見してから戦闘距離に到達する時（正午過ぎ）までは二時間近くもあった。

敵艦隊発見後、伊東司令長官は事前の計画通り、第一遊撃隊・本隊の順に単縦陣をつくり、「赤城」「西京丸」を左側の非戦闘側に移し、十二時五分に各艦はマストに戦闘旗（大軍艦旗）を揚げた。清国北洋艦隊の各艦も、マストに戦闘旗（大黄竜旗）を揚げて進撃する。

このときの両軍艦隊の戦力は次の表のとおりであった（三三二ページの表における各艦のデータは完成時のものであるので、ここに掲げる数値とは多少の相違がある）。

清国側は、通常砲の数では日本艦隊よりも多く、「定遠」型の三十・五センチ砲をはじめ大口径砲の数も多い。その基本戦術は、できるだけ各艦が旗艦の運動に従い、形式が同一の諸艦で協同して、つねに艦首を敵艦に向けて砲撃力を発揮し、また好機をとらえて体当たりによる衝角戦術を実行することであった。

このような戦術は、二十八年前の一八六六年にアドリア海でイタリアとオーストリアの艦隊が戦った「リッサの海戦」の戦訓にもとづいていた。この海戦でオーストリア艦隊は、横陣で敵艦隊に突入し、旗艦「フェルディナント・マックス」（排水量五千百トン）がイタリア軍の装甲艦「レ・ディタリア」（五千七百トン）への体当たりによる衝角攻撃によって同艦を

	日本側	清国側
合計排水量	36,771トン	34,420トン
平均速力	10ノット	7ノット
通常砲	40門	70門
速射砲	190門	70門
機砲	29門	129門
水雷発射管	37基	31基

日清両国の戦力比較

瞬時に撃沈するなど、艦首砲と衝角によってイタリア艦隊に勝利した。

清国側はこの戦闘スタイルを踏襲し、速力七ノットの横陣を形成したが、各艦は艦形や速力に差がある上に信号法典が不完全で、一つの統一された艦隊として行動することが困難であった。これに対して日本側はまず、「吉野」「高千穂」「秋津洲」「浪速」による第一遊撃隊、続いて伊東司令長官の坐乗する旗艦「松島」に続く「千代田」「厳島」「橋立」とコルベット艦「比叡」「扶桑」の六隻からなる本隊が、速力十ノットで清国北洋艦隊に向かって進撃した（本来は十四ノット程度の速力が発揮できるはずの「厳島」「橋立」の機関不調により、十ノットに制限されたようである）。

日本側は通常砲や大口径砲の数では清国に

劣るが、速射砲の数でははるかに優位にあった。戦闘開始時には、単縦陣による統一行動によりながら高速によってたえず清国側に対して有利な位置を占め、各艦が船体側面に装備した速射砲によって多数の砲弾を清国艦に浴びせて勝利するという構想であった。

黄海海戦での各艦の戦闘の状況は、太平洋戦争前に刊行された『明治二十七八年海戦史』『近世帝国海軍史要』に詳しく、太平洋戦争後刊行の書籍では土肥《どひ》一夫《かずお》監修『海軍』第二巻、野村實『海戦史に学ぶ』、高須《たかす》廣一《こういち》「黄海海戦　その戦闘経過をたどる」などに詳しい。以下、これらの記述を参照しながら日本艦隊の行動をたどってみよう。

十二時五十分、両艦隊間の距離が六千メートル以内になったとき、「定遠」が日本艦隊に第一弾を発射し、清国の各艦がこれにならったが、日本艦への命中弾はなかった、これによって海戦の火蓋《ひぶた》が切られた。

主導権を握る日本海軍

第一遊撃隊は自重し、五分後に距離三千メートルとなったとき、初めて砲火を開いた。「吉野」は敵の右翼の「揚威」「超勇」を、また「高千穂」と「秋津洲」は「定遠」「鎮遠」を、「浪速」は敵の右翼の三艦を主目標とした（黄海海戦図1）。続く本隊も敵の前面を左から右に航過し、「松島」は距離三千五百メートルで発砲したのをはじめ、各艦は二千メート

敵を発見し祝杯を挙げる「松島」乗組士官

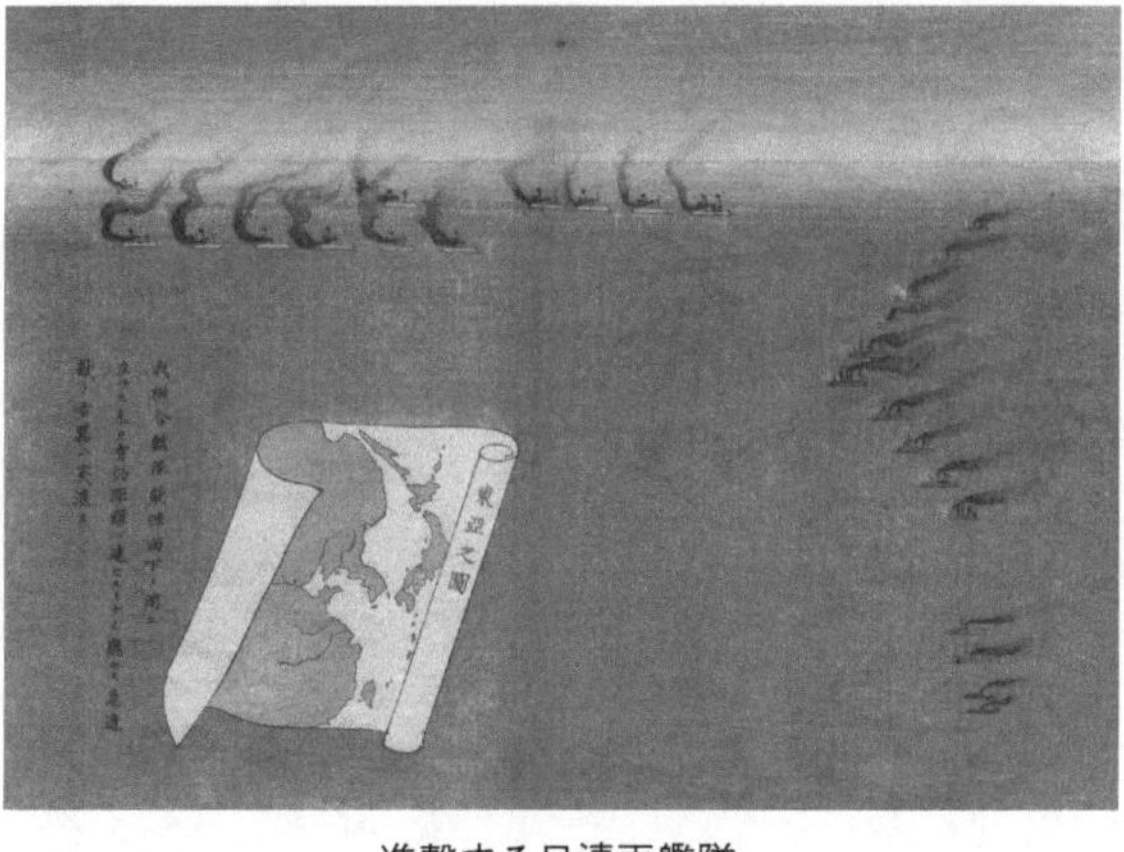

進撃する日清両艦隊

ル以下まで距離をつめて猛烈な近接射撃を行った。

この近接射撃により、日本艦隊の砲弾が多数清国艦に命中し、午後一時過ぎには「揚威」「超勇」がいずれも大火災を発して行動の自由を失った（黄海海戦図2）。その後「超勇」は十三時三十分に沈没した。

清国の「定遠」「鎮遠」などの主力は衝角戦術を実施すべく、たびたび日本艦隊へ猛進したが、速力で勝る日本艦隊の高速運動でそれをかわし、速射砲弾を雨あられと浴びせかけた。その結果清国艦隊は単縦陣の日本側の運動に翻弄され、陣形を守りつつ日本艦に艦首を向けるだけが精一杯となり、海戦の主導権は日本側が握りつつあった。このときには清国の陣形の最左翼にあった「済遠」が旅順に向かって戦場離脱をはじめ、隣の「広甲」もこれにならった。

もっとも、日本艦隊にも戦闘開始直前の時点で錯誤があり、敵艦に対して予定通り整然と攻撃を行ったわけではなかった。まず艦隊は単縦陣を保ちながら敵艦隊に進撃し、距離一万二千メートルになったとき、伊東司令長官は第一遊撃隊に対して、「右翼を攻撃せよ」という旨の信号旗を掲げた。伊東の意図は、「前方に見える『広丙』『平遠』ではなく、右方向に見える敵の主力を攻撃せよ」というものであったが、第一遊撃隊の坪井司令官はこれを、「敵主力の右翼（「揚威」「超勇」）を攻撃せよ」という意味に受け取って左に変針してしまっ

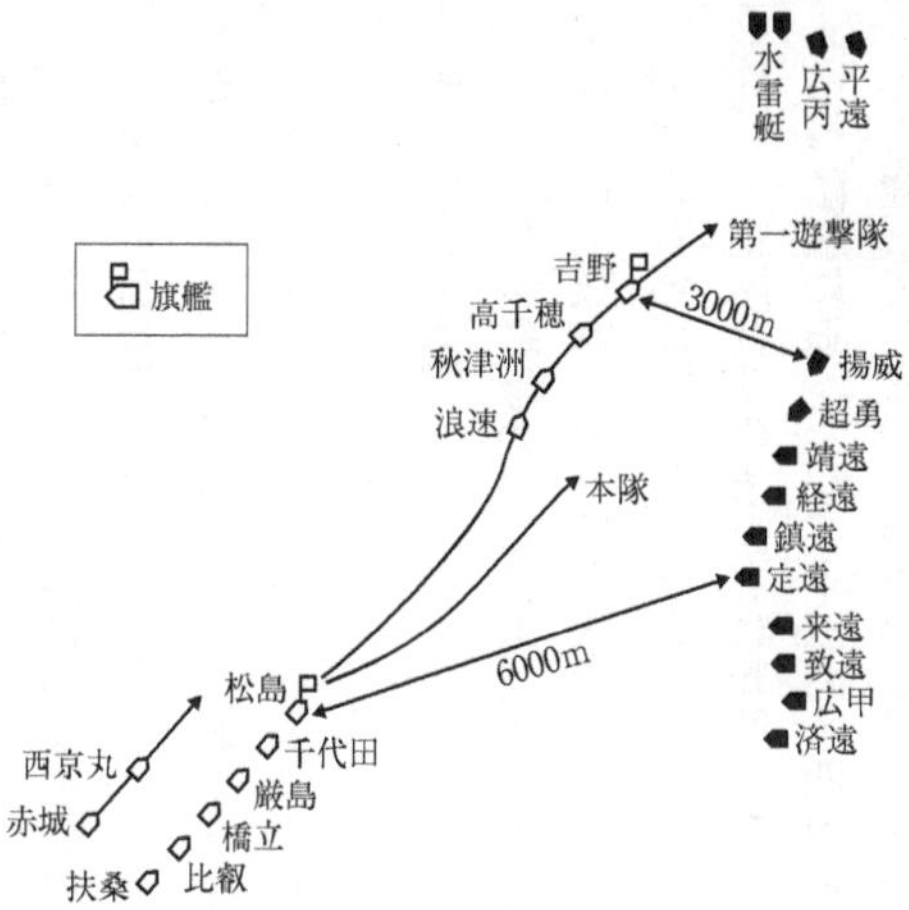

黄海海戦図(1)

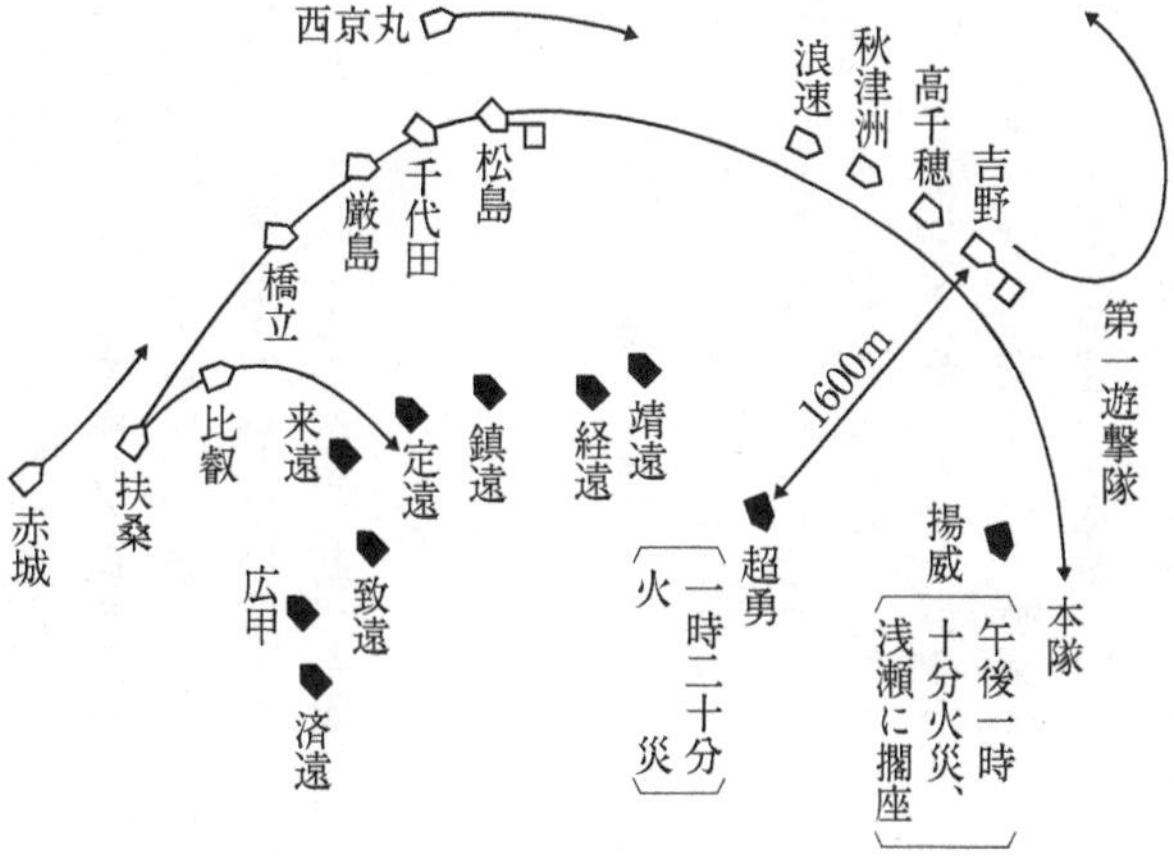

黄海海戦図(2)

た。伊東は右に行くと思った第一遊撃隊が予想外の行動をしたことに驚いたが、今からこれを訂正する時間の余裕はなく、本隊も第一遊撃隊に後続して、まず敵の右翼を攻撃することとなった。日本艦隊が清国側の最強艦である「定遠」「鎮遠」ではなく、まず右翼に位置する「揚威」「超勇」を最初に攻撃して炎上させ、艦隊の戦闘力を減殺して序盤を有利に展開したことは後日、各国の海戦評論家から賞賛されたが、それはこの錯誤に基づく偶然がもたらしたものであった。

苦境に陥る三艦

また、日本艦隊の中で苦境に陥った艦もあった。「比叡」「赤城」「西京丸」の三隻で、いずれも日本艦隊の中では低速であったため、多数の清国軍艦から標的とされたものである。清国の右翼に回り込んだあと、第一遊撃隊は主隊の砲撃をさまたげないよう、大きく左に転回し、主隊はそのまま右に転回して敵の背後に回った。このとき劣速の「比叡」は、砲撃しつつ敵艦に迫ったが、十三時十四分には自艦の前に位置していた「橋立」から千三百メートルも遅れてしまっていた。このとき「定遠」と「来遠」が急に変針して、衝突を試みてきた。このため「比叡」は最大戦速で敵艦の間に突入して脱出を図り、「定遠」からは千メートル、「来遠」から四百メートルの近距離に近づいた。このとき「来遠」が魚雷を発射した

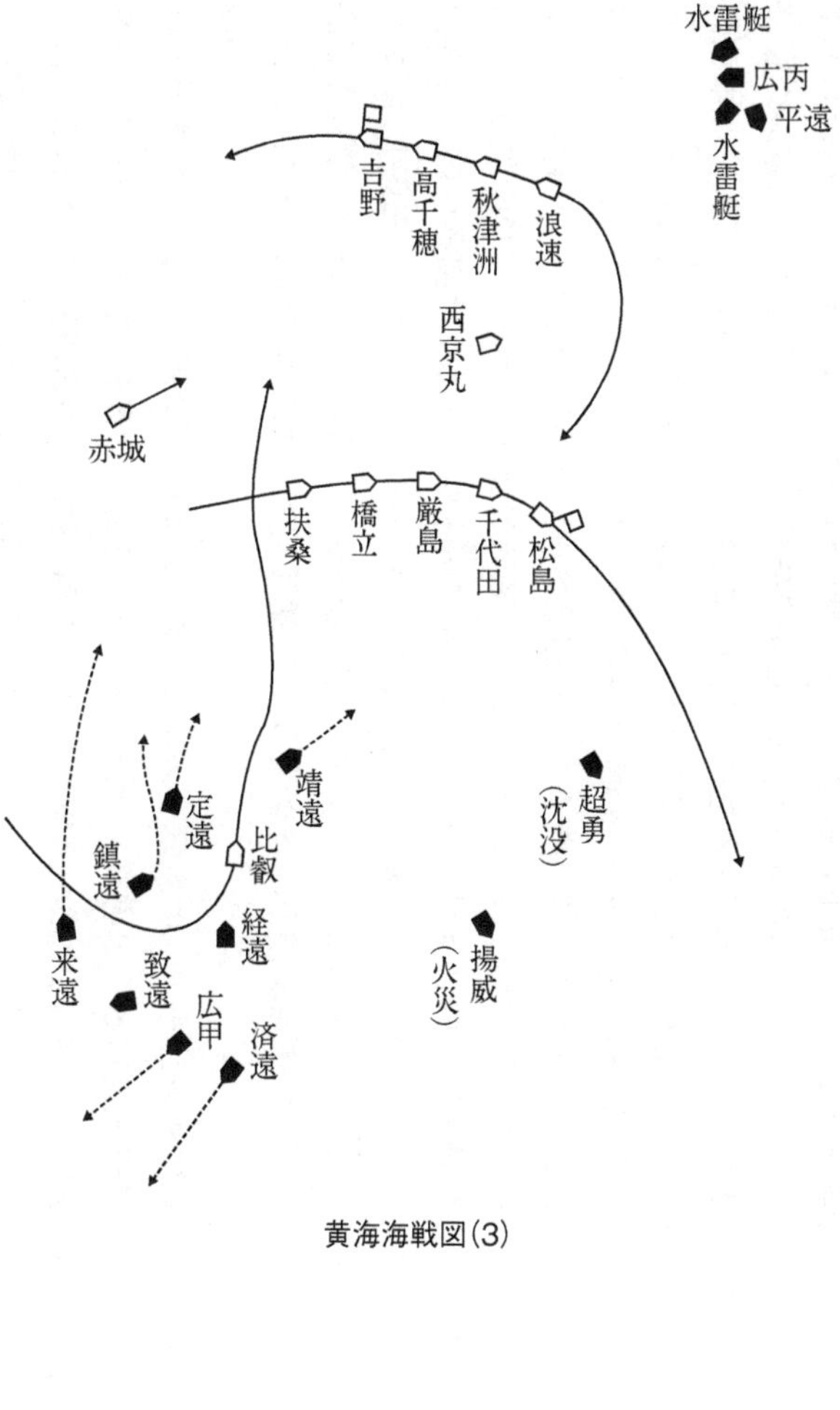
水雷艇
広丙
平遠
水雷艇
吉野
高千穂
秋津洲
浪速
西京丸
赤城
扶桑
橋立
厳島
千代田
松島
定遠
靖遠
超勇
（沈没）
鎮遠
比叡
経遠
来遠
致遠
揚威
（火災）
広甲
済遠

黄海海戦図（3）

が、危うく艦尾七メートルのところをぬけていった。

「比叡」はこのあと、清国艦の集中攻撃を受けながらも重囲を脱し、「扶桑」の後尾に向かったものの、マストの軍艦旗は破れ、命中した三十・五センチ弾のため後部下甲板が破壊されるなどの大損害を受け、軍医長・主計長を含む十九人が戦死し、三十七人が負傷した（黄海海戦図3）。

「赤城」もまた、大変な苦戦に陥った。同艦は十三時九分に砲撃を開始して「定遠」「鎮遠」と砲撃を交わしたものの、劣速のため本隊に続行することができずに孤立してしまい、「来遠」「致遠」「広甲」から約八百メートルの距離で射撃を受け、十三時二十五分には艦長の坂元《さかもと》八郎太《はちろうた》少佐が戦死した。この様子を伝えた文章には、「坂元氏は清国水雷艇の攻撃を注視し、もしこれを発見するときは急に檣楼《しょうろう》より信号をもって之を他艦に予知するの任務を有し居たり」「砲弾のため檣を折られ、その際檣楼上には坂元艦長及び信号手二名ありて、檣と共に墜落しついに戦死せり」とある。後の時代の艦橋に相当する檣楼は敵弾の標的になりやすく、艦のトップが死の危険と隣り合わせという時代であった。この坂元艦長戦死によって、航海長の佐藤鉄太郎《さとうてつたろう》大尉が指揮を代行したが、やがて十四時十五分には敵弾が艦橋で炸裂《さくれつ》し佐藤も負傷、一時は二番分隊長が指揮を執る事態となった。

「比叡」と「赤城」はなお清国艦の追撃を受け、これを見た「西京丸」が十四時十五分に

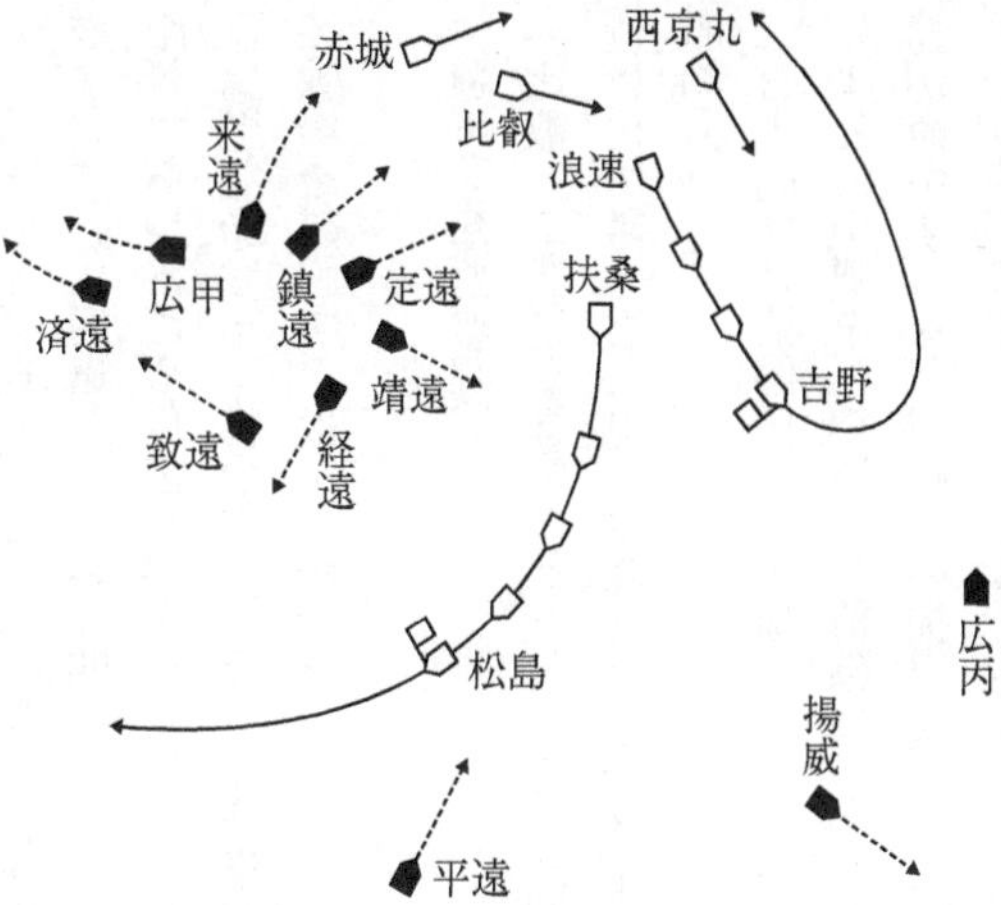

黄海海戦図(4)

「比叡・赤城危険」との信号を掲げた。これを見て第一遊撃隊は左に大回頭し、「比叡」「赤城」と清国艦の間に割って入ろうとした（黄海海戦図４）。

十四時二十分、「赤城」の艦尾砲が発射した弾丸が、追撃する「来遠」の甲板に命中して大火災を引き起こし、清国艦がこれを救うため減速して同艦の周囲に集まった時をとらえて、「赤城」はようやく虎口《ここう》を脱することができた。

「比叡」「赤城」の苦戦を伝えた「西京丸」自身も、第一遊撃隊が両艦の支援に向かった後は孤立して「定遠」以下の敵艦に追跡される事態となり、勇戦したものの多くの命中弾を受け、かつ舵《かじ》が故障して人力操舵《そうだ》に切りかえたものの自由な運動ができず、十四時四十分からは清国艦隊と離れて航行していた「平遠」「広丙」や水雷艇の攻撃を受けた。

このとき水雷艇「福龍」は、艇首発射管の魚雷二本で「西京丸」を雷撃したが、魚雷は左舷すれすれに通過し、続いて四十メートルの近距離から発射された魚雷一本は、あまりに近距離であったため魚雷が調定深度に達しないうちに「西京丸」の艦底を通過した。こうして「比叡」「赤城」「西京丸」の三隻は沈没の危険をまぬがれたものの、いずれも戦闘力を失って戦場を離脱するほかなかった。

壊滅する清国艦隊

「比叡」「赤城」を救おうとして左に大回頭した第一遊撃隊は、清国艦を左に見つつ、反対側に出て敵を右に見る本隊と、六千メートルを隔てて、敵を挟撃する態勢となった（黄海海戦図5）。

日本艦隊は清国側の「定遠」「鎮遠」以下に集中砲火を浴びせ、「松島」は三十二センチ砲による命中弾を「鎮遠」の前部に与えたが、新たに戦闘に加わった「平遠」の二十六センチ弾が命中するなど、相応の損害を受けた。しかし北洋艦隊全体としては、日本側の集中攻撃により陣形は混乱し、「平遠」「来遠」「揚威」は火災を発して戦闘能力を失いつつあり、「広丙」は陸地に向かって逃走を図っていた。第一遊撃隊と本隊は、敵の陣形を航過したあとふ

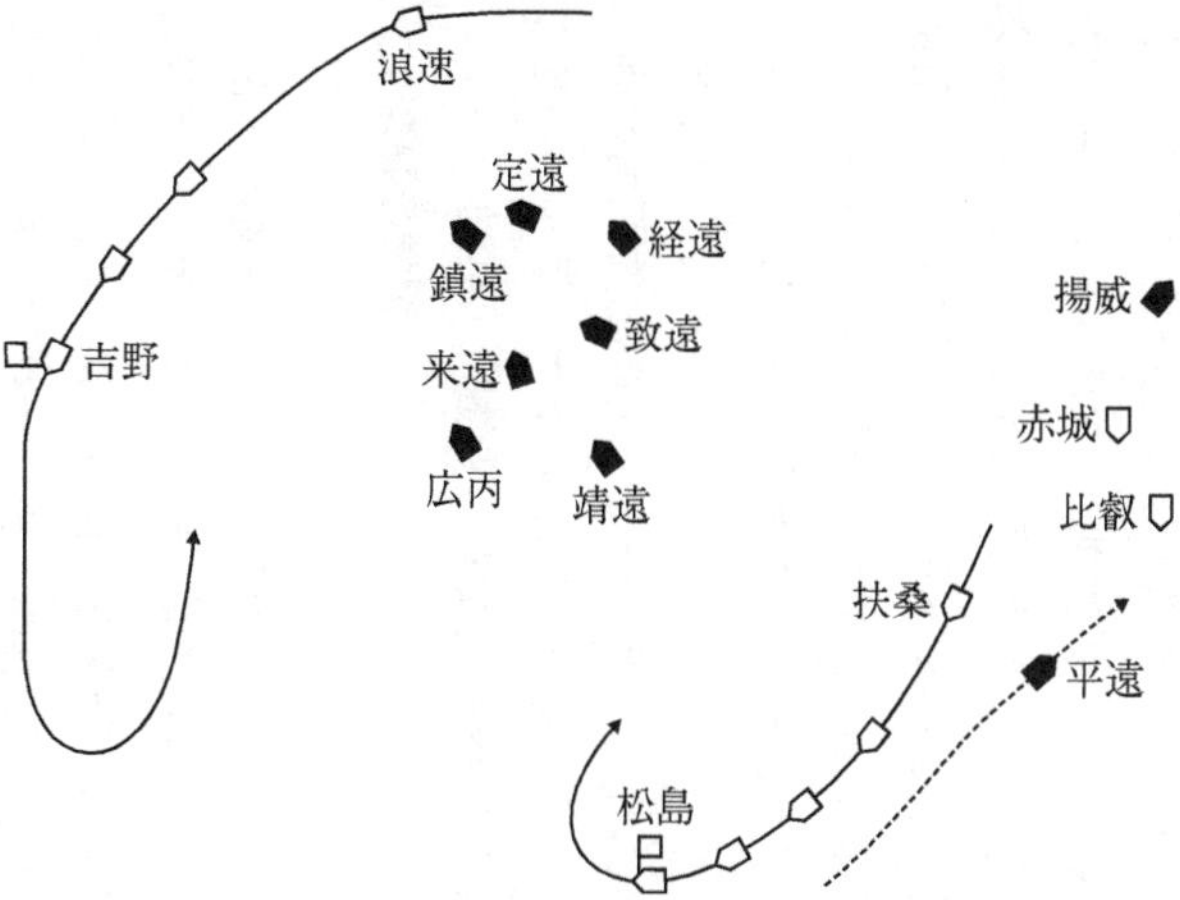

黄海海戦図(5)

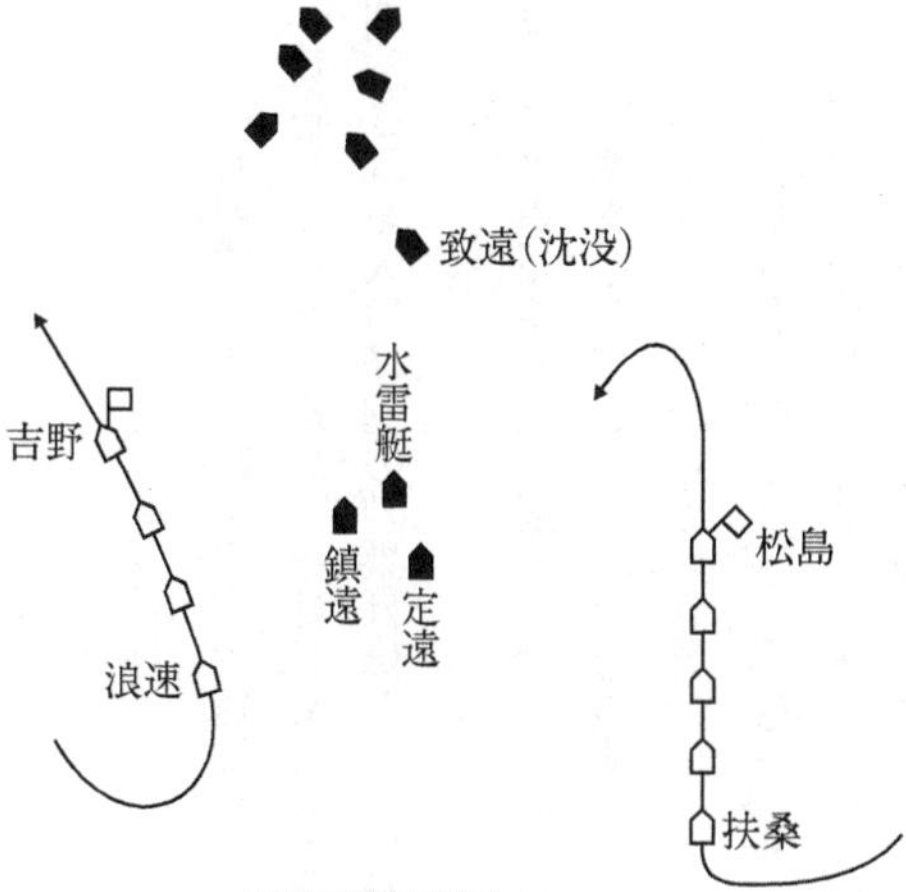

黄海海戦図(6)

たたび内側に反転し、第一遊撃隊は逃走する「済遠」「広甲」「来遠」「経遠」「靖遠」を追い、十五時三十分には「致遠」が沈没し、火災を数回にわたり発していた「揚威」は、戦場北方に離脱して陸岸に乗りあげた。そして日本側の本隊は、残る清国艦のうち「定遠」「鎮遠」に砲火を集中した（黄海海戦図6）。

三景艦の戦闘

さて「定遠」「鎮遠」に対抗するため建造され、この海戦で「まだ沈まずや定遠は」と言いのこして戦死した「勇敢なる水兵」三《み》浦《うら》虎次《とらじ》郎《ろう》が乗艦していた「松島」をはじめとする三景艦の戦闘状況はどうであったか。実のところ、期待された大口径砲の効果はほとんど皆無であった。

四千トンの船体に搭載した三十二センチ砲はあまりにも重量や容積が過大に過ぎ、砲を横に旋回すると艦自体も深くその方向に傾いてしまって照準をやり直さなければならず、また発砲した時に反動で艦首が大きく回り、舵を取り直さねばならなくなるという具合に、その操作に非常な労力と時間がかかった。四時間半に及んだ海戦全体を通じて、三景艦が発射した三十二センチ砲は、「松島」三発、「厳島」五発、「橋立」四発にすぎず、一発の発射に平均して一時間前後を要したことになる。しかも発射した砲弾の命中は皆無（一説によれば

「鎮遠」の主砲弾が命中した「松島」艦内の惨状

「鎮遠」に二発命中したが効果は不明）という結末であった。

同じような大口径砲発射の困難は、実は清国側でも起こっている。衛《え》藤瀋吉《とうしんきち》『近代東アジア国際関係史』には、「定遠」が初めて主砲を発射したとたんに「振動で艦橋がくずれおち、司令官丁汝昌が重傷を負った」とある。「艦橋が崩壊して重傷」という表現はややオーバーであり、実際には発砲の衝撃で艦橋の手摺《てすり》が折れたという程度であるが、当時はどの軍艦も艦橋の構造は簡素なものであったので、丁汝昌はもんどり打って転落したということは確かなようである。

さて十五時すぎの時点で、清国側の「定遠」「鎮遠」はすでに火災を起こし、多数の死傷者を出していたが、依然として戦闘能力は残っており、乗員の士気も旺盛《おうせい》であった。日本側の旗艦「松島」は十五時三十分、「鎮遠」の発射した三十・五センチ主砲弾二発が、左舷前部の十二センチ速射砲台に命中し、付近にあった装薬が引火して爆発したため三十五人が戦死、負傷者七十八名を出して火災を生じ、主砲は使用不能となった。

海戦において被弾した艦の内部がどのようなものであったのかを、明治二十九（一八九六）年に出版された『黄海海戦ニ於ケル松島艦内ノ状況』が挿絵付きで次のようにリアルに伝えている。著者はかつて「咸臨丸」が太平洋を横断したときの司令官であった木村摂津守《きむらせっつのかみ》喜毅《よしたけ》の長男で、黄海海戦当時の「松島」水雷長（大尉）、のち海軍少将となった木村浩吉《こうきち》である。

「〔舷側板は〕長さ三間幅一間の巨孔《きよこう》を穿《うが》ち、上甲板を二尺乃至《ないし》三尺余り吹上げ、上甲板を支ゆ鉄柱鉄梁《はり》は切断若《も》しくは屈曲せられ、下甲板は左右舷に三、四坪の穴を開け圧力は尚《な》ほ水罐《すいかん》に達して、数個を萎縮《いしゆく》破損せしめ又上甲板裏面に附着したる電燈電路・伝話管、水管、蒸気管は切断或《あるい》は屈曲せられて、草蔓《つる》の下垂するが如し。昇降口は形を変じ、堅牢《けんろう》なる階子は二個共粉塵《ふんじん》となり、該砲台の指揮官たる志摩大尉を初め士官下士卒二十八名は、或は四肢分裂せられ、或は胴より上部若くは下部を残されたるもの少なからず。其他重傷を被《こう》むりし後死せしもの二十二名にして、纔《わず》かに死を免るるもの三十余名なり」

海上戦闘での戦死の状況がどれだけ壮烈なものであったか、生々しく描写した刊行物を通じて一般国民が知ることのできた時代であった。

この「松島」の火災は十六時に鎮火したが、前部の船体上部を破壊されたことから旗艦としての能力が失われたため、同艦は戦列から離脱を余儀なくされた。伊東司令長官は主隊の各艦に独断で戦闘を行うよう命じたところ、巡洋艦「千代田」が先頭に立って二巨艦に向け突進したため、伊東は危険を感じてこの命令を取り消した。ついで伊東は、「定遠」「鎮遠」を撃沈する手段として、第一遊撃隊を合同させようとして「本隊に帰れ」と遠距離信号を掲げたが、通信力不足のため第一遊撃隊を呼びもどすことができなかった。

逃走艦を追撃した第一遊撃隊は、まだ損傷のない「経遠」を十四ノットで急追して砲撃し、これを十七時三十五分に撃沈した。

日没の近づいた十七時四十分に、伊東長官は第一遊撃隊に本隊復帰を命じ、日本の追撃は終了した（黄海海戦図7）。

伊東長官は、清国艦隊の残部は威海衛に向かうものと判断し、翌十八日朝に威海衛沖で残存の清国艦隊を要撃することを意図して、「橋立」を旗艦として進撃したが、清国艦隊が避退した先が旅順であったため、敵艦を発見・交戦するまでには至らず十九日に仮泊地に帰還して海戦は終了した。被害を受けた「比叡」「赤城」「西京丸」は先に到着しており、「松島」は修理のため呉に回航していた。

この海戦で、清国側は「超勇」「致遠」「経遠」が沈没して「広甲」「揚威」が座礁、旅順に逃れた「定遠」「鎮遠」「来遠」は大損害を受け、残る「済遠」「靖遠」「平遠」「広丙」も修理を必要とする状態で、即時に巡航あるいは戦闘が可能なものは一隻もなかった。これに対し日本側は、「松島」「比叡」「赤城」「西京丸」の他はほとんど損害がなく、即時の出動が可能な状態であった。死傷者数も清国側八百三十七名に対して日本側二百九十八名、各艦の被弾数も比較的軽微ですんだ（三三一ページの「黄海海戦への参加艦艇一覧」表を参照）。

この結果、清国艦隊を全滅させることはできなかったものの、黄海の制海権は日本側の手に帰した。やがて第二軍の遼東半島・山東半島上陸が行われて旅順と威海衛が陥落し、日本側の日清戦争勝利が決定したのであった。

黄海海戦の戦訓

黄海海戦では、速力がまさっている日本艦隊が単縦陣による統一指揮によって勝利したことから、衝角による体当たりの戦術がもはや時代遅れとなったことが証明された。また、日本側軍艦の被弾数は「赤城」の三十発、「比叡」の二十三発をはじめとして「松島」「橋立」「西京丸」がいずれも十数発程度であったためどの艦も沈没を免れたのに対し、清国側は主

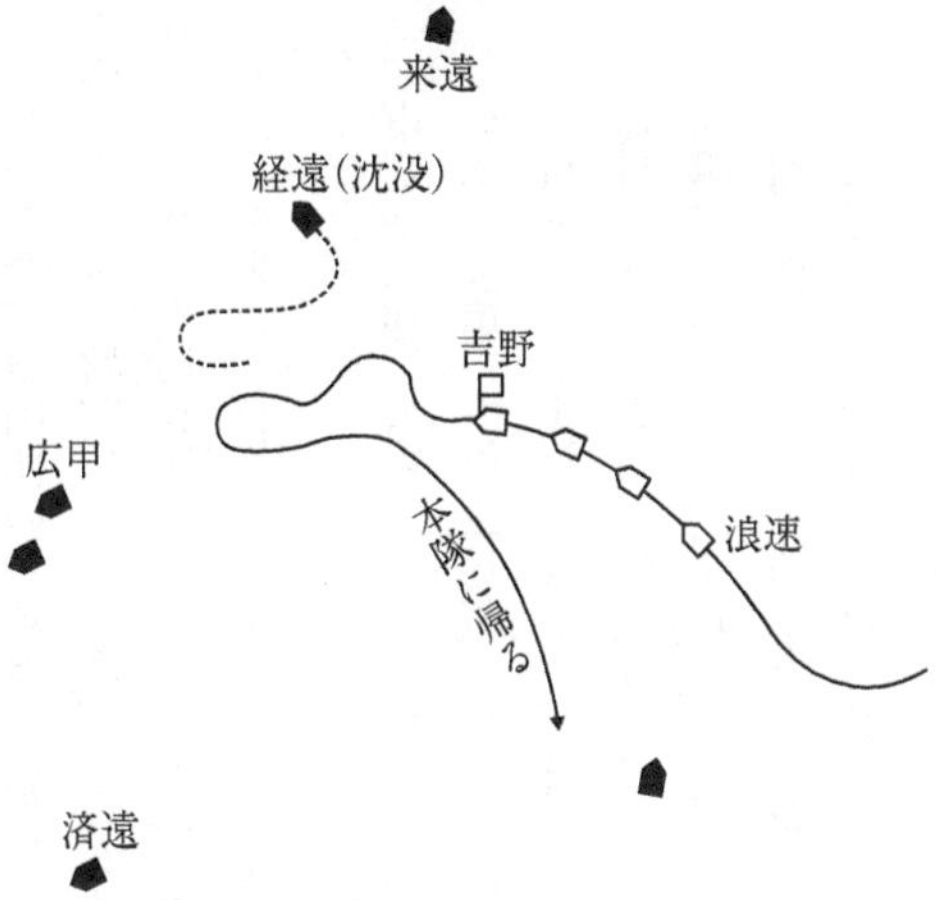

黄海海戦図(7)

力の「定遠」百五十九発・「鎮遠」二百二十発をはじめとしてほとんどすべての艦艇が百発以上、あるいは数十発の命中弾を受けたといわれる(前出の表を参照)。これは、日本側の戦術や組織的な訓練が清国側にくらべて卓越しており、清国海軍はハードウエアでは日本海軍より進んでいる面があったものの、カタログスペックにあらわれない制度や組織、人員の質に関する欠陥が、実戦において明らかになったといえよう。

また、日本側の勝利にはイギリスで製造された軍艦や速射砲に負うところが大きかったこともわかる。とくにイギリスのアームストロング社で建造された巡洋艦「浪速」「高千穂」「吉野」は、「松島」以下の三景艦と対照的に、期待された性能を十分発揮する活躍を見せた。これ以降、日本海軍部内ではイギリス製軍艦への高い評価が定着し、日露戦争まで主力軍艦のほとんどがイギリスへ発注されることとなった。

その一方で、清国側の「定遠」「鎮遠」が数百発の命中弾を受け炎上したにもかかわらず、両艦とも主砲や機関は健在であり沈没をまぬがれ、戦線を離脱し得たことから、甲鉄艦が搭載したような砲熕《ほうこう》兵器と装甲の重要性についてもあらためて痛感された。

またこのとき、日本側の十二隻の軍艦には、以下のような少壮士官が乗艦していた。

東郷平八郎（大佐、「浪速」艦長）
坂本　俊篤（少佐、「比叡」副長）
上村彦之丞（少佐、「秋津洲」艦長）
島村　速雄（大尉、連合艦隊参謀、「松島」乗艦）
加藤友三郎（大尉、「吉野」砲術長）
山屋《やまや》　他人《たにん》（大尉、「西京丸」航海長）
吉松茂太郎（大尉、「吉野」分隊長）
佐藤鉄太郎（大尉、「赤城」航海長）

日本海軍は黄海海戦において、いくつかの錯誤や戦術上の失敗も犯したものの、これらの人材が初めての近代海戦を肌で体験したことは貴重な経験であった。彼らはのち日露戦争の時期まで、あるいはそれ以降も海軍の第一線配置で活躍することになる。

威海衛に迫る日本軍

黄海海域の制海権が日本側の手に帰したことにより、大本営では大山巌陸軍大将を司令官として新たに第二軍を編成し、金州《きんしゅう》半島の花園口《かえんこう》に上陸させた。この第二軍は十一月二十二日に旅順口を占領し、金州半島全域が日本軍の支配するところとなった。大本営の意向はこれを機に渤海湾の北岸まで軍を進め、直隷平野で清国陸軍の主力と決戦に持ち込んで勝利することにあったが、この時期は風雪が激しく渤海湾北部への上陸は不可能であった。また、この頃になると伊藤博文首相から参謀総長に対して、直隷平野での決戦で日本軍が大勝すれば清朝が崩壊し、講和の交渉相手を失うことになるという懸念が表明されていた。そのため決戦は来春まで延期し、その前段階として陸海協同により威海衛を攻略し、湾内に潜んでいる清国海軍の残存艦艇を撃滅する作戦がとられた。

伊東司令長官は、陸軍が威海衛への総攻撃を開始すれば、港内の清国軍艦はかならず脱出を試みるものと予期して、黄海海戦への参加部隊（本隊：「松島」「千代田」「厳島」「橋立」の四隻、第一遊撃隊：「吉野」「高千穂」「秋津洲」「浪速」の四隻）に第二遊撃隊（「扶桑」「比叡」「金剛」「高雄」）を加えた艦隊を威海衛沖合に待機させた。

第二軍の南からする総攻撃によって明治二十八（一八九五）年一月三十日に威海衛東岸の砲台は占領されたが、なお港内にとどまり、むしろ劉公島を背にして、陸上の日本軍を艦砲射撃で悩ませていた。そこで伊東司令長官は水雷艇隊による夜襲を決意し、二月四日夜に命令が下った。

水雷艇は小型軽快な性質を持ち、敵艦に肉薄して搭載している魚雷によって攻撃を行う兵器である。日本海軍は明治十三（一八八〇）年に最初の水雷艇として、常備排水量四十トン、全長約三十メートル、全幅約三・八メートル、計画出力四百三十馬力、最高速力は十四ノット強（計画値は十七ノット）、航続距離は十二ノットで千カイリ、日清戦争開戦時には魚雷発射管一基を搭載する要目のものをイギリスのヤーロー社に注文し、完成品を分解して横須賀造船所に運び、そこで組み立てを行った（当時の水雷艇は外洋を航行する能力はなく、ヨーロッパから回航することができなかった）。これ以降、日本海軍で輸入と国産につとめた結果、日清戦争においては計二十四隻が戦闘に参加したが、排水量二百三トンの「小鷹《こたか》」一隻を除いた二十三隻は五十～八十トン内外の排水量で、乗員は大尉を艇長として全十六名であった。

このような小型の艇は耐波性を欠いており悪天候にきわめて弱く、かつ狭い艦内生活を強いられて長期の作戦に適していなかった。

このような難点がありながら、二月五日に十隻、翌六日に五隻の水雷艇が寒風吹きすさぶ渤海湾に出撃したのであった。魚雷が発明されてから三十年足らず、それを搭載した水雷艇が登場してからまだ二十年ほどしかたっていないときである。

その水雷艇を集中使用して港内の敵艦を攻撃するという作戦は、この日本海軍による威海衛夜襲が最初であり、その観戦のためにイギリスから四隻、アメリカから三隻をはじめフランス・ロシアの海軍が軍艦を派遣したという。その威力がまだ明らかでない兵器を集中使用するという、日本海軍の戦術の独創性は四十六年後、真珠湾攻撃において再び発揮されることになる。

水雷戦隊による夜襲作戦

威海衛の湾口には敵の防材が張りめぐらされており、そのままでは水雷艇が進入できないため二月三日の夜半、二隻の水雷艇がこの防材の破壊作業を行った。このうちの一隻に艇長として乗り組んでいたのが鈴木《すずき》貫太郎《かんたろう》大尉、のち太平洋戦争終結時の総理大臣である。彼は晩年、このときの出撃について「艇が進むにしたがって氷が裂け、氷片が両舷にシャリンシャリンと微妙な音を立てるのがなんとなく快い心持ちであった」と、情緒あふれる表現で述べているが、現実には酷寒の風浪の中、かつ敵の砲台から激しい攻撃を受けての決死行といってよかった。この破壊作業で鈴木らは防材の爆破に一部成功し、水雷艇がどうにか航行できる通路をひらいたが、敵は哨戒艇《しょうかいてい》も配置しており、警戒が相当厳重であることも判明した。また日本側が防材を破壊したことによって、清国側は近く日本側の夜襲があることを察知して警戒を厳重にした。

二月五日の未明、防材破壊の経験に基づいて先導する鈴木の艇を含め、第二水雷艇隊（司令：藤田幸右衛門《ふじたさちえもん》少佐）の六隻と、第三水雷艇隊（司令：今井兼昌《いまいかねまさ》大尉）四隻からなる計十隻の水雷艇が出撃した。波をかぶるたびに甲板が氷結するといわれる寒天の下、月なき海上を進撃し、威海衛の東水道を突破したが、やがて敵艦隊の停泊場所に迫ったときに、敵の猛烈な砲火を浴びて被害が続出した。

闇夜でもあり、各艇は僚艇を見失って統一指揮がとれなくなり、それぞれが単独で敵艦に肉薄して魚雷発射を試みたが、鈴木の艇のように発射管が凍結して魚雷発射が不能となるなどのアクシデントも発生したため、攻撃点まで進出できたのが十隻中五隻、実際に魚雷を発射できたのは四隻にすぎず、作戦中に二隻が座礁、一隻が敵の攻撃で大破して放棄された。残る七隻も明瞭《めいりょう》な戦果を確認できずに帰投している。

世界初の水雷艇による本格的夜襲は、このような試行錯誤のもとで実施されたのであるが、

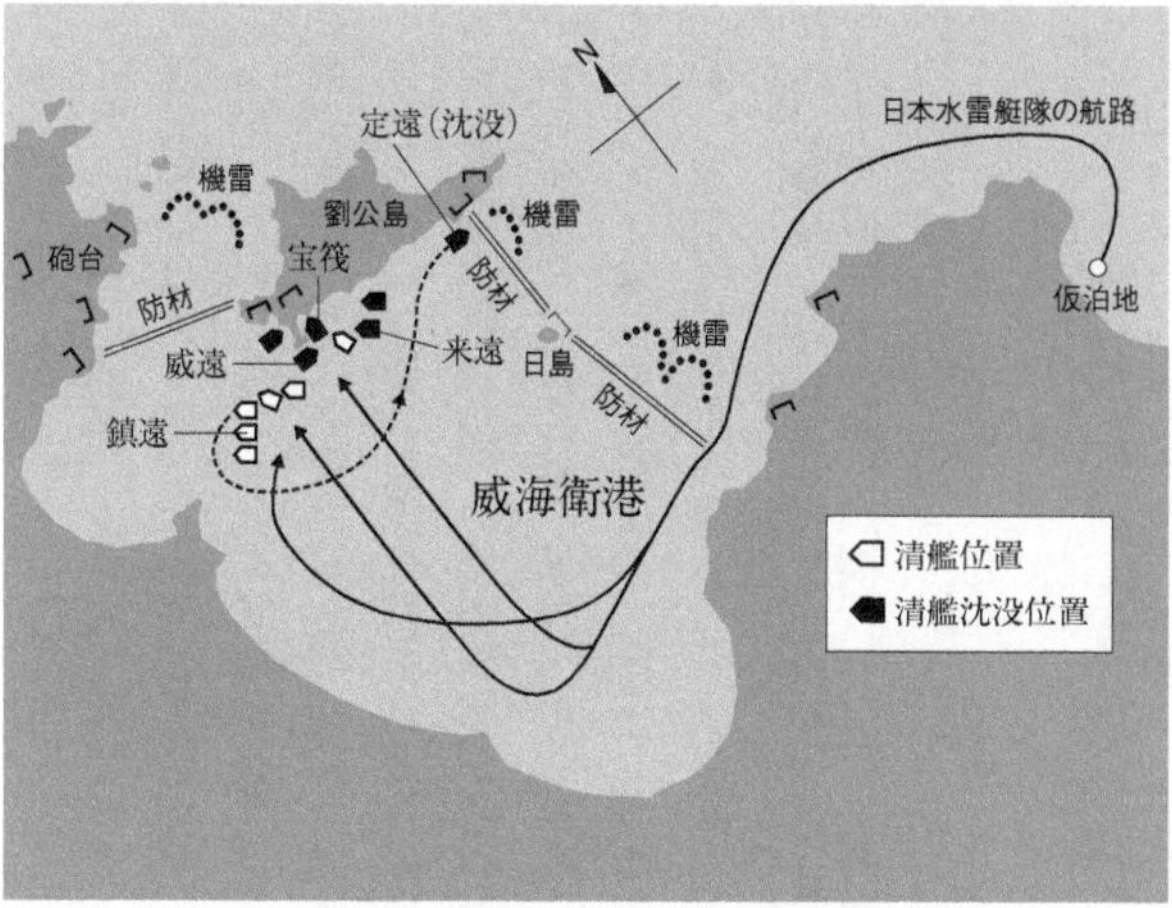

威海衛夜襲の作戦図

意外にも大きな戦果を挙げたことがわかった。まず清国北洋艦隊の旗艦「定遠」は魚雷命中により艦底を破られて機関室に浸水し、沈没寸前となったので港口に近い浅瀬に乗り上げて行動不能となった。ただし転覆はまぬがれたため、日本側は「定遠」が健在であると思い込み、伊東司令長官は次の夜も湾内の敵艦攻撃を命令し、第一水雷艇隊（司令：餅原《もちはら》平二《へいじ》少佐）五隻による第二次強襲が六日夜半に実施された。このときの攻撃では五隻中三隻が魚雷を発射し、「来遠」に魚雷を命中させ同艦は転覆、また練習艦「威遠」と水雷敷設艦「宝筏《ほうばつ》」を撃沈するという戦果を挙げた。

威海衛の陥落

これらの夜襲攻撃、なかでも艦隊旗艦「定遠」の被雷と座礁が清国艦隊の将兵にあたえた心理的動揺は大きく、「定遠」艦内にはパニックが広がり、動けない軍艦に乗っている不安と不満とが昂《こう》じて、反乱の傾向が見えはじめた。丁汝昌は旗艦を「鎮遠」に移し、威海衛の防備を放棄することを決意して指揮下の水雷艇十隻あまりに脱出を命じた。

二月七日には連合艦隊は劉公島と日島の砲台と港内の軍艦停泊地とに艦砲射撃を開始し、占領した陸上砲台からも協力砲撃が行われた。この日の午後に日島砲台の火薬庫が爆発し、九日の午後には巡洋艦「靖遠」の火薬庫に砲弾が命中して爆発し、同艦は一瞬にして沈没した。なお丁汝昌の命によって脱出した十隻あまりの清国水雷艇はこれに先立つ七日に日本側の第一遊撃隊に捕捉《ほそく》攻撃され、大半が沿岸に擱坐《かくざ》するか日本側に捕獲されて壊滅した。

九日には「靖遠」の轟沈《ごうちん》をきっかけに兵員のパニックと反乱の傾向はとみに高まり、各艦では水兵の命令不服従が横行して日本艦隊への降伏を叫ぶ声が満ちた。十日には「定遠」艦長の劉歩蟾《りゅうほせん》が部下の離反に絶望し、火薬を艦の中央部にしかけて爆発沈没させ、同時に拳銃《けんじゅう》で自決したといわれる。これが、かつて東アジア海域を圧した北洋艦隊の象徴であった「定遠」の最期であった。十二日、万策つきた丁汝昌は人命の保護を条件として降伏文書を伊東司令長官に呈し、自らは服毒自殺を遂げた。

こうして日本側の軍事的圧勝のうちに、明治二十八（一八九五）年四月十七日、下関で講和条約が調印され、日清戦争は終結したのである。

〈コラム　参謀さえも戦った黄海海戦〉

黄海海戦は幸いにして勝利に終わったが、予想もできなかった場面もあった。樺山海軍軍令部長が乗り組んだ仮装巡洋艦「西京丸」が、交戦中の連合艦隊の付近にあって敵弾を受けて舵《かじ》が故障し、よろよろ航走中、前方から清国の水雷艇「福龍」が接近してきた。ところが、「西京丸」では、被弾による火災と損傷の修理のために水兵が不足し、船首の砲には砲手がついていなかった。慌てた海軍軍令部の参謀たちが駆け寄って、この砲を盛んに射撃したのである。戦場に海軍軍令部の参謀が居ること自体、通常ではあり得ないことだが、その参謀が砲について射撃をしたというのも、空前絶後といえる。結果は、一発も命中せず、「福龍」は目前まで接近し魚雷を発射したが、幸いこれは近すぎて船底を通過してしまい、「西京丸」は無事だった。「西京丸」の分隊長は、敵があまりに近いので拳銃まで撃ったという、珍しい戦いだった。

沈没した「威遠」

終　章　戦争終結、そして日露戦争へ

勝敗を決した両国の近代化

清国が専門家集団としての海軍建設を実現するに至らずして、日清戦争を迎えたことはすでに述べた。では敗北後の清国では何が起こったであろうか。

まず海軍再建五カ年計画が立てられ、李鴻章《りこうしょう》を長として軍艦の海外発注などが開始されたが、一九〇〇（明治三十三）年の北清事変における連合軍への賠償支払いと一九〇一（明治三十四）年の李鴻章の死去とによって計画は頓挫《とんざ》した。日露戦争によって日本連合艦隊がロシア艦隊に勝利を収めると、清国では日本海軍にならった海軍建設の動きが本格化し、日本への小艦艇の建造発注（川崎造船所へ砲艦九隻・水雷艇四隻）、清国各地への日本人教官と技術者の多数招聘《しょうへい》、日本への海軍軍人留学（東京商船学校、現東京海洋大学を経て海軍砲術学校、水雷学校へ）など、数多くの施策が実施されていった（『日本海軍史　通史1・2』より）。

日本が海軍建設を通じて近代化を開始し、制度や社会の変革を成し遂げたことに注目し、自国の政治改革の必要性を唱える動きも数多く登場した。第二部第一章で登場した、天津水師学堂の校長であった厳復《げんぷく》は、日清戦争での敗北を単なる軍事技術の高低だけではなく、その背後にある組織や政治制度にかかわるものとしてとらえた。中体西用論（軍事や技術、産業は西洋のものを採用するが、文化や思想は中国の伝統を維持する方針）に基づいた洋務運動の限界をいち早く認識した彼は、一八九八（明治三十一）年に康有為《こうゆうい》・梁啓超《りょうけいちょう》・張之洞《ちょうしどう》らと、近代軍隊の整備や議会の開設などを柱とする政治改革運動（戊戌《ぼじゅつ》の変法《へんぽう》）を企図し、それが失敗に終わった後は西欧の政治・社会思想の文献の翻訳紹介に取り組み、同時代の知識階層に多大な影響を及ぼした。

日清戦争は単なる軍隊としてではなく、「科学技術の総合組織」としての海軍の戦闘能力を示した戦争であり、その勝敗は両国の近代化の達成度を象徴するものだったのである。

三国干渉が軍拡を呼んだ

明治二十八（一八九五）年の日清の休戦交渉は下関で開始され、四月十七日に講和条約が調印された。講和条約の内容は朝鮮の独立を承認し、清国は賠償金として二億両（テール）を日本に支払い、そして日本に遼東《りょうとう》半島と台湾を割譲するというものであったが、その数日後にロシアはフランスとドイツの二国を誘って、日本の遼東半島領有が「東亜の平和に害あり」としてその還付を要求した。いわゆる三国干渉であり、当時の日本はこの三国を相手にできる武力・国力はなく、五月四日に還付を決定した。

　三国干渉は、東アジア地域での制海権確保を目的とする大型甲鉄戦艦整備実施の必要性を海軍部内のみならず、日本国内にも広く認識させた出来事であった。このため日清戦争前に策定されていた海軍拡張計画は、数年を経ずして再検討を迫られたが、このとき新規拡張計画の策定と実施を主導したのが、当時の海軍省軍務局長山本権兵衛《やまもとごんべえ》であった。

　明治二十八（一八九五）年、海軍大臣西郷従道《さいごうつぐみち》は権兵衛に対して、艦艇や人員、さらに施設等に関して、日清戦後における海軍経営のための施策案作成の内訓を発した。権兵衛は戦後の極東情勢や列国の動向等を研究した結果に基づく海軍建設案を西郷海相に報告した。この案は冒頭に「従来我海軍に於《お》ける艦艇を観るに恰《あたか》も裸体にて大刀を帯し、以《もっ》て堅甲を鎧《よろ》いたる敵に対抗せるやの概ありき」と述べ、それに対して今後はイギリスあるいはロシアに対してフランスが連合して東洋に派遣し得る艦隊を軍備標準として、これを上回る艦隊の整備が急務であるとして、甲鉄戦艦六隻（うち二隻は現在イギリスで建造中の「富士」「八島」で充当）、一等巡洋艦六隻を中心とする艦隊を編成すべきであると提案するものであった。そしてこれが、日清戦後の海軍拡張方針の基礎となったのである。

すなわち海軍が同年七月に閣議に提出し、決定された拡張案の骨子は、次のものだ。

一、海軍の目的は海権を制するに在り。故に敵と対抗するに足るべき主戦艦隊を備ふべし。

二、主戦艦隊の主体は、甲鉄戦艦なり。

〔三、略〕

四、我主戦艦隊の程度は、現下及近き将来に於《おい》て、東洋に派遣せられ得べき一国の勢力、若《も》しくは之《こ》れに一、二国連合するの勢力を標準とし、之と対抗するに足るべきものたるを要す。

五、右の標準に依《よ》れば甲鉄戦艦六隻、巡洋艦十二隻〔うち一等巡洋艦四隻〕……を備へさる可《べか》らず。

財政上の見地から一等巡洋艦二隻が減じられた以外、権兵衛が作成した国防方針の大綱の趣旨がほとんどそのまま採用されたのである。この拡張案は、財政事情により第一期・第二期に分割された上で、それぞれ明治二十八（一八九五）年十二月の第九回帝国議会と、翌年十二月の第十回帝国議会とにそれぞれ提出された〔なお、ここでいう「甲鉄戦艦」はすべて、装甲艦（armored ship）のことである〕。

なおこの過程で、明治二十九（一八九六）年五月に西郷海相はさらなる拡張案（既定計画に一等巡洋艦二隻を追加して合計六隻、さらにそれらすべての一等巡洋艦を大型の装甲巡洋艦に設計変更するという内容）を修正案として提出した。そして、閣議決定後に第十回帝国議会に提出されたこの修正案について、貴族院予算委員会で説明を行った人物が当時の伊藤雋吉《いとうとしよし》海軍次官と佐双左仲《さそうさちゅう》軍務局造船課長（造船大監、のちの造船大佐に相当）であった。

伊藤は「東洋情勢の変化と、欧州各国における造船技術の発達という、二つの点への対応が必要である」として、甲鉄戦艦と装甲巡洋艦各六隻の整備方針への賛成を求め、そのとき委員への技術的な説明を行う役割を佐双が担ったのである。この建造案は、前記の権兵衛の国防大計における提案をそのまま採用したものであり、この艦隊整備が極東における海上権確保に必須《ひっす》の条件であるという権兵衛の主張に沿ったものであった。

イギリス発注から国内建造へ

そしてこの海軍原案は、賛成多数により第十回帝国議会を通過し、貴族院において伊藤が説明した「世界的な建艦技術革新への追随」という策は、最も優れた建艦技術を有するイギリスからの最新鋭軍艦の購入として実施された。戦艦については前出の「富士」「八島」に続いて四隻（「敷島《しきしま》」「朝日《あさひ》」「初瀬《はつせ》」「三笠《みかさ》」）すべてが、また一等巡洋艦（装甲巡洋艦）は六隻中四隻（「浅間《あさま》」「常磐《ときわ》」「出雲《いずも》」「磐手《いわて》」）がイギリス発注となり、日本海軍はこれら十隻のイギリス製主力艦を中核とした、いわゆる六・六艦隊（戦艦と装甲巡洋艦各六隻）の編制によって日露戦争を迎えたのである。そして権兵衛は明治三十一（一八九八）年十一月に、西郷従道の後を継いで海軍大臣に就任し、以後の海軍における最高指導者として長きにわたって君臨したのであった。

権兵衛はまた、この六・六艦隊の整備を主体とする海軍拡張に対応しうる海軍機構の大改革を実施した。その最大のものが海軍艦政本部の設置であった。明治五（一八七二）年の海軍省発足以降、艦船の計画については造船局、兵器局、主船局、艦政局、軍務局の機関科・造船科・兵器科等が順次所掌していたが、明治三十三（一九〇〇）年五月に海軍省内の大臣隷属機関として海軍艦政本部が設置されて以降、艦船や兵器の計画・造修はすべて同本部が所掌した。一方、各国からの艦船・兵器の技術導入に際しては、明治二十三（一八九〇）年以降、イギリスをはじめとして各国に造兵造船監督官が配置され、艦船兵器の製造委託や材料・機械・物品の購入の際にその監督を行っていた。艦政本部の設置により、艦艇技術の導入をはじめとする監督官と艦政本部との密接な連絡が実施された結果、日本海軍の軍艦建造技術は急速に進展し、世界的な軍艦建造技術の発展への追随が可能となったのである。そして、設置された艦政本部の船体担当部（当時第三部）の部長には佐双左仲が着任し、以後明治三十八（一九〇五）年十月の死去に至るまで、海軍の艦船計画は彼が主導したのであった。

なおこれと同じ頃に、広島の呉《くれ》に「仮設兵器製造所」が建設されたが、これが山内万寿治《やまのうちますじ》の指導のもと、やがて軍艦と兵器の製造の一大拠点となる呉海軍工廠《こうしょう》へと発展してゆくのである。

浸透するマハン理論

権兵衛が日清開戦直前の閣議で政府・陸軍首脳に初めて紹介した「海上権」はアメリカ海軍のマハン大佐のいう「制海権」を指していたこと。一八九〇（明治二十三）年にマハンが著した『海上権力の歴史に及ぼした影響　一六六〇―一七八三年』がいち早く金子堅太郎《かねこけんたろう》の手によって海軍部内に紹介され、明治二十七（一八九四）年の日清開戦前に日本海軍士官の間で大流行していたこと。これらはいずれも第二章で紹介したが、その日本語訳が明治二十九（一八九六）年に『海上権力史論』として出版されると、海軍関係者ばかりでなく、たちまち読書界では一種のマハンブームが巻き起こった。

たとえば翌三十年の『東邦協会会報』第三十二号では、『海上権力史論』に対する新聞雑誌の書評を紹介しているが、主要十二誌が克明な紹介、批評を行っていることからも、その注目度の高さがうかがえる。

マハンの著作はどこに魅力があったのか。代表的な一例として、「国民新聞」による書評（『東邦協会会報』第三十二号掲載）の一部を見れば、「其《その》書名は、海上の制力たる海軍の消長に関すと雖《いえど》も、其の第十七世紀以来欧州列国が外交上の成敗、国力の消長、国運の盛衰、富の増減は、殆《ほとん》ど論じ尽くして明晰《めいせき》たり。仮令《たとえ》ば、第十七世紀の始めに於いて和蘭《オランダ》、葡萄牙《ポルトガル》、西班牙《スペイン》が一時世界に横行闊歩《かっぽ》したる所以《ゆえん》、英国が世界に偉大の領地を広めたる所以、欧州大陸が過《すぐ》る数百年間戦闘に従事せる間に於ける海上権力の関係する所以、更に細かに言へば西仏諸国が南北両米に於いて一時領地を得たる所以、海上の消長によりて英国が遂《つい》に印度《インド》より仏を逐《お》い和蘭を排し、南洋に於いて西、和、葡諸国に打ち勝ちたる所以、若しくは和蘭の国力が如何《いか》に海上制權《せいけん》の為め久しく保持したる所以、一言せば列国が外交操縦の制権力の尤《もっと》も大関係を有し列国の富の上に大要素たる海上の権力に就いて、事実に徴《しる》し、其の間の戦術を批評し、其の間の英雄ネルソン、ルイテル、コルベール等の人たるを記し……（句読点は筆者）」と紹介されている。

マハンの主張は、母国のアメリカでも、また著作の主要な対象であったイギリスにおいても、またドイツやフランスなどの列強でも海軍発展の理論的支柱となったが、その魅力は、国家の発展がその国の海軍力と不可分の関係にあるという説によって、それぞれの国にとっての重要な戦略指針たり得ると考えられたからに他ならない。

また、この『海上権力史論』が日本で出版された四年前の明治二十五（一八九二）年に、マハンはその続編に相当する『海上権力のフランス革命に及ぼした影響　一七九三―一八一二年』を出版し、大きな反響を受けて海軍史家・海軍戦略家としての名声を確立するが、この日本語訳も明治三十三（一九〇〇）年に『仏国革命時代海上権力史論』として刊行された。

マハンは、この二つの著作で日本国内でその海軍戦略家としての知名度を確固たるものとした。なかでも日本海軍は、制海権を重視するマハンのシーパワー論に基づき作戦を立て、それを実行した日清戦争において軍事的圧勝をおさめたのであるから、戦後の拡張路線も大型甲鉄艦の整備を柱とするものに変化したのは、むしろ当然の成り行きといえた。海軍はマハンの積極的な海上権益獲得志向に日本海軍の発展の方向を重ね合わせ、マハンを海軍戦略の師とした。明治三十二（一八九九）年にはマハンを日本の海軍大学校教官として招聘しようという提案まで、坂本俊篤《さかもととしあつ》教頭（大佐）から柴山矢八《しばやまやはち》校長（中将）に対して行われているほどであった。

結局マハンの招聘は実現しなかったものの、この時期から日露戦争の開始までの間に、マハンの戦略論に大きな影響を受けながら日清戦争を戦った若い世代が、海軍部内で台頭しはじめた。日本人として明治三十（一八九七）年にマハンから海軍戦略・戦術について個人的に教えを受けた人物として、秋山真之《あきやまさねゆき》（当時大尉、のち中将）の名は有名である。

海軍の派遣留学生の一員に選ばれた真之は、当初アメリカの海軍兵学校への留学を希望したが容《い》れられず、マハンをニューヨークの私宅に訪れ、海軍戦略や戦術の研究方法について助言を得るとともに、翌年に発生した米西戦争を観戦武官として実地で見学することで知見を深めた（島田謹二『アメリカにおける秋山真之』）。

また黄海《こうかい》海戦時に「赤城」に乗り組み、戦死した艦長に代わって指揮を執った佐藤鉄太郎《さとうてつたろう》も、明治三十二（一八九九）年から二年間あまり、イギリスとアメリカに留学して国防論の研究に専念し、帰国後に山本権兵衛のバックアップによって『帝国国防論』を執筆・刊行した。彼はマハン理論を日本が置かれた地政学的・戦略的状況に適合させることで、日本独自の海洋国防ドクトリンを再構築し（麻田貞雄『両大戦間の日米関係』）、「日本のマハン」とよばれるにいたった。

権兵衛はこれらの新しい世代の有能な人材を登用し、かつ海軍の制度や組織、艦船や兵器、教育等のすべての面で創設や改革を重ね、十年の間にロシア海軍を打倒しうる海軍を建設していった。

それは勝利の戦争だったのか

こうして日清戦争は勝利のうちに終結した。しかし、日清戦争が果たして勝利の戦いであったのか、はなはだ疑問とせざるを得ない。対清国戦争としては、確かに勝利を得たが、その勝利の成果は、たちまちにして三国干渉で失われた。三国干渉に屈した日本は、臥薪嘗胆《がしんしょうたん》の十年間へと向かうことになる。

日清戦争は、戦争というものが単に戦場や海上での戦いで勝てば決着するというような単純なものでは無いことを、教訓として日本に教えたのである。これがあったがために、日本は次の国家衝突としての日露戦争に備えることができ、勝利を得たのである。

十年後、日露戦争の勝利は、再び日本に多くの教訓を残した。国家戦争は、決して一国と一国の戦いではなく、それぞれの国の背後には、利害を共にする多数の国がそれぞれ手を握り、世界注視の中で戦うこと。最終的には、第三国が仲介の労を取らなければ収まらないこと。また、近代的兵器を駆使する戦いは、想像を絶する人的、経費的消耗を伴い、勝者といえども、大きな傷を負わねばならないこと。そのほか多くの教訓があった。

しかし、世界の大国ロシアを破ったという表面的な勝利に酔った日本は、その多くの教訓を、真剣に検討することは無く、いわば歪《ゆが》んだ勝利体験のみを受け継ぎながら肥大化していったのである。

そして、日露戦争から三十六年を経た昭和十六（一九四一）年、国益を守るための多くの対外交渉に破綻《はたん》した日本はアメリカに宣戦を布告し、昭和二十（一九四五）年、壊滅的状態で敗戦を迎えた。

今日改めて太平洋戦争を見直すとき、その開戦決意の背景には、支那《しな》事変、満洲《まんしゅう》事変があり、遡《さかのぼ》れば日露戦争の勝利がある。そしてその日露戦争の勝利の背景にこそ、苦難に満ちた日清戦争の勝利がある。

このように見るとき、日清戦争から太平洋戦争までの戦争は、大きな戦争のそれぞれのパートに過ぎないことが理解できる。

今や太平洋戦争が終わってから七十五年余を経て、太平洋戦争の影響による、次の戦争を考えることはできないことを思えば、日清戦争から太平洋戦争までの約五十年間の戦争の歴史は完結したと見て良いだろう。

筆者は、遠からず、この大きな戦争が、日本の十九・二十世紀戦争、あるいは、日本の五十年戦争として認識される時が来るのではないかと考えている。

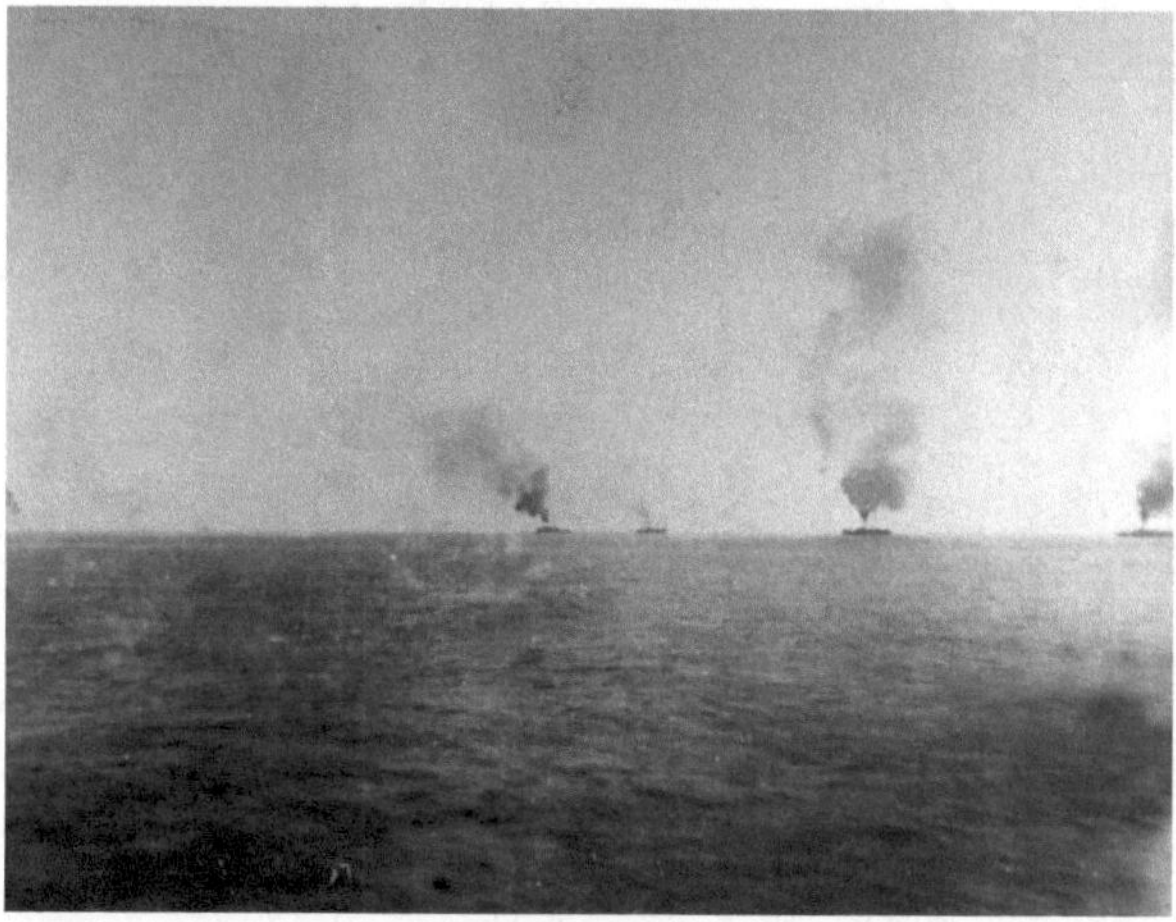

黄海海戦

（12時56分、戦闘開始直後の日清両軍を「西京丸」より撮影。
右から「橋立」「厳島」「千代田」「松島」、左遠方に
第一遊撃隊、中央遠方に清国艦隊）

おわりに

日清日露戦争を主な海戦からみてみる、というコンセプトで、日清戦争の黄海《こうかい》海戦、日露戦争の日本海海戦に焦点を当てた第二部まで纏《まと》めることができた。不十分とは思うが、これで、開国後の日本が西欧列強注視の中で独立国としての存在を世界にアピールした日清戦争と、列強の中に一定の地位を得るきっかけとなった日露戦争の流れを、海軍の側面から概観できたのではないかと思う。

ちなみに、「浪速」の高陞号撃沈を知った陸奥宗光《むつむねみつ》外務大臣は、直ちに駐日英国代理公使を招いて、「浪速」の高陞号撃沈を告げたが、当然単に陳謝しているわけではない。「本件に関する顚末《てんまつ》審査を遂げたる末、若《も》し帝国軍艦浪速の行為にして正鵠《せいこく》を失せば、帝国政府は敢《あ》えて相当の補償を怠らざるべし……」と告げているのである。事実は事実として、直ちに知らせるが、これの対応は、調査の後に妥当な処置を行うとする、陸奥の正々堂々とした姿勢と見識は、見事と言ってよい。このような公明正大な姿勢が、英国の対日信頼感を高めたと考えても大きな誤りはないであろう。

第三部

海戦からみた太平洋戦争

はじめに――「失敗の歴史」の教訓

今年は、昭和十六（一九四一）年十二月八日（日本時間）、日本海軍の真珠湾攻撃によって太平洋戦争が始まってから八十年になり、壊滅的な敗北を迎えた昭和二十年（一九四五）八月十五日から、七十六年ということになる。ひるがえって、日清戦争から日露戦争までを見れば、僅《わず》かに十年、日露戦争から太平洋戦争まででも三十七年に過ぎない。これを思えば、八十年の時を経て、太平洋戦争が過去の戦争となったこともやむを得ないと言える。しかし日本の歴史を振り返るとき、太平洋戦争の持つ意味は極めて大きいと言わなくてはならない。それは、失敗の歴史こそ、大きな教訓を含んでいるからに他ならない。

近代日本が戦った対外戦争を概観するために、第一部、第二部において、中核となった黄《こう》海《かい》海戦と日本海海戦を中心にして、それぞれの戦争のアウトラインを纏《まと》めてみたが、太平洋戦争については、あまりに膨大なために、同じコンセプトで纏めるのは困難と考えて、いったん筆を止めていた。

しかし、第二部の終章で、私としては個人的に、明治以来の日本の戦争を、日清戦争を原因とした日露戦争、日露戦争に端を発した太平洋戦争という見方をしたとき、これらは大きな戦争のそれぞれのパートなのではないかと考えていること。そして、太平洋戦争に原因を持つ次の戦争の起こる要素は既に途絶えたと判断される現在、日清戦争から太平洋戦争までを、日本の十九・二十世紀戦争、あるいは、日本の五十年戦争として認識されるべきものと考えている、との見解を述べた。このために、太平洋戦争まで話を進めないとこの五十年戦争の纏まりが付かないこととなり、結果、第三部に取りかかることになった。

第三部も太平洋戦争のシンボルとなるべき海戦を中心に、全体を概観するという考えは変わらないが、太平洋戦争においては、いったいどの海戦が、真に戦勢を決したのかと言うと、なかなか簡単ではない。

真珠湾攻撃、ミッドウェー海戦、ガダルカナル島攻防に関わるソロモン諸島での諸海戦も、戦局の流れを方向付けているが、海軍としての決戦意識から見れば、それはマリアナ沖海戦（あ号作戦）とレイテ沖海戦（捷《しょう》一号作戦）となる。

この二つの海戦を見れば、厳密な意味では、マリアナ沖海戦が、日本海軍の真の決戦であり、マリアナ沖海戦の敗北こそが日本海軍の敗北を決定づけた戦いであったと言うことができる。しかし、太平洋戦争全体を通観したとき、やはり、陸海軍ともに最後の決戦として残存の全力を投じ、完敗したレイテ沖海戦ということになる。従って、今回は、ハワイ攻撃からマリアナ沖海戦直前までは、個々の戦闘経過よりも、その背景に重点を置き、マリアナ沖海戦と、最後のレイテ沖海戦を中心に纏めた。

結果として、一般的な海戦の経過を知るための戦史とは、やや趣が異なっているが、大きな流れを見ることができれば幸いである。

レイテ沖海戦の特徴は、日本海軍の水上艦隊の事実上の消滅であり、作戦指導の破綻《はたん》の象徴としての特攻作戦の実施であるといえる。日本海軍は、米海軍の戦艦部隊との決戦を夢想しながら、遂《つい》に米戦艦部隊と遭遇することなく、米軍の航空攻撃によって消滅してしまった。また、作戦指導のモラルを失った軍令部によって発案推進された特攻作戦の実施は、ひたすら自軍の消耗を加速するに過ぎなかった。結果、日本及び日本海軍に残された選択は、敗北のみだったのである。

このような問題意識に立ち、日本海軍の太平洋戦争中における「作戦指導」の問題に焦点を当てる。「作戦指導」とは本来、海軍の作戦用兵をつかさどる部署であった軍令部（戦時中は大本営海軍部となる）の所管事項である。しかし太平洋戦争では、軍令部の構想に従って現地で作戦を実施する出先機関であるはずの連合艦隊が作戦構想・立案をリードして、しばしば軍令部の意向を無視する事態が生じた。そこで第三部では「作戦指導」という場合に、これが軍令部だけでなく連合艦隊によっても行われたものとみなして叙述を進める。

さて、海軍の政策が大局的な見地に立った国策の一部分として検討されることなく、専門当局の専門的見地だけで決定されることが常態化していたことは、かつて筆者が勤務していた史料調査会によく出入りしていた大井篤《おおいあつし》氏（海兵五十一期・終戦時海軍大佐）が繰り返し話してくれたことである。氏の代表的な著作『海上護衛戦』にも、以下のような記述がある。

……昭和十四年、欧洲《おうしゅう》に第二次世界大戦の口火がきられて間もなくの頃であった。軍令部第三部英国班の部員をしていたある少佐（大井篤）が海軍省軍務局を訪れ、そこの中佐局員（山本善雄）にこんな問題をもちかけた。

「イギリスにもアメリカにも海軍政策というものがある。毎年のようにそれが検討されて、海軍の誰にでも、その政策がわかるようになっている。日本の海軍でも海軍政策といったものをハッキリ定めて、これを一般に普及したらどうですか」と。

軍務局員はこれに答えて、「そんな必要はないよ。日本には国防方針という、ズット古くから決めてあるものがある。国軍用兵綱要というものもある。それを基礎にして毎年、作戦計画が策定される。それによって更に軍備計画、戦備計画が定められる。ただ、それが極く一部の人にだけしか知らされないだけの話だよ」

軍令部部員（大井）「いや、私の言いたいのは、出来れば国民一般にも公表されるようなもので、もちろん政府には相談して立案されるようなもののことです。いわば、国策の一部としての海軍政策というもののことなんです。イギリスやアメリカでつくっているようなもののことなんです」

軍務局員（山本）「それは海軍予算というものになって、数字的にあらわれているじゃないか。これ以上具体的のものはあり得ないよ」


明治憲法下における日本海軍の地位が如何《いか》に米英など民主主義国の海軍のそれと異なっていたとはいえ、日本海軍の根本的政策が軍事専門当局の専門的見地によってだけ定められていたことは不幸なことであった。たとえそれが海軍予算という形において消極的に議会の制肘《せいちゅう》をうけていたとはいえ、海軍政策というようなものは、積極的に、大局的な国策の見地から検討されねばならなかったはずである。

軍令部々員（大井）が右の提案を軍務局員（山本）にもちこんだのは、米英海軍とくに英海軍の根本政策には、いずれも、「海上交通線の維持」ということが「国土の防衛」ということとならんで、海軍の最大任務とされていることを見たからであった。しかるに、日本海軍はなにかしら海軍自体の純作戦的立場にばかりとらわれていると思われたからであった。

とかく軍事専門家の頭脳のなかは軍事的な考慮で一杯になり勝ちだ。たとえ大国策を考えねばならぬ場合でも、軍事的考慮が不当に大きい要素となり勝ちである。それだから海軍の専門首脳部だけで海軍政策を考える場合に仮想敵国はどこか、その仮想敵国の兵力を撃破するにはどうすればよいかという観点からのみ問題を取扱ってくる。自分の国が如何にして生存し、如何にして繁栄すべきかというような極めて根本的な、政治的な問題はかえってぼかされてしまうのである。

いちばん基本的な海軍政策が国民とともに、政府とともに、検討されなかったということの結果、日本海軍の目標は「米国艦隊の撃滅」というスローガンに集約された。……米国艦隊撃滅ということが寝てもさめても海軍士官の頭を占領した結果は「連合艦隊」「連合艦隊」と、連合艦隊の整備強化のみが海軍軍備の指標となった。

（初版一九五三年、改訂一九七五年）

大井氏の言われるように、連合艦隊第一主義と艦隊決戦主義への偏重は、太平洋戦争の展開において、きわめて大きな弊害をもたらした。連合艦隊は早期の艦隊決戦を追求しつづけ、その作戦が破綻して戦力を使い果たしたのちは、いたずらに特攻作戦のみによって戦死者を増やすだけに終始した。

これは、不十分な想定のもとに原子力発電所の設置を行い、想定外の事象が発生したときの適切な対処を欠いたまま月日を消費した、二〇一一年の状況を思わせるものがある。

このような視点から、日本海軍の硬直した思想と弊害について、太平洋戦争の全期間を対象としてたどってゆく。華々しい戦果を挙げて成功した作戦もいくつかはあるが、これらは他書に譲り、あえて日本海軍の失敗や欠陥に目を向けることが、現在の日本人にとって有益と考えるのである。

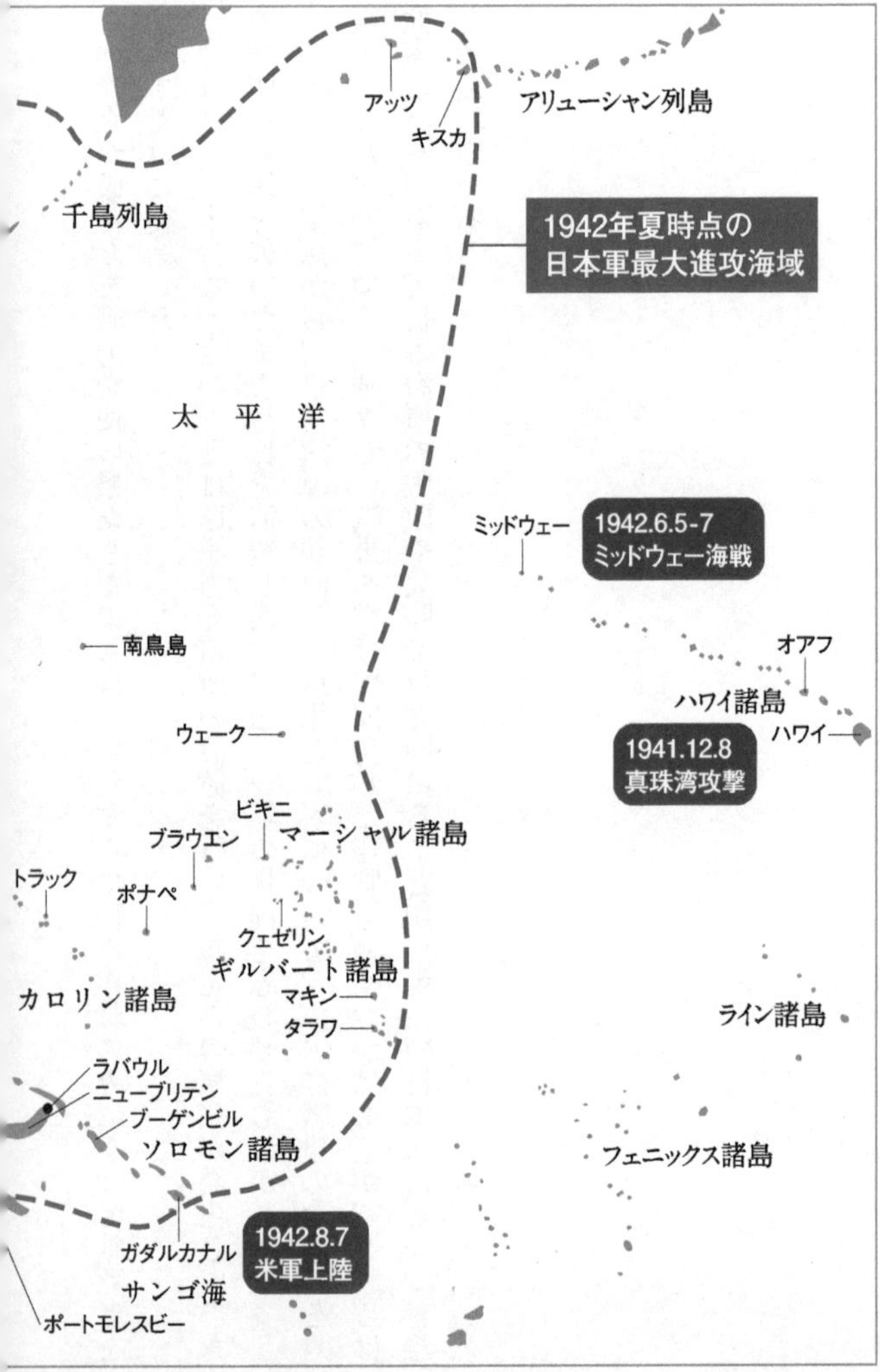
アッツ
キスカ
アリューシャン列島
千島列島
1942年夏時点の
日本軍最大進攻海域
太平洋
ミッドウェー
1942.6.5-7
ミッドウェー海戦
南鳥島
オアフ
ハワイ諸島
ハワイ
ウェーク
1941.12.8
真珠湾攻撃
ビキニ
ブラウエン
マーシャル諸島
トラック
ポナペ
クェゼリン
ギルバート諸島
カロリン諸島
マキン
タラワ
ライン諸島
ラバウル
ニューブリテン
ブーゲンビル
ソロモン諸島
フェニックス諸島
ガダルカナル
1942.8.7
米軍上陸
サンゴ海
ポートモレスビー

朝鮮
日本
東京
広島
中国
東シナ海
小笠原諸島
沖縄
硫黄島
台北
台湾
ビルマ
香港
1944.6.19-20
マリアナ沖海戦
ラングーン
マリアナ諸島
バギオ
タイ
仏印
フィリピン諸島
サイパン
バンコク
マニラ
テニアン
グアム
南シナ海
サイゴン
レイテ
1944.10.23-26
レイテ沖海戦
コタバト
ラブアン島
ブルネイ
タラカン島
モロタイ
ミリ
シンガポール
ボルネオ
ビアク
スマトラ
バリックパパン
セレベス
ホランジア
ラエ
ニューギニア
サラモア
『海戦からみた太平洋戦争』関係図

第一章　真珠湾攻撃と山本五十六の真意

日露戦争後の日本海軍作戦計画

第三部「はじめに」のなかで、山本善雄《やまもとよしお》軍務局員がふれた用兵綱要、それを基礎にして毎年策定される作戦計画、またそれに基づいて作成された軍備計画、戦備計画とは、いったいどのような内容だったのだろうか。

日本は対露戦争後の国防計画として、明治四十（一九〇七）年に「帝国国防方針」を定め、そこで初めてアメリカ合衆国を仮想敵国と定めた。また同時に、戦争突入時に陸海軍がとるべき作戦の基本を規定した「帝国軍用兵綱領」を制定した。

仮想敵たるアメリカ海軍は、開戦後は巨大戦艦を中心にした輪型陣を組んで太平洋を西進し、日本に迫ってくるであろう。日本海軍は専守防衛の観点から、これを迎え撃ち、決戦によって勝利を収めるという「邀撃《ようげき》（＝迎撃）作戦」という作戦方針を立てた。その作戦の要点は以下の通りである。

（1）日米開戦劈頭《へきとう》、アジア地域に所在する米陸海軍兵力を撃滅する。
（2）同時に、米国領土であるフィリピン・グアムを攻撃占領する。
（3）やがて両地域の奪還を目的として、米艦隊が太平洋を越えて進撃してくる（と予測される）ので、それを西太平洋上で邀撃して撃滅する。

このように、来るべき戦争の形を研究し、その結果に基づいて軍備・作戦・艦隊編制などを司《つかさど》る部署が海軍軍令部（一九三三年以降、軍令部へと改称）であった。この軍令部のスタッフは、多くが海軍兵学校を優等な成績で卒業し、また高級指揮官や参謀の養成機関たる海軍大学校に学んで戦略・戦術に精通し、かつ部内の機密にわたる事項もアクセス可能な、海軍のエリート官僚集団であったといえる。

そして彼らは日本海軍の戦略・戦術等の指針やすべての軍備、また教育訓練等について、さきの（1）（2）（3）の方針に基づく作戦を効果的に実施するように計画し、準備してきた。「帝国国防方針」と「帝国軍用兵綱領」はその後、第一次世界大戦終結後の大正七（一九一八）年、ワシントン海軍軍縮条約の調印後の大正十二（一九二三）年、ワシントン・ロンドン両軍縮条約離脱後の昭和十一（一九三六）年と三回にわたって改訂された。このような国際情勢の変化に加えて、軍事技術の発展に伴う兵器体系の変化もあった。

それでは、軍令部のエリート官僚はその変化にいかに対応したのか？　以下、時代順にその概要をながめてみよう。

▼明治三十八（一九〇五）年

日本海海戦の勝利。日本海軍の作戦は以後、この完全勝利がモデルとなる。「海戦の決定的な勝敗の分かれ道は、戦艦の主砲の威力」であるという観念が定着し、日本海軍はこれ以後、常に最大級の主砲を搭載した最大級の戦艦の建造を意図するようになった。

▼明治四十（一九〇七）年

帝国国防方針策定。日本海軍の作戦は小笠原《おがさわら》西方で敵艦隊を邀撃するというもの。艦艇設計に関しては、（日本近海で決戦するため）航続力を多少犠牲にしても、その代わりに敵を圧倒しうる威力のある主砲搭載を重視した。

▼明治四十四（一九一一）年

明治三十五（一九〇二）年締結の日英同盟改定。日米戦が生じた場合は英国に同盟履行の義務なしとされる。この当時の米大統領T・ルーズベルトは、戦艦八隻六部隊、計四十八隻の建艦整備計画を推進する。

▼大正七（一九一八）年

帝国国防方針の第一次改定。日本海軍の第一の仮想敵国がアメリカであることは変化なし。開戦後の作戦は、フィリピン等を確保して邀撃するが、艦隊決戦の海面は小笠原付近と想定し、一回の決戦に全てを賭《か》けるという方針は従来通り。また、それ以遠の海域に進出して戦う計画はない。

▼大正八（一九一九）年

第一次世界大戦後、内南洋が委任統治領となり、日本海軍の作戦計画は「マーシャルを中心とした内南洋を戦闘海域とする」という内容に変化する。ただし日本本土近海で邀撃という方針に変化なし。

この時期に、日本海軍は戦艦八隻・巡洋戦艦八隻を主とする、いわゆる「八八艦隊」の整備を進行。戦艦の搭載主砲計画は四十センチから四十六センチに巨大化する。のちの戦艦「大和《やまと》」が装備したものと同じ口径の大砲がすでに、搭載が検討されていた。

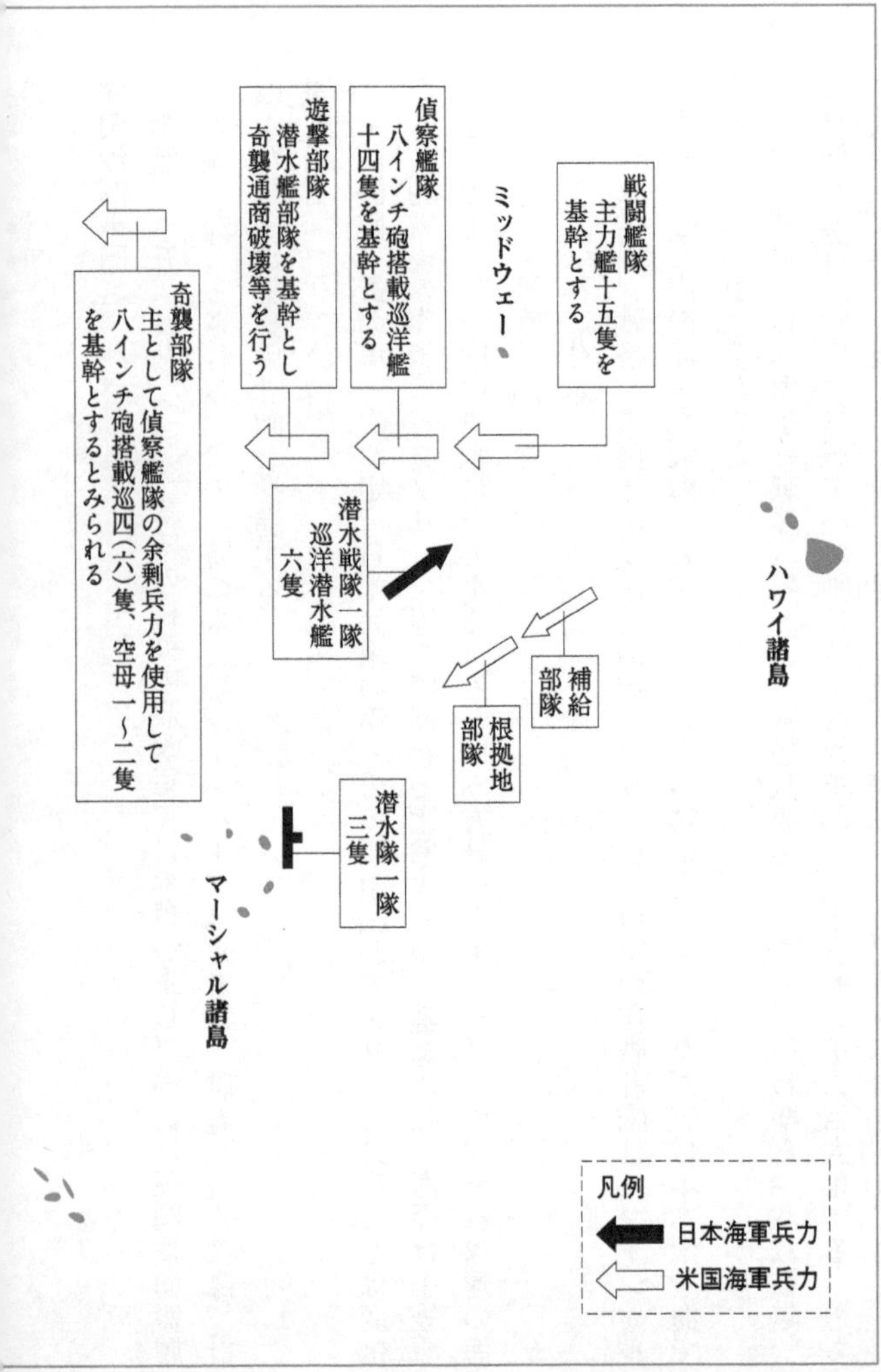
ハワイ諸島
戦闘艦隊
主力艦十五隻を
基幹とする
ミッドウェー
偵察艦隊
八インチ砲搭載巡洋艦
十四隻を基幹とする
遊撃部隊
潜水艦部隊を基幹とし
奇襲通商破壊等を行う
奇襲部隊
主として偵察艦隊の余剰兵力を使用して
八インチ砲搭載巡四(六)隻、空母一～二隻
を基幹とするとみられる
補給
部隊
根拠地
部隊
潜水戦隊一隊
巡洋潜水艦
六隻
潜水隊一隊
三隻
マーシャル諸島
凡例
日本海軍兵力
米国海軍兵力

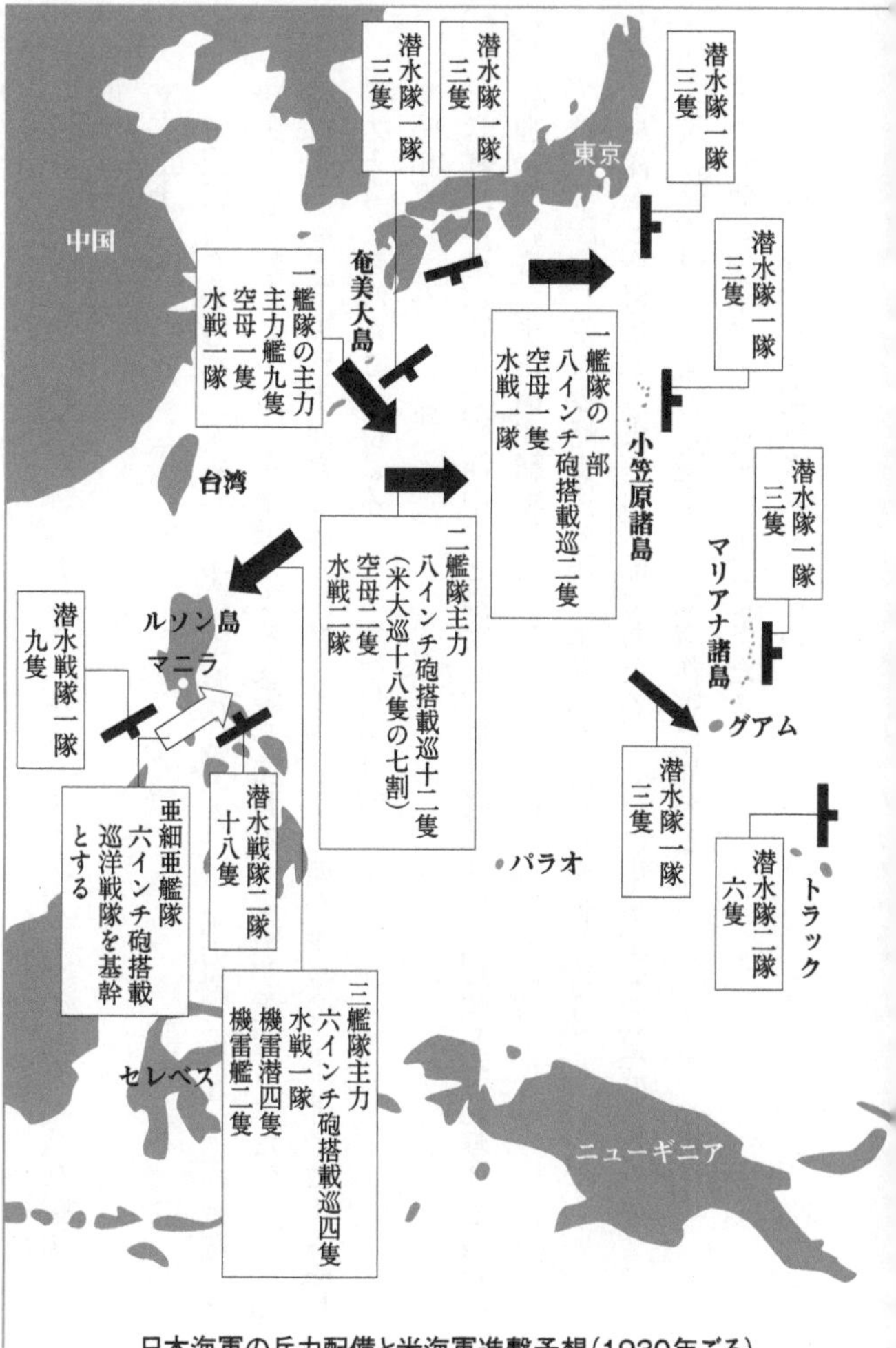

日本海軍の兵力配備と米海軍進撃予想（1930年ごろ）

▼大正十（一九二一）年
ワシントン海軍軍縮条約、いわゆる「ネーバルホリデー」の到来。八八艦隊計画は中止。

▼大正十二（一九二三）年
帝国国防方針の第二次改定。邀撃漸減作戦の確立。主力艦（戦艦・巡洋戦艦）による決戦の前段階として、水雷部隊による夜戦が加わる。夜戦が重視されたのは、夜間の作戦行動には大部隊は不向きであり、軽快な動きが可能な少数の水上部隊による襲撃が効果大と考えられたことによる。この年に日英同盟廃棄。

▼昭和五（一九三〇）年
米艦隊の進撃路を太平洋中央と推定し、潜水艦隊を前進展開して迎撃する戦法が作戦計画に加わる。また巡洋艦戦隊による夜戦に期待がかけられる。

・戦艦部隊は、南方攻略支援の後、米艦隊を待ち、決戦を行う。
・巡洋艦と空母は本土東方の警備にあたる。これは東京空襲を警戒したもの。
・巡洋艦部隊は、東方に進出し、漸減作戦に加わる。
・その他は陸軍の上陸作戦の援護にあたる。
・飛行機はほとんど期待されていない。

このような考えが纏《まと》まったものの、やはり決戦海域は小笠原の線からあまり離れていなかった。

▼昭和八（一九三三）年

南洋群島を作戦海面とした本格的研究が行われる。この年、軍令部条例が施行され、海軍軍令部は軍令部となり、権限が強化される。

▼昭和九（一九三四）年

ワシントン条約明けをにらんだ軍備計画（いわゆる「③計画」、第三次海軍軍備補充計画）が研究され、のちの戦艦「大和」型、空母「翔鶴《しょうかく》」型が要求される。

▼昭和十一（一九三六）年

帝国国防方針の第三次改定。部内一般では対米衝突不可避という認識のもと、航空機の要素強化が加えられた。この年に日本はワシントン・ロンドン両軍縮条約を脱退する。

狙いは日本海海戦の「勝利」再現

このような経過を経て、無条約時代を迎えた昭和十二（一九三七）年に日本海軍の対米作戦はほぼ確定した。その作戦のプロセスは、以下の順に進展すると見積もられた。

（1）開戦と同時に日本海軍がアジア地域の米艦隊を撃滅して西太平洋の制海権を確保する。また陸軍と協同してアジア地域の敵根拠地を占領し、通商交通路を確保する。またグアム島に所在する米前進基地を撃滅して占領する（現実に太平洋戦争開戦以降、日本軍はこの通りに作戦を実行したのであった。まずフィリピンの基地を徹底して攻撃、またグアム島やシンガポールを攻略、西太平洋海域の制海権を確保、さらにフィリピン・インドネシアをはじめアジアの敵根拠地を完全占領し、日本本土への海上輸送路を確保した）。

（2）潜水艦によって敵主力艦隊の動向を注視し、日本側根拠地に向けて出撃してきた場合には、これを追跡して敵情をさぐり続ける。なお機会があれば反復攻撃を行ってその勢力を減殺する。潜水艦を使用した作戦はこの目的のために策定され、その性能も、当時の米戦艦の最高速力（二十ノット台前半）を追跡できることが第一とされた。日本海軍の潜水艦はあくまで敵主力艦隊漸減のためのものであって、輸送船を攻撃するためには適してはいなかったのである。

（3）さらに敵艦隊が進撃してきたときには潜水艦に加えて、南洋群島（マリアナ・カロリン・マーシャル諸島など。第一次世界大戦の結果、旧ドイツ領の諸島が委任統治領になった）の基地に配置した航空機を活用して敵艦隊の偵察を行う。また敵艦隊が基地航空隊の攻撃圏内に入った時に攻撃することでさらなる漸減を行う。

（4）敵艦隊が西太平洋の予想決戦海面（マリアナ諸島の西を想定）に到達した時には、甲標的とよばれる特殊潜航艇を集中的に使用して魚雷攻撃を行う。

（5）決戦前日（Nマイナス一日）の夕方に、高速戦艦を伴う夜戦部隊の強襲攻撃を実施する（状況によっては主力戦艦部隊による薄暮の艦隊決戦を実施）。軽快部隊の水雷戦隊の夜襲を黎明《れいめい》まで終夜反復して、敵勢力をさらに減殺する。

（6）決戦当日（N日）の朝、決戦を行うかどうかを判断し、実施と決まれば夜襲部隊を戦闘序列に復帰させ、戦艦同士の砲撃による決戦によって勝敗を決する。

このとき艦隊主力の決戦に先立って、航空母艦の艦上攻撃機が敵空母と主力艦隊を攻撃し、制空権を確保する。軍艦に装備している測距儀では、主砲の最大射程距離（三万～四万メートル）に位置する敵に対する弾着観測は遠距離過ぎて困難なため、弾着観測機を上空に飛ばして艦隊決戦を自軍に一方的に有利に進める。ここでは空母や艦上機も、主力艦隊による決戦のための補助兵力として位置づけられた。

なお決戦を行わない場合にはもう一晩、夜襲を実施して敵艦隊戦力の減殺につとめる。

これを見ると、日本海軍の作戦方針は日本海海戦の輝かしい勝利の再現をねらった、徹底した日本近海での邀撃決戦主義であったことがわかる。

日本とアメリカの主力艦の戦力比を七対十と見積もれば、米海軍の主力艦隊が日本近海に近づくまでの間に、潜水艦（後年に、南洋群島の基地に展開する陸上攻撃機が加わる）による先制攻撃を繰り返し行い艦隊戦力の三割を脱落させる漸減《ぜんげん》策をとることによって、連合艦隊が一対一の戦力比で決戦をいどむことが可能となる。

このとき日本艦隊が不断の猛訓練により米海軍をしのぐ術力を保持しておけば、これを撃滅し西太平洋の制海権を維持することが可能となるだろう。これが対米作戦の根幹であった。

ワシントン・ロンドン両軍縮条約の締結時に、日本海軍のいわゆる「艦隊派」が「対米七割」の比率に固執した理由も、この漸減戦略に基づく艦隊決戦の勝算を意識して、「対米六割」の戦力では勝算が立たないと考えたことにあった。その根底にあるものは、戦術的先制と奇襲による短期決戦重視の思想であった。

このように、対米作戦の細部については時代とともに多少の変遷があったものの、主力艦による艦隊決戦を最終段階とした邀撃作戦という基本戦略は、明治四十（一九〇七）年以来三十年以上揺らぐことはなかった。ところがこの伝統の作戦方針に正面から異議を唱えた人物がいた。それが太平洋戦争開戦時の連合艦隊司令長官であった山本五十六《やまもといそろく》である。

長官・山本五十六の作戦構想

かねて山本は海軍伝統の邀撃作戦計画では、敵艦隊を撃滅するような戦果は到底期待できないと考えていた。

彼のこの考えを表すものとして、昭和十六（一九四一）年一月七日付の、当時の海軍大臣及川古志郎《おいかわこしろう》大将に宛《あ》てた書簡「戦備に関する意見」の控えが現存している。この書簡は山本自身が、写しを遺書の中に加えておいたものであった。したがってこの書簡は山本にとってきわめて重要、かつ自身の本心を吐露するこの上ないものと思われるので、その主要部分を以下に掲げることとしたい（以下、カタカナをひらがなに、旧字体の一部を新字体に改め、適宜句読点を施した）。

山本五十六「戦備に関する意見」（昭和十六年一月七日、及川古志郎海相宛て書簡）

国際関係の確たる見透しは何人にも付き兼ぬる所なれども、海軍、殊に連合艦隊としては対米英必戦を覚悟して、戦備に訓練に将又《はたまた》作戦計画に、真剣に邁進《まいしん》すべき時機に入れるは勿論《もちろん》なりとす。

依《よっ》て茲《ここ》に、小官の抱懐し居る信念を概述し敢《あえ》て高慮を煩わさんと欲す（客年十一月下旬、一応口頭進言せるところと概《おおむ》ね重複す）。

一、戦備

戦備に関しては、既に連合艦隊の意嚮《いこう》を中央に移し、中央に於《お》いては全力を挙げて之《これ》が整備に努力せられつつあるものと信ず。

されど前述の申入れは一般主要の事項にして、いざ開戦となり敵と撃ち合うぞとなれば尚《なお》種々細かき新要求も出《い》ずべし。其中《そのなか》、戦備必須事項は其旨附記申達すべきに付、充分に考慮あり度《たし》。

就中《なかんずく》航空兵力は、其の機材と人員とを問わず、之で満足とは決して行かぬ筈《はず》に付、あらゆる機会に之が増産方を激励相成度。

二、訓練

従来訓練として計画実行しつつある大部分は正常基本の事項、即ち邀撃決戦の場合を対象とする各隊の任務に関するものなり。勿論、之を充分に演練することに依り、幾多多様の実戦場面に応用善処せんとするものなれば、十全の努力を傾注して之を練熟を期せざるべからず。

併《しか》しながら実際問題として、日米開戦の場合を考察するに、全艦隊を以《もっ》てする接敵展開、砲魚雷戦、全軍突撃等の華々しき場面は、戦争の全期を通し遂《つい》に実現の機会を見ざる場合をも生ずべく、而《しか》も他に大に演練すべくして平素等閑に附され勝ちなる幾多の事項に対し、時局柄真剣に訓練の要ありと認む。〔以下略〕

三、作戦方針

作戦方針に関する従来の研究は是亦《これまた》、正常堂々たる邀撃大主作戦を対象とするものなり、而して屢次《るじ》図演等の示す結果を観るに、帝国海軍は未《いま》だ一回の大勝を得たることなく、此《こ》の儘《まま》推移すれば、恐らくジリ貧に陥るにあらずやと懸念せらるる情勢にて、演習中止となるを恒例とせり。

事前戦否の決を採らんが為《ため》の資料としてはいざ知らず、苟《いやし》くも一旦《いったん》開戦と決したる以上、此の如《ごと》き経過は、断じて之を避けざる可《べ》からず。

日米戦争に於いて、我の第一に遂行せざるべからざる要項は、開戦劈頭《へきとう》、敵主力艦隊を猛撃撃破して、米国海軍及び米国民をして、救う可からざる程度に其の志気を阻喪せしむること是なり。

此の如くにして始めて、東亜の要衝に占居して不敗の地歩を確保し依て、以て東亜共栄圏も建設維持し得べし。

然《しか》らば、之が実行の方途如何《いかん》。

これ以降の文面はのちに紹介するが、この書簡に見るように、山本は伝統的な作戦構想を批判し、全艦隊をもってする華々しい決戦場面は、実際問題として生じないであろうと予測したのであった。また、対米邀撃作戦の図上演習でも、日本海軍が一回も徹底的な勝利を得ることができず、中途半端な戦果で演習中止を余儀なくされるのが常であった。

山本は、これでは結局、国力が劣る日本にとってきわめて不利な長期戦に巻き込まれることとなり、とうてい勝ち目はないとみたのである。したがって彼は、対米戦は可能な限り避けるべきと固く信じていた。

日米戦争宿命論と避戦論

山本は昭和十一（一九三六）年十二月から、十二（一九三九）年八月に連合艦隊司令長官に親補《しんぽ》されるまで三年近く海軍次官をつとめた。その期間中に降ってわいた日独伊三国防共協定強化問題（いわゆる「三国同盟締結問題」）において、海軍大臣米内光政《よないみつまさ》（在任一九三七年二月〜一九三九年八月）、海軍省軍務局長井上成美《いのうえしげよし》（在任一九三七年十月〜一九三九年十月）と組み、同盟締結に強く反対したことは有名である。

この三人の言動をもって、日本海軍が終始一貫、日米開戦に反対したにもかかわらず、陸軍をはじめとする国内勢力に押し切られたと考える人は数多い。

しかし事実は、昭和十五（一九四〇）年の日独伊三国同盟の締結から翌十六年七月の南部仏印進駐、それに対するアメリカの対日経済制裁の発動にいたる過程で、日本海軍全体が日米戦争への道をひた走りつつあったことを示している。この時期、米内はすでに予備役になっており、同年一月から七月まで短期間総理大臣をつとめたものの、海軍政策からは距離があった。山本は連合艦隊司令長官として海上にあり、井上は中央に残ってはいたものの、日米開戦の年の八月には第四艦隊司令長官に親補されて実戦部隊に出されてしまう。

そしてこの時期、米内・山本・井上の三人に代わって海軍政策をリードしたのは、対米強硬の立場に立った人物であった。具体的には、以下のような顔ぶれである。

海軍省　軍務局長：岡敬純《おかたかずみ》
　　軍務第一課長：高田利種《たかだとしたね》
　　軍務第二課長：石川信吾《いしかわしんご》
　　　第二課員：柴勝男《しばかつお》・藤井茂《ふじいしげる》・木阪義胤《きさかよしたね》
　　人事局長：中原義正《なかはらよしまさ》

軍令部　第一部（作戦）第一課（作戦課）長：富岡定俊《とみおかさだとし》
第一課員：神重徳《かみしげのり》・山本祐二《やまもとゆうじ》
第三部（情報）長：前田稔《まえだみのる》
戦争指導部部員：大野竹二《おおのたけじ》・小野田捨次郎《おのだすてじろう》

彼ら強硬派は、興隆いちじるしかったナチスドイツをかねて高く評価し、第二次世界大戦勃発《ぼっぱつ》後は、ほどなくイギリスがドイツに屈服するものと予測していた。また日米関係については、両国はいずれ戦争する宿命にある、という「日米戦争宿命論」の信奉者であったのである。

この時期を境に急速に悪化していた米英と日本との関係を見て、彼ら強硬派は、日米戦が避けられない段階を迎えつつあるかも知れぬ、という認識に立つ。そしていざというときに備え、南方の資源を獲得して軍事上有利な情勢を保つ必要があり、そこで蘭印《らんいん》（オランダ領東インド）に進出すべきである、またその行為が、米英と即座に戦争になる可能性は少ないだろう、そのように彼ら強硬派は提唱したのであった。

しかし山本五十六は、そのような行為は即戦争を招く危険行為であるとして、強硬に反対したのであった。彼は海軍中央に対して、蘭印に武力で進出した場合にどういう結果を招くか、海軍全体で図上作戦を実施することを強く要望した。ところが海軍中央がそれに積極的に応じる姿勢を見せなかったため、山本は昭和十五（一九四〇）年十一月、自身の主宰によって蘭印攻略作戦の図上演習を実施したのである。その結果は「蘭印攻略によって日本は米英相手の戦争は避けられない」というものであった。

山本はこの結果を見定めた上で、当時の軍令部総長伏見宮《ふしみのみや》殿下に会って蘭印作戦の非を説いた。その概要は、昭和十五（一九四〇）年十二月十日付で彼が嶋田《しまだ》繁太郎《しげたろう》大将（当時、支《し》那《な》方面艦隊司令長官）に出した書簡に明らかである。すなわち、蘭印作戦に着手すれば早期対米開戦は必至である。そしてイギリスもアメリカに追随し、結局は数カ国を相手とする戦争になる。図上演習でもこの予測が裏付けられたため、この所見を伏見宮に申し上げ、絶対に戦争は不可であると強く進言した、と山本は記している。

そして山本が、前出の書簡「戦備に関する意見」の冒頭で記したような、「以前に及川に会って（書簡内容とおおむね重複する内容を）口頭で述べた」という時期が、この昭和十五（一九四〇）年十一月であったことは重大である。山本は対米作戦に強硬に反対するとともに、その海軍が伝統としてきた漸減邀撃作戦に対しても強い疑義を唱えたのであった。

ハワイ空襲作戦構想

では戦争が避けられない場合にはどうすべきか。以下、「戦備に関する意見」の続きを掲げる。ここに示される構想の卓抜さが後世、山本の識見をきわめて高く評価する所以《ゆえん》である。

四、開戦劈頭に於いて採るべき作戦計画

我等は日露戦争に於いて、幾多の教訓を与えられたり、其中開戦劈頭に於ける教訓、左の如し。

（一）開戦劈頭、敵主力艦隊急襲の好機を得たること。
（二）開戦劈頭に於ける我水雷部隊の士気は必ずしも旺盛《おうせい》ならず（例外はありたり）、其の技量は不充分なりしこと、此の点最も遺憾にして、大に反省を要す。
（三）閉塞《へいそく》作業の計画並びに実施は、共に不徹底なりしこと。

吾等は是等成功並びに失敗の蹟《せき》に銘し、日米開戦の劈頭に於いては極度に善処すことに努めざる可からず、而して勝敗を第一日に於いて決するの覚悟あるを要す。

作戦実施の要領左の如し。

（一）敵主力の大部真珠港に在泊せる場合には、飛行機隊を以て之を徹底的に撃破し、且《か》つ同港を閉塞す。

（二）敵主力真珠港外に在泊するときも亦た、之に準ず。之が為に使用すべき兵力及其の任務。

（イ）第一・第二航空艦隊（已《や》むを得ざれば第二航空艦隊のみ）

月明の夜又は黎明を期し、全航空兵力を以て全滅を期し、敵を強（奇）襲す。

（ロ）一個水雷戦隊

敵航空機隊の反撃を免れざるべき、沈没母艦乗員の収容に任ず。

（ハ）一個潜水戦隊

真珠港（其の他の碇泊地《ていはく》）に近迫、敵の狼狽《ろうばい》出動を邀撃し、為《な》し得れば真珠港口に於いて之を敢行し、敵艦を利用して港口を閉塞す。

（ニ）補給部隊

燃料補給の為、給油艦数隻を以て之に充つ。

（三）敵主力若《も》し、早期に布哇《ハワイ》を出撃来攻するの如き場合には、決戦部隊を挙げて之を邀撃し、一挙に之を撃滅す。

右の何《いず》れの場合を問わず、之が成否は容易にあらざるべきも、関係将兵上下一体真に必死奉公の覚悟堅からば、冀《こいねがわ》くは成功を天祐《てんゆう》に期し得べし。

右は敵主力部隊を対象とせる作戦にして、機先を制して菲島《ひとう》〔＝比島（フィリピン）〕及新嘉坡《シンガポール》方面の敵航空兵力を急襲撃滅するの方途は、布哇《ハワイ》方面作戦と概ね日を同じくして決行せざるべからず。

然れども、米主力艦隊にして一旦撃滅せられんや、菲島以南の雑兵力の如きは士気阻喪〔し〕、到底勇戦敢闘に堪えざるものと思考す。

万一布哇攻撃に於ける我損害の甚大なるを慮《おもんぱか》りて、東方に対し守勢を採り、敵の来攻を待つが如きことあらんか、敵は一挙に帝国本土の急襲を行い、帝都其他の大都市を焼尽するの策に出でざるを保し難く、若し一旦此の如き事態に立ち至らんか、南方作戦に仮令《たとい》成功を収むるとも、我海軍は与論の激攻を浴び、延《ひ》いては国民志気の低下を如何ともする能《あた》わざるに至らむこと、火を観るよりも明らかなり（日露戦争浦塩《うらじお》艦隊の太平洋半周に於ける国民の狼狽は、如何《いか》なりしか瑣事にてはなし）。


山本の構想した「対米開戦劈頭の航空部隊による真珠湾攻撃作戦計画」は、史料としてはこの手紙が最初のものであるが、及川海軍大臣と会って同主旨の話をしたのが昭和十五（一九四〇）年十一月、蘭印攻略の図上作戦が行われた直後のことである。

また同年の春に連合艦隊が大演習を行ったとき、航空母艦から発進した海軍航空部隊が連合艦隊旗艦の「長門《ながと》」、戦艦「陸奥《むつ》」を中心とする主力部隊への雷撃訓練を行い、その成果は極めて大きかった。

戦艦は四方八方から接近する航空機の攻撃を回避できず、発射された演習用に調整された魚雷が艦底を次から次へと通過して、戦艦部隊に壊滅的打撃を与えたと判定された。航空作戦の威力を実感した山本が「飛行機でハワイを叩《たた》けないだろうか」と洩《も》らしたことを、当時の連合艦隊参謀長であった福留繁《ふくとめしげる》少将が戦後に回想している。これに従えば、山本はハワイへの航空攻撃をすでにこの年に念頭に置いていたもののようである。

いずれにせよ、日米開戦やむなしとなれば緒戦で真珠湾を攻撃して敵艦隊主力を撃滅すると提唱し、その本格的研究を推し進めた当事者が山本五十六であることは疑いない事実である。たとえば、この「戦備に関する意見」が書かれた同じ月（一九四一年一月）の中旬には、連合艦隊航空参謀の佐々木彰《ささききあきら》中佐に対して、真珠湾攻撃について研究することを命じている。それは「真珠湾から三百五十海里離れた海面から、空母二隻ないし三隻の航空兵力で真珠湾を攻撃する方法」、あるいはそれより近接して「二百海里の距離から全力で攻撃する方法」、また「急降下爆撃機による片道攻撃で真珠湾を空襲し、攻撃終了後は海面へ不時着して搭乗員は潜水艦で救助する方法」など、さまざまな観点からの検討を求めるものであった。

また山本は佐々木の他に、真珠湾攻撃の方法については、当時の第一航空戦隊参謀であった源田実《げんだみのる》中佐や第十一航空艦隊参謀長の大西瀧治郎《おおにしたきじろう》少将に対して、そしてハワイ作戦全般については連合艦隊の先任参謀であった黒島亀人《くろしまかめと》大佐に対して、それぞれ研究を命じた。その後、源田と大西による真珠湾攻撃方法の計画案が三月に策定されると（のち、作戦実施まで数回にわたる修正）、山本が万難を排してこの作戦の実施を推し進めた話は有名である。

昭和十六（一九四一）年七月下旬には海軍中央の対米強硬派の主導によって南部仏印への進駐が行われ、アメリカはその報復措置として対日石油輸出を全面禁止した。この事態の発生によって、石油入手の道が絶たれた日本は、戦争回避のため対米交渉を進めるものの、海軍部内は対米戦に急速に傾斜していった。

そして八月七日には軍令部が実戦部隊の連合艦隊に対して対米英作戦を内示したが、その内容は連合艦隊司令部の見るところ、伝統的な漸減邀撃作戦の方針を一歩も出ないものであった。一方、連合艦隊はこれに先立ってハワイ航空攻撃作戦に関する基礎案を策定しており、四月には軍令部第一部（作戦部）長の福留繁少将に非公式に提出していた。その時点では軍令部側では、投機的に過ぎる非現実的な作戦として、真剣に取り合うことはなかったようである。しかしこの八月七日は、連合艦隊と軍令部との間で、ハワイ空襲作戦の是非をめぐる対立が初めて明瞭《めいりょう》となった日であった。

強硬な反対論と懐疑論

この日、連合艦隊先任参謀の黒島と水雷参謀の有馬高泰《ありまたかやす》中佐とが上京し、軍令部作戦課の担当者と対談した時に、黒島は「南方作戦を遂行する上で最大の脅威となる米艦隊を、開戦第一日において根拠地で叩き潰《つぶ》すことこそ肝要である」と力説した。

一方軍令部側は、「南方作戦の速やかな完遂が最も重要であり、それには母艦の航空兵力を必要とする。ハワイ空襲作戦は投機的であるばかりでなく、真珠湾に停泊している艦艇を攻撃する魚雷（浅海面雷撃が可能なもの）も実現途上であり、残された水平・急降下爆撃による方法では主力艦に対して決定的な打撃を与え得ない」との理由で反対し、両者の意見は一致せずに物別れとなった。

連合艦隊と軍令部との対決は、九月二十四日の軍令部における両者間の討議において再現された。これに先立つ九月六日の御前会議で、「帝国国策遂行要領」すなわち「帝国は自存自衛をまっとうするため、アメリカ、イギリス、オランダなどとの戦争をも辞さない決意のもとに、十月下旬をめざして戦争の準備をととのえる」という旨の方針が決定されていた。

この日、連合艦隊側からは連合艦隊参謀長の宇垣纏《うがきまとめ》少将、実施部隊の第一航空艦隊からは草鹿龍之介《くさかりゅうのすけ》参謀長と源田実参謀らが、軍令部からは第一部（作戦部）長の福留少将が新たに討議に加わったが、両者の意見はふたたび対立した。そして軍令部側は従来同様の理由からハワイ空襲に反対したが、第一航空艦隊長官の南雲忠一《なぐもちゅういち》中将や草鹿参謀長も、作戦の成功に懐疑的であり、母艦航空兵力は南方方面作戦の支援を行うべきと考えていた。また、かつて源田とともに真珠湾攻撃の航空作戦計画立案に関わった大西もこの時期には、草鹿に同調していたのである。

「真珠湾攻撃は必ず決行する」

軍令部のみならず、麾下《きか》の第一線部隊の指揮官クラスにも作戦成功を危ぶむ声が多数あったことに対して、しかし、山本五十六は一歩もひるむことなく、徹底して自身の意向を貫徹した。まず草鹿と大西の二人が十月の初めに山本のもとを訪れてハワイ奇襲作戦決行の非を説いたのに対して、山本は「自分は連合艦隊長官として、どんな犠牲を払っても真珠湾攻撃をする決心だ。今後はこの計画を進めるよう全力を尽くしてくれ」と応じて彼らの反対を封じた。次いで十月十一日に連合艦隊旗艦「長門」の艦上で開催された図上演習の最後に「自分が連合艦隊司令長官であるかぎり、真珠湾作戦は必ず決行するつもりである」という旨発言し、第一線部隊でなおもくすぶっていた慎重論・反対論を一蹴《いっしゅう》したのである。

すると、この日の図上演習に出席した軍令部作戦部作戦課の航空作戦担当であった三代辰《みよたつ》吉《きち》中佐（後に一就《かずなり》と改名）が、「ハワイ作戦に第一、第二航空戦隊の空母四隻を、フィリピン作戦には第五航空戦隊（この年の夏に竣工《しゅんこう》した新鋭空母「翔鶴」「瑞鶴《ずいかく》」で編成）を充てる」案を示した。

従来、ハワイ作戦に強硬に反対してきた軍令部側が連合艦隊に譲歩した瞬間であった。しかし第一航空艦隊は軍令部の示した空母四隻によるハワイ攻撃という案には不満であり、第五航空戦隊の空母二隻を加えた六隻の空母をすべて作戦に投入することを主張した。山本はこの要望に応じて、はじめは第一航空艦隊参謀長の草鹿を軍令部と交渉させた。

軍令部担当者の強硬な反対でそれが不調に終わると、十月十八日には腹心の黒島を軍令部に派遣し、「真珠湾攻撃のために空母六隻の投入が必要である」、そして「この案を軍令部が認めないならば自身は辞職する」と伝えさせたのであった。

当時の海軍部内で人望並ぶもののなかった山本の、職を賭《と》した主張に、軍令部も反対意見を引っ込めざるを得なかった。軍令部総長の永野《ながの》修身《おさみ》大将が「山本にそれだけの自信があるのなら任せよう」と言ったことにより、翌十九日、開戦劈頭の真珠湾空襲という山本の作戦構想は、日本海軍の正式な作戦として認められたのであった。

さきにも述べたように、海軍の作戦方針を立てるのは、軍令部の役割であった。また、連合艦隊は作戦の方針については軍令部の指揮を受けることになっていたから、連合艦隊司令長官は軍令部総長が立てた作戦方針に従う必要があった。しかし山本は、自身の構想した真珠湾航空攻撃作戦案を、「実施が認められなければ辞職する」との脅しに近い手段を使ってまで、軍令部にのませたのである。

もっとも軍令部は、形の上ではあくまで南方作戦を最重要として、それを支援するための一作戦として認める、というスタンスを通していた。「ハワイ作戦は、日本海軍の伝統的な漸減邀撃作戦に基づく戦略を円滑にするための一つの作戦である」という位置づけとして、十月十九日に正式の作戦として認められたのである。その直後の十月二十四日に、山本は当時の海軍大臣嶋田繁太郎大将に宛て、自身の心境を記した書簡を送っている（以下、カタカナをひらがなに、旧字体の一部を新字体に改め、適宜句読点を施した）。

嶋田繁太郎海軍大臣宛て書簡（昭和十六年十月二十四日付）

さて此度は容易ならざる政変の跡を引き受られ、御辛苦の程深察にたへず。専心艦隊に従事し得る小生こそ勿体《もったい》なき次第と感謝致居候。

然る所昨年来屢《しばしば》図上演習並に兵棋演習等を演練せるは、要するに南方作戦が如何に順当に行きても無理にも、完了せる時機には甲巡以下小艦艇には相当の損害を見、特に航空機に至りては毎回三分の二を消費し（あとの三分の一も完全のものは殆《ほとん》ど残らざる実況を呈すべし）。所謂《いわゆる》海軍兵力が伸び切る有様と相成る処多分にあり、而かも航空兵力の補充能力ははなはだしく貧弱なる現状に於いては、続いて来たるべき海上本作戦に即応すること至難なりと認めざるを得ざるを以て、種々考慮研究の上、結局開戦劈頭有力なる航空力を以て敵本営に斬り込み、彼をして物心共に当分起ち難き迄《まで》の痛撃を加ふるの外なしと考ふるに立ち至る候次第に御座候。

米将キンメル〔米太平洋艦隊司令長官〕の性格及び最近の米海軍の思想の観察より、彼必ずしも漸進正攻法のみに依るとは思われず。而して我南方作戦中の皇国本土の防衛力を顧慮すれば、真に寒心に不堪もの有之。幸いに南方作戦比較的有利に発展しつつありとも、万一敵機東京、大阪を急襲し一朝にして此両都府を焼きつくせるが如き場合は、勿論さ程の損害なしとするも、国論は果して海軍に対して何と言う可きか。日露戦争を回想すれば想半ばに過ぐるものありと存じ候。

聞く所によれば軍令部一部等に於ては、此の劈頭の航空作戦の如きは結局一支隊作戦に過ぎず、且つ成否半々の大賭博にして、之に航空全力を傾注するが如きは以ての外なりとの意見を有する由なるも、抑《そもそ》も此中国作戦四年、疲弊の余を受けて米英華同時作戦に加ふるに対蘇をも考慮に入れ、欧独作戦の幾倍の地域に亘《わた》り持久作戦を以つて自主自衛十数年の久しきにも堪へむとする所に非常の無理ある次第にて、此をも押切り敢行、否大勢に押されて立上らざるを得ずとすれば、艦隊担当者としては到底尋常一様の作戦にては見込み立たず。結局、桶狭間《おけはざま》とひよどり越と川中島合戦とを併せ行うの已むを得ざる羽目に追込まれる次第に御座候。

（反町栄一『人間　山本五十六』下巻に収録）

文面にあるように、山本は「開戦劈頭有力なる航空力を以て敵本営に斬り込み、彼をして物心共に当分起ち難き迄の痛撃を加ふるの外なし」と考えているにもかかわらず、軍令部はあくまで伝統的な漸減邀撃作戦を主たる作戦方針としていたのであった。

たとえば十一月五日に発令された「帝国海軍作戦方針」の中では要綱として、「帝国海軍作戦方針の大綱は（中略）速に在東洋敵艦隊及航空兵力を撃滅し、南方要域を占領確保して、持久不敗の態勢を確立すると共に、敵艦隊を撃滅し終極に於て敵の戦意を破摧《はさい》するに在り」と示されている。

またハワイ作戦については「第一航空艦隊」の項で、「開戦劈頭、布哇《ハワイ》所在敵艦隊を奇襲し、其の勢力を減殺するに努め、爾後《じご》主として第四艦隊の作戦及南方攻略作戦の支援に任ず」とだけ述べられている。この作戦方針は、明らかに従来の邀撃作戦構想に基づいており、「ハワイ空襲によって敵艦隊勢力を減殺して、その間に南方作戦を実施し長期持久態勢を確立し、敵艦隊主力が来攻したときには伝統的な邀撃作戦によってこれを撃滅する」というものであった。このことは、当時の軍令部第一部長であった福留繁中将も、ハワイ作戦の目的が「南方作戦の遂行中に米艦隊主力が来攻するのを防止することにあった」と戦後に回想していることからも明らかである。

ハワイ作戦に対する山本五十六と軍令部の位置づけが、このように相違していたことは、真珠湾攻撃の実施において重大な問題を生んだのであった。

決行された真珠湾攻撃

このような状況で実施された真珠湾攻撃自体は、多数の熟練パイロットを揃え、浅海面雷撃可能な魚雷の実用化に成功し、かつ六隻の空母を集中投入した結果、アメリカ側の防備の不手際もあって戦艦四隻を撃沈（あるいは大破着底）、残る四隻を大中破させることに成功し、開戦一日目で米太平洋艦隊を壊滅させる大戦果をあげた。しかし南雲機動部隊（第一航空艦隊）は搭載機三百五十機による一撃を終えると、重油タンクや工廠《こうしょう》を目標とした第二撃を行わずに戦場を離脱した。この攻撃の不徹底さが米海軍に早期立ち直りを可能として、以後の戦局に大きく影響したとは、後世よく指摘されることである。

そしてこの作戦上の失敗を指摘する史家はしばしば——第二撃を行っていたら日本側の被

害のみ大きかったという予想から、攻撃を一回にとどめたことを評価する者も当然いるが——山本五十六の責任が重大であると指摘する。

真珠湾空襲の真の目的が「開戦劈頭有力なる航空力を以て敵本営に斬り込み、彼をして物心共に当分起ち難き迄の痛撃を加」え、「米国海軍及び米国民をして、救う可からざる程度に其の志気を阻喪せしむる」、その結果として一日も早い講和にこぎつけることにあったのであれば、それを機動部隊の南雲長官・草鹿参謀長らに明瞭に伝える必要があった。

ところが山本は、理詰めに根気よく説得するタイプの指揮官ではなく、「断固たる決意」の表明のみによって反対論をねじ伏せるスタイルで構想を実現した。このことはすでに紹介したとおりである。彼は、かつて日米戦回避のために自分が払った努力を無視して日米開戦を招き、かつ勝算の期待できない漸減邀撃作戦にとらわれていた海軍中央に強烈な反感を持っていた。それだけでなく、自分の心中を他人に理解させようと努力するより、「判らない人間には説明は不要」と考える性質の人間であったようである。

この点については、山本の出身中学である長岡中学の後輩にあたる半藤一利《はんどうかずとし》氏（作家）による次のエピソードが興味深い。

「山本五十六は典型的な越後人《えちご》であり、人見知りで口が重く開放的な性格にはほど遠いですね。こういう越後人の性格は、古くは松尾芭蕉《まつおばしょう》の『奥の細道』にも表れています。

炎上する真珠湾の米戦艦群

芭蕉は道中で体験したことをたいへん詳しく書き残していますが、越後にいた時だけは相当不親切な目に遭わされたらしく、何も記していないのですよ。山本五十六も、自分が気を許せない人にはまったく心を開かなかった人だったと思いますね」

話をハワイ作戦に戻すと、全滅を賭して断行した、まさにのるかそるかの決戦だったはずが、先に見たように、軍令部と妥協したような作戦命令になってしまった。したがって奇襲に成功して敵の艦隊を撃滅した以上、南雲機動部隊が第二撃を行わずに引きあげたのは、命令通りの行動で不思議でも何でもないことになる。

そして山本は、犠牲を顧みず真珠湾を徹底的に破壊し、敵の闘志を根本から萎《な》えさせるという自らの真意を、南雲機動部隊にも軍令部にも、また連合艦隊司令部にも知らせていなかった。

ハワイ空襲が成功裡《り》に進みつつあるとき、連合艦隊司令部では南雲機動部隊に対して第二撃命令を発するかどうかの議論が行われた。当時の司令部の大勢は第二撃に賛成であったが、航空参謀の佐々木彰中佐だけは、「敵空母がそばにいるらしいが位置がつかめないので、このままとどまっていてはその母艦にやられる恐れがある」と言ってただ一人、第二撃の発動に反対した。しかし佐々木参謀は戦後、書簡「戦備に関する意見」を読み、そこではじめて山本の意図を知った。彼は「あの時これを知っていたら、空母が四隻位沈んでもよいから反復攻撃をさせるんだった」と、大いに慨嘆したという。山本は自分の心中を直属の部下にさえ、知らせずじまいだったのである。

結局、山本が「第二撃がやれれば満点だが、泥棒だって帰りは怖いんだ。南雲はやらんだろう」と発言したことで、連合艦隊から第二撃命令は出されなかったことはよく知られた話である。山本の処世訓として「やってみせ、言って聞かせて、させてみて、褒めてやらねば人は動かじ」という言葉はあまりに有名であるが、どう考えても山本本人のキャラクターを表したものとは考え難い（ちなみに、この言葉が本当に、山本五十六本人の発言であるかどうかは、実のところ判然としていない)。

山本五十六の胸の内を読む

もっとも真珠湾攻撃については、この「第二撃をめぐる問題」以外にも、いろいろな批判が可能である。山本が第一に意図した「敵の意気阻喪や士気低下」については、宣戦布告の対米通告が遅れた不手際によって、かえって「リメンバー・パールハーバー」という国民の対日敵愾《てきがい》心と戦闘意欲を高揚させる結果に終わったし、空母を討ち漏らしたことは半年後のミッドウェー海戦での一方的な敗北の遠因となった。

しかし、真珠湾攻撃は、そのような、航空攻撃の不徹底や米国民に与えた心理的影響という、これまでよく知られている事柄に加えて、それ以上に深刻な問題を投げかけていたのであった。実は山本は、自身が連合艦隊の指揮官として適任であるとまったく考えておらず、かつ本気でハワイ作戦の実施を要望していたとはどうしても考えられないのである。

このことは、これまで紹介してきた「戦備に関する意見」、「嶋田繁太郎海軍大臣宛て書簡」の末尾において明瞭である。以下、それぞれの末尾を読んでみよう。

「戦備に関する意見」〈承前〉

小官は、本布哇《ハワイ》作戦の実施に方《あた》りては、航空艦隊司令長官を拝命して攻撃部隊を直率せしめられんことを切望するものなり。
爾後堂々の大作戦を指導すべき大連合艦隊司令長官に至りては、自ら他に其の人在りと確信するは、既に先に口頭を以て意見を開陳せる通りなり。
願わくは明断を以て人事の異動を決行せられ、小官をして専心最後の御奉公に邁進することを得しめられんことを。

では、山本が連合艦隊司令長官として最適と考えていたのは誰だったのか？

「嶋田繁太郎海軍大臣宛て書簡」〔承前〕
此辺の事は、当隊先任参謀の上京説明により一応同意得たる次第なるも、一部には主将たる小生の性格並に力量などにも相当不安をいだき居る人々も有るらしく、此《こ》の国家の超非常時には個人の事など考ふる余地も無之。且つ、元々小生自身も大艦隊長官として適任とも自任せず、従って曩《さき》に（昨十五年十一月末）総長殿下並びに及川前大臣には米内大将起用を進言せし所以に有之候へば、右事情等十分に御考慮ありて大局的見地より御処理の程願上候。

一、昨年十一月には将来連合艦隊と第一艦隊と分ける際には、自分は第一艦隊長官で良いから米内大将を是非起用ありたし（将来は総長候補としても考慮し其準備も）と進言せり。及川氏は賛成、殿下は米内復活軍事参議官とし自分の後釜《あとがま》とするは賛成なるも連合艦隊は山本ヤレと云はれ候。

二、連合艦隊戦策改定の際、劈頭航空作戦の件を加入せる際の小生の心境は、此《こ》の作戦は非常に危険、困難にて、敢行には全滅を期せざる可らず（当時は一個航空戦隊に一個水雷戦隊位で飛び込む事も考へ居れり）。万一、航空部隊方面に敢行の意気十分ならざる場合には自ら航空艦隊長官拝受を御願いし、その直卒戦隊のみにても実施せんと決意せる次第にて御座候。その際にはやはり、米内大将を煩はす外無からむ。と考え居りし次第に候。

以上は結局、小生技倆《ぎりよう》未熟の為、安全蕩々《とうとう》たる正攻的順次作戦に自信なき窮余の策に過ぎざるを以て、他に適当の担当者有らば欣然《きんぜん》退却躊躇《ちゆうちよ》せざる心境に御座候。尚大局より考慮すれば、日米衝突は避けられるものなれば、此を避け此の際隠忍《いんにん》自戒《じかい》、臥薪嘗胆《がしんしようたん》すべきは勿論なるも、それには非常な勇気と力とを要し、今日の事態にまで追込まれたる日本が果して左様に転機し得べきか、申すも畏《かしこ》き事ながらただ残されたるは尊き聖断の一途のみと恐懼《きようく》する次第に御座候。

連合艦隊司令長官の最適任者として、すでに予備役にあった米内光政の現役復帰による就任を山本は真剣に要望していたのであった。

真珠湾攻撃構想の真意

この二通の書簡はしばしば、真珠湾攻撃の構想を明らかにしたものと伝えられてきた。しかし山本が本当に伝えたかったことが、実はこの末尾の部分にあると考えれば、これら書簡の意味は全く異なってくるのである。

真珠湾攻撃に関する説明は作戦に関する事項であって、軍令部総長に宛てて発するのが筋である（それぞれの書簡発出当時の軍令部総長は伏見宮と永野修身であった）。それが海軍大臣に書き送っているというのは、やはり対米開戦を何とか回避しようという山本の想いのあらわれといえよう。

対米戦争は、尋常一様の方法で遂行できるものでは到底ない。開戦劈頭に航空部隊で真珠湾を空襲するしか方法はないが、それは部隊の全滅を賭した理外の戦法なのである。しかも自分はこれまで作戦用兵への関わりがきわめて薄く（山本は軍令部で作戦や用兵にかかわる勤務の経験がなかった）、正攻法による作戦の遂行に適任であるとは思われない。そこで海軍大臣には、そうした事態を招かないように人事面で適切な配置を実行してほしい。具体的には、米内光政大将を現役に復帰させて連合艦隊を指揮してもらい、自分は機動部隊を率いてハワイ攻撃へ向かう、そういう人事の断行を切に望む。二通の書簡を終わりまで読むと、山本の真意がそういう点にあったと読み取れるのである。

しかし海軍の慣行や常識から見て、そのような人事はありえず、山本もそのことは十分にわかっていたであろう。ということは、彼の真の要望は「米内光政軍令部総長、山本五十六海軍大臣」による事態の収拾であったのではないか。実際に昭和十六（一九四一）年六月に伏見宮が軍令部総長を辞任したとき、及川に対して山本は後任者として米内を強く推薦している。だが、及川は伏見宮の意向をくみ、彼が気に入っていた永野修身大将を選定した。

同年の夏にはその永野も、健康上の理由から総長辞任を検討したことがある。その時にも山本は、米内の総長就任を再度及川に訴えたが、容《い》れられなかった。

つまり真珠湾攻撃構想時の山本の真意は、文言にあるような「桶狭間とひよどり越と川中島合戦とを合せ行う」という不退転の決意ではなく、一貫して「日米衝突は避けられるものなれば、此を避け此の際隠忍自戒、臥薪嘗胆すべき」という避戦にあったとみてもよい。

そして実際には、山本は真珠湾攻撃もやりたくなかったのではないか、海軍中央に日米戦回避を説くための切り札として提唱したものの、内心では作戦の成功に懐疑的であったと考えられるのである。なぜなら、山本の構想は「真珠湾攻撃は断固遂行する」という彼の言とは正反対に、非常に及び腰であるからだ。

現実問題として、それを実施すれば米太平洋艦隊には大損害を与えるものの、攻撃部隊は米側の反撃を受けて全滅（あるいはそれに近い被害）の憂き目にあうことも明白であった。山本はそれだからこそかえって、海軍中央に対米戦回避を説得する格好な材料と考えたとも思われるのである。

山本が大西瀧治郎・源田実に対して作戦の研究を依頼した内容を見ても、そのことが言える。山本が大西に示した腹案は、「空母四隻を使用、片道攻撃を実施」というものであったが、この昭和十六（一九四一）年一月ではまだ浅海面雷撃が可能な魚雷（浅沈度魚雷）が完成しておらず、急降下爆撃と水平爆撃では大した戦果が期待できないことは確実であった。

しかし航空隊の猛訓練と綿密な研究によって、やがて水平爆撃の命中率は飛躍的に向上していった。また雷撃隊も超低空からの魚雷発射法をマスターし、浅沈度の魚雷も完成したため、作戦実施時にはそれまでのネックが次々と解決され、大きな戦果をあげたのであった。

そして日本海軍の戦備自体もこの頃には、すぐに戦闘状態に入れるように着々と進みつつあった。昭和十五（一九四〇）年十一月十五日に発令された「出師準備第一段第一着作業」によって、予備艦籍にあった艦艇は次々と現役に復帰し、乗員は充員され、船体も機関も整備されつつあった。

翌年四月十日には、第一航空艦隊が編成された。これは、それまで第一航空戦隊（空母「赤城《あかぎ》」「加賀」）と第二航空戦隊（「蒼龍《そうりゅう》」「飛龍《ひりゅう》」）が、それぞれ第一艦隊と第二艦隊とに編制されていた制度を改編して一体とし、さらに小型空母「龍驤《りゅうじょう》」と駆逐艦十隻を加えた単一の母艦部隊としたものである。

もとよりこの編制は、十二月の真珠湾作戦を目的として実施されたものではなかった。しかしこの措置によって、事実上母艦兵力を集中した「機動部隊」が誕生し、真珠湾空襲の主力部隊となったのである。やがて真珠湾空襲で大戦果があがると、「機動部隊」構想は世界各国の海軍に構想の一大変革をもたらしたのであった。このような「機動部隊」の誕生という出来事がなかったら、山本の真珠湾攻撃構想も実現を見なかったことは確実である。

空襲成功の誤算と山本の葛藤

要するに、真珠湾攻撃は後世から見てきわめて壮大なプロジェクトであったが、山本がはじめから大きな成果を期待し、かつ実行が十分可能な環境にあると見越して推進したとは到底思えないのである。

山本は万一、これらの環境が整っていなかったとしても「真珠湾攻撃を断行する」と唱え続けたであろう。それは開戦初日に真珠湾空襲部隊が潰滅《かいめつ》し、戦争が日本の惨憺《さんたん》たる敗北に終わることをよしとしたのではなく、日米戦の帰趨《きすう》がそういう悲惨な結末を迎えるという展望しか持てない以上、何としても戦争を回避すべきという、きわめて悲痛な叫びであった。

しかし、山本が見切り発車的にプロジェクトを強行してゆく過程で、十分な成果が期待、あるいは活用できるようになり、真珠湾空襲は成功の公算が高まっていったのであった。このことは、戦争回避を意図していた山本がまったく望まなかった事態であったろうが、一面では作戦上の障害が次々と解決されたことで、前途に光明が見えてきたとも言える事態であった。このとき、避戦論者としての山本五十六と、軍人としての山本五十六との葛藤《かっとう》があらわになるのである。

阿川弘之《あがわひろゆき》氏が名著『山本五十六』（新潮社）において、いよいよ開戦に臨んだ山本には「鍛えに鍛えた力を、一度は実戦で試してみたいという軍人特有の心理」、そして「長い間〝腰抜け〟と罵《ののし》られてきたことへの反発、郷党の人や女たちに〝流石《さすが》ハ五十《いそ》サンダテガニ〟と思わせてみたいという心理」があったろう、と洞察している。この瞬間はまさに、その心理が働いたときであったろう。

そして山本はこの葛藤に対して、自身にも他人にも納得のゆく妥当な回答を見つけることはできなかったようである。真珠湾攻撃の意義が軍令部に認められ、準備が着々と進んでゆく過程にあって、彼が持っていた作戦実施後の展望は「ともかく米太平洋艦隊に回復困難な打撃を与え続ければ、アメリカ人の士気は低下し、早期の講和が可能となるだろう」というものであった。そこには「かえって相手を刺激して交戦意欲を高める」という可能性に対する考慮はまったく見られない。

それに、実戦部隊の指揮官として戦争の帰趨《きすう》を考慮すれば、いかなる損害もかえりみずに攻撃を反復して、真珠湾の工廠施設や重油タンクを徹底的に破壊すべきであった。また、航空機の威力を重視して作戦を構想した山本からすれば、ハワイ所在の米艦艇の第一目標は当然、空母でなくてはならない。

ところが、連合艦隊司令部が目標の第一順位に定めたのは「戦艦の撃沈」であり、空母の目標順位はその次であった。むしろ機動部隊が空母を第一目標とするよう要望したのだが、山本長官によって却下されているのである。

この一見意外な事実は、山本がハワイ作戦の主目的を「敵の意気阻喪や士気低下」においていたことによる。当時、一般的に海軍力の象徴と考えられていた戦艦を港内で万人環視の中で撃沈することを、山本は最も効果の高い作戦と考えたのであった。しかし山本のこの考えは、南雲機動部隊の司令部に伝わっていなかった（以上は、戦史叢書《そうしょ》『海軍航空概史』による）。

こうして見ると後世、「真珠湾で撃沈された戦艦はほどなく大半が浮揚修理され、のち第一線に復帰したことから見て、無意味な攻撃であった」と批判する史家も、山本の真意を理解していないことになる。けれども山本のアメリカに対する理解そのものが、後世から見ればきわめて甘かったというべきであろう。

「知米派、山本五十六」は虚像か

山本はかつてハーバード大学に留学し、その後、在ワシントン日本大使館付海軍武官として勤務した経験から、アメリカの工業力を高く評価していた。「テキサスの油田とデトロイトの自動車工場を見ただけで、日本が近代戦でアメリカに立ち向かうことの不可能なことが分かる」と彼が語ったことは有名である。

また昭和初期に航空母艦「赤城」の艦長をつとめたときには、部下の搭乗員に対して「アメリカ人は非常に勇敢な国民である、彼らは危険なことでもわれわれ日本人と同じように、あっさりやってのける。彼らはたとえその身が危険に瀕《ひん》しても、最も難しいことをやりとげることのできる国民である」と述べている。

このようなアメリカの手強《てごわ》さを正確に認めていた山本が、「衆人環視の前で戦艦を撃沈すれば講和に応じるであろう」などと、なぜ単純に考えたのであろうか。これでは、アメリカを正しく認識していたとは到底いえない。

この点について半藤一利氏はかつて、「海軍の軍人で、野村吉三郎《のむらきちさぶろう》大将（のち駐米大使）にはルーズベルト大統領をはじめ、アメリカにずいぶん友人がいた。これが本当の知米派だよ。山本五十六は知米派と言われていたけれども、アメリカ人で山本の友人というのは聞いたことがない。山本はアメリカに何回も行って、駐在武官もやっているのだから、本当の知米派ならもっとアメリカ人の友人がいてもいいはずなんだ」と語っている。きわめて示唆に富んだ観察といえるだろう。

なお秦郁彦《はたいくひこ》氏も「山本五十六は知米派と言われている割に、アメリカの友人に宛てた書簡がまったく見あたらない」と指摘している。このことも、「知米派山本五十六」という評価の疑わしさを示している。

第二章　ミッドウェー海戦の敗北、そして消耗戦へ

奇襲成功に酔いしれる海軍

真珠湾航空攻撃作戦の最大の問題は、日本国民はもとより、日本海軍の当局者もすべて攻撃の成功にすっかり酔ってしまい、作戦実施上の問題を真剣に検討しなかったことにある。

その結果、以降の作戦計画も機密保持も非常に杜撰《ずさん》なものとなり、連合艦隊司令部のスタッフは軍令部の意向をほとんど無視して作戦を立案するまで増長していったのである。翌年六月のミッドウェー海戦では、驕慢《きょうまん》の極に達していた日本海軍が米艦隊に対して一方的な敗北を喫したが、その因子はすでにハワイ作戦時から胚胎《はいたい》していたといえる。

昭和十七（一九四二）年のはじめ、ハワイ攻撃で火蓋《ひぶた》を切った日米戦争の初期は、日本軍

にとって予想をはるかに上まわる成功であった。日本の新聞は連日、勝利の報道で紙面をうずめ、国民は早くも勝利の夢に浸っていた。

この後の日本海軍はいかなる作戦に基づき行動すべきであるか。

一月十四日、柱島《はしらじま》のブイに係留している連合艦隊旗艦の「長門」では、参謀長宇垣纏《うがきまとめ》少将が、日記『戦藻録』に次のように書いた。

四日間の努力に依《よ》り作戦指導要綱を書き上げたり。結論としては、六月以降ミッドウエー、ジョンストン、パルミラを攻略し、航空勢力を前進せしめ、右概《おおむ》ね成れるの時機、決戦兵力、攻略部隊大挙して布哇《ハワイ》に進出、之《これ》を攻略すると共に敵艦隊と決戦し、之を撃滅するに決着せり。本計画に同意するもの、そも何人ありや。試みに其理由とする所を記せば、

一、米の痛手は艦隊勢力の喪失と布哇の攻略にあり。
二、布哇の攻略及基の近海における艦隊決戦は一見無謀なる如《ごと》きも成算多分なり。
三、時日の経過は之迄の戦果を失うのみならず、勢力の増大を来し、我は拱手彼の来攻を待つ外、策なきに至る。

四、時は戦争における重要な素なり、節は短なるを要す。長期戦を覚悟するも自ら求むるの愚は無し。
五、独の英本土攻略作戦後に於《お》いては、帝国海軍の作戦は反《かえ》りて重圧に陥る虞《おそれ》あり。
六、米艦隊の撃滅はひいて英海軍の撃滅となり、爾後《じご》何をするも勝手放題にて戦争収拾の最捷径《さいしょうけい》なり。

連合艦隊参謀長は、まずインド洋作戦で英国海軍勢力の進出を阻み、六月にはミッドウェーを攻略し、次いでハワイの占領を考えていたのである。

この頃は南方作戦も予想を上まわる速さで順調に進行し、昭和十七（一九四二）年三月末までには、バターン・コレヒドールの米軍を除いて、西はビルマから東はラバウル、南はチモール島にいたる広大な地域が、日本軍の支配下に入った。

このころ海軍部内では、開戦劈頭《へきとう》の一撃により、当時海軍力の象徴と考えていた米戦艦に壊滅的打撃を与え、一挙に日米の兵力比を逆転し、かえって優勢な立場に立つことができたせいか、驕《おご》りに満ちた空気が作戦指導部内に生まれていた。この思いがけない戦況の優勢を生かそうと、海軍の一部士官の中には極端な積極作戦を口にする者があった。

このころ連合艦隊の山本五十六《やまもといそろく》司令長官は、ハワイ攻撃で米空母を討ち漏らしたものの、米戦艦群の壊滅により主導権を得たと判断し、積極作戦に傾いたようである。

そして、軍令部ではやや醒《さ》めた意見が多く、当初は富岡定俊《とみおかさだとし》第一（作戦担当）課長らも無謀な作戦には懐疑的であったが、やがて富岡をはじめ相当数のスタッフが、開戦以前に描いていた長期守勢の構想をすっかり放棄して、連合艦隊におとらず夢想的な作戦を構想し始めていた。

もともと軍令部が昭和十六（一九四一）年の夏に開戦やむなしという立場をとった背景には、確固たる勝算があったわけではなかった。このころ日米戦の見通しについて、永野修身《ながのおさみ》軍令部総長はしばしば、「開戦二年間は勝算あり」、しかし「長期戦になる可能性が高い」、「その場合の戦局の推移はおぼつかない」という意見を表明していた。日米戦の主役となるはずの海軍のトップが、このような心許《こころもと》ない見通しを述べていたことに対して、天皇も「成算なきものに対して戦争を始めるのはいかがなものか」と大いに心配したという。

開戦時の海軍作戦計画も、長期持久態勢を確立するまでの初期作戦についてだけ定められ、その間の作戦段階を第一段作戦、第二段作戦の二段階に区分していた。第一段作戦は東洋にある敵勢力を駆逐し、その拠点を奪取するとともに、南方資源要域を攻略して、足もとを固めて持久態勢の基盤を概成すること、第二段作戦では戦略態勢をさらに強化するとともに、来攻するであろう米艦隊主力の撃滅を図って、長期持久態勢を確立することを期した。

その後の作戦段階については正式に示されていなかったが、軍令部は戦争終末を主目的とする詰めの作戦を第三段作戦としていた。

ところが開戦劈頭のハワイ空襲作戦によって、米太平洋艦隊撃滅という従来の第二段作戦の主目標はほとんど達成されてしまった。米空母群は依然健在であったものの、開戦直前まで、第一段作戦（ハワイ・南方作戦）の成功にほとんど自信を持てず、石油の対日禁輸を機に「座して死を待つよりは」の心境から確たる勝算なしに開戦を迎えた軍令部スタッフは、昭和十七（一九四二）年のはじめになると一転して、「連合軍の本格的反攻の開始は昭和十八（一九四三）年の半ば以降」という前提のもと、戦域をはるかに拡大した、新たな第二段作戦を構想しはじめるようになった。

このとき軍令部の担当者にとって「本格的反攻」とは、開戦二年ほどでアメリカが日本軍の十倍以上の航空機や艦艇を整備し、巨大な艦隊勢力で攻勢に転じてくる、という推定であった。しかし彼ら担当者は、いくら敵の兵力がこちらの十倍であっても、それらを米本土やハワイに封じ込めておく限りは、大した脅威にはならないと考え、米本土とオーストラリア間の海上交通路を分断して敵がオーストラリアの基地を十分利用できなくする策を考案した。

先に見たように連合艦隊がミッドウェー・ハワイの攻略という、当時の日本の国力をはるかに超える作戦を構想していたのに対し、軍令部では当時、米豪遮断のためのフィジー、サモア攻略作戦（FS作戦）を構想していたのであった。

連合艦隊司令部から見れば、これらの攻略対象は日本本土から余りに遠すぎ、かつ米空母が健在な限り攻略には自信がもてず、さらにこれらの島嶼《とうしょ》を攻略しても連合軍は他のルートを使用して反攻作戦が可能であり、米豪遮断は困難と考えられた（現実に、連合軍は一九四三（昭和十八）年以降、ニューギニア北岸沿いに航空基地を建設して反攻を進めており、たとえFS作戦が実行され成功しても、意図された米豪遮断は不可能であったと思われる）。ハワイ作戦、南方攻略作戦の順調な進捗《しんちょく》で気分を良くしていた軍令部は、連合艦隊司令部におとらず歯止めのない夢想的作戦構想に浸っていたのである。

さて、これらの計画は十分に練られることなく、三月七日の大本営政府連絡会議へと提出され、「今後採るべき戦争指導の大綱」として採択された。この大綱は、「……引き続き戦果を拡大して、長期不敗の戦略態勢を整えつつ機を見て積極的の方策を講ず……」という、はなはだ曖昧模糊《あいまいもこ》とした、具体性に欠けるものであった。

もともと対ソ連作戦を重視していた陸軍は、南方作戦に多大の兵力を割くことには抵抗感があり、海軍部内でハワイ、豪州、セイロン攻略が検討されたときに、陸軍は当初反対の立場を表明していた。しかしこのころには陸軍部内でも緒戦の大勝利にひきずられ、海軍の積極的攻勢作戦に同意する空気が生まれつつあった。

この結果、四月十六日、陸軍の杉山元《すぎやまはじめ》参謀総長は「今後の南方および太平洋方面陸軍作戦」に関し、次のように上奏した。

（一）フィジー諸島、サモア諸島及ニューカレドニアに対する作戦について、
（二）アリューシャン列島に対する作戦について、
（三）其《その》他ハワイ、豪洲《ごうしゅう》、印度《いんど》に対する作戦
は、将来情勢に依《よ》り実施することあるべきを考慮し、研究を続行しております。

次いで五月一日から四日まで、連合艦隊は次の区分により第二段作戦の図上演習を行った。

第一期　ポートモレスビー作戦
第二期　ミッドウェー、アリューシャン作戦
第三期　FS作戦（フィジー、サモア）
第四期　ハワイ作戦

連合艦隊はこのころになると、次のような作戦構想を立てていた。まずミッドウェーの攻

略によって米空母部隊を誘い出し、これを捕捉《ほそく》して撃滅する。さらにミッドウェー島を占領して哨戒《しょうかい》兵力を配置することで、残存する米空母による本土の空襲を防止する（これに先立つ四月十八日に、米空母から発進したB―25爆撃機によって東京・名古屋・神戸が空襲を受けていた）。

なお、日本本土から遠く離れたミッドウェー島の占領維持は容易ではないが、他方面でさらなる攻勢作戦を続けていれば、ハワイ攻略作戦の開始まで保持しうるであろう。このような考えから連合艦隊は、軍令部の構想によるFS作戦には従来反対の立場であったにもかかわらず、この作戦をミッドウェー作戦終了後の第三期作戦に組み入れたのである。

さて、上記のミッドウェー作戦発動に至る連合艦隊司令部と軍令部との対立はよく知られている。まず四月三日に、連合艦隊から渡辺安次《わたなべやすじ》戦務参謀が上京して第二段作戦構想（第一期～第四期）を軍令部に示し、ミッドウェー作戦の計画案を詳細に説明して採用を熱望した。FS作戦を本格的に構想しつつあった軍令部の作戦担当者は全員、この案に強硬に反対したが、結局真珠湾攻撃のケースと同様に、永野修身総長による「山本長官がそこまで言うなら」という発言によって、FS作戦に多少の修正を行う他は、連合艦隊の案が採用されたのである。

このように、陸海軍ともに、心中にやや不安を蔵しながらも、当時の国力をはるかに超える、驚くべき積極作戦に乗り出したのである。

このうちミッドウェー作戦の目的に関しては、五月五日の陸海軍中央協定において、「ミッドウェー島を攻略し、同方面よりする敵国艦隊の機動を封止し、兼ねて我が作戦基地を推進するに在り」と明示し、哨戒線を推進、ハワイ攻略の足場にすると、占領の目的を明らかにした。こうして、陸海軍は互いに意識のずれを感じながらも、ついにハワイ攻略の準備に着手した。

たとえば陸軍参謀本部は、九月以降にハワイ攻略作戦が実施される場合を想定して、作戦構想に基づき兵団（第二・第七師団）を指定し、上陸作戦準備訓練を指示した。こうして、ハワイ攻略作戦は現実に動き始めたのである。

杜撰なミッドウェー作戦計画

といっても、軍令部はハワイ占領の足がかりとしてミッドウェー島占領に同意したわけではなかった。あくまでFS作戦の前段階としてミッドウェー作戦をとらえ、敵空母の誘い出しと撃滅を主たる目的として同意したのであった。

したがって、この作戦の究極の目的については、ハワイ作戦の実施と同様に、連合艦隊司令部と軍令部との間で一致はなかった。その不一致の上に、よく知られているように連合艦隊司令部で構想されたミッドウェー作戦計画はかなり杜撰なものであった。

さらに重大な問題があった。南雲部隊（第一航空艦隊）は、ハワイ作戦以降自らを世界最強と恃《たの》んで、敵からの航空攻撃への対処がほとんど不備な状態のまま作戦海域に向かったのである。

もともと第一航空艦隊は、戦艦主体の艦隊決戦に参加する補助兵力中の艦隊の一つとして編成されたもので、それ自体が他から独立して大作戦を遂行する規模のものではなかった。山本連合艦隊司令長官は、これに他の艦隊から兵力を加えて混成部隊を作り、機動部隊と名付けて、ハワイ空襲という大作戦を実施したのである。これは確かに、それまで世界のどの国の海軍も行ったことのない、空母に関する革命的な用兵法であった。

ところがその機動部隊の防御については、警戒兵力として高速戦艦二隻、重巡二隻、軽巡一隻、駆逐艦九隻だけが編入されたに過ぎず、当時これらの艦艇は当然レーダーも装備していなかった。また駆逐艦の一部は、給油艦の護衛に充てられていた。さらにこの少数の警戒兵力は、対潜直衛、不時着機の救助なども任務とされ、来襲する敵機の早期発見や、防空砲火による空母の護衛が十分に行えるものではなかった。

「図上演習」にあらわれた驕り

日本海軍内で驕りや過信がとどまるところを知らなかった一つの例を紹介したい。ミッドウェー作戦の図上演習で有名な話は、「南雲機動部隊が作戦行動中に敵空母部隊の不意な攻撃を受け、日本側の空母二隻が沈没と判定されたとき、審判長であった宇垣連合艦隊参謀長が『今の二隻への爆弾命中数は三分の一とする』と発言し、かつ日本艦隊側に有利な作為を重ねた結果、図上演習の正確・公正な進行が損なわれた」というものである。このことをもって後世、「宇垣参謀長の傲岸《ごうがん》」、「勝利病の蔓延《まんえん》」と評価する向きも多い。

しかし実は、宇垣によるこのような作為はすでに、日米開戦前から大っぴらになされていたのである。ハワイ作戦実施の是非をめぐって連合艦隊司令部と軍令部との間で決定を見なかった一九四一（昭和十六）年九月十六・十七日に、海軍大学校で特別図上演習が行われた。ここでは南雲部隊（第一航空艦隊）が第一・第二航空戦隊の各二隻、計四隻の空母に搭載した航空機で空襲を行ったと想定し、山本連合艦隊司令長官・南雲第一航空艦隊司令長官や宇垣・草鹿参謀長、首席参謀、航空参謀が参加し、軍令部から福留第一部長、富岡第一課長、第一部員が見学した。

このとき第一航空艦隊の航空乙参謀として参加した吉岡忠一《よしおかただかず》少佐（当時）は次のように回想している。

九月十六日、ハワイ作戦特別図演開始。一航艦はすぐ米軍哨戒飛行艇に発見された。宇垣参謀長（連合艦隊）の指導上の配慮により、三回までは発見できないように無理にこじつけて審判したが、夜が明けてわが攻撃隊も発進したので、四回目の発見にとうとう日本艦隊発見の第一報を許した。

敵の攻撃に対しても種々制限して爆撃の効果が少〔な〕いように考慮して審判したが、それでも攻撃当日、空母四隻中二隻が撃沈され、二隻小破と判定された。そして攻撃翌日、残りの空母一隻が沈没、一隻水上勢力半減とされ、後刻、二隻は勢力復元の審判により、二隻撃沈と言うことになった。

（吉岡忠一「ハワイへの道程」・増刊『歴史と人物』所収）

出撃した四隻の空母が全滅という判定がでた最終日に、山本は南雲の左肩に右手を置き、「実戦では今回のように全滅することはないよ」と慰めたというが、吉岡氏自身は「ハワイ攻撃作戦は、たいへん投機的で、警戒厳重のうえ反撃の力がある敵に対しては無傷で成功する算なし」と思ったという。筆者が吉岡氏に話を聞いた際は、一言、「あんなのは図演とは言えない」と、言ったものである。

こうして見ると、南雲機動部隊が敵の航空攻撃を受けたときに、空母が全滅、あるいはそれに近い大損害を蒙《こうむ》る恐れがあるということはハワイ作戦・ミッドウェー作戦それぞれの検討における図上演習で予測されていた。にもかかわらず、連合艦隊司令部は作戦強行のため図上演習の判定結果をねじまげて希望的観測に終始し、また機動部隊司令部は演習で明らかになった艦隊の不備（索敵の軽視、弱体な防空体制）に有効な対策を講じることはなかった。ミッドウェー海戦の現実が、この図上演習通りの結果を招いたのも当然の帰結であったと言える。

結局、ミッドウェー作戦の失敗は、陸海軍に大打撃を与えた。特に南雲機動部隊の参加空母四隻喪失については、天皇にも報告することをためらい、ついに沈没は、「加賀」と「蒼龍」の二隻ということにし、ミッドウェー海戦直後の七月十四日付の、軍機・帝国海軍戦時編制表には、新編成の機動部隊である第三艦隊の付属として、何と沈んだ「赤城」「飛龍」の二隻が明記されていた。艦隊の編制は、天皇の大権事項であり、艦艇一隻の移動でも、天皇の直接の裁可を必要とする重要事項である。この時点で、軍令部は、天皇に虚偽の上奏をしたのである。

七月十一日、陸海軍の統帥部長である参謀総長、軍令部総長が並び立ち、天皇に対して作戦指導方針の大変更を上奏した。軍令部総長が景気の良い第二段作戦方針を上奏してから、

炎上するミッドウェー基地

わずか三か月後のことである。

この上奏の中で永野修身軍令部総長は、海軍の作戦経過を報告した上で、こう述べた。

「……『ミッドウエイ』作戦は布哇攻略作戦の準備作戦と致しまして之《これ》が攻略の必要があったので御座いますが、現状は本攻略戦のみを単独実施するの要ある情勢でも御座いませんのと、之が攻略のためには特別なる戦法を必要としまするが、之等の研究準備も未《いま》だ不十分で御座いまして之が実施時期の目途もつき兼ねまするので、本攻略は目下之が中止を命じて御座いますが、此《こ》の際一応取止めのことと致度と存じます（略）」

このように、ミッドウェーの惨敗を隠し、当面不要の作戦であるから中止した、とごまかしたのである。

こうして第一段作戦の勝利の季節は終わり、陸海軍は天皇に事実を隠した報告をしたまま、敗戦への道をたどり始める。

ミッドウェー敗戦の真の問題

ミッドウェー海戦の敗戦によって、山本五十六の意図した積極攻勢決戦の構想は挫折《ざせつ》した。ハワイ攻略作戦は当然のこと、FS作戦も中止され、海軍は機動部隊の再建に専念せざるを得なくなった。

陸海軍にとって、この後の作戦はいかに進めてゆくべきであったろうか。開戦直前に山本が批判したところの「南方資源地域を確保し長期持久態勢を確立して、ドイツのソ連・イギリスに対する勝利の機会をとらえる」という方針は、たしかに将来の展望が乏しい、非現実的な戦争指導構想であった。しかしハワイ作戦からインド洋作戦、そしてミッドウェー作戦の推移を考えると、山本によるハワイ攻略構想も実現の公算は乏しく、万一実現したとしても早期に戦争を終結しうる可能性は絶無といってよかった。

山本五十六はじめ、当時の海軍首脳に対する数多くの論考で知られた野村實《のむらみのる》氏は遺作『日本海軍の歴史』において、「ミッドウェーで山本構想が破れたあとは、日本の国力から補給線の長さを考慮し、多くの地上兵力を伴う作戦線は、のちに決定された絶対国防圏（筆者

注：小笠原《おがさわら》・内南洋（中西部）・西部ニューギニアを結ぶ線内）の範囲におおよそ限定して、それ以上の遠方は、艦艇・航空機のみの機動作戦に依頼するのが適当であった」と述べているが、筆者も同感である。

しかし実際には、日本海軍は同年八月にはじまるガダルカナル戦からおよそ一年半の間、本土から遠く離れたソロモン諸島での戦闘において戦力のほとんどすべてを注ぎ込んで消耗してしまった。

筆者はミッドウェーの敗戦が日本海軍にもたらした深刻な問題は、四隻の空母喪失という大打撃も然《さ》ることながら、それにも増して人事異動の不実施にあったと考える。山本五十六が留任し続けたことによって、以後の海軍の作戦は、戦争序盤で明らかになった幾多の問題の根本的な解決が、何もされずに進行したのであった。

第一に、山本を更迭し得ない代わりに、彼を補佐した司令部幕僚の更迭は不可能でなかったはずだが、山本の強い意向でそれもなされなかった。したがって連合艦隊司令部と軍令部間での意思疎通の不充分さはまったく改善されず、本来は出先の部隊にすぎない前者に、作戦の立案・（実質的な）命令者である後者が引きずられる傾向は以後も続いた。

第二に、戦争の主導権が日本側からアメリカ側に移った事態に対応する戦略の転換がなされず、八月七日に米軍のガダルカナル島への上陸を許し、建設間もない飛行場を占領される事態を招いた。

ガダルカナル島の飛行場はそもそも、ＦＳ作戦を推進する前進基地として建設されていたが、写真偵察によってこれを知った連合軍が奪取に踏み切ったものである。すでにミッドウエー海戦敗北の結果、日本の国力の限界を超えるＦＳ作戦は七月十一日に取り止めが発令されており、米豪遮断を目的としてこのような遠隔地（ラバウルの航空基地から約五百六十海里＝約千三十キロメートルも離れており、この距離は零式戦闘機のほとんど行動限度であった）に基地飛行場を建設する意義はなくなっていたにもかかわらず、連合艦隊司令部も現地艦隊司令部も、漫然と飛行場の建設作業を続行していたのであった。

そもそも日本海軍は、対米一国作戦に基づく邀撃《ようげき》艦隊決戦構想にとらわれていた軍令部も艦隊も、来るべき戦争が洋上航空基地をめぐる攻防戦になるという感覚に乏しく、したがって航空基地の防衛に関する関心がきわめて低かった。そしてこれは、航空部隊による積極攻勢作戦を構想した連合艦隊司令部も同様であった。

ガダルカナル島の被占領は、連合艦隊が機動部隊の再建に関心を集中させている間に、連合国側がいかなる策に出てくるかを十分検討することがなかった帰結といえよう。

第三に、ガダルカナル島攻防をめぐる連合艦隊の作戦は、陸上兵力の支援よりもしばしば、ミッドウエーの復仇《ふっきゅう》（すなわち敵空母の撃滅）に主眼がおかれて陸海の連携を不十分なものとし、結果としてガダルカナル島奪回の不成功を招いたことである。

さきに触れたようにガダルカナル島はラバウル基地からはるかに遠く、航空兵力による制空権の確保は容易でなかったため、奪回作戦は陸軍部隊の上陸と飛行場奪回を主眼とする他はなかった。

もともと海軍が建設後ほどなく占領された飛行場であったため、海軍は陸軍の部隊揚陸に全面的な支援を約し、昭和十七（一九四二）年八月十二日に締結された「南東方面作戦指導に関する陸海軍中央協定」では、「速やかに出発し得る第十七軍〔陸軍部隊〕の一部を以て海軍と協同し『ガダルカナル』島所在の敵を撃滅して同地の要地、特に飛行場を奪回す」と記された。

また同月三十一日に締結された第八次協定においても、「作戦要領」として「海軍兵力は先《ま》づ、その主力を『ソロモン』方面に充当し陸海軍協同して速やかに『ガダルカナル』島所在の敵を撃破して、同島の要地、特に飛行場を攻撃奪回す」と明記され、ガダルカナル島に上陸した陸軍部隊による数次の奪回作戦の失敗（一木支隊：八月二十一日、川口支隊：九月十二日）以後、九月十八日付で締結された陸海軍中央協定では「陸軍兵力資材の増加を待て、陸海軍戦力を統合発揮し、一挙に『ガダルカナル』島飛行場を奪回す」と謳《うた》われ、連合艦隊の戦力のほとんどすべてがこの輸送支援作戦のために投入されることとなった。

ところが、この協定に沿って連合艦隊が十月四日に「連合艦隊命令作（第二五号）」として策定した作戦方針は、「連合艦隊は……陸軍と協同先づ『ガダルカナル』島基地を奪回し『ソロモン』諸島敵上陸兵力を掃蕩《そうとう》すると共に敵艦隊を撃滅せんとす」とされている。さらに「連合艦隊の兵力の大部は『ソロモン』諸島方面進出敵艦隊に備う」と明記され、陸海軍中央協定に示された作戦目標の「ガダルカナル島飛行場奪回」以外に、連合艦隊の兵力の大部分を「敵艦隊撃滅」に向けることを意図していた。

そして十月二十四、二十五日の両日に第二師団主力によるガダルカナル島飛行場奪回のための総攻撃が行われた（結果は失敗）際、日本海軍の動向は敵艦隊の撃滅に集中しており、陸軍部隊に対する支援はまったく有効でなかった。南雲機動部隊（第三艦隊）は翌二十六日に南太平洋海戦で敵機動部隊と交戦して敵空母一隻（「ホーネット」）を撃沈したものの、熟練パイロットを多数失い、ガダルカナル島飛行場奪回をめぐる局面のヤマ場には戦場に居合わせることができなかった。また基地航空部隊も第二師団主力による総攻撃当日は、米機動部隊に備えたことと悪天候とにより、わずかに周辺海域の哨戒を行ったに過ぎなかった。

以上要するに、連合艦隊は陸海軍中央協定における方針にもかかわらず、陸軍部隊の総攻撃支援に対して十分な戦力を投入したとはいえず、敵艦隊撃滅に終始して奪回作戦を失敗に終わらせたのである。

ミッドウェー敗戦の「復仇」の念にあふれた連合艦隊司令部も南雲機動部隊も、ガダルカナル島飛行場奪回の作戦目標を頭では理解していても、常に頭にあるのは「敵艦隊撃滅」であった。その結果、十月下旬の南太平洋海戦から数週の間は、太平洋戦域で作戦可能な米空母を皆無としえたが、それだけの効果にとどまった。ガダルカナル島の飛行場争奪をめぐる大勢は揺らぐことなく、日本はその年十二月三十一日における御前会議でガダルカナル島撤退の決定を余儀なくされるのである。「敵艦隊撃滅」に固執した日本海軍の作戦方針がいかに適切を欠いたかをしめす例であろう（以上、吉田昭彦「ガダルカナル島飛行場奪回作戦における海軍の作戦目標の変転」による）。

ガダルカナル島からの撤退は翌昭和十八（一九四三）年二月一日から七日に実施され、ほとんど被害を受けることなく成功裡《り》に終了した。こうしてガダルカナル島をめぐる六か月間の死闘は終わった。この間連合艦隊は、米空母二隻をはじめ艦艇計五十三を撃沈あるいは損傷させたが、代わりに空母二隻・戦艦二隻・重巡三隻・軽巡二隻・駆逐艦十四隻・潜水艦九隻を失い、かつ空母二隻・重巡六隻・軽巡五隻・駆逐艦六十三隻・潜水艦一隻を損傷し（いずれも延べ隻数）、これら損傷艦の修理には膨大な時間と工数を費やさざるを得なくなった。さらに膨大な航空兵力や小艦艇、商船や燃料弾薬などを失った。

そして日本がこれらの損失を回復することはなく、昭和二十（一九四五）年の敗戦を迎えるのである。日本海軍の第二段作戦は、当初の目的をまったく達しえずに終了し、後世から見れば太平洋戦争の勝敗は、ガダルカナル島争奪戦が終了した時点で決したといえる。これ以降、懸命な兵器や人員・資材の増産努力にもかかわらず、以後の日本海軍は戦力低下の一途をたどることになる。

山本五十六の戦死

ガダルカナル島からの撤退後、軍令部は陸軍参謀本部と以後の作戦指導方針を検討し、連合軍の本格的な反攻を食い止め長期持久する方針を立てた。しかしそれは、真に日本の国力に見合った構想ではなかった。この方針の主旨は、できる限り戦線を整理することを意図しながらも、既に日本軍が占領した地域の防備に専念するというもので、その広大な範囲に少数の守備隊が分散したまま留め置かれていた。

そして、海軍は昭和十八（一九四三）年四月以降を第三段作戦計画の実施時期として作戦計画を策定し、三月五日に「大東亜戦争第三段作戦帝国海軍作戦計画」として裁可された。その作戦計画の主旨は、航空戦での必勝態勢の確立を期待し、とくに敵艦隊を前進根拠地で奇襲撃破すること、敵艦隊を誘い出して捕捉・撃滅することの二点が依然として重視されていた。主戦場についてもソロモン・ニューギニアを主とする南東方面と想定し、ソロモン諸

ラバウルで航空隊の出撃を見送る山本五十六

島方面ではイサベル島以西、東部ニューギニアではラエ・サラモア以西を、それぞれ確保するよう指示していたのである。

この内容は、陸軍の作戦構想とは相当な隔たりがあった。このころ陸軍の作戦指導部は、ソロモン方面の防衛を早々に放棄し、日本本土に近いマリアナ群島に新たに防衛圏を設けることを提案したが、海軍側は「陣地を構えて防衛線を築くというのは陸戦の観念であり、海軍の戦いにはそういうスタイルはない」として、あくまでソロモン方面の死守を主張していたのであった。結局、陸海の主張が折り合わないまま第三段作戦計画が策定されたのだが、この頃の海軍の主張は観念論的に「敵艦隊撃滅」を追い求めていたにすぎず、明らかに合理性を欠いていたといえる。

山本五十六の作戦も、あくまで南東方面で敵艦隊の撃滅に重点を置いていた。彼はガダルカナル島作戦の開始早々に、司令部スタッフとともに戦艦「大和」に座乗してトラック環礁に前進し、以来ここで指揮を執っていた（この間に旗艦を「武蔵」に変更した）が、この年の四月にはラバウルに進出した。そして空母機動部隊（第三艦隊、この時期には司令長官に小沢《おざわ》治三郎《じさぶろう》中将が就任）と基地航空艦隊（第十一航空艦隊・司令長官は草鹿任一《くさかじんいち》中将）の航空兵力を手元に集めて、自ら両司令長官を指揮しながら、「い」号作戦と呼称される航空撃滅戦を展開したのである。

山本は「い」号作戦終了後ほどなく、ブーゲンビル島やショートランド島方面の最前線部隊の視察激励に飛び立ったが、行動予定を記した暗号電報が敵に解読されており、移動中途で待ち伏せしていた多数の敵機に乗機が撃墜され戦死した（「海軍甲事件」）。

そもそも、連合艦隊司令長官が最前線で指揮を執ることにあまり意味は無く、山本自身、ラバウルに行くことについては、参謀に、「ニミッツ〔アメリカ太平洋艦隊司令長官〕はハワイで指揮しているというのに、なんで自分はラバウルなんかに行くのだ」と不満を漏らしていた。これは、実のところ、日本海軍の人事上の問題で、ラバウルで作戦の中心であるべき小沢治三郎が、同地の草鹿任一中将よりも後任であるために、作戦指揮の上で、思うようにできない面があり、山本長官の直々の指揮を強く要請したことが原因であった。このような、平時の人事的な習慣が、最前線の作戦の足を引っ張るという事態は、少なくなかったのである。

そして山本の戦死によって、海軍の作戦方針は陸軍の意見を容《い》れた合理的なものとなるどころか、後任として連合艦隊司令長官に就任した古賀峯一《こがみねいち》大将（海兵三十四期）の強力な意志によって、ますます明治以来の「艦隊決戦による敵艦隊撃滅」を志向したのであった。

長官・古賀峯一と参謀長・福留繁

古賀はかつて山本と同様に日米戦回避の立場で一貫しており、山本と同じく、アメリカ艦隊が強大な存在になるのに先んじて敵艦隊に決戦を挑んで撃滅することを熱望していた人物であった。しかし問題は、彼が山本と違って大艦巨砲主義の強烈な信奉者であり、太平洋戦争の主役が戦艦のような大型艦艇ではなく航空機になるという考えが山本に比べて非常に乏しかったことである。

古賀は就任早々に、軍令部の第一部（作戦部）長であった福留繁《ふくとめしげる》少将を連合艦隊参謀長に据えた。福留は海軍大学校の甲種学生を恩賜で卒業した秀才中の秀才で、日本海軍の戦略戦術の大家との声が高かったが、戦後に「多年戦艦中心の艦隊訓練に没頭してきた私の頭は転換できず、南雲機動部隊が真珠湾攻撃に偉功を奏したのちもなお、機動部隊は補助作戦に任ずべきもので、決戦兵力は依然、大艦巨砲を中心とすべきものと考えていた」（『史観・真珠湾攻撃』）と記しているほどの、軍令部伝統の作戦計画に忠実な艦隊決戦主義者であった。

古賀司令部は戦局にどのように対処し、日本海軍の戦力をどのように投入して成果を得たのだろうか。まず、大方針はあくまで決戦主義であった。八月に連合艦隊に対して古賀が発令した次期決戦の作戦要領を見てみよう。

Z作戦：米機動部隊が千島《ちしま》列島東方からウェーク・マーシャル・ギルバート・ソロモン北方まで太平洋正面に来攻した場合に、これを撃滅する決戦構想
Y作戦：ベンガル湾からスマトラ・ジャワ・チモール南東までのインド洋正面において、英米連の艦隊が来攻した場合の決戦構想

この二つの作戦を策定し、どちらもトラック環礁を主たる基地とする連合艦隊が出動・邀撃する手はずとされた。

Y作戦についてはこの後、連合軍の作戦方針がインド洋経由での対日攻勢という案をとらず、太平洋の正面と南東部から本格反攻を行う方針であったため実現の可能性がなくなった。

しかしZ作戦こそは、太平洋を西進してくる米艦隊に対して、連合艦隊の全力を挙げて邀撃

し、勝利を収めるという艦隊決戦の要領に基づくものであった。それは確かに、日本海軍が長年にわたって研究を重ね、訓練を実施してきた伝統的な発想に基づくプランであった。

　しかし、昭和十八（一九四三）年夏の段階でこのような作戦を立案した古賀長官と福留参謀長のコンビは、果たして時代に適合したものであったのだろうか。同年十一月から連合艦隊司令部の通信参謀として、間近で二人の作戦指導を見ていた中島親孝《なかじまちかたか》中佐（海兵五十四期）によれば、完全な落第であった。

　中島氏は筆者にこう言っていた。「大体、歴代の連合艦隊の長官と参謀長は、案外そりが合わないことがある。山本五十六司令長官と宇垣纏参謀長が典型例で、最も親密にプランを相談しなければならないはずの二人の個性が強すぎて、多くの場合うまくいかない。ところが古賀長官と福留繁参謀長は、非常にウマが合った。これほどぴったり息の合った長官と参謀長は、後にも先にも見たことがない」。

　これは中島氏の強烈な皮肉で、筆者が「どんなところが息が合っていたのですか？」と聞くと、「頭が古いところだ。その点において二人はぴったり意見が一致していた。何しろ二人とも昭和十九年になっても、まだ日本海海戦の再現を夢見ていたんだから。この時代錯誤ぶりではどうにもならないね」という返答であった。

無視された「絶対国防圏」

一方このころ軍令部は、日本の国力に見合った現実的な作戦海域をようやく設定し、陸軍による防衛圏設置構想にも賛同しつつあった。そして九月三十日には第二回の戦争指導大綱において、いわゆる「絶対国防圏」に主兵力を後退して防備を固める方針が陸海軍間で合意を見た。

「絶対国防圏」とは、国防、資源などの観点から、日本の存亡と国民の生存上、絶対に確保されなければならない地域を定めたもののことである。地域は、北は千島列島、マリアナ諸島、トラック島、西部ニューギニア、スンダ列島、ビルマを含む長大な防衛線であり、昭和十八（一九四三）年九月二十五日の大本営政府連絡会議で協議し、九月三十日の御前会議で決定した。

しかし連合艦隊の古賀司令部は、中央で決定されたこの方針に従わなかった。これまでの作戦方針に基づき、「絶対国防圏」の外側の中部太平洋方面とソロモン諸島方面には、次の見開き図に示すように多くの陸海軍兵力が配備されており、これらの兵力を早期に圏内に退かせるには、すでに輸送船舶が不足して不可能であると見積もられた。

これら諸島の守備兵力は、「絶対国防圏」の防備を固める時間を稼ぐために、持久作戦に任ずることとされたが、古賀らは早期決戦の願望にとらわれ、「絶対国防圏」の決定にもかかわらずZ作戦計画をそのまま存続させていた。

この決戦方針を固守した連合艦隊司令部の作戦指導は、現実の戦闘において重大な誤りを露呈してしまった。まず十月に通信諜報《ちょうほう》によって、米空母群がハワイ基地を出撃したことを知らされた古賀は、これを連合軍によるウェーク島奪回の動きであると推定し、トラック環礁から連合艦隊主力を率いて出撃し、Z作戦の実現を期待してマーシャル方面に出動した。

この連合艦隊の編成は、重巡「愛宕」を旗艦とする第二艦隊が前衛となり、空母「瑞鶴」を旗艦とする第三艦隊が機動部隊の本隊を構成し、その後方には「主隊」として古賀長官が座乗する戦艦「武蔵」以下の戦艦群が控えていた。そして作戦の構想も、まず機動部隊の航空兵力で敵艦隊に打撃を加え、最後は戦艦の砲撃によって撃滅するという伝統的な砲術重視の内容であった。

ところがハワイを出撃した米機動部隊の目標は、実はウェーク島の奪回ではなく、ラバウル基地を無力化することにあった。連合艦隊司令部は、出撃が空振りに終わったことがわかるとトラック環礁に帰還した後、かつて山本長官が実施した「い」号作戦にならって「ろ」号作戦を発動し、空母機動部隊（第三艦隊）の航空兵力をラバウル方面に投入して航空撃滅戦を実施した。

練度の高いパイロットで構成された母艦航空兵力の投入は、航空戦の実相にうとい古賀や

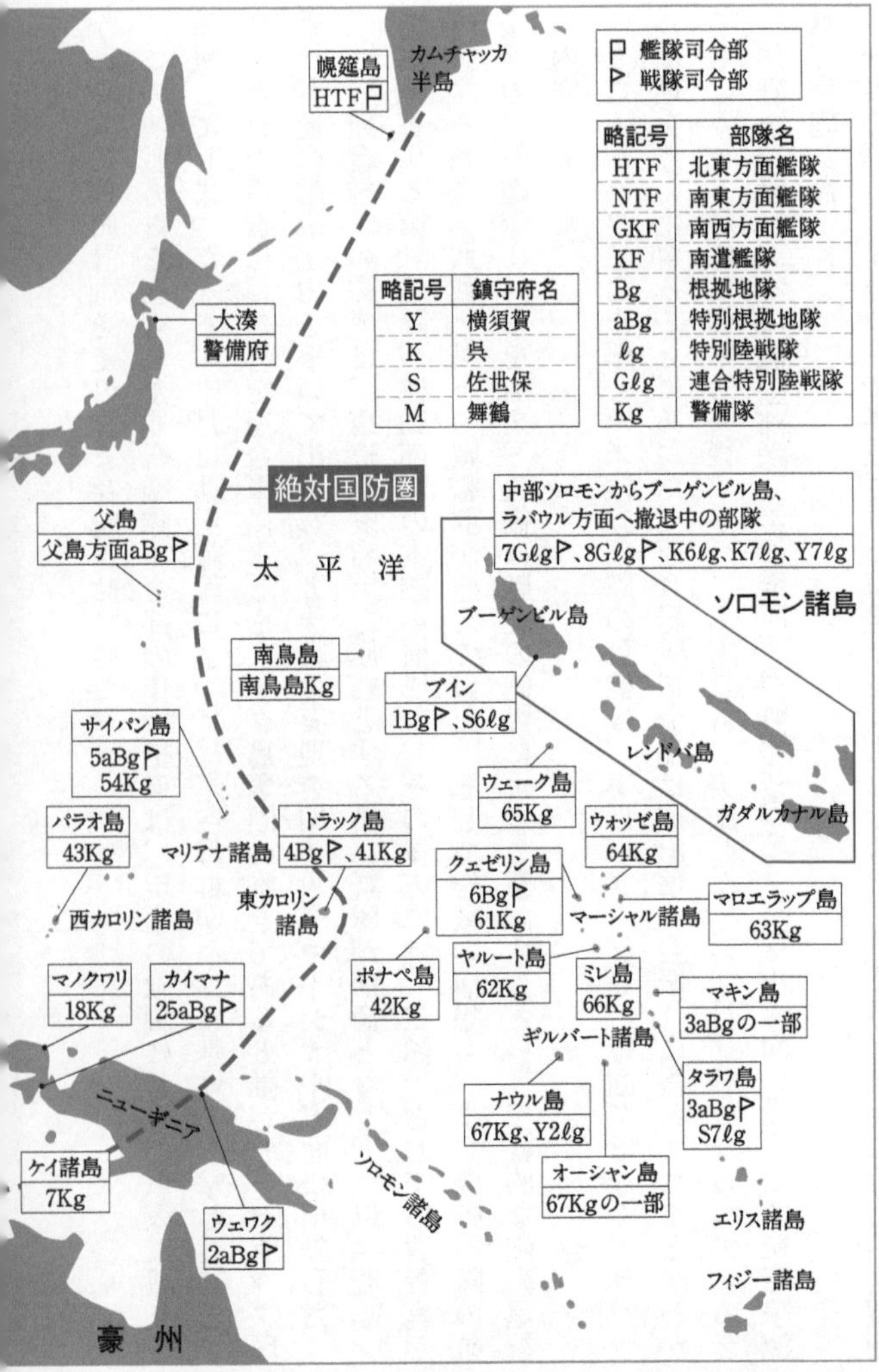

幌筵島
HTF
カムチャッカ半島
艦隊司令部
戦隊司令部
略記号 部隊名
HTF 北東方面艦隊
NTF 南東方面艦隊
GKF 南西方面艦隊
KF 南遣艦隊
Bg 根拠地隊
aBg 特別根拠地隊
ℓg 特別陸戦隊
Gℓg 連合特別陸戦隊
Kg 警備隊
略記号 鎮守府名
Y 横須賀
K 呉
S 佐世保
M 舞鶴
大湊
警備府
絶対国防圏
父島
父島方面aBg
太平洋
中部ソロモンからブーゲンビル島、ラバウル方面へ撤退中の部隊
7Gℓg、8Gℓg、K6ℓg、K7ℓg、Y7ℓg
ソロモン諸島
ブーゲンビル島
南鳥島
南鳥島Kg
ブイン
1Bg、S6ℓg
レンドバ島
サイパン島
5aBg
54Kg
ウェーク島
65Kg
ガダルカナル島
パラオ島
43Kg
マリアナ諸島
トラック島
4Bg、41Kg
ウォッゼ島
64Kg
クェゼリン島
6Bg
61Kg
東カロリン諸島
マーシャル諸島
マロエラップ島
63Kg
西カロリン諸島
ヤルート島
62Kg
ポナペ島
42Kg
ミレ島
66Kg
マキン島
3aBgの一部
マノクワリ
18Kg
カイマナ
25aBg
ギルバート諸島
ニューギニア
ナウル島
67Kg、Y2ℓg
タラワ島
3aBg
S7ℓg
ケイ諸島
7Kg
オーシャン島
67Kgの一部
ソロモン諸島
エリス諸島
ウェワク
2aBg
フィジー諸島
豪州

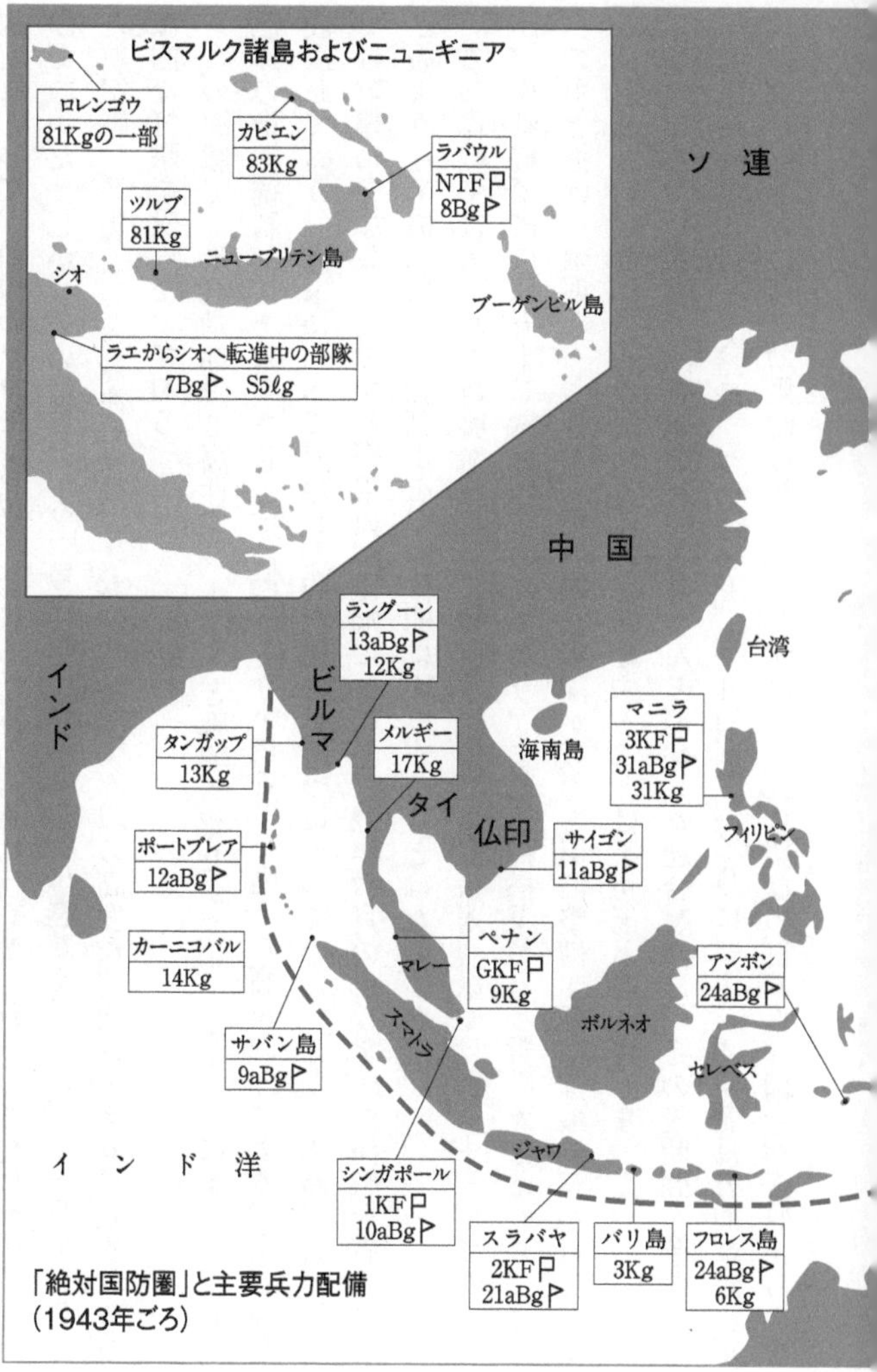
ビスマルク諸島およびニューギニア
ロレンゴウ
81Kgの一部
カビエン
83Kg
ラバウル
NTF
8Bg
ツルブ
81Kg
ニューブリテン島
シオ
ブーゲンビル島
ラエからシオへ転進中の部隊
7Bg、S5ℓg
ソ連
中国
台湾
ラングーン
13aBg
12Kg
インド
ビルマ
タンガップ
13Kg
メルギー
17Kg
海南島
マニラ
3KF
31aBg
31Kg
タイ
仏印
サイゴン
11aBg
フィリピン
ポートブレア
12aBg
カーニコバル
14Kg
ペナン
GKF
9Kg
マレー
アンボン
24aBg
ボルネオ
スマトラ
セレベス
サバン島
9aBg
ジャワ
インド洋
シンガポール
1KF
10aBg
スラバヤ
2KF
21aBg
バリ島
3Kg
フロレス島
24aBg
6Kg

「絶対国防圏」と主要兵力配備
(1943年ごろ)

福留にとって、前線のソロモン諸島における部隊の苦戦に目を奪われた、多分に衝動的な行動であった。しかしその結果、「ろ」号作戦に投入された母艦航空兵力は、十一月に発生した航空戦（ブーゲンビル島沖航空戦）において米機動部隊の高度な防空システムに阻まれて潰《かい》滅《めっ》的な打撃を受けたのである。

この海戦で、米機動部隊は高性能レーダーと戦闘情報センター（ＣＩＣ）による防空戦闘機隊の指揮統制システム、そして近接信管（ＶＴ信管）を備えた高角砲弾による対空装備を設置しており、従来に比べて隔絶した防空能力を持つに至っていた。しかし当時、日本海軍では攻撃に参加して生還する搭乗員が極端に少なく、翌年六月のマリアナ沖海戦を戦うまでこのような米機動部隊の強靭《きょうじん》さを、具体的に実感することはなかった。

この作戦で投入された母艦航空兵力（第三艦隊所属の第一航空戦隊）は百七十三機であったが、作戦終了後には五十二機を残すのみであり、また熟練搭乗員も多数戦死したため、後方への引き揚げを余儀なくされた。第一航空戦隊が戦力を復旧整備するには最低三か月を要する見込みと判定され、その間にＺ作戦を発動することは不可能となってしまった。

この「ろ」号作戦で決戦航空兵力をほとんど消耗した連合艦隊は、その後時間を置かず十一月下旬にギルバート諸島、ついで十九（一九四四）年二月にマーシャル諸島方面に連合軍が来攻したときに何ら効果的な対応ができずに、これら諸島の日本軍守備隊が玉砕するのを座視するだけに終始した。硬直した発想にとらわれた司令部のトップが、半ば衝動的に貴重な戦力を投入したことの大きな弊害であった。そしてこれら諸島の失陥により、中部太平洋方面のマリアナ諸島への連合軍の来攻も目前となってきたのである。

ソロモン消耗戦の大きな犠牲

このころにはソロモン諸島の作戦も、一九四三（昭和十八）年十二月中旬の連合軍のニューブリテン島マーカス岬上陸によって終焉《しゅうえん》をむかえた。この上陸作戦によって、ソロモン諸島を島伝いに南東方面を進撃したチェスター・W・ニミッツ太平洋艦隊司令長官の南太平洋部隊は、ニューギニアを経由して南西から進撃したマッカーサー部隊と合流したのである。この進撃途上のあらゆる日本側の拠点は、ガダルカナル島をはじめとして連合軍に占領されるか、または無力化されて孤立してしまった。

昭和十八（一九四三）年二月までのガダルカナル戦において、日本海軍は戦闘艦艇として、空母一、戦艦二、重巡三、軽巡一、駆逐艦十四、潜水艦八を失ったことは先にふれたが、その後一年のうちに、次の表のとおり多くの損害を被った。

結局、南東方面作戦の全期間で日本側は合計五十七隻の戦闘艦艇を喪失し、また百三隻の艦艇が大損傷を受け、長期間にわたって作戦不能となってしまった。これは日本海軍が長年にわたって意図した艦隊決戦兵力の過半が失われたことを示している。

航空兵力の喪失はさらに深刻なものであった。ガダルカナル戦半年間で、日本海軍機の損失は二千七十六機であったが、その後のソロモン諸島作戦が終了する約一年における損失は九千六百九十七機、合計一年半での損失は一万千七百七十三機にのぼった。

日米開戦直前の航空兵力は練習機をふくめて三千百四機であったから（海軍歴史保存会編『日本海軍史』）、必死の航空機増産と搭乗員の育成の努力にもかかわらず、ソロモン諸島作戦において、日本海軍航空兵力は再起不能な程度にまで大打撃を受けたことになる。

これらの図と表に見られるように、第一段作戦（ハワイ作戦・南方作戦）・第二段作戦（ポートモレスビー攻略作戦・ミッドウエー作戦・ガダルカナル争奪戦）の段階では、搭乗員と機材の損失は多数にのぼったものの、回復不可能というほどではなかった。しかし連合艦隊が古賀司令部によって指揮されて以降、昭和十八（一九四三）年十一月のブーゲンビル島沖航空戦の実施期間をはじめとして大量に航空兵力が消耗されてしまったのである。これもひとえに、無定見ともいえる戦力投入の結果であった。

そして、米海軍がいよいよ海空兵力を整備強化して中部太平洋から大反攻に転じた時機に、日本海軍はその中心となるべき航空戦力をほとんど使いはたすという苦境に直面していたのである。

年月＼艦種＼状況	損傷				喪失				
	給油艦	駆逐艦	軽巡	重巡	その他	給油艦	駆逐艦	軽巡	重巡
1943年 2月		6							
1943年 3月							6		
1943年 4月		2		1					
1943年 5月							3		
1943年 7月		7	2	1	1		7	1	
1943年 8月		3					3		
1943年10月	1	3	1		1	1	2		
1943年11月		11	7	8	2		5	1	
1943年12月		4							
1944年 1月		4	1						
計	1	40	11	10	4	1	26	2	
合計	62				33				

ガダルカナル島撤退以降の1年間における日本海軍の損害（隻数）

年月	主要作戦	搭乗員損失（人）	海軍機損失（機）
1942年 8月	ガダルカナル島に米軍上陸、一次・二次ソロモン海戦	460	352
1942年10月	南太平洋海戦	451	423
1942年11月	第三次ソロモン海戦	237	345
1943年 1月	レンネル島沖海戦	196	230
1943年 2月	ガ島撤収、イサベル島沖	210	265
1943年 4月	「い」号作戦（山本長官戦死）	237	300
1943年 6月	レンドバ島上陸	318	425
1943年 7月	クラ湾、コロンバンガラ島	206	478
1943年11月	ギルバート航空戦（「ろ」号作戦）	738	689
1943年12月	マーシャル諸島、ブーゲンビル島	412	556

ソロモン主要海空戦における損害

ソロモン諸島を防衛線として南方の資源地帯を守ることが、日本の長期戦態勢にとっては絶対に欠かすことのできない条件であると考えていた指導部にとって、ソロモン諸島の争奪戦に敗れたことは大きな痛手であった。この敗戦の原因の一つは、連合艦隊のとった旧来の指揮官先頭の作戦指導が、めまぐるしく状況の変化する近代航空戦についてゆけない結果でもあった。そのために、連合艦隊はその司令部のあり方に大きな改変を加え、流動的作戦指揮をとれるように組織、設備の改変を行うこととした。

これによって新しく設けられたのが、「連合艦隊作戦司令所」であり、これは連合艦隊の司令部施設を備えた指揮所を予想作戦地域に複数設け、戦況に従って司令部が速やかに移動できるように考えたものであった。この指揮所をどこに設置するかについては、昭和十八（一九四三）年十一月に通信参謀として着任した中島親孝中佐（前出）が検討を任された。

中島通信参謀の計画は、絶対国防圏に沿って、北は千歳《ちとせ》から東京、グアム、ダバオ（フィリピン）、シンガポールの五カ所に指揮所を置くことによって、米軍がどこから来襲しても、速やかに連合艦隊司令部を移動させ、有効な作戦指導ができると考えたものだ。古賀長官は、このラインを「死守決戦線」と名づけて、これを北と南の二群に分け、米軍が北から来襲した場合はサイパンで指揮をとり、南から来襲した場合はダバオで指揮をとる決心をした。

新しい連合艦隊の指揮所構想は、昭和十九（一九四四）年二月に至り中央の認可を与えら

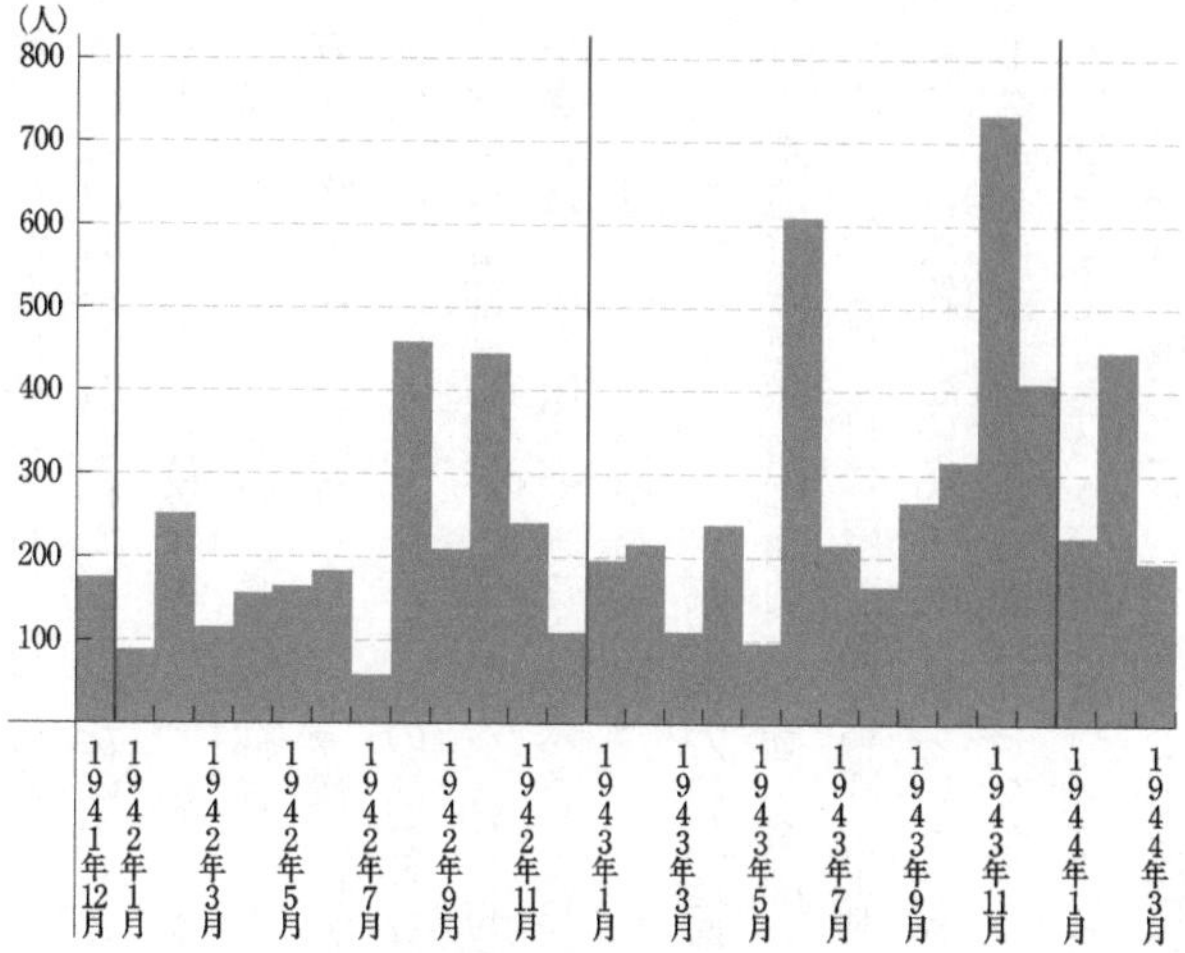

海軍機搭乗者の損耗推移

れたが、この決定は、とりもなおさず日本がソロモン諸島を放棄したことの表れでもあった。さらに連合艦隊が、長年の伝統を破って、艦隊の指揮を陸上からとることも意味していたのである。

立ち直る間もなく守勢一方に

連合艦隊が新しい決戦態勢を整えつつあった昭和十九（一九四四）年一月三十日、マーシャル方面の日本軍基地は米軍の大規模な奇襲攻撃を受けた。機動部隊が圧倒的な航空攻撃で日本軍の反撃能力を奪ったところに、戦艦の巨砲による徹底的な艦砲射撃が加えられたのである。

ほとんど岩陰さえない珊瑚《さんご》礁の基地は、何ら有効な反撃もなし得ないままに破壊され、わずか五日後の二月三日にはルオット、ナムル両島を、そして六日にはクェゼリン、エビジェ両島が占領されてしまったのである。ここに、米軍は対日作戦の強力な足場を得ることとなり、新たな作戦準備に入ったのであった。

二月一日には、永野修身軍令部総長が天皇に戦況奏上を行ったが、天皇は、「マーシャル方面今後の作戦は困難ならん。今後は後方要線を確《しか》と固めよ。何時《いつ》も後れをとるから、今後は後れを考えに入れてやれ」との注意を与えた。

永野軍令部総長は、「航空兵力、特に母艦航空兵力を緊要とする。航空兵力が所望どおりできれば、敵を阻止できる」と奉答した。しかし、その最も基本になるべき航空戦力は、ほとんど見るべきものがなかった。

実はこれに先立って、航空戦力の急速増強については、空母機動部隊の戦力不足を補うために基地航空部隊の画期的な増強が意図され、源田実軍令部参謀の発案により昭和十八（一九四三）年七月一日に第一航空艦隊が編制されていた。

これは、約一年で約千五百機という大兵力の基地航空部隊を整備し、航空基地のネットワーク上を自由かつ迅速に機動させながら、空母機動部隊と協力して、来攻する敵機動部隊に大打撃を与えるという着想に基づいていた。一年間の練成期間中は大本営直轄部隊として温存し、安易に戦場に投入されることを防止するため、連合艦隊司令長官の指揮下にも入れなかった。初代司令長官には角田覚治《かくだかくじ》中将が親補され、各航空隊司令には航空出身の若手中佐級を、飛行隊長には技量、識見及び訓練指導者として優秀な人材を配し、主力搭乗員には教育部隊卒業直後の者が充当されていた。

だがこのときには、軍令部はさきに述べた事情もあり背に腹は代えられず、直属部隊として練成を重ねている最中の第一航空艦隊を練成未了のまま連合艦隊に編入したのであった。Z作戦の重要な戦力となるはずであった空母機動部隊の航空戦力を消耗してしまった連合艦隊司令部では、来攻した敵艦隊にはまずこの第一航空艦隊の攻撃により打撃を与え、さらに「大和」「武蔵」以下の水上艦隊の攻撃で止《とど》めをさすことを意図していた。

ところで、トラック環礁に在泊していた連合艦隊の主力は、米軍のマーシャル攻撃を見てトラックにも危険が迫ったことを感じ、二月十日、多くの輸送船を残したままトラックを脱出、内地及びパラオに避難した。

二月十七日午前二時二十分、トラック島のレーダーは飛行機の大編隊を探知、ただちに第一警戒配備を発令した。米軍の第一波攻撃隊約百機は、午前五時過ぎにトラック上空に達し、猛烈な攻撃を開始した。所在の零戦が迎撃のために発進したが、準備に手間取りタイミングを失し、米軍機を仰ぎ見ながらの離陸となったために、多数の零戦が撃墜されてしまった。以後米軍は次々に攻撃隊を送り込み、午後五時までに、実に九波、延べ四百五十機を送り込んだのである。

この徹底した攻撃に、日本側は稼働戦闘機四十機の全てを破壊されてしまった。これは米軍が攻撃を始めるに当たり、まず戦闘機の破壊に主目的を置いたからで、これの破壊を確認した後、余裕を持って基地施設及び湾内に取り残された輸送船を攻撃したのである。翌二月十八日にも、朝五時から三波にわたって猛烈な攻撃が繰り返され、戦闘機を失ったトラック島基地は、米機の攻撃になすすべもなかった。

この二日間に及ぶ米機動部隊の攻撃は、日本海軍に決定的な被害をもたらした。長らく日本海軍の泊地として親しまれてきたトラック基地は、飛行機二百七十機を失ったばかりでなく、食料二千トン、燃料一万七千トンの焼失という取り返しのつかない損害を受けたのであった。

さらに、逃げ遅れた艦船の被害も大きなものであった。巡洋艦「香取」「那珂《なか》」、駆逐艦「舞風」「追風《おいて》」「太刀風」「文月」、その他特設巡洋艦五隻、輸送船三十隻、合計四十一隻が撃沈され、損傷したものは水上機母艦「秋津洲《あきつしま》」、駆逐艦「松風」「時雨《しぐれ》」「春雨」、特務艦「明石《あかし》」「宗谷《そうや》」「波勝《はかち》」、潜水艦四隻、合計十一隻に及んだ。連合艦隊の主力は逃げ延びたとはいえ、この損害はあまりにも大きかった。特に戦闘機と高速輸送船の損失は到底回復不可能なものであった。トラックは前線基地としての機能を喪失し、連合艦隊はこれ以降、つい

日本海軍の一式陸上攻撃機

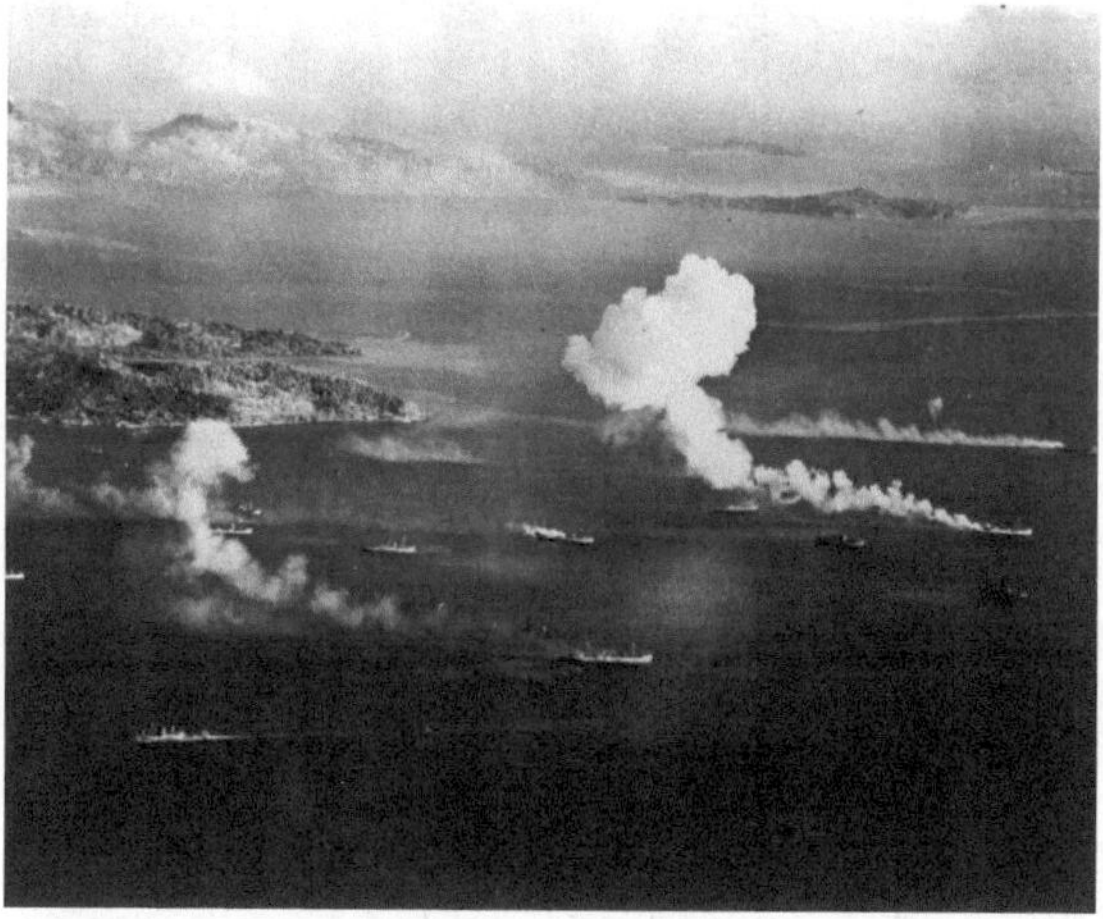

トラック基地への空襲

にトラック島に帰ることはなかった。

連合艦隊司令部は、トラック空襲を見て、次の決戦場であると思われるマリアナ防備のために、ついに南東方面最大の航空基地として航空戦の中心的存在であったラバウルから、航空兵力を全て引き揚げることを決定した。すでに日本軍にラバウルを守り切る力はなかったのである。

古賀司令長官はトラックの被害が大きいことが判明した二月十七日、ラバウル方面の全飛行機にトラックへの移動を命じ、同時に第一航空艦隊のマリアナ進出を下令、あわせて内南洋方面の航空部隊をすべて角田第一航空艦隊長官の指揮下に入れた。

マリアナ防衛のために兵力の集中をはかった甲斐《かい》があって、二月二十一日には、第一航空艦隊司令部は約百二十機の飛行機を率いてテニアン島に進出した。同時にトラック島に約百機、サイパン島に二十五機、硫黄島《いおうとう》に百二十機が展開、これに合流すべく移動中のもの百二十機があった。

ところが、司令部が進出した翌二十二日、索敵機が早くもテニアンの東方四百五十海里に米機動部隊を発見した。第一航空艦隊司令部はただちに出撃命令を出した。

通常、進出直後の飛行機隊は、少なくとも数日の現地慣熟訓練を行う。先任参謀の淵田《ふちだ》美津雄《みつお》中佐は、「進出直後で整備も充分ではありません、第一、戦闘機隊がまだほとんど到着しておりません、ここは一時退避して時期を見るべきです」と進言したが、見敵必戦を身上とする角田司令長官はこれを退けて「全力をもって夜間攻撃を実施せよ」と命じ、同夜から攻撃に入った。

こうして一式陸攻（一式陸上攻撃機）による雷撃隊は、空母一、大型艦三の撃沈を報じたが、夜間のことでもあり、実際には損害を与えてはいなかった。それればかりか、訓練未了で進出して来た飛行機は、指揮官クラスこそ真珠湾以来のベテランを当てていたが、搭乗員の多くは経験が浅く、高度な技量を必要とする夜間雷撃で多くが未帰還となってしまったのである。

さらに翌日は早くから米機の攻撃を受け、決戦部隊として全軍の頼みの綱であった第一航空艦隊は、進出後ただの二日間で貴重な第一陣が脆《もろ》くも壊滅してしまったのであった。この一連の戦闘で、当時もっとも技量の高い航空部隊と言われた第一航空艦隊は九十三機のうち九十機を失って全滅し、サイパン、テニアンに配備されていた三十八機以上の基地飛行機も、わずか十二機を残すのみであった。

古賀峯一殉職の混乱

軍令部と連合艦隊は、マーシャル諸島の米軍に対して、新たなZ作戦を立案し、作戦準備に入った。この作戦の構想は、次のようなものであった。

一、三～六月、東正面において決戦を予期する。航空を主体とする洋上撃滅戦となり、他は全幅協力を要する。

二、東正面要域の防備強化、航空主体の反撃戦力整備による全力発揮可能の決戦態勢確立を六月末と予期し、その他正面の戦備は手控える。

三、前項態勢確立までの間に敵来寇《らいこう》の場合は、集中可能の全兵力をもってこれを邀撃撃滅すると共に、所要の要域を確保するに努める。

四、空母航空兵力の練度不十分の間（三月下旬ころまで）はもっぱら基地から作戦する。

五、特に来攻部隊の早期探知に努める。

六、東正面作戦中に南西方面敵来寇に際しては、取りあえず所在兵力をもって、さらに状況に応じ一部航空兵力の増勢をもってこれに対処する。

新たなZ作戦の要領では、主作戦は中部太平洋方面を指向し、敵艦隊の邀撃海域を「絶対国防圏」の圏内にほぼ一致させた。連合艦隊が決戦兵力を消耗した後になってようやく、日本海軍は陸軍と戦略・戦術思想を一致させて作戦構想を立てることになったのである。

三月二十九日、パラオ諸島のペリリュー島を飛び立った偵察機が、米機動部隊の発見を報じた。米軍の攻撃近しとみた連合艦隊は、司令部を「武蔵」からパラオの陸上に移した。予想どおり翌三十日には、夜明けから十一波、延べ四百五十六機の飛行機により終日激しい爆撃がパラオに加えられた。さらに三十一日も朝から六波、延べ百五十機の空爆を被った。このために艦船二十四隻と飛行機百四十七機を失ってしまった。

マリアナからはこの米機動部隊に対して再建中の第一航空艦隊が全力を挙げて攻撃をかけたが、結果は九十機を失い、再びその戦力を失ってしまったのである。こうして中心的航空戦力を各個撃破されていくありさまは、まさに日本側の基本作戦である漸減作戦が逆手にとられているかのような様相さえ呈していた。

パラオの陸上に司令部を移したばかりの連合艦隊司令部は、この連日の激しい攻撃と、大本営から「敵大艦隊には大輸送船団が随行している」という情報がもたらされたことなどから、来るべき決戦に備えて四月に予定していたダバオへの司令部移動を急遽《きゅうきょ》、繰り上げることにした。

昭和十九（一九四四）年三月三十一日の午後八時、司令部職員が分乗した二式大艇（大型飛行艇）二機はサイパンを飛び立ち、古賀長官や福留繁参謀長たちが待つパラオに向かった。そして午後十時、長官一行を乗せた二機の二式大艇はパラオを離水してダバオに向かったのである。

　二機の二式大艇は、順調に行けば三時間ほどでダバオに着く。ところが上空はあいにくの天候で、二式大艇は低気圧に突入してしまい、二機は離れ離れになってしまった。福留参謀長をはじめ作戦参謀、機関参謀、主計長、軍医長などが乗った二番機は、この低気圧を越えようと高度を上げたが乗り切れず、迂回《うかい》をはかった。このとき二番機には定員以上に乗っていたために酸素マスクが不足し、小牧一郎《こまきいちろう》航空参謀が「私は慣れているから」と他の同乗者にマスクを譲った。このため小牧参謀は酸素欠乏をきたし、倒れてしまった。

　低気圧を迂回した二番機は、目的地を変更してマニラを目指した。ところがサイパンから飛んできた二機の二式大艇は、手違いからパラオで燃料の補給を行わないままダバオに飛び立ってしまっていた。

　燃料不足をきたした二番機は、セブ島付近に着水することにした。二番機は徐々に高度を下げ、着水寸前の高度五十メートル付近に達した。そのとき、二番機は突然失速し、海上に墜落してしまった。この二番機には二十五人が搭乗していたが、脱出できたのは十六人で、海上を漂流したのちフィリピンのゲリラの捕虜になった。一方、古賀長官や首席参謀などが乗った一番機は、そのまま行方不明となり、ついにダバオに姿を見せることはなかった。ダバオに無事たどりついたのは、故障のために出発が遅れ、四月一日午前四時三十分にパラオを出発した三番機だけだった。

福留参謀長たち生存者は、その後日本軍に救助され、五日目にセブに戻ったが、このときZ作戦の計画書がゲリラに奪われ、米軍の手に渡ってしまった。福留参謀長は、計画書は飛行機とともに海没したものと思い込んでいたものか、この作戦計画書の紛失については一切の報告を行わなかったために、後の作戦に大きな変更は加えられなかった。このため米軍は、日本艦隊の手の内を見ながら戦うという、有利な戦闘に終始することになるのである。

古賀長官行方不明の報告が入った大本営では、この事故を「乙《おつ》事件」と称し、極秘に処理することにした。昭和十八（一九四三）年四月の山本長官機撃墜事件を「甲事件」と称したのに準じたものである。

海軍中央を最も悩ませたのは、作戦指揮の問題であった。長官は行方不明ではあるものの、はっきりと戦死が確認されたわけではないので、人事上の手配はできないのだが、戦勢は激しく動き、司令長官なしで連合艦隊は一刻も時を過ごすことはできない状況にある。そこで大本営は「とりあえず南西方面艦隊司令長官（高須《たかす》四郎《しろう》大将）指揮継承、但し、南西方面のみ指揮、中部太平洋、南東は、中部太平洋方面艦隊司令長官指揮のこととせらる」として、時間を稼いだものの、混乱は避けられなかった。

戦線拡大の弊害

古賀・福留のコンビによる連合艦隊の作戦指導はこのように、司令部の遭難という結末によって終了した。振り返ってみるとこの期間は、防衛線をマリアナの線に大きく後退させるという中央の決定と無関係に、戦死した山本の戦法を無定見に踏襲して大損害を被り、かつ艦隊決戦の幻影を追い求めては連合軍に翻弄《ほんろう》される過程で貴重な決戦戦力を消耗し、ソロモンの戦線維持に固執して膨大な航空兵力を費消するのに終始してしまった。

この艦隊決戦第一主義に基づく作戦構想と、国力をはるかに超えた作戦海域の拡大が、以後の日本の戦争遂行にどれだけ深刻な影響をもたらしたかについて、前出の大井篤《おおいあつし》氏が興味深いエピソードを披露している。「絶対国防圏」が策定された昭和十八（一九四三）年九月、大井氏が軍令部で執務していると軍令部次長の伊藤整一《いとうせいいち》中将と、陸軍参謀次長の秦彦三郎《はたひこさぶろう》中将との間でのやり取りが聞こえてきた。

伊藤軍令部次長「後方に本防禦圏《ぼうぎょ》をさげるといっても、海軍としてはさげようがありません。海軍はもっている防禦資材の殆《ほと》んど九割をラバウル、ソロモン方面に注ぎ込んでしまっているのです。新しくマリアナやカロリンに防衛圏をつくるとすれば、これから新しく製造調達の器材だけで間にあわせるよりほかはないことになります。いくら急いで作り急いで送るとしても、一応の防備が完成するには相当の時日がかかります」
秦参謀次長「それは致し方ないでしょうね。しかし、ラバウル、ラバウルと固執していては船腹が足りなくなるだけですから、このままじゃやりきれません。ことに船腹のことになると東条さん〔首相〕がとてもやかましいですから、どうせこのままじゃおさまりません」

このような意見のやりとりが小一時間も続いたが、結局同じ意見をくり返すだけで双方一歩も譲らず、しかも戦争の終結と結びつけて作戦を指導しようという考えも、両人の会話からは全く感じ取れなかった、というのである。

筆者がこの点に関連して想起するのが、昭和十八（一九四三）年六月から約一年半の間、福留繁少将の後任として軍令部第一部（作戦部）長をつとめた中澤佑《なかざわたすく》少将（海兵四十三期、のち中将）の回想である。彼によれば、海軍は昔から「絶対国防圏」と同様の構想のもとで対米迎撃戦を計画していたが、太平洋戦争開戦時の当事者は、長年にわたる研究準備を無視し、猪突猛進して作戦区域を過度に拡大し、ひとたび作戦に過誤を生ずるや収拾し難い状態となってしまった。

しかし、中澤が指弾するのは、拡大の当事者であった連合艦隊よりも、むしろ自身の前任者である。

「私はあえて断言する。私の前任者とその部下は、緒戦の成功に溺《おぼ》れて、攻むるを知って守るを知らず、まことに『鹿を追う者、山を見ず』の譬《たとえ》の如く、いたずらに戦線を拡大するだけであった」

もともと中澤は、戦前には軍令部作戦課の首席部員、その後は兵備を主務とする軍令部の第二課長、それに続き軍令部第一部第一課（作戦課）長をつとめた昭和十二（一九三七）年から開戦までの時期、フィリピンや台湾、サイパン、パラオなどの後方基地に防備兵器や資材を揃えてきたのであった。それは日本海軍伝統の兵術思想による、西太平洋での迎撃対米艦隊決戦に備えるための手配であった。

ところが軍令部の担当者はそういう兵器や資材をマーシャルやラバウルという、日本本土からはるかに離れた前線に運び込んでしまっていたのであった。そこで中澤は部下に命じて、内地の防衛兵器を極力、サイパン島をはじめとするマリアナ諸島、カロリン諸島の拠点たるべき島々に移して、防備強化に努めたものの、すでに海上輸送力が大幅に低下して、かつ資材も乏しくなっており、「絶対国防圏」における急速な戦力整備は不可能であったという。

では、中澤が指弾している前任者とその部下とは誰か。それは、他ならぬ福留繁第一部長、そして富岡定俊第一課長であった。

彼らが「作戦区域を過度に拡大」するという連合艦隊の「暴走」に歯止めをかけるどころか、かえってそれを追認してサイパンなどの後方基地の防備を等閑視したことにより、マリアナ諸島の防衛戦に敗北を喫しただけでなく戦争収拾の見込みまで失われたと言って過言ではない。

もともとラバウルなどは、日本の作戦構想には入らない遠方の島であり、開戦前に、海軍がここに航空基地を予定して、陸軍に守備兵力を要求したところ、陸軍側の塚田攻《つかだおさむ》参謀次長は、即座に「そんなところに捨て子にする兵力はない」と強く拒絶したほどの場所だったのである。

軽視された海上護衛

連合艦隊と軍令部によって行われた作戦指導の弊害は、さらに海上護衛の弱体化にまで及んだ。そもそも昭和初期から開戦時まで、日本海軍では対潜用に限らず艦隊の護衛兵力は決戦兵力の一部として駆逐艦六十四隻（四個水雷戦隊分）を整備し得たにすぎない。

ただ日本海軍が、伝統的な日本近海での邀撃作戦を意図していた限りにおいては、作戦当事者にとってはそれでも差し支えないという意識だったのである。

たとえば、昭和十五（一九四〇）年度までの年度海軍作戦計画において、作戦計画中に織り込まれたフィリピン攻略の目的は戦争資源の獲得ではなく、アメリカ艦隊の作戦根拠地を奪取すると共に、敵主力艦隊を誘出する方策の一つであった。つまり対米作戦において、南方から石油その他の戦争資材を内地に輸送して戦争を継続するという構想は盛り込まれていなかった。

また、作戦計画中「海上交通保護」については、確保すべき海域として「オホーツク海、日本海、黄海《こうかい》、東海及本邦太平洋沿岸の海上交通線は之を確保す」と規定されている程度で、おおむね台湾海峡以北のアジア海域の海上交通を確保するというのが年来の作戦計画の根本であった。この程度の交通保護ならば、対潜作戦に対する制度や大規模な護衛兵力等は必要とされず、平時の施策はこの水準に沿って進められてきたのである。

そして、日米開戦が目前に迫った昭和十六（一九四一）年十一月三日に策定された「対米英蘭戦争帝国海軍作戦計画」によれば、海上交通保護に関し確保すべき海域として、「日本海、黄海、東海、本邦太平洋沿岸及南支那海爪哇《ジャワ》海、セレベス海等の海上交通は之を確保す」と明記し、かつ第二段作戦の項目「敵が持久戦を企図する場合」において、第三艦隊及び南遣艦隊を基幹とする部隊に対し「南方占領地域の防備哨戒に任じ、且帝国と南方占領地域との間の海上交通線を確保す。之が為、西太平洋就中《なかんずく》南支那海、爪哇《ジャワ》海『セレベス』海並に菲律賓《フィリピン》沿海の制海権を確保し、同方面に出没する敵艦艇を撃滅すると共に敵前進根拠地の奇襲破壊に努む」という任務を与えている。日本海軍が考えていた護衛とは、基本的に航路護衛であり、制海権を確保すれば、個々の船団を直接護衛しなくとも良い、との考えだったのである。

独自兵器「酸素魚雷」の功罪

では、日本海軍が長年にわたって訓練を重ねた水上艦艇による邀撃作戦によって敵艦隊を撃滅しうる可能性はどれだけあったのだろうか。

主力艦・巡洋艦の数において劣勢にあった日本海軍が艦隊決戦においてもっとも重視していたのは、魚雷戦による敵艦隊の漸減であった。ところが太平洋戦争中に、日本海軍がその魚雷戦で敵艦隊に快勝をおさめたケースは驚くほど少ない。

たとえばガダルカナル攻防戦の終期、昭和十七（一九四二）年十一月三十日に発生したルンガ沖夜戦においては、日本側は駆逐艦一隻の沈没に対してアメリカ側は重巡洋艦一隻沈没・三隻大破という戦果を挙げた。この夜戦（アメリカ側ではタサファロンガ海戦と呼んだ）こそは、日本海軍が永年の間構想を重ねた魚雷戦の一つの典型であり、この勝利をもたらしたものは、疑いもなく当時のいかなる国の魚雷も足もとにも及ばなかった九三式魚雷（酸素魚雷）の威力だった。

酸素魚雷とは文字通り、魚雷の推進機関の燃料燃焼用に純粋酸素を使用するもので、これはイギリス海軍などでも研究していたが、ついに実用に至らなかった。それは燃焼室に直接酸素を供給すると、必ず爆発してしまうからで、この解決のために始動時は通常の空気で始動させ、徐々に酸素の濃度を高めてゆく方法を日本海軍は開発した。こうして超高性能の魚雷を完成させた日本海軍は、一九三三（昭和八）年に制式兵器として採用し、その年の紀元年（二五九三年）にちなんで九三式魚雷と名付けた。この魚雷がいかに当時の他の海軍の魚雷をしのいでいたかは、次の図表において明らかである。

一見して他国の水準を大きく引き離す性能であり、さらにその頭部に装着された炸薬《さくやく》は、外国の魚雷が約三百キログラムであるのに対して、五百キログラムという段ちがいの破壊力を秘めていた。日本の海軍当局は、この直径六十一センチ、長さ八・五メートルという雄大な魚雷を、日米決戦時の切り札として極秘のうちに各艦隊に配備したのだった。

この酸素魚雷が各艦隊にゆきわたりはじめると、従来の艦隊決戦の構想に微妙な変化が生じてきた。それは、これまでの決戦構想では、主力艦同士の決戦前にアメリカの戦艦のうち何隻かを潜水艦と水雷戦隊の襲撃により脱落させ、決戦を有利に導くというのが、原則的な構想であった。

ところが、酸素魚雷の完成はこの魚雷に対する依存の比率を高め、水雷専門家の間には、

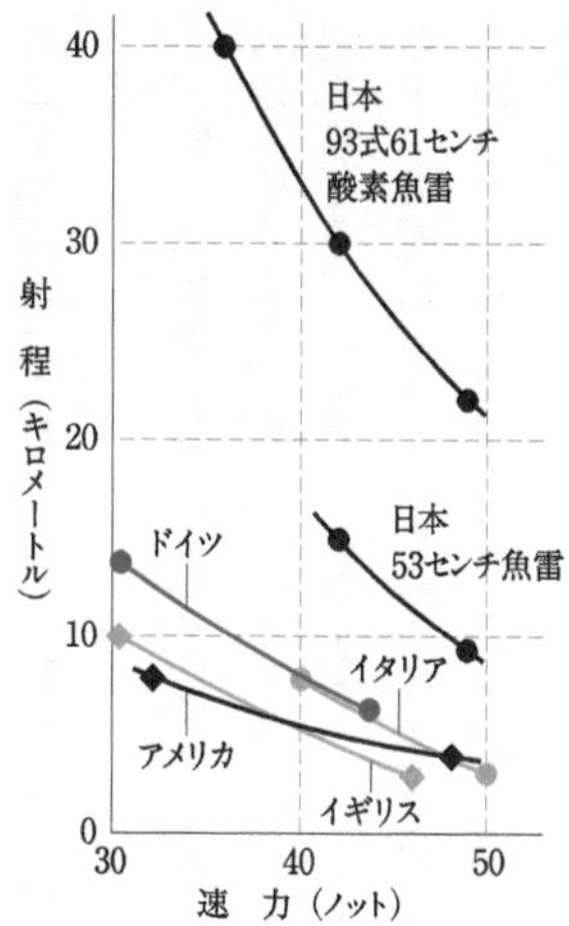

国名	イギリス	アメリカ	日本
直径（cm）	53	53	61
速力（ノット）	30	32	40
射程（km）	9.5	8	32
炸薬（kg）	300	300	500

各国の魚雷性能の比較

魚雷は決戦兵器たり得る能力を持った、と考える人も現れてきた。事実、四万メートルの射程は当時の戦艦主砲の射程を超えており、その破壊力も戦艦の主砲と遜色《そんしょく》のないところまで達していたのである。

では日本海軍は日米開戦当時、どの位の雷撃力を持っていたのかというと、決戦部隊としての第一艦隊では巡洋艦八隻、駆逐艦三十隻で、片舷《かたげん》合計三百二十二本の魚雷発射が可能であった。特にこの中の第九戦隊の軽巡「北上」「大井」の二隻は片舷二十射線という驚くべき重雷装艦であった。

まず昼戦においては主力艦の接近に先立ち、巡洋艦が駆逐艦をかばいながら四万メートル位の遠距離から魚雷を発射しつつ接近、敵の護衛を排しつつ一万メートル近くまで突入、ここで駆逐艦と入れかわり、駆逐艦は数千メートルまで肉迫して必中の雷撃を行う構想であった。

夜戦では戦艦戦隊は決戦を避け、夜戦部隊の登場となる。この夜戦の主力となる第二艦隊は巡洋艦十五隻、駆逐艦三十二隻、片舷三百六十本の魚雷が発射できた。この水雷戦隊の夜間突撃こそ、日本海軍のお家芸として営々と訓練を重ねたものであり、高速戦艦部隊の援護の下に敵艦に千メートル以下にまで接近することを目標としていた。多くの犠牲を払いながら練り上げられた術力は、日米開戦時には入神の域に達していたと言っても過言ではなかった。

では、その満々たる自信をもって迎えた米海軍との対決の結果はどうであったか。わずかに第一次ソロモン海戦、また前出のルンガ沖夜戦に魚雷戦の真髄を見るばかりで、スラバヤ沖海戦（昼戦）では、百本以上の魚雷を発射しながら、駆逐艦一隻を撃沈したにとどまる成果で、実に不徹底な魚雷戦に終始した。逆にクラ湾海戦、ブーゲンビル島沖海戦では米海軍に全く魚雷戦のお株を奪われてしまった。最も極端な例としては、昭和十九（一九四四）年十月の「捷一号作戦」（レイテ沖海戦）における西村《にしむら》部隊のように戦艦二隻、重巡一隻、駆逐艦四隻という艦隊が、次々と襲いかかる米駆逐艦と魚雷艇による攻撃で、ほとんど全滅してしまったような場面さえ現出してしまった。

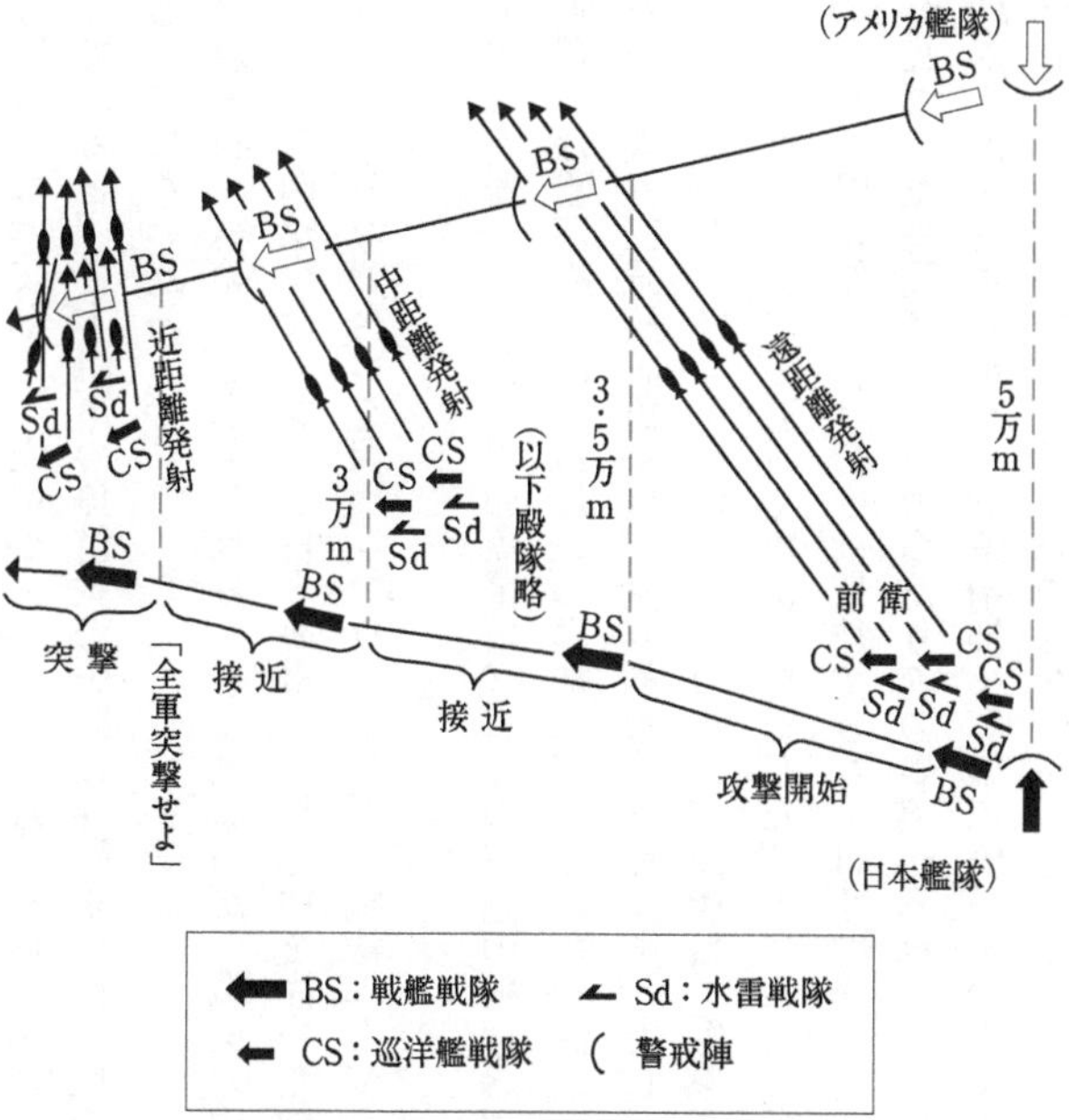

日本海軍の「艦隊決戦」経過構想(昼間)

なぜこのような結果になってしまったのか、いろいろ理由も考えられるが、ここでは問題を酸素魚雷に限ってみると、日本海軍の魚雷戦の失敗は「酸素魚雷の性能が良すぎたため」ということになるのではないだろうか。

多くの人はこの逆説的な結論にとまどわれるかもしれないが、戦史の中には「長射程ゆえ遠方より発射」している例が少なくない。日本海軍が永年心血を注いだ肉迫戦法は、酸素魚雷の実用化とともに、十分な間合いを保つ「アウトレンジ」戦法へと変身してしまったのではなかったか。

日本海軍は本来肉薄兵器であったはずの魚雷に、戦艦の主砲の射程と同じほど長い射程を要求し、実際の戦闘では駆逐隊単位、あるいは単艦で、はるかな遠距離から魚雷を発射した例が多発した。その結果九三式酸素魚雷は、驚異的な高性能であったにもかかわらず、ほとんど期待されたほどの戦果を挙げなかった。前出のルンガ沖夜戦で戦果を挙げ得たのは、実に八百メートルという近距離まで接近して魚雷を発射したことによる。魚雷はその特性上、敵艦の目前まで接近して撃たなければ命中は期待できないはずであったが、漸減邀撃作戦の実施のみにとらわれていた当局者にはこの当たり前の事実が忘れられていた。

筆者は、この酸素魚雷が日本海軍から突撃精神を奪い、実戦での戦果をきわめて貧しいものとしたという点で、功よりも罪が上回るのではないか、と考えている。

第三章　連合艦隊の潰滅――マリアナ沖海戦・レイテ沖海戦

主力艦隊は戦艦から空母へ

古賀司令長官殉職後の連合艦隊の指揮は、いったんは南西方面艦隊司令長官の高須四郎《たかすしろう》大将が継承したが、やがて昭和十九（一九四四）年五月三日、新長官に豊田副武《とよだそえむ》大将（海兵三十三期）が親補《しんぽ》された。

軍令部はこの豊田司令部の発足と時を合わせて、大海指第三百七十三号で「連合艦隊の準拠すべき当面の作戦方針」として、「あ」号作戦計画を指示した。

この時期になると、米軍のマーシャル集結がかなり増加したことが通信量の多さから判断された。また、米潜水艦の活動が盛んになり、大きな作戦の前触れを思わせた。そこでこれに対抗すべく、邀撃《ようげき》作戦としての「あ」号作戦が策定されたのである。

「あ」号作戦の骨子は、空母部隊（第一機動艦隊・司令長官小沢治三郎《おざわじさぶろう》中将）と基地航空部隊（第一航空艦隊・司令長官角田覚治《かくだかくじ》中将）の決戦兵力を、敵の反攻正面に同時に投入して米機動部隊を撃滅することであった。決戦の時機は、両部隊の兵力整備がおおむね期待できる五月下旬以降とされ、また決戦海域はフィリピン海（マリアナ諸島・フィリピン・西ニューギニアで囲まれた海域）とされた。もっとも連合艦隊は、米軍の次の作戦がどこを指向しているのかがつかめず苦慮していた。

この五月三日、豊田長官は、指揮下艦隊に「あ」号作戦を発令、決戦を目指した準備に入った。しかし、戦力の中心的存在である第一機動艦隊と第一航空艦隊は、未だその戦備が完成しておらず、たびたび大損害を出した第一航空艦隊は飛行機、搭乗員の補充が急がれていた。

新たな第一航空艦隊の飛行機定数の合計は千七百九十八機に達したが、各地での小競り合いで消耗を重ねたため、五月末までに半数を整備することが精一杯の状態であった。

またこの「あ」号作戦を控えて、艦隊編制が大きく改正された。従来、第一艦隊をもって戦艦部隊としていたものを、「大和」「武蔵」以下の主力戦艦部隊を第二艦隊とし、昭和十九（一九四四）年三月に竣工《しゅんこう》した空母「大鳳《たいほう》」以下の空母艦隊を第一機動艦隊として、決戦主力艦隊としたのである。

これは日本海軍の歴史の中にあって、初めて戦艦が艦隊の主力の座を飛行機に譲ったことを意味するものであるが、本来開戦劈頭《へきとう》のハワイ作戦ですでに証明されていたはずのことであり、いかにも遅きに失した改正であったといえる。しかし、長年にわたって戦艦の価値を第一等に置いていた日本海軍からすれば、これでも画期的な措置であった。

とくに、竣工間もない旗艦「大鳳」は機動艦隊将兵にとって期待の星であった。ミッドウエー海戦で手ひどく曝《さら》された空母の弱点を全てカバーするために、前後のエレベーター間の飛行甲鈑に甲鈑の二重張りによる装甲をほどこし、敵機の急降下爆撃による五百キロ爆弾の直撃にも堪えるようにされていた。今や「大和」「武蔵」よりも頼りになる存在だったのである。

ところが、このような新鋭艦の投入がありながら、現実の作戦実施を困難なものにしていた要素に、タンカーの不足があった。敵の潜水艦と航空機の攻撃によって次々に優秀な高速タンカーを失った海軍は、やむを得ず、新たに六万トンのタンカーを徴用したが、大規模な艦隊作戦には充分とはいえず、五月中旬から順次機動部隊を中心に油の手に入りやすいリンガ泊地（シンガポール南方の環礁）を足場に、猛訓練に入った。次いで艦隊はタウイタウイ（ボルネオとミンダナオ島に挟まれた島）に進出した。ここはパレンバンに近く、小さなタンカーで艦隊の油を運ぶことができた。

しかし、飛行機の発着訓練には広い外洋に出なければならず、米潜水艦の攻撃を恐れた司令部の判断で飛行機隊の発着訓練はほとんど行われなかったのである。このため飛行機隊はシンガポールで訓練を行ったが、空母による航空機を中核とした作戦にあっては、大きな影響を残す結果となったのである。

米軍のサイパン上陸

五月二十日、豊田連合艦隊司令長官は、「あ」号作戦開始の命令を発した。これを受けた小沢治三郎機動艦隊司令長官は、各指揮官を旗艦「大鳳」に集め、次のような決意を伝えた。「今回の決戦は、いかなる損害を受けても戦闘を続行する。場合によっては、意図的に味方の一部部隊を犠牲にしても、作戦を強行する決意である。各指揮官は、司令部よりの連絡が不可能な時は、この方針をもって、独断専行されたい」。

この日以来、訓練は一層激しさを加えたが、飛行訓練時における事故は増えるばかりであった。訓練を行えば飛行機が消耗し、行わなければ練度は上がらない。訓練中に失われた飛行機は、実に五十六機を数え、搭乗員の損失も六十六人に達していたのであった。

このような状況で機動部隊の練成を行っていたころの五月二十七日、米軍はビアク攻撃を行い、同日夕刻には早くも上陸を開始した。豊田長官は、ただちに第一航空艦隊の角田長官に対してヤップ島所在の飛行機による反撃を指示すると同時に、マーシャルの米機動部隊に対する強行偵察を命じた。

当時まだ実験中で制式採用前の新鋭艦上偵察機「彩雲《さいうん》」が使用されて、五月三十日から三十一日にかけてメジュロとクェゼリンの両泊地の強行偵察が行われた結果、メジュロには正規空母五隻、小型空母二隻を含む米機動部隊の大群の在泊が確認された。米海軍の大規模な作戦発動が目前に迫っていることは明らかであった。

このマーシャル強行偵察と併行して、大本営は陸軍のビアク投入を決定、これに米軍が主力を向けたところを、「あ」号作戦計画に従い第一機動艦隊で決戦を挑む構想を立てた。この「あ」号作戦の導入戦ともいうべき作戦を「渾《こん》」作戦と名づけた。

作戦は六月十日まで行われたが、米軍は日本側の誘いに乗らず、その矛先《ほこさき》を真っすぐにサイパンに向け、六月十三日にはサイパンへの砲撃を開始し、十五日にはサイパンに上陸を開始したのであった。ラバウル、トラックを無力化した米軍にとって、次の目標は爆撃機B―29で日本本土を攻撃できるサイパンの攻略だったのである。さらに米機動部隊の中核部隊である第五十八任務部隊の司令官ミッチャー中将は、日本海軍の第一航空艦隊の各部隊が集結しないうちに各個撃破することを狙っていた。

米軍のサイパン攻撃開始を知った豊田連合艦隊司令長官は、六月十三日、機動艦隊主力をタウイタウイからギマラスに回航させていた。六月十五日、豊田長官は「あ」号作戦決戦用意を発令、同時に「渾」作戦の中止を伝えた。本来、「渾」作戦は米海軍を連合艦隊に都合のいい西カロリン海域に誘い出し、日本艦隊の主導権のもとで決戦を行おうというものであったが、米軍はその手に乗らず、かえって日本側が米軍の作戦海面に引き寄せられるという結果になってしまった。

午前七時過ぎ、豊田長官はついに全軍に対し、「あ」号作戦の決戦を発動し、「敵は十五日朝、有力部隊をもってサイパン、テニアン方面に上陸作戦を開始せり。連合艦隊は、マリアナ方面来攻の敵機動部隊を撃滅、次いで攻略部隊を殲滅《せんめつ》せんとす」という命令を発した（連合艦隊電令作第一五四号）。決戦発動の命を受けた艦隊は、午前八時ギマラスを出撃、同時に豊田長官は全軍に対し「皇国の興廃この一戦にあり、各員一層奮励努力せよ」との訓示を伝えた。いうまでもなく、日露戦争の日本海海戦で、時の連合艦隊司令長官東郷平八郎大将が旗艦「三笠《みかさ》」に掲げた「Z旗」の信号文である。機動艦隊旗艦「大鳳」も、この「Z旗」を再び掲げたのであった。

「アウトレンジ戦法」の勝算

米機動部隊との激突を目前にした第一機動艦隊司令長官小沢治三郎中将の作戦は「アウトレンジ戦法」といわれる戦法であった。これは敵の攻撃圏の外から攻撃をかけるもので、理屈の上からは味方には損害がなく、一方的に勝利を得られるはずのものであった。

今回の決戦では、小沢長官は敵から四百カイリの距離から攻撃隊を発進させる計画であった。ハワイ作戦時の機動部隊の攻撃距離が約二百カイリ以下であったことを思えば、二倍にも達している。これは新しい攻撃機「天山《てんざん》」「彗星《すいせい》」などが米海軍機よりも航続距離が二十〜三十パーセント大きいことを計算に入れて、米軍の攻撃を受ける前に第一撃を与えようというものであった。

この戦法は、もともと砲術関係者の中では古くからあったもので、敵より射程の大きな大砲で戦うことを意味していた。この思想に基づいて生まれた世界最大の戦艦が、「大和」「武蔵」である。

アウトレンジ戦法は一見、合理的な必勝法に見えるために、昭和十年代、特に一九三七（昭和十二）年のワシントン・ロンドン両軍縮条約失効後の日本海軍の作戦指導部において根強く支持された戦法だった。基本的に米国よりもはるかに少ない艦艇で戦わなくてはならない日本海軍にとって、味方の艦艇は一隻も失わずに敵艦を撃沈しなければならないという建て前があったためである。

小沢長官にとって、この作戦だけが唯一、勝利への道だったのである。しかし、その巧妙な作戦を実施する搭乗員の練度は、訓練で数十機を失うような段階だった。

といって、この時期の母艦搭乗員の技量が特に劣っていたわけではない。このころ登場した空母搭載の新機種（「彗星」艦上爆撃機、「天山」艦上攻撃機）は、従来の機種にくらべて性能は大幅に向上したが、それだけに高度な操縦技術を要求する機体であった。このことも、搭乗員の技量向上を妨げた要因であったとも言える。

前章でも引用した野村實《のむらみのる》氏が以下のように回想している。

……第一航空戦隊はそれまで、零式艦上戦闘機・九九式艦上爆撃機・九七式艦上攻撃機を保有し、〔新造空母「大鳳」の就役までの間に〕旗艦であった「瑞鶴」はそのほか、司令部用の偵察機として、二式艦上偵察機を二機持っていた。

この二式艦偵を除く各搭載機の着艦は「降下してくる飛行機」を、空母が「受け止める」という感じのものであった。しかし二式艦偵だけは、まったく異なっていた。それは、空母の最後尾からでないと発艦できなかったし、着艦速度も他機種に比べると極端に大きく「突っ込んでくる飛行機」を、空母が「引き止める」という感じであった。

二式艦偵の発着艦のときには、艦橋は、とくに緊張するのが常であった。同機の搭乗員は、周囲から特別の敬意を払われていた。

〔十九年三月のリンガ泊地到着後〕新編成の飛行機隊は、九九艦爆の替わりに彗星艦爆を、九七艦攻の替わりに天山艦攻を持った。彗星のエンジンと機体は、二式艦偵と基本的に同様であり、天山は機体も速度も、九七艦攻よりも一回り大きくなっている。

発着艦訓練は、シンガポール島を発した飛行機隊がリンガに飛来し、「翔鶴」「瑞鶴」で訓練を行い、終わるとまたシンガポール島に帰っていく。

機種の更新により、われわれが以前、二式艦偵の発着艦のとき味わったあのなんとも形容し難い緊張と不安を、常時、感ずるようになった。

事故が続出した。私がこの眼で見たものだけでも、十件に近い。

着艦コースの第四旋回点、すなわち空母の艦尾に向首した直後、失速して墜落する機が多かった。高度が低く、姿勢を持ち直す暇もなく海面に激突する。零戦に多い。

着艦の際には各飛行機は、後尾のフックを、飛行甲板後部に展張するワイヤーに引っ掛ける。これに失敗した飛行機は、ただちにエンジンをふかして発艦に移らなければいけない。

彗星の一機は、かなり前部に着艦したためフックがかからず、さりとてエンジンをふかして発艦速度に達しうる飛行甲板の長さが、得られない状況となった。このため、関係者全員かたずを飲んで見守るなかを、映画のスロービデオのように、飛行甲板の最前部から、前部機銃甲板にゆっくりと転落した。
着艦に失敗した天山が、艦橋に向かって進行し、付近の人員を傷つけるとともに、大破した。また見張員の叫びで、訓練を終えてシンガポール島に向かう天山の編隊を見ると、空中接触を起こした天山の一機が、火だるまとなって炎上するのが望見された。
（『歴史のなかの日本海軍』）

これは、搭乗員の練度というよりも、扱いの難しい機体の方にも問題が多かったと見るべきであろう。現実に、重量の大きな「天山」艦攻（艦上攻撃機）は、空母への配備初期には、従来の九七式艦攻を基準にした強度の着艦制動索を、度々切断する事故を起こしている。搭乗員はこのような機体で、充分な訓練の機会を与えられないまま、決戦場に向かわされることになったのである。

サイパンを目指す小沢機動艦隊は、六月十八日午後の索敵で、艦隊の東方三百八十カイリに、三群の米機動部隊を発見した。敵との間合いは、予想どおりのものであったが、時間が午後四時に近く、このまま攻撃隊を発進させた場合、帰投は夜の十時を過ぎてしまう。現在の攻撃隊の練度では無理と判断した小沢長官は、いったん退避し、翌朝の総攻撃を決定した。

翌六月十九日、機動艦隊は南東に針路をとって進撃した。艦隊の本隊は甲部隊と乙部隊の二つに分けて陣形を整えた。甲部隊は空母三隻（「大鳳」「翔鶴」「瑞鶴」）からなる第一航空戦隊と重巡二隻（「妙高《みょうこう》」「羽黒《はぐろ》」）の第五戦隊、軽巡「矢矧《やはぎ》」を旗艦とする第一〇戦隊（第一〇、第一七、第六一駆逐隊の駆逐艦十隻）で編制された。そして乙部隊は同じく空母三隻（「隼鷹《じゅんよう》」「飛鷹《ひよう》」「龍鳳《りゅうほう》」）からなる第二航空戦隊を中心に、戦艦「長門」、重巡「最上《もがみ》」、それに第四駆逐隊と第二七駆逐隊の駆逐艦六隻が加わった。この小沢中将直率の本隊の前方百カイリには、栗田健男《くりたたけお》中将率いる第二艦隊が前衛部隊として突き進んだ。

まだ夜が明けきらない午前三時三十分、小沢中将は第一段の索敵機を発進させ、次いで第二段、第三段の索敵機合計四十四機を出した。

これら索敵機は六時三十四分、前衛部隊から三百カイリ、本隊から三百八十カイリの地点に米機動部隊を発見し、小沢長官は七時三十分、この敵機動部隊に対して第一次攻撃隊（第一航空戦隊：百二十八機、第二航空戦隊：四十九機、第三航空戦隊：六十四機）を発進させた。ハワイ作戦の第一次攻撃隊が百八十三機であったことを思えば、画期的な大兵力であった。

第一次攻撃隊は、敵の哨戒機に発見された様子もなく、作戦は順調に進展するかに見えた。ところが、第一次攻撃隊の発進が終わろうとしていたとき、旗艦「大鳳」は米潜水艦の魚雷攻撃を受け、一本が艦首に命中した。

命中の損傷そのものは軽微と思われたが、前部のガソリンタンクに亀裂が入り、艦内はガソリンのガスで充満していった。そして第二次攻撃隊（第一航空戦隊：十八機、第二航空戦隊：六十五機）を十時過ぎに発進させた後、十四時二十分ころに「大鳳」は艦内に充満したガソリンのガスが何らかの理由で引火し、大爆発を起こして十六時三十分ころ沈没してしまった。日本海軍が、その技術の全てを投入して建造した最新鋭空母のあっけない最後であった。小沢長官は将旗を「羽黒」に移して指揮を執ることになったが、通信施設が不十分で、事後の作戦指揮に大きな障害となった。

これとほぼ同じ時間帯に、ハワイ作戦以来の歴戦の空母「翔鶴」が炎上しながら沈んでいった。「翔鶴」もまたこの日の午前、別の米潜水艦に雷撃されて、三本の魚雷の命中を受けたものであった。

決戦の火蓋《ひぶた》が切られたばかりの段階での、この主力空母二隻の沈没は、機動艦隊にとって取り返しのつかない損害であった。

各空母を発進した日本の攻撃隊は、一路敵艦隊を目指して進撃したが、米軍の警戒駆逐艦はレーダーで日本の攻撃隊を約百マイルの距離で捕捉《ほそく》していた。ただちに後方五十マイルの空母群から四百七十機におよぶ戦闘機が邀撃に発進した。

当時、すでに米軍は高度測定用レーダーを使用していたから、戦闘機を最も効果的な攻撃位置に誘導することができた。そして米軍は、残った攻撃機を空母におくことは、万一の被弾の際に火災の原因となることを恐れて、全機グアム攻撃に出してしまった。こうして、米艦隊は、万全の態勢で日本機を待ったのであった。

最初の攻撃は、第三航空戦隊の攻撃隊（六十四機）によるものであった。高度六千メートルで進撃中の午前九時三十五分、突然グラマンF６Fの奇襲を受けた。攻撃隊は攻撃開始のために隊形を組み直している最中でもあったために反撃が遅れ、米機の一撃でほとんどの機が撃墜されてしまった。米軍パイロットは、あまりに容易《たやす》く撃墜できるために、七面鳥撃ちのようだと語り合ったと言う。

この空戦をくぐりぬけた数機が米艦隊攻撃に成功、「空母四隻に爆弾命中」と報告したが、実際は戦艦「サウスダコタ」に爆弾一発を命中させただけであった。三航戦の攻撃隊はこの空戦で、実に四十一機が未帰還となってしまった。

つづいて第一航空戦隊の攻撃隊（百二十八機）が突入したが、約四十機のグラマンF６F戦闘機に邀撃されてこちらも大半が撃墜されてしまった。敵戦闘機に大半を撃墜され、敵艦隊上空では猛烈な対空砲火にさらされて、効果的な投弾を行えたのは、わずか数機に過ぎなかったのである。

この攻撃隊は正規空母一隻に爆弾を命中させたと報告したが、他の戦果ははっきりしなかった。この攻撃では、三航戦の被害をはるかにしのぐ九十九機（内「彗星」二機は味方艦隊の誤射によるもの）が未帰還となり、生還者があまりに少ないために攻撃の状況の把握さえ充分にはできないありさまであった。

残る第二航空戦隊の攻撃隊（四十九機）は発進後空中集合に失敗して二隊に分かれたまま進撃したが敵機動部隊を発見できず、午前十二時、敵戦闘機四十機の奇襲を受けて進撃を断念、七機を失って帰投した。

続いて発進した総計六十八機の第二次攻撃隊も、ほとんどが敵機動部隊を発見できなかった。数機が敵艦隊を発見して攻撃したが効果は不明、また母艦に帰投せずにグアムに着陸し、その後ヤップに集結するという命令が与えられていた第二航空戦隊の攻撃隊は、グアム上空に達した時に待ち伏せていた米戦闘機の奇襲を受けて多数が撃墜されてしまい、敵艦隊にほとんど有効な打撃を与えられなかったのである。

日本機動部隊の敗退

この日に各空母に帰投した飛行機を集計したところ、艦攻三十機、艦爆十一機、戦闘爆撃機（爆戦）十七機、戦闘機四十四機のわずか百二機に過ぎなかった。翌二十日に機動艦隊司令部は、旗艦を「羽黒」から「瑞鶴」に変更し、改めて攻撃の態勢をとったが、敵艦隊の発見は遅れ、ようやく十六時十五分になって索敵機から敵機動部隊発見の報告を受けた。また同時に、小沢機動艦隊自身も米索敵機に発見されたことが判明した。小沢長官は雷撃機による薄暮攻撃を決意して七機の雷撃機を発進させたが、敵を発見できずに三機を失い、残りの雷撃隊も着艦できずに全てが着水して失われてしまった。

この雷撃隊発進直後の十七時三十分、日本の機動艦隊もついに米軍機の攻撃を受けていた。来襲した米機は百四十五機に達したが、迎撃に飛び立った日本軍機はわずか四十四機に過ぎなかった。日本の艦隊の対空砲火は約七十機の撃墜を報じ、戦闘機も六機の撃墜を報じたが、米軍は二十機の未帰還を記録しただけだった。ただし、夜間着艦の訓練を受けないままに出撃した米軍機が多数あったために、母艦を目前にして次々と着水するか、あるいは着艦に失敗するなどして八十機を失った。

この米軍機の攻撃によって日本の艦隊は油槽船二隻と空母「飛鷹」が沈没、同じく空母「瑞鶴」「隼鷹」「千代田」、戦艦「榛名《はるな》」、重巡「摩耶《まや》」が米艦爆隊の直撃弾をそれぞれ一発受けて損傷を被った。

小沢長官は夜戦による決戦を意図したが、航空支援のない戦闘に勝算も立たず、二十日の戦闘終了時における各航空戦隊の残存機がわずか六十一機にすぎない（第一航空戦隊：七機、第二航空戦隊：三十三機、第三航空戦隊：二十一機。この他、前衛部隊に少数の水偵が残っていた）ことが判明したため、小沢長官は作戦の失敗を確認、六月二十一日の午前七時十七分に「甲部隊、乙部隊、丙部隊は中城湾《なかぐすく》（沖縄）に向かえ。遊撃部隊は、ギマラスに向かえ」との命令を発した。「あ」号作戦敗北の瞬間であった。

機動部隊が一方的な敗北を喫したことにより、大本営はサイパン奪回を放棄し、サイパンの陸上部隊は玉砕への運命を歩むこととなった。その守備隊には七月五日、その善戦に対して天皇の御嘉賞のお言葉が伝えられた。これが、サイパン守備隊に対する最後の連絡となったのである。増援部隊、兵器、弾薬、食料を求める現地守備隊に届けられたのは、この一通の電報のみだった。日本海軍の力では、もうそれしかできなかったのである。七月十五日、嶋田《しまだ》繁太郎《しげたろう》軍令部総長（海軍大臣と兼任）はサイパン陥落を奏上、十八日にサイパン玉砕が発表された。

サイパンを攻略した米軍は七月二十一日、グアム島に上陸、第三一軍司令官小畑《おばた》英良《ひでよし》陸軍中将麾下《きか》の日本軍は、奮戦空しく、サイパンに次いで八月十日に玉砕。二十三日にはテニアンに米軍が上陸し、二十八日、第一航空艦隊司令長官角田中将の「老人、婦女子を、爆薬にて処決せんとす」との連絡を最後に同島の守備隊も玉砕した。こうして中部太平洋に描かれた最後の防衛線「絶対国防圏」はいとも簡単に崩壊したのであった。

四区の「捷号作戦」

絶対国防圏と目されたサイパンの失陥を機に東條英機《とうじょうひでき》内閣は総辞職、七月二十日、小磯國昭《こいそくにあき》陸軍大将と米内光政《よないみつまさ》海軍大将に組閣の大命が下った。小磯内閣は急遽《きゅうきょ》、最高戦争指導会議を組織して詳細な内外状況の分析を行い、今後採るべき方針を探った。しかし具体的な勝算の立とうはずもなく、「……一億鉄石の団結の下必勝を確信し皇土を護持して飽く迄《まで》戦争の完遂を期す……」といった観念的な結論しか得られなかった。

これに対し、大本営陸軍部及び海軍部は、マリアナ失陥にともない予想される本土空襲と、それに続く本土の戦場化を恐れていた。

米軍の次の目標が日本本土にさらに近づくのは明らかであり、防衛線もこれに沿って北は千島から本州、台湾、フィリピンの線に設定された。そして大本営は、これらの防衛線を死守するために、十月末を目標に陸上航空隊四個部隊を重点的に強化することにした。

幸い航空機の生産も昭和十九（一九四四）年六月には月産千百六十二機に達した。これは日本海軍の航空機生産のピークとなった。しかし、これはあまりに機数優先の要求に応じるためのつじつま合わせの数字であって、多数の不良機を含んでおり、後に大きな問題を残すことになる。

本来、米機動部隊の来襲に対しては、当方も同じく機動部隊で迎え撃つのが効果的であるのは分かっていた。しかし、マリアナ沖海戦で壊滅した機動部隊の再建は生易しいものではなく、十月末と思われる米軍との決戦までには、とても間に合わなかった。

この決戦態勢の強化問題の中に、連合艦隊司令部のあり方についての問題があった。「長門」を旗艦として開戦を迎えた連合艦隊は、その後「大和」「武蔵」「大淀《おおよど》」と旗艦を代えてきたが、海上にあって指揮を執るという思想に変化はなかった。先のマリアナ沖海戦も、豊田長官は柱島《はしらじま》泊地の「大淀」にあって作戦指揮を行った。しかし海戦の規模は一艦の施設のみではまかないきれないほど大きなものになっており、単なる浮かぶ作戦事務室のために、有力な巡洋艦と護衛の駆逐艦数隻を戦力から引き抜くことは、無意味ではないかとの意見が大きくなってきたのである。

実際、旗艦「大淀」は独立旗艦として、初期の旗艦のように艦隊には属していなかったために、すでに司令長官が軍艦で指揮を執る必要性はなくなっていたのも事実であった。それにもかかわらず、いぜんとして旗艦が存在したのは、海軍伝統の「指揮官先頭」の思想のためであり、現実には内地の柱島泊地から指揮したとしても、いざというときには最前線に突入できる、との建て前が必要だったのである。

だが、現実の作戦指揮上の要求はこの伝統に見切りをつけ、軍令部は昭和十九（一九四四）年八月四日付で、「連合艦隊司令部所在施設等に関する意見」を起案して、関係部署と折衝に入った。これは九月二十一日に決定され、九月二十九日、豊田長官は「大淀」から日《ひ》吉《よし》（横浜）の慶應義塾大学の構内に司令部を移した。以後、終戦まで、連合艦隊の指揮はここから執られたのであった。

ところで、マリアナ戦敗北後の七月二十六日、嶋田軍令部総長は豊田連合艦隊司令長官に対して、来るべき決戦に対する作戦の大要を示した。これは先の本土を含む防衛ラインを四区に区切ったもので、全体を「捷《しよう》号作戦」と命名した。作戦は敵の来襲正面がどこに指向されるかによって、以下のように区分された。

捷一号　フィリピン方面
捷二号　九州、台湾方面
捷三号　本州、四国、九州、小笠原方面
捷四号　北海道方面

番号は、おおよそ米軍の進攻が行われるであろう想定にもとづいた順位であり、陸海軍ともに米軍の次の目標はフィリピンであろうとの見解で一致していた。

機動部隊がマリアナ沖海戦で大損害を受けたため、この捷号作戦における海軍の残された決戦兵力は、戦艦と重巡洋艦を中心とする水上部隊であった。日本海軍はこの時点で、戦艦は「大和」「武蔵」以下九隻、重巡は十四隻を保有していた。

　捷号作戦では、これらの水上部隊は遊撃部隊として、基地航空部隊の援護下に、進攻してきた敵に殴り込みをかけて撃滅することが任務とされた。このため、戦艦「大和」「武蔵」「長門」「金剛」「榛名」以下で編制される第二艦隊（司令長官栗田健男中将）を第一遊撃部隊、第五艦隊が第二遊撃部隊とされて、それぞれリンガ泊地と柱島とで猛訓練を行った。とくに、第一遊撃部隊（栗田艦隊）が七月八日に柱島を出撃して十六日に移動したリンガ泊地はパレンバンの油田に近く、艦隊は燃料の残量を気にせず訓練に励むことができ、きたるべき最終決戦に備えた。

　なお、空母機動部隊の再建については、健在な四隻の空母（「瑞鶴」「瑞鳳《ずいほう》」「千歳《ちとせ》」「千代田」）で第三航空戦隊を編制し、それに二隻の航空戦艦（「伊勢《いせ》」「日向《ひゅうが》」）で構成される第四航空戦隊を加えて機動部隊（第三艦隊、司令長官小沢治三郎中将）の本隊としていた。だが、新造空母を加えて新たな作戦が可能となるまでの戦力整備には昭和十九（一九四四）年十二月末までを要すると見込まれた。

　日本海軍はこのように、組織的な戦闘が行えるだけの水上部隊がまだ残されていた。とはいっても、小磯総理、米内海相、そして今や帝国海軍七十余年の伝統を破って陸上に移った連合艦隊の豊田司令長官、いずれの心中も、戦争の勝敗は当然のこと、昭和十九（一九四四）年を持ちこたえることができるかどうかさえ自信が無かった。

当時大本営の構想した戦争指導案の中には、「本年度後期に国力戦力の全縦深を展開して対米決戦を指導し、明年以後の為《ため》の施策は全然考慮しない案（短期決戦案）」さえ検討されていたのである。

ところが、これら中央の悲観的空気とは裏腹に、艦隊、特に第一遊撃部隊を中心とした水上部隊は、シンガポール南のリンガ諸島とスマトラ島の間の海域であるリンガ泊地で、高度の志気を保っていた。

八月十日、連合艦隊の豊田司令長官は神重徳《かみしげのり》参謀を派遣し、第一遊撃部隊（栗田艦隊）、南西方面艦隊、第一南遣艦隊の幹部をマニラに集め、近づいた決戦の方針の打ち合わせを行った。

「米軍は、北フィリピンのラモン湾か、中部フィリピンのレイテ湾、あるいは南フィリピンのダバオ付近のいずれかに上陸するものと考える。

我が軍は七百カイリ索敵線を張って、敵を発見する。米軍の進攻を察知したら、基地航空隊の連続攻撃により、敵空母を攻撃。約二日で敵輸送船団が上陸地点に接近したところで、陸海の総力を挙げた航空攻撃を行い、敵上陸軍を殲滅する。

第一遊撃部隊（栗田艦隊）はブルネイに待機、機を見て輸送船団を洋上にて撃破する。内地で待機中の機動部隊（小沢艦隊）は、敵艦隊を北方に誘い出し、栗田艦隊の作戦に対する米艦隊の攻撃を分散する。状況次第では船団攻撃にも加わる」

これが、このとき示された連合艦隊の基本方針である。

この、攻撃目標を輸送船団のみにおいた作戦に艦隊側は不満を表明した。第一遊撃部隊（栗田艦隊）の小柳富次《こやなぎとみじ》参謀長は、「我々の主目標は敵主力艦隊ではないのか。『大和』以下三十九隻の艦隊は、輸送船と刺し違えるのか」と詰め寄った。これに対して連合艦隊の神参謀は、「攻撃目標は、あくまで輸送船団である、フィリピンを取られれば、連合艦隊などあっても役に立たなくなる。豊田長官はこの作戦で艦隊をすり潰《つぶ》しても悔いないと決意しておられます」と強調した。これに対して小柳参謀長は、「それでは、輸送船団攻撃に当たり、敵艦隊が出現した場合は、これと戦ってもよいでしょうか」と食い下がった。

さすがにこれに対しては「差し支えありません」との答えがあった。この瞬間、小柳参謀長はすべてを納得した。しかし、これは連合艦隊司令部の望んだものとは異なるものであったかもしれない。だいいち輸送船団攻撃に向かえば、必ず敵艦隊が出て来ることは明らかである。連合艦隊の歴史を輸送船団との刺し違えで終わらせたくないと決意した小柳参謀長は、「敵艦隊と戦ってもよい」と言った神参謀の言葉を胸に、ブルネイの「愛宕」に帰っていったのである。

では、なにゆえに豊田長官は、主力艦隊の全てを輸送船団と刺し違えても惜しくないとまで思っていたのであろうか。豊田長官はマリアナ沖海戦後、すべての水上艦隊の能力に見切りをつけていたのである。

「万全の態勢で決戦を挑んだ機動部隊でさえ、見るも無残な敗北を喫したではないか」と考えていた長官は、来るべき決戦の切り札はレイテの陸上基地航空兵力であると考えていた。このために、小沢治三郎司令長官の機動部隊を囮《おとり》として栗田艦隊を突入させる作戦そのものが、航空攻撃を成功させるための囮であった。そう考えるとき初めて、制空権のない艦隊突入という戦理を無視した作戦と、艦隊をすり潰してもよい、という事後の作戦を全く考えない無責任とも思える発言の真意が理解できるのである。豊田長官自身、後に「これは全く兵術の常道を外れた作戦計画であった」と述べている。連合艦隊には他に取るべき手段はなかったのである。

後に振り返ると、連合艦隊司令部と前線の艦隊司令部との間での、このような意識の大きなギャップこそが、「捷一号作戦」失敗の最大の原因であった。連合艦隊司令部においては、「レイテ戦は文字通りの最終戦であり、この戦いに敗れれば海軍など言うにおよばず、日本国の存続自体が危うい」と考えており、このため神参謀は「……この作戦で艦隊をすり潰しても悔いない」と釘《くぎ》をさしたのであった。

ところが戦艦「大和」「武蔵」を擁し、世界最強との自負を持つ艦隊側は、航空掩護《えんご》さえあれば、アメリカのどのような艦隊と戦おうと決して引けは取らない、と考えていたのであった。いま輸送船相手に連合艦隊を失ったら、本当の決戦の時どうなるのだ、というのが彼らの胸中であった。彼らにとって、水上艦艇による艦隊決戦がすでに幻想にすぎないなどということは信じられないことだったのであろう。そして第一遊撃部隊の栗田長官は、最後までこの中央の命令とのギャップを拭《ぬぐ》い切れないままレイテに出撃したのである。

ダバオ誤報事件

一九四四（昭和十九）年九月九日から十四日にかけて、太平洋方面軍指揮官・大将ニミッツ指揮下の第三艦隊司令長官ハルゼーの高速空母機動部隊の攻撃機が、フィリピン中南部の日本軍航空基地を空襲した。ハルゼーは九月十五日から始まるペリリュー島（パラオ諸島）、モロタイ島（ハルマヘラ諸島）への上陸作戦に先行する航空撃滅戦を行い、あわせて日本軍の防備状況を探るために出撃したのである。このハルゼーの空襲によって比島の日本陸海軍の航空部隊は大損害を受けた。

なかでも、ダバオにおいて再建の途上にあった第一航空艦隊（司令長官：寺岡謹平《てらおかきんぺい》中将）は、見張りによる敵上陸の報告（のち誤報と判明）を鵜呑《うの》みにして退避と復帰で混乱していた際に一方的な奇襲を受け、実働機数が二百五十機から九十九機に減少、熟練搭乗員が多数戦死するという惨状であった。これは、第一航空艦隊司令長官の寺岡謹平中将が、長く第一線部隊の指揮から離れていたこともあり、作戦指導に適切を欠いたことによる。見張りによる報告を受けたときに一機でも確認の偵察機を出しさえすれば、それがまったくの誤報であることはすぐに判明したはずだが、それをせずに現地からの混乱した報告に乗せられたのであった。この誤報事件は、「海軍始まって以来の不祥事」とされ、寺岡中将はレイテ戦を目前にして更迭され、後任に大西瀧治郎《おおにしたきじろう》中将が着任することになったのである。

第一航空艦隊の大損害によって、日本海軍の基地航空隊の戦闘力はふたたび大きく低下してしまった。フィリピン空襲を終えたハルゼー提督は、そのあだ名のブル（雄牛）ぶりを発揮して、「日本軍にはすでに反撃能力はなくなったものと思われる。パラオ、ヤップ、モロタイなどの上陸計画はこれを中止して、即刻レイテを攻略すべきである」と太平洋艦隊司令長官のニミッツ大将に意見具申を行った。

本来、米軍の予定では、九月にパラオ、ペリリュー、アンガウル、ヤップ、ウルシー、モロタイを攻略し、十月にタラウド諸島、十一月にミンダナオを攻略し、レイテ上陸は十二月二十日を目標としていた。しかしニミッツは、ハルゼーの意見を受け取ると、ただちに大統領に報告、米英合同参謀本部が会議中のケベック会議にこれを提出し、進攻計画を二か月繰り上げて十月二十日レイテ島上陸開始と改める決定をしたのであった。

ダバオ事件によって、日本海軍は捷号作戦の予定兵力を多数失い、かつ再建期間としての貴重な二か月を失ったため、反撃の準備が整わないままにレイテ戦を戦わざるを得なくなった。この誤報事件は、日本の運命を一足飛びに終局へと押しやったのである。

台湾沖航空戦、幻の戦果

勢いに乗ったハルゼーは、かつての南雲機動部隊がハワイからインド洋にわたって行った作戦のように、全く無人の野を往《い》くような傍若無人の攻撃を繰り返した。九月十五日には、ペリリュー（パラオ諸島）、モロタイ両島に上陸し、モロタイは即日占領する。十七日には、ペリリュー島の隣のアンガウル島にも上陸、同じく即日占領した。二十一日からは四日連続で中部フィリピンを攻撃し、初空襲を受けたマニラ市は炎と化したのである。この日、大本営陸海軍部各総長は、そろって天皇に捷号作戦完遂の決意を奏上していた。米軍のフィリピン攻撃はその矢先であった。

この米軍の攻撃で最も大きな被害を受けたのは第一航空艦隊であった。米軍の神出鬼没の攻撃に、防戦はいつも後手にまわり、飛行隊は壊滅状態になってしまった。

そして、アメリカの南西太平洋方面軍（指揮官はマッカーサー大将）のレイテ攻略部隊による十月二十日のレイテ島上陸に先んじて、ハルゼーは再度の航空撃滅戦を実施した。十月十日に沖縄本島をはじめとする南西諸島を空襲、翌十一日にフィリピン北部、さらに十二、十三日には台湾の空襲と続いた。

このとき来襲した米軍は、ハルゼー艦督指揮の四群の機動部隊であり、正規空母九隻、軽空母八隻、護衛空母十一隻、計二十八隻の空母による攻撃だった。米機動部隊は十日の一日間で延べ千三百九十六機を繰り出し、沖縄は初めて航空攻撃の猛威にさらされたのであった。

このとき、日本海軍が機動部隊への航空攻撃を行う中核兵力として期待していたのは、第二航空艦隊の主力攻撃部隊であるT部隊であった。この部隊はマリアナ沖海戦の戦訓にもとづく源田実《げんだみのる》軍令部参謀の発案により、敵戦闘機の活動が不十分な夜間や、敵航空母艦の動揺が激しく航空機の発進が困難な荒天時にレーダーによる航空攻撃ができるように編成・訓練された部隊であった。新鋭陸上爆撃機「銀河」、一式陸上攻撃機、艦上攻撃機「天山」を多数、さらに新鋭艦上偵察機「彩雲」を保有し、当時としては高度な練度を誇っていた。またT部隊の雷撃機にはレーダーと電波高度計が取り付けられ、夜間の超低空雷撃も決行できた。さらにこの部隊には、陸軍の重爆隊も雷撃機として参加していたのであった。部隊の称号「T」は、嵐の中でも攻撃可能との意味から、台風の頭文字を取ったともいわれている。

十月十二日から数日間、T部隊をはじめ多数の航空機が連日攻撃を行ったのち、連合艦隊司令部に報告された戦果は、きわめて華々しいものであった。たて続けの「敵空母撃沈」の報告で、連合艦隊、大本営もお祭り騒ぎとなった。騒ぎの中心はこのT部隊を発案して作り上げた源田実参謀であったが、あまりの大戦果に、軍令部参謀の土肥《どひ》一夫《かずお》中佐が「これ、本当ですかね、半分でも多過ぎやしませんか」と言ったところ、源田参謀は血相を変えて、「何をいうか、君は俺の部下の報告を嘘だというのか」と怒り出すありさまだった。源田参謀が指揮官でないことは当然だが、源田参謀は、航空部隊は自分の部隊、という意識をいつも持っていたので、このような発言になったものであろう。そして軍令部は十月十六日「敵艦隊の空母十・戦艦二・巡洋艦三・駆逐艦一を轟《ごう》撃沈し、ほかに多数の敵艦を撃破」と発表し、この一連の作戦を「台湾沖航空戦」と命名した。

ところがこの発表の日、索敵機から台湾東方に三群の機動部隊発見の報告を受けるにいたって、海軍は初めて重大な錯誤を犯していたことを知った。米艦隊は、攻撃当初と少しも違わない隻数で行動していたのである。現実の米機動部隊の損害は、空母二隻、巡洋艦二隻が小破した程度であった。翌十七日、アメリカ軍はレイテ湾口のスルアン島へ上陸してきたのである。

十月一日現在で、海軍の捷号作戦正面の実働機数は千二百五十一機であったが、台湾沖航空戦で受けた損害は多大なものがあった。スルアン島への米軍上陸時点で実働機数は三百機程度（第一航空艦隊が四十機以下、陸軍第四航空軍が約七十機、台湾の第二航空艦隊が約二百三十機）しかなく、頼みのT部隊は百三十機あったものが百二十六機を失っていた。

米軍の〝軽傷〟に対して、逆に日本海軍はレイテ決戦を目前にして、なけなしの第一線航空部隊に回復不能の損害を受けてしまったのだった。

発動された「捷一号作戦」

十月十七日のスルアン島への敵上陸の報を受けた連合艦隊はただちに「捷一号作戦警戒」を発令、内海で待機中の小沢治三郎中将率いる機動部隊に対して出撃準備を下令した。同時にリンガ泊地の栗田艦隊に対しても「第一遊撃部隊は速やかに出撃、ブルネイに進出すべし」と命じた。またこの作戦のため、海軍は必要なタンカーとして六隻を要求したが、これは内地向け石油の搬送を削減することになるため、陸軍の激しい反対にあった。

陸軍の言い分は、内地用の石油が止まれば自動的に敗戦に向かうことになる。海軍は、海軍のことばかり考えて国家の存在を忘れている、というものであった。海軍にしてみれば、レイテを奪われれば、即ち敗戦ではないか。ここで米軍を押し返せなければ、内地に石油があろうとなかろうと、いずれ同じことではないか、というものであった。

多田武雄《ただたけお》海軍省軍務局長は、「ここで出撃しない海軍であれば、戦っても役に立たない」と出撃を主張したのに対し、佐藤賢了《さとうけんりょう》陸軍省軍務局長は、「連合艦隊は何をしているのか、という一般の声に応じて出撃するのではないだろうね」と、発言した。これは、海軍が単に存在を見せるために貴重な油を無駄遣いするのではないだろうね、と釘を刺したのである。結局、陸軍の「戦争終了まで連合艦隊が現存するのが良くはないか」との考えに対し、海軍は「温存してもイタリア艦隊と同じになる。全勝か、全滅か、覚悟して出る」との決意が通ったのであった。

昭和十九（一九四四）年十月十八日午前一時、第一遊撃部隊（栗田艦隊）はリンガ泊地を出撃した。同日の正午、アメリカ軍上陸部隊は機動部隊の航空兵力と戦艦以下の水上部隊の支援の下、レイテ湾のタクロバン地区に上陸を開始した。これを受けて豊田連合艦隊司令長官は全海軍に対し、「捷一号作戦」発動の命を発した。

第一遊撃部隊司令長官栗田中将は次の通り、戦闘部署を定めた。自身が率いる第一・第二部隊（二部隊あわせて戦艦五・重巡洋艦十・軽巡二・駆逐艦十五の計三十二隻）はパラワン水道を北上してシブヤン海を通過、サンベルナルジノ海峡を抜けて二十五日黎明にはタクロバンに突入する。遅れてブルネイを出撃する、西村祥治《しょうじ》中将ひきいる第三部隊（戦艦二・重巡洋艦一・駆逐艦四）は別働隊として、スル海とスリガオ海峡を経て、本隊と同様に二十五日黎明にタクロバンに突入する。栗田・西村両部隊がタイミングよく同時に突入すれば、米上陸軍が窮地に追い込まれる、というもくろみであった。

このとき、第一機動艦隊司令長官小沢中将直率の機動部隊（空母四・戦艦二・軽巡洋艦三・駆逐艦八）は、豊後《ぶんご》水道を抜けて南下を開始し、第二遊撃部隊（第五艦隊：司令長官志摩《しま》清英《きよひで》中将、重巡洋艦二・軽巡洋艦一・駆逐艦七）はすでに内地を出撃して台湾海峡付近にあった。

機動部隊の艦上機は相次ぐ消耗によって、出撃時には百十六機しかなかった。この機動部隊の任務は自らが囮となってハルゼー機動部隊を北方に釣り出し、栗田部隊のレイテ突入を援護するとするものであった。また第二遊撃部隊の任務は、第一遊撃部隊の第三部隊（西村部隊）の後に続きレイテ湾へ突入すると決められた。

これに対して、レイテ進攻作戦の支援にあたった米艦隊の勢力は圧倒的なものであった。レイテ湾内にはキンケイド中将が率いる第七艦隊が戦艦六・重巡洋艦四・軽巡洋艦四・駆逐艦二十八・魚雷艇三十九隻でマッカーサー率いる上陸部隊の支援を行い、レイテ湾東方海面ではC・A・スプレーグ少将が指揮する第七艦隊が護衛空母十八隻を擁して、哨戒《しょうかい》を行っていた。そしてハルゼー提督が指揮する機動部隊（第三艦隊）は、空母十七・戦艦六・巡洋艦十四・駆逐艦五十八、搭載航空機千百八十八機という大兵力であった。

十月二十二日に第一遊撃部隊がブルネイを出撃してから二十六日までに行われた「捷一号

作戦」の一連の海上戦闘は「レイテ沖海戦」と呼ばれ、その経過も有名であるが、決戦に備えて準備してきたはずの日本艦隊の欠陥が一気に噴き出した感がある。まず出撃の翌日（二十三日）に、栗田本隊（第一部隊、第二部隊）はパラワン水道で米潜水艦の一方的な攻撃を受けて、旗艦「愛宕」以下重巡二隻沈没、一隻大破という手痛い被害を受けた。驚くべきことにこれらの艦では、決戦をひかえた出撃にもかかわらず、通常の日課訓練が行われていたと言われている。全く緊張を欠いていたとしか言いようがない。

「愛宕」の沈没により栗田長官以下、艦隊司令部は「大和」に移乗する。翌二十四日になると栗田本隊はハルゼー提督のひきいる三群の機動部隊の航空機によって、午前から十六時まで六次にわたる空襲を受けた。上空には一機の直衛機もなく、米機は思いのままに雷爆撃を行った。この対空戦闘で重巡一隻（「妙高」）と戦艦「武蔵」が被雷して戦闘航海が不能となり、ほか数隻の艦が爆弾命中によって被害を受けていた。

巨艦「武蔵」は、次々に攻撃に入る米機に対し、対空射撃の精度を高めるために、操艦による回避を行わずに直進を続けたのであった。このため、多数の魚雷、爆弾の命中を受け、大量の浸水を喫してしまった。

これは、出撃前のリンガ泊地での研究会で「武蔵」の猪口敏平《いのぐちとしひら》艦長が、「飛行機だろうと船だろうと、主砲で撃ちまくればいいんだよ、武蔵は沈みはしない」と言い、命中弾を気にせずに射撃する方がよいとの考えで行動した結果であった。猪口艦長は海軍有数の砲術家であり、射撃には絶対の自信を持っていたための判断であった。

しかし、米軍の攻撃が予想を超えた激しいものであり、結局、二十本の魚雷と、十八発の爆弾を受けてしまった。このため乗員の必死の努力もむなしく、徐々に沈んで行く「武蔵」を救うことはできず、午後七時三十分過ぎ、その巨体をシブヤン海に消し去ったのである。

「大和」型戦艦の弱点

「武蔵」沈没については、空襲に対する猪口艦長の姿勢に問題があったことはもちろんである。しかし、実は「武蔵」には被雷時の重大な弱点が判明しており、それが同年の八月に就任したばかりの猪口艦長に十分伝えられていなかったのではないかと考えられる。

筆者は戦艦「大和」「武蔵」の設計上の問題について、牧野茂《まきのしげる》氏（終戦時技術大佐）から、よく話をうかがった。牧野氏は戦艦「大和」建造時の設計主任をつとめ、戦後は一貫して「大和」の技術的な追跡調査を行っていた方である。そして晩年に至るまで、「『大和』は、当時の技術力の範囲では万全の設計と信じて建造したが、もっと慎重に検討すべきことがずいぶんあった」と語っておられた。とくに「『大和』『武蔵』は船体強度に関して、もう少し検討すべきであった」と述べていたことは印象深い。

構造的には問題は無く、防御的にも要求を満たしていたと思っていたはずであったが、一カ所の魚雷命中という部分的な衝撃が振動となって、船体全体にどのように波及するか、といったことは十分には検討されなかった、というのである。

「大和」は昭和十八（一九四三）年十二月に、トラック島沖で米潜水艦の雷撃を艦尾付近に受けたことがある。その際は、被雷に気がつかなかった乗員がいたというほどであり、不沈艦の名を高めたとされていた。ところが後に、主砲方位盤にズレがあったことが判明したのだが、あまり深刻に受けとめることなく修理してしまった。

レイテ沖海戦では、「武蔵」が同じく魚雷一発の命中で主砲の方位盤の旋回が不能になり、主砲の発射ができなくなった。これは、レイテ湾に突入しても敵を射撃できないことを意味していたし、猪口艦長が意図した対空戦闘に寄与しなかったことに繫《つな》がってしまったのである。

牧野氏はそのように説明された後、「砲術の大家であった猪口艦長には、真に申し訳ないことであった」と言われたのであった。

日本海軍は世界最大最強の戦艦を造ることには成功したが、そのメカニズムはあまりに複雑繊細であり、わずかな被弾で戦闘力の多くを損なうという技術上の欠陥があったのである。

レイテ湾への進撃

空襲が止んだ十五時三十分、栗田司令長官は、いったん敵機の空襲圏外に退避することを決意し、全艦隊に反転を命じた。そして十七時十四分に再度反転を命じてレイテ湾への進撃を再開したが、その間に戦局は大きく動きつつあった。ハルゼー提督は、栗田艦隊の一度目の反転を見て、日本艦隊は大損害を受けて退却と判断し、新たに北方に現れた日本軍の機動部隊に全力を向けることを決意して、サンベルナルジノ海峡を守っていた部隊を引き揚げたのである。

一方、ブルネイで栗田部隊に数時間遅れて出撃した西村艦隊は、米軍の注意が栗田艦隊に向いていたためか、米潜水艦の妨害もなく、二十四日に小規模な空襲を受けたものの損害は軽微であった。

西村司令長官は、自隊の順調な進撃に反して栗田艦隊が数次の空襲で苦戦していることを知り、二十五日早朝のレイテ同時突入を危ぶんだが、たとえ単独突入になってもレイテに突入する決意を固め、二十時十三分、栗田長官に対して、「二十五日、〇四〇〇ドラグ沖に突入の予定」と決意を報告し、進撃を続けた。

日付が十月二十五日にかわって間もなく、西村部隊はスリガオ海峡を抜けるべく針路を北に取り、二十ノットに増速した。夜明け頃に海峡を抜ければ、レイテ湾は左に見えるはずであったが、海峡にはキンケイド提督の率いる米第七艦隊が待ち受けていたのである。

魚雷艇と駆逐艦による多数の魚雷攻撃、そして横一列で針路を塞《ふさ》いでT字戦法の態勢をとっていた米戦艦部隊の砲撃により、夜明けまでに西村部隊は重巡洋艦一隻（「最上」、ただし大破）と駆逐艦一隻を除いて全滅し、後から続いて突入を試みた志摩中将指揮の第二遊撃部隊も、西村部隊の全滅を見て突入を断念、反転退避した。

二つの方向からレイテ湾突入を意図した日本艦隊のうち、一方の部隊はこうして敗退した。しかしこの間、夜半にサンベルナルジノ海峡を通過した栗田部隊はまったく敵に発見されることも、まして攻撃を受けることもなく海峡を通過することができたのであった。

サンベルナルジノ海峡を抜けた栗田艦隊は、サマール島東岸を南下、西村部隊との会合予定地点であるスルアン島東方に向かった。旗艦「大和」に従う艦隊は、戦艦「長門」「金剛」「榛名」、重巡「羽黒」「鳥海《ちょうかい》」「熊野」「鈴谷《すずや》」「筑摩《ちくま》」「利根《とね》」、軽巡「能代《のしろ》」「矢矧《やはぎ》」、駆逐艦十一隻の合計二十三隻である。

栗田長官の考えでは、西村部隊と合流して、午前十一時にはレイテ湾に突入できるはずであった。けれども、西村司令官からの連絡は、午前三時三十五分の「敵らしき艦影二見ゆ」を最後に全くなかった。午前五時十分、西村司令官に続いてスリガオ海峡に突入した志摩長官からの報告を受けて、西村、志摩両部隊の進撃が失敗に終わったことを知ったのである。

機動部隊との遭遇戦

六時二十三分、突然「大和」の電探が南東に飛行機を察知した。ようやく夜が明け始めたので、栗田長官が艦隊の陣形を対空戦闘に向いた輪形陣に変更しようとした時、「大和」見張り員は東方水平線上に数本のマストを発見した。そして数分後にはマストの下に飛行甲板が見え、飛行機の発進を行っているのが望見された。

作戦の目的地であるレイテ湾は目前である。マッカーサーの上陸軍を叩《たた》き潰すために、あらゆる困難、損害を忍んでここまで来たのである。連合艦隊の豊田司令長官が「この作戦に連合艦隊をすり潰しても悔いない」とまで言ったのは、米輸送船団を攻撃する作戦だったのである。

しかし、栗田長官はこの空母群を米軍の正規空母部隊と判断、好機を逃さず突撃し、砲戦によってこの米機動部隊を撃滅しようと考えた。作戦打ち合わせの時、艦隊側の最後の要求として「万一進撃途中で敵主力部隊に遭遇したならば、この敵に向かってもよろしいか」と述べたのに対し、了解を得ているのである。連合艦隊司令部としては、まさかそのような状況が現実に起ころうとは考えずに、気休めとして許した例外条件であったのであろう。しかし第一遊撃部隊司令部の判断は異なっていた。レイテ湾の敵輸送船団に突入する以前でどのみち、敵艦隊との遭遇戦闘は避けられないであろう。そのときこそ、「大和」をはじめとする日本艦隊の最後の決戦の機会となるはずである。いま眼前に展開されている敵艦隊との遭遇は、まさにその瞬間の到来と考えられた。

栗田長官は、速度の速い空母に逃げられないために、艦隊の陣形は整えず、現状のままで各個に突撃を命じた。午前六時五十九分、空母と三万二千メートルの距離で「大和」の四十六センチ砲が火を噴いた。次いで「長門」「榛名」「金剛」が砲撃を始めた。ここに世界の海戦史上空前の、戦艦と空母の海戦が始まったのである。もちろん「大和」「長門」にとっては初めての敵艦攻撃であった。

栗田長官は、この敵を主力空母と思っていたが、実際はスプレーグ少将の指揮する護送用空母群の一つ「タフィー3」であり、六隻の空母は「ガンビアベイ」「ホワイトプレーンズ」「キトカンベイ」「ファンショウベイ」「セントロー」「カリニンベイ」であった。駆逐艦は「ホエール」「ヒアマン」「ジョンストン」「サムエル・B・ロバーツ」「デニス」「レイモンド」「ジョン・C・バトラー」であった。

この二時間あまりの追撃戦闘の詳細な経過は省略するが、日本艦隊の挙げた戦果は護衛空母一、駆逐艦二、護衛駆逐艦一隻の撃沈にとどまった。逆に四隻の重巡洋艦と三隻の駆逐艦が反撃により大きな被害を生じて艦隊から落伍《らくご》するに至った。

この戦闘でもっとも期待された「大和」の四十六センチ主砲は、いかなる戦果を挙げ得たのだろうか。実は、約百発発射して命中弾確認は皆無という結果であった。この戦闘で最も活躍したといわれる重巡「利根」が、二十センチ主砲四百八発を発射して命中は七発、命中率一・七パーセントに過ぎなかった。日米開戦前に、「世界一の砲戦術能力」、「米艦隊の三倍の命中率」と自負した日本海軍の砲戦能力は幻影にすぎなかったのである。

第一戦隊の宇垣纏《うがきまとめ》司令官（中将）は、レイテ湾へ出撃直前の戦隊砲撃訓練の結果に対して「まさに戦闘に赴かんとするに、この状況では寒心にたえず」と記しているが、まさにこの戦闘（「サマール沖海戦」）は、その日本海軍の術力の低さが現実に示された瞬間であった。

栗田長官が、米艦隊の護衛空母群への攻撃を下令したころ、その北方のルソン島東方では、ハルゼー機動部隊の搭載機による小沢艦隊への熾烈《しれつ》な航空攻撃が繰り広げられていた。この日の朝から夕方までの間に六次にわたり、計五百二十七機が来襲して四隻の空母すべてと軽巡洋艦一隻・駆逐艦二隻が撃沈され、小沢は将旗を「大淀」に移して戦闘を継続したが、ハルゼー機動部隊を北方に誘致するという目的は完全に達成した。だが、その旨を知らせる報告電報は、なぜか「大和」の栗田艦隊司令部に届かなかった。届いたものの到達が非常に遅れ、栗田長官にレイテ湾突入を実行させるための材料とはならなかったのである。

突入目前での反転

小沢艦隊からの囮作戦成功を伝える電文にかわって栗田長官の手元に届いたのは、米軍の有力な機動部隊がすぐ北方にいるとうかがわせる電文であった。まず午前十一時ごろ、南西方面艦隊から「敵の正規母艦部隊〇九四五スルアン島〔レイテ湾への入口〕灯台の方位五度、距離一一三海里にあり」という電報を受け取った。が、のちにこれは虚報と判明し、いったい誰が送信したものか判然としない。

次いで、敵艦隊の追撃を打ち切ってレイテ湾に南下しつつあった栗田艦隊の司令部長官のもとに、数々の米軍通信の傍受電報が届けられた。栗田艦隊司令部は、これらの傍受電報から「米軍の有力な機動部隊が自らの近くにいる」と判断した。

栗田長官は、当初の作戦通りレイテ湾に突入するか、それともこの敵機動部隊を捕捉して決戦を挑むべきかを選択する岐路に立った。

このとき長官以下司令部スタッフの頭にあったのは、八月十日のマニラでの打ち合わせ時に連合艦隊司令部に対して確認を求めた「輸送船団攻撃にあたって敵艦隊が出現した場合、これと戦う」という方針であった。また司令部には、小沢部隊がハルゼー機動部隊の釣り出しに成功している情報も入ってこない。さらにレイテ湾内の状況についても不明であり、すでに上陸部隊の揚陸を終えた後であるかも知れなかった。自分らが全滅覚悟でレイテ湾に突入しても、すでに空船となった船団を攻撃して差し違えることに、いったいどれだけの意味があるのだろうか。

午後十二時五十五分ごろ、防空指揮所から航海艦橋に降りて来た大谷藤之助《おおたにとうのすけ》参謀が、小柳参謀長に「参謀長、廻《まわ》れ右をかけましょう」と言った。小柳参謀長は、栗田長官の後ろからこれを伝えた。栗田長官は「ウム」と肯《うなず》いた。操舵《そうだ》手は「大和」の小さなスチール製の舵輪を廻し始めた。

その時突然、第一戦隊の宇垣司令長官が小柳参謀長に向かって、太い親指を立てて、「参謀長、敵は向こう〔レイテ湾〕だぜ！」と激しい口調で声をかけたが、艦橋内は無言であった。多大な苦闘の末に、ようやく入口近くまでたどり着いたレイテ湾であったが、栗田長官はここで反転、北方に展開していると信じた幻の機動部隊に向かって進んだのであった。しかし北方に向かった栗田艦隊の前には、米機動部隊の姿はなく、艦隊はそのまま、この日の朝抜けてきたサンベルナルジノ海峡に入った。

すでに戦機は失われていたが、米軍の追撃の手は緩められなかった。二十六日も米軍機の攻撃は続き、「大和」は二発の直撃弾を受け、軽巡洋艦一隻（「能代」）が撃沈された。

満身創痍《そうい》の栗田艦隊がブルネイに帰って来たのは十月二十八日の二十一時を過ぎていた。わずか一週間前、三十九隻の堂々たる陣容を誇った大艦隊は、今や十七隻に過ぎなかった。

しかもほとんどの艦は深く傷ついていた。

十月二十三日から二十六日の四日間にわたって行われた「捷一号作戦」、のち「レイテ沖海戦」と呼ばれた戦闘は、日本海軍の惨敗に終わった。艦艇の喪失は、戦艦三、空母四、重巡六、軽巡四、駆逐艦十二、潜水艦十二の計四十一隻。連合艦隊の水上部隊は組織的な戦闘能力を失い、基地航空部隊もまた潰滅《かいめつ》的打撃を受けた。一方アメリカ側の艦艇喪失は空母一、護衛空母二、駆逐艦二、護衛駆逐艦一、潜水艦二にすぎなかった。

栗田長官がレイテ湾突入を目前として反転北上した原因はどこにあったのだろうか。もちろん突入したところで、待ち受ける戦艦部隊や空母艦載機らの攻撃を排除して有効な輸送船団攻撃を行い、これを撃滅できたという保証はない。しかしここではその検討は措《お》き、栗田長官の心中に焦点を当ててみたい。

太平洋の戦いを概観するとき、しばしばミッドウェー海戦を戦勢のターニングポイントとするケースが多い。だが、真の決定的敗北が比島沖海戦であったことは疑いのないところであろう。冷静に検討すれば、ミッドウェー海戦は単に天狗《てんぐ》の鼻が折れたにすぎない。正規空母四隻の喪失は大きいが、搭乗員は最優先で救助されたために、戦力回復の道はあったのである。ところが「捷一号作戦」は、敗れれば日本そのものの存亡にかかわる戦いであることは明らかであった。

ブルネイの戦艦「長門」、遠景に「大和」「武蔵」

それゆえにこそ、栗田長官の海軍軍人としての血は、帝国海軍の真髄、連合艦隊の歴史を輸送船との刺し違えで終えることに躊躇《ちゅうちょ》したのではないだろうか。もちろん本人がそれをはっきり意識していたかどうかはわからない。

多くの海軍軍人は、栗田艦隊のレイテ突入がなされなかったことに遺憾の意を表した。ところが一方で、その突入中止の判断に一種の共感を抱いた人々もあった。レイテで勝っても、また敗けても、いずれは敗戦となるのだ、栗田長官は海軍の伝統に恥じない戦いがしたかったのだろう、と。

海戦の後、栗田中将は海軍士官揺籃《ようらん》の地、海軍兵学校の校長に据えられ、そこで終戦を迎えた。この人事は偶然ではあるまい。これは栗田中将の判断に対する海軍の一つの答えだったと考えても良いだろう。以後、連合艦隊そのものが栗田中将の判断を範とするのである。次の章に記す、戦艦「大和」の沖縄特攻は、まさしくそのあらわれである。

終　章　「全軍特攻」と化す日本海軍

「合理的作戦」の破綻のあと

レイテ沖海戦で敗北した日本海軍は、残存艦艇の修理、整備に入った。しかし、再び水上艦艇による決戦が行われるとは考えられない状況であった。大きな修理を必要とする艦艇は最小限の修理のみを施して、残るすべての力は特攻兵器の生産に充てられることになった。

やや話はさかのぼるが、マリアナの攻防で艦隊を失った海軍は、ことの重大さに苦悩していた。もはや日米の戦力の差は決定的なものであり、通常の攻撃では、日本側に勝ち目はなくなっていたのである。米軍のレーダーは安定した性能で日本機の接近を探知し、十分な余裕を持って邀撃《ようげき》戦闘機を差し向けている。また、幸運にも邀撃戦闘機群の網を逃れ、米艦隊に突入できた飛行機も、小型レーダーを内蔵し、飛行機に接近しただけで炸裂《さくれつ》するＶＴ信管を装備した高角砲弾の弾幕に包まれて撃墜されてしまう。

当時、日本海軍では、この米艦隊の対空砲火の命中率が異常に高いことに気づかず、単に対空機銃と高角砲が多い、つまり物量の差があるといった程度の認識しかなかった。この、米軍イコール物量という図式は、日本の軍人の頭の中に深く染み込んだ観念で、これはワシントン条約で日本の主力艦が対米六割に抑えられた時からの長い歴史を持った観念であった。これらの物量に対抗するには、米艦隊を上回る戦力を集中して対抗すべきであったが、日本海軍にはすでにその力はなく、力を蓄積するだけの資源も、時間もなかったのである。

では、何もない日本海軍に残された道は何であったか。それは天佑《てんゆう》神助を当てにすることと、大和魂を持ち出すことだけだったのである。

合理的な作戦がすべて破綻《はたん》したとき、残っていた作戦が非合理であったことは、あるいは自然なことだったのかもしれない。

昭和十八（一九四三）年秋には、軍令部の中で源田実《げんだみのる》参謀が黒島亀人《くろしまかめと》参謀と、次の決戦では体当たり部隊を編成することを話し合っていた。昭和十九（一九四四）年一月に、連合艦隊から軍令部の参謀に転属となった土肥《どひ》一夫《かずお》中佐は、黒島参謀が「次の作戦では体当たりをやるんだ……」とたびたび言うのを聞いて、「何、変なことを言っているんだろう」と奇異なものを感じていた。黒島参謀は戦死した山本五十六《やまもといそろく》司令長官の秘蔵っ子というべき存在で、ハワイ作戦の推進者ということもあり、連合艦隊では一目置かれてはいたが、奇矯《ききょう》な性格が規律を乱すことが多く、何度か更迭を求められ、後任者として兵学校四十八期の宮崎俊男《みやざきとしお》が予定されていたが、山本長官はついにこれを許さなかった。しかし、山本長官戦死後まもなく、軍令部参謀として連合艦隊を去ったのである。黒島参謀は軍令部でも奇人ぶりを発揮して、堅実な作戦を嫌い、潜水艦に攻撃機を搭載した海底空母を使った作戦を立てたりするのを好んでいた。この黒島参謀のいる軍令部に、ハワイ作戦時の第一航空艦隊の航空参謀として、ハワイ作戦実施の立て役者であった源田中佐が参謀として着任して来たのである。

源田参謀は、ミッドウェー作戦の失敗を、「敵空母に向かう攻撃隊に護衛戦闘機をつけようとして戦機を失い、先制攻撃を受けて敗北した」と分析し、搭乗員の生命を案じたのが悪かった、と結論した人物である。つまり、以後の作戦は、搭乗員の生命は作戦の遂行のためにはあえて考慮しない、というのが方針であり、この二人が軍令部で顔を合わせたときに、体当たり攻撃の計画が持ち出されたであろうことは、いわば自然なことでさえあった。だが、いくら黒島参謀と源田参謀でも、このような兵器、作戦を公式に持ち出すことはできない。言葉としては「命をくれ、死んでくれ」とは言えても、本当に死ぬしかない任務を命ずることはできないのである。ただ、これにも抜け道はある。体当たりする兵士自身が志願すれば、これを認めることはできないことではない。いや、これこそ大和魂の発露として求められるものであったのかもしれない。

源田参謀、黒島参謀には、この志願者についての当てがあった。ミッドウェー敗戦以降、一方的に押されて、なんら効果的な反撃のできない状況に、一部の青年士官の中からは、現実に体当たり攻撃を考える者が出始めていたのである。その一部は、早くも昭和十八（一九四三）年の冬には軍令部に対して、「今こそ身を捨てて、国に報ずべき秋だ。それには自ら人間魚雷に搭乗し、一人一艦ずつ体当たりで撃沈する以外に、戦局挽回《ばんかい》の道はない」との意見書を出していたのである。これらの意見書は竹間忠三《ちくまちゅうぞう》大尉、近江誠《おうみまこと》中尉などの他、ハワイ攻撃で九軍神を出した特殊潜航艇「甲標的」の艇長であった黒木《くろき》博司《ひろし》中尉、仁科《にしな》関夫《せきお》少尉などが、やはりこのような体当たりの人間魚雷の構想を軍務局に提出していた。

黒木中尉、仁科少尉がこの企画案を携えて軍務局を訪れたのは昭和十八（一九四三）年も押しつまった十二月二十八日であった。二人は、この案を水中兵器戦備担当の吉松田《よしまつた》守《もり》中佐に直訴したのである。

「今こそ我々若人が、身を捨てて国を守るべき時であります。願わくば、この人間魚雷を速やかに実現して、我々に与えて下さい。我々は、真っ先にそれに搭乗して、一人一艦、敵艦に体当たり撃沈して、この難局打開に努めます。どうか実現にお力添えをお願い致します」

吉松中佐に面会した二人は人間魚雷製作を求め、呉《くれ》海軍工廠《こうしょう》魚雷実験部の協力を得てまとめた図面を広げたのである。吉松中佐が軍務局一課長の山本善雄《やまもとよしお》大佐の判断を仰いだところ、大佐は両名を呼び、時期を待つように諭して下がらせたという。

しかし、戦局はたちまち日本海軍を追いつめ、一九四四（昭和十九）年二月五日、米軍はマーシャル諸島のクェゼリン環礁を占領するにいたる。次に来るのはマリアナ諸島の攻防である。そしてマリアナが敗れれば、日本本土は直接米軍の攻撃にさらされることは明らかだ。ことの重大さに、山本大佐はついに決心をして、二月二十六日、極秘裏に黒木中尉、仁科少尉考案による人間魚雷の試作を命ずることになった。

当初、この兵器には脱出装置が求められたが、現実にはそのようなことは不可能であり、脱出装置は設計から外されて、七月初旬には三基の試作魚雷が完成した。約一か月の試験の後に、人間魚雷は八月一日に制式兵器として採用され、「回天一型」と命名された。

回天の製作に先立って、七月一日には回天搭乗員を訓練するため第一特別基地隊が呉に設置され、訓練も始められていた。レイテ戦で「やむを得ず」特攻が行われる八か月も前に、特攻兵器「回天」は試作を始められ、四か月も前に特攻隊員の訓練が始まっていたのである。海軍は、来るべき決戦においては、体当たり攻撃を実施することを決定していたのである。

「特攻兵器」生産と「必死隊」募集

特攻準備はこれだけではなかった。マリアナを失った直後、第三四一航空隊司令岡村基春《おかむらもとはる》大佐は、軍令部の源田中佐、軍需省航空兵器総局総務局長の大西瀧治郎《おおにしたきじろう》中将などに体当たり攻撃を説いて回っていた。もとより体当たりを考えていた源田中佐に異存はない。大西中将も、米国に比して圧倒的に弱体な航空機生産の責任者として、もはや通常の手段では戦局を挽回することはできないと考えていたところであり、この岡村大佐の進言には心を動かされるところが大きかった。大西中将はただちに七月十九日の読売新聞にこの考えを発表し、国民に対して、来るべき特攻作戦の伏線を張ったのであった。

「我に飛行機という武器があり、体当たりの覚悟さえできていれば、敵の機動部隊を恐れることも要らないし、……敵空母を発見したら空母を、B—29を見つけたらB—29をことごとく体当たりで葬り去ればよいのだ。……生もなく死もなく敵に体当たりを喰《く》らわせる兵こそ、神兵の名に値するのだ」

大西中将の決意は、固まっていた。

ちょうどこのころ、第一〇八一航空隊（輸送機部隊）付の大田正一《おおたしょういち》少尉は、爆弾にロケットと翼を付けた体当たりグライダーを考案し、ツテをたどって航空本部にプランを提出していた。これは軍令部にも通知され、体当たり実施派の源田参謀を中心に具体化が進められた。

そして、早くも昭和十九（一九四四）年八月十六日には百機の試作が命ぜられた。完成時期は十月下旬、予想される次の決戦には新兵器として登場するはずであった。

この「爆弾グライダー」に乗る搭乗員の募集も各地で始められた。八月下旬、千葉の館山《たてやま》では搭乗員集合がかけられた。集まった搭乗員を前に、第二五二航空隊の舟木《ふなき》忠夫《ただお》司令は言った。

「戦局は重大な時期を迎えているが、うち続く消耗によって航空部隊の攻撃力は著しく低下している。この退勢を挽回するために、海軍では今までの爆弾よりも爆薬の大きな、必中の新兵器を開発している。しかし、この兵器は、搭乗するものは絶対に生還のできないものである。一発一艦を轟沈《ごうちん》することはできるが、搭乗員も必ず死ななければならない。これは決死隊ではなく、必死隊である。そして、この兵器に搭乗するのは、構造上戦闘機乗りが最も適任である。

この度、この新兵器のテストパイロットとして当隊より准士官以上一名、下士官一名を選出するように命令がきたのである。この戦を勝つためには、この兵器を一日も早く実用化させる以外に道はない……」

舟木司令は隊員一人一人に紙片を配り、「熱望」「望」「否」のいずれかを書いて提出するよう命じた。

多くの搭乗員は、その場で「熱望」を提出したが、経験の多い古参搭乗員の中には、不合理なものを感じ、それを口にする者もいた。すでに日本海軍きっての撃墜王の一人であった岩本徹三《いわもとてつぞう》飛曹長もその一人だった。

岩本は「死んでは戦争は負けだ。我々戦闘機乗りは、どこまでも戦い抜き、敵を一機でも多く叩《たた》き落としてゆくのが任務じゃないか。一回の命中で死んでたまるか。俺は否だ」とはっきり口にしていた。しかし、このように思ったままを口に出せるのは、自他共に許すベテランのみで、多くの搭乗員は「いずれ死ぬ身なのだから」といった考えから志願したのであった。

こうして「回天」「桜花《おうか》」などの特攻兵器が生産され始め、特攻要員の訓練が組織的に行われていった。軍令部の計画では、これらの特攻兵器は十月末以降に予想された決戦に間に合うことになっていたが、桜花隊として第七二一航空隊が編成されたのは十月一日であり、その結果、レイテでの決戦にはついに間にあわなかった。このため急遽《きゅうきょ》、大西中将はありあわせの零戦で体当たり攻撃を実施させるために、第一航空艦隊司令長官としてマニラに飛んだのであった。

「神風特別攻撃隊」の誕生

大西中将は、先にダバオ誤報事件を起こした寺岡謹平《てらおかきんぺい》中将に代わって十月二十日付で新たに長官となることが予定されていた。大西は十月九日に東京を発《た》つときから、「今後の戦いでは体当たり攻撃をやる」との決意を持っており、周囲の人にもこれを明らかにしていた。とくに軍司令部参謀の源田実中佐とは充分に打ち合わせができ、部隊名を「神風隊」と称すること、ここの部隊には「敷島隊《しきしま》」「朝日隊」などの名前を付けることも決めていた。日本を発つに先立って、体当たり部隊の編成はすでに決定事項だったのである。

十月十二日には台湾で連合艦隊の豊田副武《とよだそえむ》司令長官に会い、「とても今までのやり方ではいけない。戦争初期のような練度の者ならよいが、中には単独飛行がやっとという搭乗員がたくさんいる。こういう者が雷爆撃をやっても、ただ被害が多いだけで成果は挙げられない。体当たり以外に方法はないと思う。しかし、上級者の強制命令でやれということはできぬ。そういう空気にならなければ、実行できない」と、その心中を語った。

マニラには、十月十七日に到着し、第一航空艦隊司令長官の寺岡中将に、同じく体当たり攻撃以外に道のないことを説いた。「まず、戦闘機隊の勇士で編成すれば、他の隊も自然とこれに続くであろう。航空部隊がこれを決行すれば、水上部隊もまたその気持ちになるであろう。海軍全部が、この意気でいけば、陸軍も付いて来るであろう」と。

十月十九日、大西中将はマバラカットの第二〇一航空隊指揮所に車を走らせた。急な来隊に驚く副長の玉井浅一《たまいあさいち》中佐らを前に、「少しばかり、相談したいことがあったからだ……」と言って、数人の幹部を市内の第二〇一航空隊本部に集めた。一人一人の顔を見渡した大西中将は、「戦局は、皆も承知の通りで、今度の捷《しよう》号作戦にもし失敗すれば、それこそ由々しい大事を招くことになる……」と口火を切った。作戦を成功させるには、少なくとも一週間くらい敵の空母の飛行甲板を使えなくしなくてはならないというのである。そして、「そのためには、零戦に二百五十キロの爆弾を抱かせて体当たりをやるほかに、確実な攻撃法はないと思うが、どんなものだろうか？」とたたみこんだ。

もちろん先に記したように特攻隊の編成という方針はすでに決定されており、特攻隊編成が実際に決定した後に発信される予定の次のような電報が、一週間も前の十三日には軍令部で準備されていたのである。

「神風隊攻撃の発表は、全軍の士気高揚並びに国民戦意の振作に至大の関係あるところ、各隊攻撃実施の都度、純忠の至誠に報い攻撃隊名（敷島隊、朝日隊等）をも併せ適当の時期に発表のことに取り計らいたき処、貴見至急承知致したし」（十月十三日起案電文）

このような準備ができあがった上での大西中将の芝居とは知らない玉井副長は、ことの重大性に、「私は副長ですから、司令の山本《やまもと》大佐の意向を聞く必要があると思います」と言った。すると大西中将は、「山本司令とは、マニラで打ち合わせ済みである。副長の意見は、司令の意見として考えてもらって差し支えないから、万事副長の考えに任す、ということであった」。しかし、これも嘘であった。

大西中将は、第二〇一航空隊司令の山本栄《さかえ》大佐と打ち合わせをするつもりではあったが、山本司令はマニラでの打ち合わせに遅れてしまった。その上、急いでマバラカットに帰る途中、飛行機事故で骨折し、大西中将が隊の指揮所に現れたころはマニラの病院に収容されていて、大西中将とは会っていないのである。これは、早く結論を出したかった大西中将が玉井副長にかけた、一種のワナだったのである。

では、なぜこのように急いで体当たり決行を決めたかったのだろうか？

それは、この日はまだ一航艦司令長官は寺岡中将であり、大西中将は、まだ軍需省の一局長に過ぎない、つまり作戦に関して単なる第三者だったからである。第三者であるからこそ戦局を説き、体当たりを相談できるのであるが、一夜明ければ正式な第一航空艦隊司令長官である。そうなれば、決断を部下に任せる相談などできるものではない。

もし、十九日の夜のうちに飛行機隊側が自主的に体当たりを決断しなければ、翌朝は司令長官として体当たり攻撃を命令しなければならないのである。大西中将としては、自身の命令によって体当たり部隊を編成することだけはしたくなかったに違いない。大西は後世、「特攻の産みの親」としばしば言われたが、真相は、すでに中央で決定された特攻戦法の伝達と実施という任務を負わされたのであった。この夜の言動は、そのような苦しい立場にあった大西による必死の工作であったといえよう。

玉井副長は、先任飛行隊長の指宿正信大尉と相談の上、第二〇一航空隊としての結論を出した。「体当たり攻撃の隊の編成については、全部航空隊にお任せ下さい」と述べたのである。大西中将はうなずいた。

玉井副長は、自分と長期行動をともにしてきた甲種飛行予科練習生第十期出身の搭乗員三十三名に深夜の集合をかけた。彼等こそ生きた爆弾となるべき若者なのである。彼等は即座に全員志願したという。

最後に、玉井副長と、第一航空艦隊の猪口参謀は、指揮官を誰にするべきかを話し合った。玉井副長は、戦闘機隊の菅野直《かんのなおし》大尉を思い浮かべたが、菅野は要務で内地に行っていた。次の候補にのぼったのは、転任して来たばかりの関行男《せきゆきお》大尉であった。

関大尉が呼ばれた。

「お呼びですか」

深夜、何事かと訝《いぶか》る関大尉に、玉井副長は言った。「関、今日、長官がじきじきに当隊に来られたのは、捷号作戦を成功させるために、零戦に二百五十キロ爆弾を搭載して敵に体当たりをかけたい、という計画を計られるためだったのだ。……ついては、この攻撃隊の指揮官として貴様に白羽の矢を立てたんだが、どうか？」

関大尉は、身じろぎもせずに目をつむったまま、数秒の沈黙に浸ったが、「ぜひ、私にやらせて下さい」と言ったのである。この瞬間、体当たり攻撃は決定されたのであった。その場で体当たり部隊を神風特別攻撃隊と称することと、敷島隊以下の部隊名が決定された。これらは戦後、現場において自発的に決定されたとされてきたが、先の電文が示すように軍令部で決定されていたことであった。

翌十月二十日、大西中将は、第一航空艦隊司令長官として着任した。寺岡長官に代わった大西長官は、すでに第二〇一航空隊が独自に編成した体当たり部隊を正式に命じ、神風特別攻撃隊を率いて、いよいよ攻撃開始の決心を固めたのである。

十月二十一日、神風特別攻撃隊の出撃が始まった。まず関大尉指揮の敷島隊が出撃したが、敵を見ずに引き返した。午後出撃した久納好孚《くのうこうふ》中尉は、出撃前に、「私は、空母が見つからなかったらレイテに行きます。レイテに行けば目標は必ずいますから、決して引き返すことはありませんよ」と言い残して飛び立った。久納機は直衛機とはぐれ戦果が確認されなかったために、特攻戦死の公報が遅れる結果となったが、事実上の特攻戦死第一号になった。

以後、敷島隊は、連日出撃したが、敵艦隊を捕捉《ほそく》できず、空しく帰投する数日が続いた。

十月二十二日、マニラに福留繁《ふくとめしげる》長官の率いる第二航空艦隊司令部が進出して来た。大西長官は、福留長官にも特攻部隊編成を勧めたが、福留長官は正攻法による攻撃を主張して物別れとなった。

十月二十三日、司令部を追って第二航空艦隊の七〇一空艦爆隊がマニラのクラーク基地に到着した。台湾沖航空戦に備えて、千歳《ちとせ》から急遽進出してきた部隊である。しかし、その兵力は旧式の九九式艦上爆撃機が中心で、時代遅れの感はまぬがれなかった。その晩クラークでは敵艦隊攻撃の打ち合わせ会があった。七〇一空飛行長兼飛行隊長の江間保《えまたもつ》少佐は突然、「私は部下を犬死にさせたくないから、この攻撃はお断りする」と発言し、会議は騒然とした。

江間少佐は続けた。

「私らが敵の戦闘機を吸収して犠牲になり、その間に別の優秀な部隊が殺到して敵艦を沈める、というのであれば、喜んで死地に赴き、犠牲になろう。しかし、お前たちが攻撃の主力であるから、行って機動部隊を沈めて来いといわれるなら、それはお断りする。我々は、単に犬死にの結果となり、ただ敵の士気を鼓舞するのに役立つだけだからだ」

江間少佐は、ハワイ攻撃以来艦爆の操縦桿《かん》をにぎり、多くの戦場を飛んだベテランである。その歴戦の勇士の目には、すでに勝利のきっかけさえ見えなかったのである。もちろん「ノー」で済むものではない。江間少佐もそれは知っている、ただ、無謀な作戦に投入される搭乗員の立場として、一言いわずにはいられなかったのである。

十月二十四日、第二航空艦隊は大編隊による正攻法をもって、米機動部隊を撃破すべく、全力出撃を行った。戦爆連合百九十機と少数の別動隊である。大西長官の勧めはあったが、福留長官はまだ体当たり攻撃には抵抗があったのである。しかし、この日は悪天候で部隊はバラバラになり、攻撃を断念して引き返した。

しかし、九九式艦上爆撃機とは性能が異なるので別動とされた彗星艦上爆撃機隊が、運良くシャーマン隊に攻撃をかけ、空母「プリンストン」の艦橋基部に二百五十キロ爆弾を直撃させたのである。「プリンストン」は大火災を起こして救助の見込みがなくなり、味方の手によって処分された。このように混乱した航空攻撃であったために、栗田《くりた》艦隊にとって有効な航空支援は全く行われず、艦隊の将兵からは「友軍機は何をしているのか」との声が上がった。

十月二十四日の攻撃に失敗した攻撃隊は、翌二十五日に改めて出撃した。出撃後まもなく編隊は米戦闘機に襲われ、たちまち大損害を来して、またもや攻撃は失敗に終わってしまった。それればかりか、夕刻になって敗走中であった栗田艦隊を米艦隊と誤って誤爆するという失態も演じていた。

突入する「特攻隊」

栗田艦隊がサマール島沖で米護衛空母部隊を攻撃していたころ、マバラカット、セブ、ダバオの三カ所の基地から神風特別攻撃隊の爆装零戦が出撃していた。そして米艦隊に最初に攻撃をかけたのは、ダバオから出撃した次の三隊だった。

菊水《きくすい》隊（爆装二機、直掩《ちょくえん》一機）
朝日隊（爆装三機、直掩一機）
山桜隊（爆装二機、直掩二機）

これら三隊は、栗田艦隊の米空母部隊攻撃の真っ最中の午前八時ころに、最もレイテ湾に近かった護衛空母グループを発見、突入を開始していた。ほとんどの米機が栗田艦隊攻撃に向けられていたためもあって、直衛機に捕捉されることなく艦隊上空に達したものであった。米軍が戦闘機のみの日本の攻撃隊に不審を抱く間もなく、一機が護衛空母「サンティー」に命中。続いて同じく護衛空母「スワニー」に一機が命中、大爆発を起こさせていた。米軍は、この異常な攻撃が意図的なものであるのか、投弾に失敗した事故であるのか、一瞬、判断に苦しんだが、すぐに意図的な体当たりであることを理解し、極度の緊張におそわれた。

この特攻による初めての戦果が挙げられていた三十分ほど前の午前七時三十五分、マバラカットから関大尉の指揮する敷島隊（爆装五機、直掩四機）が四回目の出撃をしていた。敷島隊は二十一日から出撃していたが敵を発見できず、帰投するたびに「相済みません」と泣いていた関大尉の最後の出撃である。もう帰ることはないと考えた関大尉は、先の久納中尉と同じく、敵を発見できなかった場合にはレイテまで行って敵艦に体当たりする計画であった。先日の二十四日、特攻隊による栗田艦隊への支援が失敗したことにより、作戦全体が困難になっていることに重い責任を感じていたのかもしれない。

敷島隊が戦場に到着したのは、栗田艦隊の空母攻撃が一段落した午前十時四十分ころであった。ようやく栗田艦隊の巨砲から逃れたばかりの「タフィー3」の上空に突入した敷島隊は、護衛空母「セントロー」に一機が命中。「キトカンベイ」「ホワイトプレーンズ」には一機ずつが突入したが舷側《げんそく》近くで自爆。「ファンショウベイ」に向かった二機は、惜しくも撃墜されてしまった。しかし「セントロー」は数度の大爆発を起こしてまもなく沈没し、特攻機による初めての撃沈記録となった。

敷島隊が飛び立って五時間ほどした午後十二時半、戦果確認の零戦が帰って来た。日本海軍一、二を争う撃墜王・西沢広義《にしざわひろよし》飛曹長である。彼のもたらした知らせは、攻撃成功であった。「十時四十分、タクロバン東方で米空母群を発見、まず指揮官機が空母に突入、続いて列機も突入。空母一隻撃沈、一隻大破、軽巡一隻撃沈」という驚くべきものであった。数百機の大編隊攻撃をもってしても挙げることのできなかった戦果を、数機の零戦だけで勝ち取ったのである。

この日、最後の特攻攻撃は、正午近くにセブから出撃した大和隊（爆装二機、直掩二機）と、ダバオ出撃の内のいずれかの隊に加わったもので、護衛空母「カリニンベイ」に二機が命中、他の機は撃墜された。

特攻機の戦果は、その攻撃機数に対して非常に大きなものであった。大規模な攻撃は常にレーダーで捕捉され、二段、三段に配置された濃密な防御網にはばまれて、なんら戦果を挙げられないままに全滅してしまうばかりであった。これに対し、少数機の攻撃は、在空の米軍機に紛れてレーダーでも発見し難かったものであろう。この夜、大西長官は改めて福留長官に対して、第二航空艦隊も体当たり攻撃を行うべきではないかとの申し入れを行った。

「特別攻撃以外に攻撃法のないことは、もはや事実によって証明された。この重大時期に基地航空部隊が無為に過ごすことがあれば、全員腹を切ってお詫《わ》びしても追いつかぬ。第二航空艦隊としても特別攻撃を決意すべき時と思う」

この説得と、二十四、二十五日に大編隊による正攻法をもって攻撃をかけながら大損害を受けたのみで、なんら戦果を挙げられなかった現実に、福留長官もついに特攻実施を決意するにいたった。

　こうして福留長官の同意を得たことで、第一、第二の両航空艦隊を統一し、先任の福留長官の下に大西長官が参謀長として作戦遂行に当たることにした。そして、早くも二十七日には第二航空艦隊の第七〇一航空隊による特別攻撃隊、純忠隊以下が編成され、以後、航空作戦の中核は全て特攻作戦となっていった。

　敷島隊以下の編成と特攻の実施は、大西中将、軍令部の考えに沿った経過をたどり、たしかに大きな戦果を挙げた。しかし、この大きな戦果は、不幸な結果をもたらすこととなった。この成功は、以後、すべての特攻作戦の指導者の頭の中に、「体当たりは、通常攻撃よりもはるかに大きな命中率を発揮できる」との誤った観念を植えつけてしまったのである。

　敷島隊以下の初めての特攻隊が大きな命中率を示したのは、第一に連日繰り返された大編隊による攻撃の中で、ゲリラ的に少数機で突入したために米軍の防御網を潜り抜けることができたためであった。次いで、爆装戦闘機の体当たりという、米軍が予想だにしない攻撃に、防御側が虚を衝《つ》かれたことが挙げられる。しかし、日本の戦闘機が爆弾を落とさずに体当たりしてくることが分かると、米軍はただちに徹底的な防御態勢をとるようになった。そのため以後の特攻機の命中率は急速に低下し、大多数の特攻機は米艦隊にたどり着くことさえできずに、米戦闘機に次々と撃墜されてしまうことになる。以後、「特別攻撃」とは名ばかりで、特攻は日本軍にとって最も普通の攻撃法になっていくのである。

戦艦「大和」と第二艦隊の水上特攻

昭和二十（一九四五）年四月、レイテをめぐる「捷一号作戦」に敗れ、多くの水上艦艇を失った日本海軍は、洋上における米海軍との決戦能力を失い、戦艦「大和」以下の残存艦艇は瀬戸内海《せとないかい》に空しく待機していた。

今や作戦行動を続けているのは潜水艦隊と護衛部隊、そして航空特攻のみとなってしまった。四月一日、米軍はついに沖縄本島に上陸を開始、ここに本土決戦の火蓋《ひぶた》が切られたのである。この上陸に、米軍は実に航空母艦二十二、戦艦二十を含む大艦隊を投入、千機を超える航空機により徹底した攻撃が加えられた。これに対し、日本軍は効果的な抵抗ができず、米軍は攻撃初日に早くも飛行場を奪取、六日には作戦に使用しはじめた。

連合艦隊は、沖縄の米軍に対して「菊水」作戦を発動、全力特攻作戦を準備した。この「菊水」作戦について及川古志郎《おいかわこしろう》軍令部総長が天皇に奏上したところ、「航空部隊だけの攻撃なのか」とのお言葉があった。これに関しては、「船の方はどうしているか」とのお言葉であったとの説もあるが、いずれにせよ天皇としては単に作戦の情況を尋ねたもののようであったが、これを及川軍令部総長は、軍艦も特攻に出さねばならない、と受け取り、「海軍の全兵力を使用いたします」と奉答した。この後、この水上特攻計画がどのような経過をたどって決定に至ったかは、なぜかあまり明瞭《めいりょう》ではない。

第一に、このような重要な作戦にもかかわらず、連合艦隊の草鹿《くさか》龍之介《りゅうのすけ》参謀長は、第五航空艦隊との作戦打ち合わせのために、鹿屋《かのや》に出張中で、この経過をまったく知らなかった。草鹿がこれを知ったのは、作戦決定後であり、電話で神重徳《かみしげのり》参謀から知らされ、「参謀長の意見はどうですか」と聞かれた。草鹿はさすがに腹を立て、「決まってから、参謀長の意見はどうですか、もないもんだ」と憤慨した。

大筋としては、及川総長から直接、豊田連合艦隊司令長官に話が行き、参謀長不在のまま、早くから水上艦艇による殴り込み作戦を主張していた神重徳参謀の案を採用したものだったらしい。

豊田長官自身は、「うまく行ったら奇跡だ」と判断していたにもかかわらず、この作戦の実施を認め、軍令部に戻した。小沢《おざわ》治三郎《じさぶろう》軍令部次長は、「長官がそうしたいのなら良かろう」と、これを了承した。もちろん及川軍令部総長に異存はない。

こうして天皇の何気ない質問は数日のうちに、戦艦「大和」以下の日本海軍最後の水上艦隊の特攻出撃という命令となったのである。

出撃する艦隊は、第二艦隊旗艦「大和」以下、軽巡洋艦「矢矧《やはぎ》」、駆逐艦八隻（「冬月《ふゆづき》」「涼月《すずつき》」「磯風」「浜風」「雪風」「朝霜」「霞《かすみ》」「初霜」）の計十隻であった。

艦隊は四月六日に出撃し、沖縄に向かって進撃したが、ほどなくその行動は敵潜水艦にキャッチされ、翌日の正午過ぎごろから延べ千機にのぼる敵艦載機の航空攻撃が艦隊に集中した。ついに十四時二十三分、多数の魚雷と爆弾が命中した「大和」は巨大なきのこ雲を噴き上げて爆発沈没した。九州坊ノ岬沖、北緯三〇度四三分、東経一二八度〇四分の地点だった。

特攻第二艦隊十隻のうち、無傷といえるのは「初霜」一隻のみであった。他の九隻の内、「大和」「矢矧」「霞」「浜風」「朝霜」の五隻が沈み、「雪風」「冬月」「涼月」「磯風」が損傷していた。「磯風」は損傷がひどく、「雪風」が砲撃で処分した。

そして「大和」乗員三千三百三十二名の内、戦死者三千五十六名、救助されたのはわずか二百七十六名にすぎなかった。この数字は、海軍航空特攻全戦死者の数を上回るものであった。ここにおいて、輝ける帝国海軍の歴史は「大和」の沈没の巨大なきのこ雲とともに消え去ったのである。

この日本海軍最後の艦隊特攻作戦は、いくつかの問題を残した。第一に挙げられるのは、特攻作戦と称し、特攻出撃を命じながら、航空特攻戦死者には、例外無く与えられた二階級特進が無視されたことである。海軍当局は特攻戦死者に明瞭に格差をつけていたのではない

レイテ沖海戦で攻撃を受ける「大和」

「大和」爆沈

か。これは、進撃途中に伊藤整一《いとうせいいち》長官が、作戦の中止を命じたためであるとも言われているが、少なくとも中止命令以前の戦死者は、特攻戦死者であることに疑いはない。航空特攻でも、出撃して未帰還の場合は特攻戦死とされるが、敵を見ず、帰投するとの連絡後に、未帰還となった場合は、特攻戦死とならない場合がある。

さらに、出撃にあたって連合艦隊司令部から与えられた命令は次のようなものであった。

「帝国海軍部隊は陸軍と協力、空海陸の全力を挙げて沖縄島周辺の敵艦隊に対する総攻撃を決行せんとす。皇国の興廃はまさにこの一挙にあり、ここに特に海上特攻隊を編成し、壮烈無比の突入作戦を命じたるは、帝国海軍力をこの一戦に結集し、光輝ある帝国海軍海上部隊の伝統を発揚すると共に、その栄光を後昆《こうこん》に伝えんとするに外ならず。各隊はその特攻隊たると否とを問わず、いよいよ殊死《しゅし》奮戦、敵艦隊を随所に殲滅《せんめつ》し、もって皇国無窮の礎を確立すべし」

この命令を起案したのが誰なのかはっきりしないが、この命令文が示すものは、この特攻艦隊の出撃が、「海軍の伝統を発揚」するために命ぜられたものである、ということであった。付帯的に付けられた「皇国無窮の礎を確立」することとともに、そこにはなんら遂行中の戦争に対する戦術的展望もなければ、すべてを失った後に対する考慮も読み取ることはできない。この作戦の目標は戦果ではなく、「日本海軍の栄光」の伝統発揚のためだったのである。

これは、かつて「栄光なきレイテ突入」を断念した栗田《くりた》健男《たけお》長官の判断と表裏一体のものであった。日本海軍にとっては、海軍あって国家なしと言われても仕方のない文章である。海軍は、ただ「輝ける伝統」という幻を守るために多くの艦艇と人命を米軍の攻撃の前に差し出したのであろうか。

当時の海上護衛参謀大井《おおい》篤《あつし》氏（大佐）はこの命令内容を電話で聞いて激怒し、「この期に及んで帝国海軍の栄光が何だ、それだけの燃料があれば、大陸から食糧をどれだけ運べると思っているのか」と叫んだ、と筆者に語ってくれたことがある。大井氏はさすがに、何が本当に大切であるかを常に考えていた軍人であった。リアリズムに徹しており、現代の我々が納得できるセンスの持ち主と言えるが、当時の日本海軍において彼のようなセンスの持ち主は多くはなかったのであろうか。

敗戦まで

五月二十九日、海軍総隊司令長官は小沢治三郎中将に代わった。山本五十六司令長官以来、四人目の長官である。小沢中将は、海軍が最後の望みを託した長官として登場したのであるが、当時の日本の海軍には、すでにどのような作戦を立てようとも戦勢を挽回できる道はなかった。小沢新長官にできることは、大量の特攻兵器を準備し、可能ならば局地優勢を保ちつつ講和の日を待つことのみであった。

積極作戦を行う手だてをほとんど失っていた六月二十四日、連合艦隊は第三航空艦隊に対して、サイパン飛行場の強行焼き討ちを命じた。隊員は極秘に米本土上陸を計画し、日系人に成りすましてゲリラ戦を行う予定で訓練していた「S特隊員」である。

サイパンのB—29を炎上させれば、しばらくは本土爆撃も下火になるに違いないと考えたのだ。決行予定は月明かりのある七月二十日前後とされた。このために、飛行機隊は三沢《みさわ》飛行場に集結し、訓練を開始した。ところが、この情報が洩《も》れたのか、七月十四日、三沢飛行場は突然米軍機の奇襲を受け、準備した貴重な一式陸上攻撃機の大半を破壊されてしまった。このために改めて計画を練り直し、決行を一か月延期した。さらに陸軍との協同作戦とし、陸軍落下傘部隊を参加させ、規模を大きくした作戦となった。この拡大作戦には「銀河」に二十ミリ機銃二十門を胴体下方に固定して、地上銃撃機としたものを使い、突入直前の滑走路を銃撃するという作戦が入っていた。

こうして準備を進めていたところ、八月六日に広島に、九日には長崎に原爆が投下された

撃墜される特攻機

のである。あわてた大本営は、米軍捕虜の尋問から、原爆はテニアン基地にあるとの情報を得て、目標のグアム、サイパンに急遽テニアンの原爆破壊を追加したのであった。

編成された部隊は、海軍側が山岡大二《やまおかだいじ》少佐の指揮する第一部隊（一式陸攻三十機、参加四百五十人）。陸軍側が、園田直《そのだすなお》大尉の指揮する第二部隊（一式陸攻三十機、参加四百五十人）。これに飛行場爆撃、銃撃隊の「銀河」七十二機が参加するという、敗戦続きの海軍にとっては画期的な大兵力の投入であった。

八月六日には、三沢飛行場で小沢海軍総隊長官、大西軍令部次長、高松宮《たかまつのみや》などの前で演習が行われた。作戦決行は八月二十日前後とされ、これに合わせて第三航空艦隊司令部も木《き》更津《さらづ》に移動した。

八月十五日の特攻命令

作戦の決行を控えた昭和二十（一九四五）年八月十五日、終戦によりすべては終わったはずであった。しかし第三航空艦隊長官の寺岡謹平中将はこの日、指揮下の残存航空機すべてに対し、関東沖の米機動部隊に対する特攻を命じた。この日、木更津から出撃した神風特別攻撃隊第七御盾《みたて》隊第四次流星隊の「流星」艦爆二機のうち一機を操縦していた小瀬本國雄《こせもとくにお》飛行兵曹長によれば、寺岡長官は、「攻撃目標は、房総《ぼうそう》沖の敵機動部隊である。諸氏の必中を祈る」と訓示し、「君たちだけを死なせはしない、私も必ず後から行く」と明言した。

小瀬本ら二機の「流星」艦爆が八百キロ爆弾を抱いて発進したのは午前十時五十分、終戦の一時間十分前であった。このことを小瀬本ら特攻隊員は知らなかった。

また寺岡長官は、指揮下の全飛行機に対し、十五日の午前中に特攻することを命じており、護衛の零戦にも、戻ってきたら爆装して再度突っ込むよう命じていた。実際、十五日の午後に関東沖の敵機動部隊攻撃に向かって、撃墜された機もある。

小瀬本の流星艦爆は離陸後、両脚が完全に納まらない故障でやむなく引き返したのだが、代わりの機で出撃しようと着陸すると、そこでは間もなく終戦の玉音放送が流れた。

茨城県の百里《ひゃくり》基地ではやや早く、十時十五分から神風特別攻撃隊第四御盾隊の「彗星」艦爆十二機が発進を始めていた。すでに大編隊での進撃はなく、数機ずつのさみだれ式進撃であったために、最後の一機が飛び立ったのは、午前十一時三十分ころ、終戦のわずか三十分前であった。

三重の鈴鹿《すずか》基地では、戦闘三〇一飛行隊に出撃命令が出ていた。基地にはちょうど報道班が来ていて、最後の出撃を撮影している。白浜芳次郎《しらはまよしじろう》飛曹長が愛機に向かうと、零戦の横に二百五十キロ爆弾が置いてあった。まず制空隊として出撃し、特攻隊の進撃を護衛した後に引き返して、今度は自分が爆装で突入するのである。エンジンを回し、発進の合図を待ったが、なかなか命令がない。ついに正午過ぎ、発進中止が決まった。白浜飛曹長は、初めて終戦を知ったのであった。こうして、発進が遅れて正午を過ぎた者は、茫然《ぼうぜん》と飛び去った僚機の行方を思った。戦争は終わったというが、飛んで行った彼等は今や敵艦隊に突入しようとしているのである。

この日八月十五日、米機動部隊のハルゼー大将は房総沖の戦艦「ミズーリ」艦上にいた。トルーマン大統領からの終戦の知らせを受けたハルゼーは、午前十一時に戦闘旗を降ろし、艦隊に勝利を伝えた。ところが、レーダーは相変わらず日本の体当たり機が飛んで来るのを発見していた。正午を挟んで、日本中が天皇陛下の玉音放送を聴いているころ、何も知らない特攻機は、勝利の歓声をあげている米艦隊の周りで次々に撃墜されていたのである。

終戦前日の八月十四日、ポツダム宣言受諾は決定されていたので、大本営は大海令四十七号をもって、「何分の令あるまで対米英蘇支積極進攻作戦は之《これ》を見合わすべし」との命令を海軍総隊、及び連合艦隊に出していたのである。

特攻指揮官たちの最期

終戦の日の昭和二十（一九四五）年八月十五日、大分飛行場に司令部を置いていた宇垣纏《うがきまとめ》第五航空艦隊司令長官は、正午のラジオで玉音放送を聴き、放送終了後、特攻機に乗り込み沖縄に突入した。このとき部下は可動機である「彗星」爆撃機を十一機すべて用意し、二十二名が長官に従って発進した。

出撃した十一機のうち、三機は途中不時着し、四機が突入電を発信し、残り四機は連絡のないまま消息を絶った。

宇垣長官の突入は、残された者に複雑な感情を残した。特攻を送る時、常に「お前たちだけは死なせない。最後の一機で私も後からゆく」と訓示していた言葉を守ったことは、さすがといわせるものがあったが、無意味な道連れを作ったことには非難があった。長官の出撃を見送った中にさえ、「一人で死ね！」と叫ぶ声があった。海軍総隊の小沢長官も、あからさまに不快な表情でこの自爆飛行を非難した。

こうして特攻攻撃の最大の実施部隊であった第五航空艦隊に終戦が訪れたのであった。

その翌日には大西瀧治郎中将（当時、軍令部次長）が割腹自決した。彼の遺書には次のように記されていた。

「特攻隊の英霊に申す。善く戦いたり、深謝す。最後の勝利を信じつつ、肉弾として散花せり。然《しか》れ共、其《そ》の信念は遂に達成し得ざるに至れり、吾《われ》死を以《も》って旧部下の英霊と其の遺族に謝せんとす。

次に一般青壮年に告ぐ。我が死にして軽挙は利敵行為なるを思い、聖旨に副《そ》い奉り、自重忍苦するの誡《いましめ》ともならば幸なり。隠忍するとも、日本人たるの矜持《きょうじ》を失う勿《なか》れ。諸士は国の宝なり、平時に処し猶《な》お克《よ》く特攻精神を堅持し、日本民族の福祉と世界人類の和平の為《ため》最善を尽せよ」と。

「最後の戦果」をいかに評価するか

日本海軍にとって、最後の組織的な艦隊戦闘は昭和二十（一九四五）年四月の第二艦隊水上特攻であり、その後は艦艇同士の戦闘はなかったが、終戦間際に橋本以行《はしもともちつら》艦長の指揮する伊号第五八潜水艦が、米海軍の巡洋艦「インディアナポリス」を撃沈したのが最後の戦果となった。

七月十八日、伊五八潜水艦は豊後水道を南下、回天作戦のため一路フィリピン沖を目指していた。同艦は昭和十九（一九四四）年十二月の金剛隊以来三度目の出撃で、回天戦のベテラン潜水艦であった。

七月二十八日、伊五八潜は米駆逐艦を発見、回天二基を発進させたが、戦果は確認できなかった。伊五八潜はさらに南下を続け、翌二十九日深夜、浮上直後に航海長が「艦影らしきもの左九〇度」と叫んだ。ただちに潜行した伊五八潜は、魚雷戦、回天戦の準備をし、沈黙のうちに敵影を待ち受けた。

艦影は巡洋艦「インディアナポリス」であった。七月二十六日に米本土から運んできた原爆をテニアン島に降ろしたばかりであり、この原爆が十日後に広島に、さらに三日後に長崎に投下された原爆だった。任務を終えた「インディアナポリス」は、ただちにテニアンを出港、グアムに向かった。ところが、この航海予定の電報は、いくつかの錯誤によってどこにも届かなかった。

翌日、グアムに着いた同艦は、二十八日にグアムを出港、フィリピンのレイテに向かった。出港前の情報では、付近に日本の潜水艦が行動している恐れがあったので、日中はジグザグ航行を行っていたが、日没後は直進で進んでいた。

七月二十九日の深夜、「インディアナポリス」はグアムとレイテの間に達していた。そして、日付は三十日に変わっていた。零時少し前、潜望鏡に映る艦影を確認した伊五八潜の橋本艦長は、六本の魚雷を発射した。時計は零時を回る。「インディアナポリス」の右舷前方に三本の巨大な水柱が立ち上った。同艦は十数分であっけなく姿を消し、ＳＯＳの発信さえも間に合わなかった。

乗員約千二百名のうち約三百名が沈没時に戦死し、残る約九百名は八月二日まで哨戒《しょうかい》機に発見されず、海上にボートも何もなく漂流していた。その後八月七日の救助完了までの間に多くが遭難し、結局三百名程度が救助されたにすぎなかった。

日本国内では、この撃沈は日本海軍潜水艦のあげた最後の金星としてのみ有名である。しかし、米国では、「インディアナポリス」の遭難は海軍最大の悲劇として戦後に大きな問題となった。一隻の巡洋艦が、ほとんど敵が存在しないと思われていた海面で撃沈され、数々の不運が重なって多くの生命が失われた。この事件の責任はいったいだれにあるのか？

この「インディアナポリス」の事件は、終戦直後のアメリカ海軍と国民の間に重大な関心を呼び起こし、そのニュースは争って読まれた。多くのアメリカ人がこの事件について海軍内部に責任者が存在し、処罰されなければならないと考え、生き残った艦長は軍法会議にかけられ有罪とされた。大戦中にアメリカ海軍が喪失した軍艦の艦長が軍法会議にかけられたケースは他にない。

この異例の裁判が引き起こされた最大の理由は、「将兵が死ななくてもよい場所で無駄に命を落としたのではないか？」ということにあった。この問題意識こそ、日米海軍、いや、日米両国の国家と軍隊と兵士の関係における最大の相違点だったのである。

アメリカの国民は、義務として兵役につき、戦争に参加している。同時にすべての兵士は国家に対して、生命の安全に関して最善の努力を払うことを要求する権利を持っている。もし一人の兵士が戦死すれば、その遺族はその兵士の死が〝意義ある死〟であったかどうか（すなわち、無意味な作戦や無能な指揮による死ではなかったか、また十分な生活と最善の兵器が与えられていたか）を知る権利を持っていた。それがアメリカという国家と国民の契約だったのである。

「インディアナポリス」の場合を例にとると、死亡した乗員の遺族が太平洋艦隊司令長官のニミッツ提督に対し、責任者の早急な追及を行うように要求する手紙を送っている。これに対しニミッツは、ていねいな返事を書いている。さらに事件調査についても「われわれは、自分たちの間違いを隠そうとは考えていない」と言明している。

これは何ら特別な例ではなく、このような手紙は戦時中に軍の指揮者や、大統領がたびたび受け取ったものだった。

また、海軍の内部でも同じように契約があった。「義務を果たした者には名誉を、果たさなかった者には罰を」である。すべての失敗について責任者がきびしく失態や怠慢を追及され、それぞれ処分を受けたものである。

戦いの中で得られた教訓、戦訓には兵士の血の代償が支払われている。そして、その教訓の活用は、次の戦いにおける血の代償の量を左右する。もし真剣に戦訓を得ようとすれば、それは冷厳な責任の追及となるのはやむをえない。法廷で戦友のミスを追及することはアメリカ人にとっても、もちろん愉快なことではない。しかし今後、同じ過誤が繰り返されないために必要不可欠なこととされたのだ。

ひるがえって、日本海軍のケースはどうであったろうか？

昭和十七（一九四二）年六月のミッドウェー海戦に敗れた第一航空艦隊の参謀長草鹿龍之介は、山本五十六司令長官に対し「大失策を演じおめおめ生きて帰れる身に非《あら》ざるも、只復《ただふく》讐《しゅう》の一念に駆られて生還せる次第なれば、如何《どう》か復讐出来る様取計って戴き度」（宇垣纏『戦藻録』より）と、ほとんど個人の感情レベルの懇願を行っている。そして山本長官も敗北の責任などまったく念頭になく「承知した」と答えている。さらに海戦の敗因については後に、形ばかりの戦訓委員会が設置されたが、その結果は極秘とされていっさい公開されなかった。利用されることのない戦訓などに、いったい何の意義があるのだろうか。

日本海軍の指揮官や高級幕僚が戦闘の重要な局面で重大な錯誤や失敗をおかし、以後の戦局をきわめて不利なものとしたケースはミッドウェー作戦にとどまらず、海軍甲事件・海軍乙事件・台湾沖航空戦・レイテ沖海戦での栗田艦隊の反転など、枚挙にいとまがない。にもかかわらず、それらのケースの責任者で直接処分された者がいないということは、いったい何を意味するのだろうか。

太平洋戦争における日本軍の反省を記した書籍や雑誌を見ると、個々の戦闘の戦術的巧拙についての評価、あるいは戦略的な総論に偏したもの、または日本人の国民性、というような茫漠としたものなどが多く、将兵の義務、責任、そして権利といったものについての考察は、ほとんどない。

しかし、軍隊の本体が人間の集団である以上、将兵の一人の人間としての権利と義務に基づく立場の確立こそ、精強な軍隊の第一歩であると考えるべきであり、日本軍についてもこの観点からの研究がさらに必要と思われる。

おわりに

冒頭にも書いたように、今年は、太平洋戦争開戦から八十年にあたる。日清戦争は、国家戦争といえども、単に二国、あるいは数カ国間の武力衝突に過ぎず、海軍兵器においても、ようやく第一線の軍艦が蒸気機関によって航走する程度で、無論、潜水艦も飛行機も無い時代であった。その十年後の日露戦争では、無線電信が威力を発揮し、更《さら》に十年後の第一次世界大戦では、潜水艦と飛行機が猛威を振るう近代戦争となった。

この急速な技術進歩を見て、日露戦争において連合艦隊の参謀をつとめた秋山真之《あきやまさねゆき》は、日露戦争当時の秋山戦術を、「……今日、本書（海軍基本戦術）をひもとく時は、諸説概《おおむ》ね陳腐に帰し、自家先見の明なかりしを慙愧《ざんき》すると同時に、世運進化の俊速にして、益々斯術《ますますしじゅつ》攻究の一日も忽《ゆるが》せにす可《べか》らざるを感ぜざるをえず……」と言い、新たな検討の後に、甲板上から発着を行える軍艦の構想を持つに至った。まもなくこの構想は、水上機母艦として計画されていた、「鳳翔《ほうしょう》」を、陸上機を運用できる、本格的な航空母艦へと設計を変更させるきっかけになったと思われる。そして、第二次世界大戦と太平洋戦争では、航空母艦とレーダーが戦いの主役となっていくのである。秋山ならではの、先見の明と言える。

しかし、いかに軍事技術が発達しようとも、戦争に至る原因の多くは、古来変わるものではなく、基本的には、国家間の政策、利害の衝突に過ぎない。これは、本質的には、外交交渉で解決されるべきものであり、戦争は、いわば交渉失敗の結果なのである。

こう考えるとき、日英同盟を結び、米国における親日世論誘導を行い、ロシアの外堀を埋めた状態で闘った日露戦争と、日英同盟を失い、米国の対日世論の悪化に対策を打てず、あらゆる対外交渉に敗れて開戦に踏み切った太平洋戦争を比較すれば、日本に、初めから勝利の可能性は無かったと言っても過言ではない。

このような、外交的敗北によって始まった太平洋戦争は破滅的な敗北で終わり、日清戦争に始まった、日本の五十年戦争も幕を閉じたのである。

現在、日清・日露戦争を見て、後に太平洋戦争を考えるとき、戦わずして敵を屈服させることを理想とした秋山戦術こそ、改めて見直すべきなのであろう。


第三部は、かつて雑誌などに書いた筆者の旧稿を、いくつか取り込んで纏《まと》めたので、ややスタイルに纏まりの悪い箇所もあるが、太平洋戦争における、海軍の動きが概観できれば幸いである。

第一部から第三部まで、畑野勇《はたのいさむ》氏（学校法人根津育英会武蔵学園記念室室長、日本政治史・海軍史研究者）には、面倒な作業をお願いした。畑野氏は、戦史ばかりではなく、産業技術、外交内政など、多くの側面から海軍史を見る研究を行っており、筆者としても、教えられるところが多い。改めて感謝したい。

最後に、本書で大きな助けになっているアジア歴史資料センターには、今回も助けられた。

このアジア歴史資料センターは、一九九四年の内閣総理大臣談話、いわゆる村山談話によって設立が検討された歴史的公文書公開事業である。私事になるが、筆者は二〇〇〇年に始まった実質的な事業立ち上げのための設立準備作業の一部である、「整理分類体系調査研究委員会」の第一回委員会から、目録検討チーム委員として参加した。その後も各種委員として二〇年まで委員を務め、同年に高齢を理由に退任したが、日本の近現代史研究の発展に、これほど大きな影響を与え、かつ貢献した事業はないと信じている。

明治以来、あらゆる作戦の戦闘詳報が、自宅のパソコン画面上で閲覧できるということが、どれほど調査研究に貢献していることか。二十数年前の資料調査環境を思い浮かべるとき、文字通り、隔世の感を禁じえない。この事業が、更に大きく推進されることを期待している。

アジア歴史資料センター　（www.jacar.go.jp）

参考資料・参考文献・図版出典一覧

＊順不同。各部で共通する書名は、二回目以降は著者名・書名のみの表記とした。

【第一部】〈資料・文献〉

谷壽夫『機密日露戦史』原書房、一九六六年
宮内庁編『明治天皇紀』巻十、吉川弘文館、一九七四年
トク・ベルツ編、菅沼竜太郎訳『ベルツの日記』第1部下、岩波文庫、一九五二年
故伯爵山本海軍大将伝記編纂会編『伯爵山本権兵衛伝』巻上、一九三八年
海軍大臣官房編『山本権兵衛と海軍』原書房、一九六六年
海軍大臣官房編『海軍軍備沿革』海軍大臣官房、一九二二年
富田正文編『福沢諭吉選集』5、岩波書店、一九八一年
福沢諭吉「海軍拡張の必要」慶應義塾編『福沢諭吉全集』16、岩波書店、一九六一年
青木栄一『シーパワーの世界史②―蒸気力海軍の発達』出版協同社、一九八三年
小野塚知二「イギリス民間造船企業にとっての日本海軍」『横浜市立大学論叢』（社会科学系列）46―2・3合併号、一九九五年
小林啓治「日英関係における日露戦争の軍事史的位置」『日本史研究』305、一九八八年
横井勝彦『大英帝国の〈死の商人〉』講談社、一九九七年

横井勝彦「世紀転換期イギリス帝国防衛体制における日本の位置」『明大商学論叢』82―3、二〇〇〇年
吉田昭彦「海軍における作戦情報処理の変遷」防衛研究所「通信懐旧談」海軍通信学校、一九八一年
篠原宏『海軍創設史』リブロポート、一九八六年
外務省編纂『日本外交文書』明治期35、日本国際連合協会、一九五七年
池田清『日本の海軍』上、朝日ソノラマ、一九八七年
麻田貞雄『両大戦間の日米関係』東京大学出版会、一九九三年
島田謹二『アメリカにおける秋山真之』朝日新聞社、一九六九年
戸高一成編『秋山真之　戦術論集』中央公論新社、二〇〇五年
池田清『海軍と日本』中公新書、一九八一年
海軍軍令部編『明治三十七八年海戦史』春陽堂、一九〇九年
海軍軍令部編『極秘明治三十七八年海戦史』海軍軍令部
ロシア海軍軍令部編『千九百四、五年露日海戦史』海軍軍令部、一九一五年
北澤法隆「日本海海戦―研究最前線」歴史読本編集部編『連合艦隊　激闘の海戦記録』新人物文庫、二〇一〇年
藤井茂『山屋他人―ある海軍大将の生涯』盛岡タイムス社、一九九四年
野村實『日本海海戦の真実』講談社現代新書、一九九九年
東京日日新聞社・大阪毎日新聞社編『日露大海戦を語る』東京日日新聞社ほか、一九三五年
有馬良橘伝編纂会編『有馬良橘伝』有馬良橘伝編纂会、一九四五年
有終会編『懐旧録』2、有終会、一九三〇年
島貫重節『戦略・日露戦争』原書房、一九八一年

海軍省教育局編『特務士官が語れる日露海戦思い出話』海軍省教育局、一九三五年
城山会編『八代海軍大将書翰集』尾張徳川黎明会、一九四一年
松村菊雄『回想録』四、私家版、一九二三年
戸高一成「日本海海戦に丁字戦法はなかった」『中央公論』中央公論新社、一九九一年六月号
中川務「東郷ターンの真実―いわゆる丁字戦法理論をふまえて」『世界の艦船』海人社、二〇〇五年五月号
稲垣武「日露戦争の勝因と陥穽」『日本近代と戦争6　軍事技術の立遅れと不均衡』ＰＨＰ研究所、一九八六年
小笠原長生編『東郷元帥詳伝』春陽堂、一九二一年

〈図版〉

Ｐ三三　図版：外山三郎『日露海戦新史』東京出版、一九八七年
Ｐ四九　図版：井口和起編『近代日本の軌跡3　日清・日露戦争』吉川弘文館、一九九四年
Ｐ七七　図版：有終会編『近世帝国海軍史要』有終会、一九三八年
Ｐ八七　図版：海軍歴史保存会編『日本海軍史』1、第一法規出版、一九九五年
Ｐ一一八～一一九　図版：大江志乃夫『バルチック艦隊』中公新書、一九九九年
Ｐ一二七　図版：『極秘明治三十七八年海戦史』2
Ｐ一三三　図版：『水交社記事　臨時第二号』水交社、一九〇五年七月
Ｐ一三九　図版：『日本海軍史』1
Ｐ一四一、一四三、一五一　図版：『明治三十七八年海戦史』

P一四七　図版：吉田昭彦「海軍における作戦情報処理の変遷」
P三九、六九　図版：筆者

【第二部】〈資料・文献〉

青木栄一『シーパワーの世界史②―蒸気力海軍の発達』
麻田貞雄訳『アルフレッド・T・マハン』研究社出版、一九七七年
麻田貞雄『両大戦間の日米関係―海軍と政策決定過程』東京大学出版会、一九九三年
阿部安雄・戸高一成編『福井静夫著作集第1巻―日本戦艦物語〔I〕』光人社、一九九二年
阿部安雄・戸高一成編『福井静夫著作集第6巻―世界戦艦物語』光人社、一九九三年
池田清『日本の海軍』上
石井進・加藤陽子・五味文彦・坂上康俊・桜井英治・笹山晴生・佐藤信・白石太一郎・鈴木淳・高埜利彦・坂野潤治・吉田伸之著　中里裕司編集協力『詳説日本史　改訂版／日本史B』（高校日本史教科書）山川出版社、二〇一〇年
石井孝『増訂　明治維新の国際的環境』吉川弘文館、一九六六年
衞藤瀋吉『近代東アジア国際関係史』東京大学出版会、二〇〇四年
大澤博明『近代日本の東アジア政策と軍事―内閣制と軍備路線の確立』成文堂、二〇〇一年
岡義武「日清戦争と当時における対外意識」『国家学会雑誌』有斐閣、一九五四年
小野塚知二「イギリス民間企業の艦艇輸出と日本―一八七〇～一九一〇年代」奈倉文二・横井勝彦・小野塚知二『日英兵器産業とジーメンス事件―武器移転の国際経済史』日本経済評論社、二〇〇三年
海軍軍令部編『二十七八年海戦史』春陽堂、一九〇五年

海軍軍令部『明治二十七・八年海戦史編纂準備書類』防衛研究所図書館蔵
海軍軍令部『征清海戦史』巻一
海軍省大臣官房編『海軍軍備沿革』一九三四年（巌南堂書店復刻、一九七〇年）
海軍省大臣官房編『山本権兵衛と海軍』
海軍有終会編『近世帝国海軍史要（増補版）』一九三八年（原書房復刻、一九七四年）
海軍歴史保存会編『日本海軍史』1
川島真「対立と協調—異なる道を行く日中両国」『「日中歴史共同研究」報告書』勉誠出版社、二〇一四年
木村浩吉『黄海海戦ニ於ケル松島艦内ノ状況』内田芳兵衛、一八九六年
宮内庁編『明治天皇紀』巻八、吉川弘文館、一九七三年
故伯爵山本海軍大将伝記編纂会編『伯爵山本権兵衛伝　巻上』一九三八年
小林啓治「日英関係における日露戦争の軍事史的位置」『日本史研究』305、一九八八年
佐々木潤之介・中島三千男・外園豊基・佐藤信・藤田覚・渡辺隆喜編『概論日本歴史』吉川弘文館、二〇〇〇年
佐々木揚『清末中国における日本観と西洋観』東京大学出版会、二〇〇〇年
佐藤誠三郎「幕末・明治初期における対外意識の諸類型」同『「死の跳躍」を越えて—西洋の衝撃と日本』都市出版、一九九二年
参謀本部編纂『明治二十七八年日清戦史』第一巻、東京印刷、一九〇四年
篠原宏『海軍創設史』
篠原宏『日本海軍お雇い外人—幕末から日露戦争まで』中公新書、一九八八年

島田謹二『アメリカにおける秋山真之』朝日新聞社、一九六九年
史料調査会海軍文庫監修・「海軍」編集委員会編纂『海軍』第2巻、誠文図書、一九八一年
末國正雄監修・小池猪一編著『図説総覧海軍史事典』国書刊行会、一九八五年
高須廣一「黄海海戦―その戦闘経過をたどる」『世界の艦船』海人社、一九九四年九月号
高橋秀直『日清戦争への道』東京創元社、一九九五年
武田楠雄『維新と科学』岩波新書、一九七二年
多田好問編『岩倉公実記』下巻、一九二七年（原書房復刻、一九六八年）
外山三郎『日清・日露・大東亜海戦史』原書房、一九七九年
中川務「日本海軍ノート　三景艦―その背景と生涯」私家版
日本舶用機関史編集委員会編『帝国海軍機関史　上巻』原書房復刻、一九七五年
野村實『海戦史に学ぶ』文藝春秋、一九八五年
野村實『日本海軍の歴史』吉川弘文館、二〇〇二年
畑野勇『近代日本の軍産学複合体―海軍・重工業界・大学』創文社、二〇〇五年
坂野正高『中国近代化と馬建忠』東京大学出版会、一九八五年
復旦大学歴史系・上海師範大学歴史系編著、野原四郎・小島晋治監訳『中国近代史2　洋務運動と日清戦争』三省堂、一九八一年
藤井哲博『長崎海軍伝習所―十九世紀東西文化の接点』中公新書、一九九一年
堀元美『駆逐艦―その技術的回顧』原書房、一九六九年
アルフレッド・T・マハン著、井伊順彦・戸高一成監訳『マハン海軍戦略』中央公論新社、二〇〇五年
黛治夫『海軍砲戦史談』原書房、一九七二年

三谷太一郎「日清戦争百年―1994年の時点からの考察」同『近代日本の戦争と政治』岩波書店、一九九七年
三谷太一郎「福沢諭吉と勝海舟―外国借款政策をめぐる対立とその歴史的意味」同『ウォール・ストリートと極東―政治における国際金融資本』東京大学出版会、二〇〇九年
三好信浩『日本工業教育成立史の研究―近代日本の工業化と教育』風間書房、一九七九年
陸奥宗光『新訂　蹇蹇録―日清戦争外交秘録』岩波文庫、一九八三年
室山義正『近代日本の軍事と財政―海軍拡張をめぐる政策形成過程』東京大学出版会、一九八四年
山本英輔『山本権兵衛』時事通信社、一九五八年
有終会編『懐旧録―戦袍余薫』日清戦役之巻有終会、一九三〇年
横須賀海軍工廠編『横須賀海軍船廠史』第1～3巻、一九一五年（原書房復刻、一九七三年）

〈図版〉

P一九三　図版：秀島成忠編『佐賀藩海軍史』一九一七年（原書房復刻、一九七二年）
P二一九　図版：黛治夫『海軍砲戦史談』
P二五五　図版：中川務「日本海軍ノート　三景艦―その背景と生涯」私家版
P二五七　図版：『ビジュアル版　日本の技術100年　第3巻　造船・鉄道』筑摩書房、一九八七年
P三二九、三三三　図版：黄海海戦図：野村實『海戦史に学ぶ』
P三三一　図版：高須廣一「黄海海戦―その戦闘経過をたどる」『世界の艦船』海人社、一九九四年九月号
P三三五　図版：黄海海戦図：史料調査会海軍文庫監修・「海軍」編集委員会編纂『海軍』第2巻、

誠文図書、一九八一年
P三三七、三四七　図版：木村浩吉『黄海海戦ニ於ケル松島艦内ノ状況』
P三五七　図版：堀元美『駆逐艦―その技術的回顧』
P三三九、三四一、三四三、三四五、三五一　図版：筆者

【第三部】〈資料・文献〉

阿川弘之『山本五十六』新潮社、新版一九六九年
宇垣纏『戦藻録』原書房、一九六八年
池田清『海軍と日本』中公新書、一九八一年
池田清『日本の海軍』下、朝日ソノラマ文庫、一九八七年
「海軍」編集委員会編『海軍Ｖ―太平洋戦争１』誠文図書、一九八一年
「海軍」編集委員会編『海軍Ⅵ―太平洋戦争２』誠文図書、一九八一年
源田實『海軍航空隊始末記―戦闘篇』文藝春秋新社、一九六二年
草鹿龍之介『聯合艦隊』毎日新聞社、一九五二年
反町栄一『人間山本五十六』光和堂、一九六四年
多賀一史『連合艦隊最期の闘い―秘蔵写真で知る近代日本の戦歴［16］』フットワーク出版、一九九二年
千早正隆『連合艦隊始末記』出版協同社、一九八〇年
千早正隆『日本海軍の戦略発想』プレジデント社、一九八二年
千早正隆『日本海軍の驕りの始まり』並木書房、一九八九年

提督小沢治三郎伝刊行会編『提督小沢治三郎伝』原書房、一九六九年
豊田副武述・柳沢健編『最後の帝国海軍』世界の日本社、一九五〇年
中島親孝『聯合艦隊作戦室から見た太平洋戦争』光人社、一九八八年
秦郁彦編『真珠湾燃える』上・下、原書房、一九九一年
服部卓四郎『大東亜戦争全史』原書房、一九六五年
半藤一利『ルンガ沖魚雷戦』朝日ソノラマ文庫、一九八四年
半藤一利『昭和史の転回点』図書出版社、一九八七年
平塚柾緒『真珠湾攻撃―秘蔵写真で知る近代日本の戦歴［6］』フットワーク出版、一九九一年
平間洋一「オレンジ計画と山本戦略―ハワイ奇襲と連続攻勢作戦」軍事史学会編『第二次世界大戦（2）―真珠湾前後』錦正社、一九九一年所収
福留繁『史観・真珠湾攻撃』自由アジア社、一九五五年
福留繁『海軍生活四十年』時事通信社、一九七一年
淵田美津雄・奥宮正武『機動部隊』朝日ソノラマ文庫、一九八二年
防衛庁防衛研修所戦史室『戦史叢書』10～102・該当各巻、朝雲新聞社、一九六七～一九八〇年
野村實『歴史のなかの日本海軍』原書房、一九八〇年
野村實『海戦史に学ぶ』
野村實『日本海軍の歴史』
畑野勇「海上護衛参謀大井篤の戦後『海軍再建』構想」『軍事史学』第45巻第2号、二〇〇九年九月所収
吉田昭彦「ガダルカナル島飛行場奪回作戦における海軍の作戦目標の変転」『軍事史学』第25巻第1号、

一九八九年六月所収
吉田俊雄『四人の連合艦隊司令長官』文藝春秋、一九八一年
吉田俊雄・半藤一利『レイテ沖海戦』上・下、朝日ソノラマ文庫、一九八四年
吉田俊雄『作戦参謀とは何か』光人社NF文庫、二〇〇〇年
C.W.ニミッツ・E.B.ポッター著・実松譲・富永謙吾訳『ニミッツの太平洋海戦史』恒文社、一九六二年
R.F.ニューカム著・亀田正訳・多賀一史解説『総員退艦せよ』朝日ソノラマ文庫、一九八四年
増刊『歴史と人物』各号、中央公論社
＊石田恒夫氏、大井篤氏、小瀬本國雄氏、千早正隆氏、角田和男氏、土肥一夫氏、中島親孝氏、牧野茂氏（以上五十音順）をはじめ、多くの方々の談話内容を収録させていただきました。

〈図版〉
P三九〇～三九一　図版：防衛庁防衛研修所戦史室『戦史叢書31　海軍軍戦備〈1〉　昭和十六年十一月まで』朝雲新聞社、一九六九年
P四五八～四五九、四六三、四六五　図版：いずれも「海軍」編集委員会編『海軍Ⅴ―太平洋戦争1』
P四八三（右）図版：池田清『日本の海軍』下
P三八四～三八五、四八三（左）、四八五　図版：筆者

※各部共通。写真図版は、筆者所蔵のものを収録しました。

本文中に登場する方々の肩書および年齢は、いずれも執筆時のものです。

本書は二〇一〇年十二月に小社より刊行された『海戦からみた日露戦争』、二〇一一年五月刊『海戦からみた日清戦争』、同年十一月刊『海戦からみた太平洋戦争』を合本にし、改題の上、加筆修正したものです。

戸高一成（とだか・かずしげ）
呉市海事歴史科学館（大和ミュージアム）館長。日本海軍史研究者。1948年、宮崎県生まれ。多摩美術大学美術学部卒業。(財)史料調査会の司書として、海軍反省会にも関わり、特に海軍の将校・下士官兵の証言を数多く聞いてきた。92年に理事就任。99年、厚生省（現厚生労働省）所管「昭和館」図書情報部長就任。2005年より現職。19年、『[証言録] 海軍反省会』(PHP研究所) 全11巻の業績により第67回菊池寛賞を受賞。著書に『戦艦大和　復元プロジェクト』(角川新書)、『帝国軍人　公文書、私文書、オーラルヒストリーからみる』(大木毅氏との共著、角川新書)、編書に『秋山真之 戦術論集』(中央公論新社) などがある。

日《に》本《ほん》海《かい》軍《ぐん》戦《せん》史《し》

海戦《かいせん》からみた日露《にちろ》、日清《につしん》、太平洋戦争《たいへいようせんそう》

戸《と》高《だか》一成《かずしげ》

2021年 7月10日　初版発行
2024年10月20日　5版発行

◆◇◇

発行者　山下直久
発　行　株式会社KADOKAWA
〒102-8177　東京都千代田区富士見 2-13-3
電話　0570-002-301(ナビダイヤル)

装 丁 者　緒方修一（ラーフイン・ワークショップ）
ロゴデザイン　good design company
オビデザイン　Zapp!　白金正之
印 刷 所　株式会社KADOKAWA
製 本 所　株式会社KADOKAWA

角川新書

　ISBN978-4-04-082399-7 C0221